高 等 学 校 规 划 教 材

工业分析

第二版
2nd Edition

易 兵 方正军 主 编

陈立新 傅 昕 副主编

化学工业出版社

·北京·

内 容 简 介

《工业分析》（第二版）是在第一版的基础上对全书的内容进行了全面修订。随着分析技术的进步和分析仪器的更新换代，工业分析的方法和手段有了长足的进步。本书在保留第一版内容特色的基础上介绍了工业分析最先进的方法和最新的仪器，内容包括工业分析试样的采集和制备，试样的分解，水、煤、气体、硅酸盐、钢铁、有色金属及合金、电镀液、油料等工业产品的分析检测以及工业分析方法的选择与制定等内容，形成了以试样采集、制备、分解、测定、方法的选择与制定为主线的内容体系，集理论性与实践性于一体，重点介绍成熟的理论与实用的方法。在内容的叙述上力求由浅入深，便于读者自学。

《工业分析》（第二版）可作为高等学校化学、化工、应用化学类工业分析专业（或工业分析方向）、商品检验、环境监测等专业的教材，也可作为高等职业技术学院的相关专业、中等职业学校相关专业及工厂、科研机构从事分析检测工作者参考。

图书在版编目（CIP）数据

工业分析/易兵，方正军主编 . —2 版 . —北京：化学工业出版社，2021.10（2024.1 重印）
高等学校规划教材
ISBN 978-7-122-39553-5

Ⅰ.①工… Ⅱ. ①易… ②方… Ⅲ.①工业分析-高等学校-教材 Ⅳ.①TB4

中国版本图书馆 CIP 数据核字（2021）第 140000 号

责任编辑：刘俊之
责任校对：边 涛　　　　　　　　　装帧设计：韩 飞

出版发行：化学工业出版社（北京市东城区青年湖南街 13 号 邮政编码 100011）
印　　装：涿州市殷润文化传播有限公司
787mm×1092mm　1/16　印张 19　字数 447 千字　2024 年 1 月北京第 2 版第 2 次印刷

购书咨询：010-64518888　　　　　售后服务：010-64518899
网　　址：http://www.cip.com.cn

凡购买本书，如有缺损质量问题，本社销售中心负责调换。

定　　价：59.80 元

《工业分析（第二版）》编写组

主　编：易　兵　方正军

副主编：陈立新　傅　昕

参加编写人员：
阳　海　李谷才　黄赛金
伍水生　张　儒　沈　静
邓人杰　黄子俊

工业分析

GONGYE
FENXI

前　言

　　本书第一版由谢治民、易兵主编。该书自 2008 年出版以来，在国内高校中得到了广泛的使用，取得了良好的效果。新时期，高等教育供求关系和国家需求的巨大变化对人才培养提出了新要求和新挑战。为了适应新形势下人才的需求与趋势，更能突出工科化学教材的特色，编写组经过充分调研与论证，修订编写了《工业分析》第二版教材。

　　本次修订的主导思想是："更新内容，与时俱进；联系实际，突出应用；继承特色，适度创新；精心策划，适教利学"。具体如下：

　　1. 更新内容，与时俱进

　　在确保本教材性质的前提下，增加学科发展前沿和最新研究成果，与时俱进，拓展学生视野；注意更新理论、概念、技术和方法；更新行业标准和分类，采用新标准所规定的量、单位和符号；更新章节习题。

　　2. 联系实际，突出应用

　　紧密联系我国工业生产实际，以工业上典型的分析项目如水质、煤质、硅酸盐、钢铁、有色金属及合金、电镀液、油料的分析检测为主线，将气体、液体和固体分析的知识涵盖在内，注意控制理论深度，着重突出应用，渗透工程意识。

　　3. 继承特色，适度创新

　　继承第一版教材系统性好，逻辑性强的特点，在教材内容及形式上有所创新。新增"知识拓展"内容，"知识拓展"模块包含人物故事、科学史话、前沿知识等内容，拓宽学生视野，培养学生科学素养，同时注重思政育人。

　　4. 精心策划，适教利学

　　总结教学实践经验，增加"参考文献"，为师生进一步深化教与学提供方便，同时也有利于培养学生再学习的能力。

　　本书由易兵、方正军担任主编，各章节执笔人分别是易兵、方正军（绪论，第 2、9、10 章）、黄赛金（第 1、11 章）、阳海（第 3 章）、李谷才（第 4 章）、陈立新（第 5、7、8 章）、傅昕（第 6 章）。在编写过程中北京化工大学王志华教授、中南大学李洁教授给予了大力支持和帮助，并提出了宝贵意见。化学工业出版社的编辑在本书的编写和出版过程中给予了大力支持，在此一并表示感谢。

本书在编写过程中，参阅了大量文献和书籍，引用了许多数据，在此向有关作者、单位表示衷心的感谢。

为了不断提高教材质量及水平，书中纰漏之处，敬请广大同行及读者批评指正。

编者
2021 年 6 月

工业分析
GONGYE
FENXI

第一版前言

　　工业分析是分析化学的重要组成部分，是分析化学在工农业生产中的具体应用，其涉及的内容十分广泛。在工业生产过程中，从原料、半成品到成品，商品的进出口检验等都离不开工业分析，同时，在产品开发、改进生产工艺、提高产品质量等研究工作中，工业分析的作用也不可低估，特别是在建立资源节约型、环境友好型社会中，工业分析越来越发挥着重要作用。所以工业分析课程是化学化工类工业分析专业（或工业分析方向）学生必须掌握的知识。

　　本教材在编写过程中，突出"重基础、强实践、擅应用"的应用型人才培养特色，集理论性与实践性于一体，重点介绍成熟的理论与实用的方法。

　　在内容安排上，由于试样的分解在工业分析中处于重要的地位，所花的时间往往较长，因此单列一章并简要介绍了试样的分解及分解机理。另外，如何从多种方法中选择适合某个样品成分的测定方法，如何从事毕业论文的写作，这是工业分析专业学生必须掌握的知识，所以在第11章介绍了分析方法的选择制定。同时为了避免内容的重复，如金属离子的检测，尽量在各章内不重复，以减少篇幅。在内容的叙述上力求由浅入深，便于读者自学，同时每章后安排了习题与思考题，便于学生课后巩固所学知识。

　　本书由谢治民、易兵编著，在编写过程中得到湘潭大学费俊杰，湖南科技大学刘清泉，海军工程大学文庆珍，湖南工程学院邓继勇、黄先威、陈立新、王焕龙等同行的大力支持和帮助，并提出了宝贵意见。化学工业出版社的编辑在本书的编写和出版过程中给予了大力支持，在此一并表示感谢。

　　由于水平有限，书中不足之处，欢迎读者批评指正。

编著者

2008 年 12 月

工业分析
GONGYE
FENXI

目 录

绪 论

0.1　工业分析的任务和作用

(1) 工业分析的任务

工业分析是分析化学的一个重要组成部分，是分析化学在工业生产中的具体应用。其内容包括整个工业生产过程和人类活动，如资源的勘探、原材料的选择、生产过程的控制、产品的质量检验、环境监测等均属工业分析的内容。

工业分析的任务是应用分析化学理论和方法，去研究工业生产中的原料、辅助材料、中间体、成品、副产物及各类废物的一系列复杂物质的测定过程，从而达到评定原料、产品的质量，对生产工艺进行控制，指导和促进生产，改善环境。

(2) 工业分析的作用

工业分析的作用表现为指导作用、监督作用、仲裁作用、参谋作用，在工业生产中的作用是不可估量的，起着"把关"作用，具体来说有以下四个方面。

① 确保原料、辅料的质量，严把投料关。原料、辅料的质量如何，直接影响到工业生产过程及产品的质量，所以对购入的原料和辅料要认真进行复验，才可以投料。

② 监控生产工艺过程及条件，及时发现工艺条件的偏差并随时调整处置，保证生产运行顺利。

③ 评定产品级别，保证产品质量。对于生产的中间产品和成品，要利用分析测试手段按产品规格指标进行鉴定，划分产品的等级。

④ 监测工业"三废"的排放，减少或消除环境污染。利用分析测试方法对企业在生产中排放的废气、废水、废渣严格监测，确保排放符合法规标准；同时还要监测生产车间的粉尘浓度、溶剂蒸气浓度、酸雾气溶胶浓度等各项指标。

总之，工业分析被称为工业生产的"眼睛"，通过工业分析可以评定原材料或产品的质量，判断生产过程是否正常，从而正确地组织生产，如原料的合理利用、新配方的研制、工艺条件的调整、产品质量的严格定级等，特别是高纯材料和航空航天技术的发展都离不开工业分析。

0.2　工业分析的研究对象和特点

(1) 工业分析的研究对象

工业分析的研究对象多种多样。在最新的《国民经济行业分类》标准（GB/T4754—

2017）的 20 个门类中，多数门类属于制造业，制造业与工业分析内容息息相关，在制造业中，又分为 31 个小类（表 0-1），这 31 个小类都应属于工业分析的研究对象。

表 0-1　我国制造业分类表

序号	制造业小类	序号	制造业小类
1	农副食品加工业	17	橡胶和塑料制品业
2	食品制造业	18	非金属矿物制品业
3	酒、饮料和精制茶制造业	19	黑色金属冶炼和压延加工业
4	烟草制品业	20	有色金属冶炼和压延加工业
5	纺织业	21	金属制品业
6	纺织服装、服饰业	22	通用设备制造业
7	皮革、毛皮、羽毛及其制品和制鞋业木材加工	23	专用设备制造业
8	和木、竹、藤、棕、草制品业	24	汽车制造业
9	家具制造业	25	铁路、船舶、航空航天和其他运输设备制造业
10	造纸和纸制品业	26	电气机械和器材制造业
11	印刷和记录媒介复制业	27	计算机、通信和其他电子设备制造业
12	文教、工美、体育和娱乐用品制造业	28	仪器仪表制造业
13	石油、煤炭及其他燃料加工业	29	其他制造业
14	化学原料和化学制品制造业	30	废弃资源综合利用业
15	医药制造业	31	金属制品、机械和设备修理业
16	化学纤维制造业		

工业分析的对象不同，对分析的要求也就不同，一般情况下，在满足生产和科研所需要的准确度前提下，分析速度快、操作简便、易于重复、不污染环境等是工业分析的普遍要求。

（2）工业分析的特点

工业生产和工业产品的性质决定了工业分析的特点。工业分析的对象即工业物料，其成分往往比较复杂，干扰因素多，且工业物料的数量很大且不均匀，所以，由于生产的实践性、物料的复杂性、产品的多样性等，使工业分析具有以下特点：

① 分析对象的物料量大　工业生产中原料、产品等常以千百吨计算，组成很不均匀。但分析测定时往往只需少量的分析样品，如何从中取出足以代表全部物料平均组成的少量分析样品是工业分析的关键步骤之一，所以必须正确采样和制备样品，确保用于分析测定的样品有充分的代表性。

② 分析对象的组成复杂　工业物料大多含有各种杂质。在分析测定某一组分时，常常受到共存组分的干扰和影响，因此，在选择分析方法时，必须考虑杂质对测定的干扰，并尽可能消除其干扰。

③ 分析试样的处理复杂　根据样品的具体情况，可采用一种方法，也可采用多种方法进行测定，要根据生产实际，保证结果的准确度来选择分析方法。分析中的反应一般在溶液中进行，但有些物料不溶解，需要采用熔融或烧结的方法来制备分析试液。另外样品的分解过程十分重要，必须使样品分解完全，不引入干扰物质或丢失被测组分。

④ 分析速度要快，准确度要高　工业分析结果的准确度，因分析对象不同而不同，在中控分析中（如炉前分析），在保证生产要求的前提下，尽可能采用快速、简便的测定方法，对分析结果的准确度可以稍低些，以满足生产过程的控制要求。但对产品质量检验和仲裁分析等则对准确度要求较高，分析速度的要求则是次要的。

⑤ 分析的任务广　工业分析的研究对象十分广泛，不同的工业产品具有不同的分析项目和分析方法，即使是同一个产品也有多个分析项目。

0.3　工业分析的项目

工业分析主要注重于化学成分分析和部分物理性能的测试，概括起来可以分为一下几个方面：

(1) 物理性能测试

工业产品的物理性能与物质的组成、结构和纯度有着密切的关系，是检验产品质量的重要参数。常见的物理性能主要包括：透明度、密度、粒径、黏度、光泽度、白度、硬度、比旋光度、折射率、沸点、熔点、结晶点、闪点和燃点等。

(2) 水分的测定

产品质量标准对许多工业产品中水分的含量有明确要求。常见测定水分的方法有重量法、蒸馏法、卡尔费休法、气相色谱法等。

(3) 灰分和烧失量的测定

产品经过高温灼烧后的残留物质称为灰分，表示被测物中无机物成分的大致含量，在灼烧过程中失去的质量称为烧失量，表示有机物的大致含量。

(4) pH 值和酸碱度的测定

工业用水、工业废水、工业废弃物及某些工业产品需要测定 pH 值和酸碱度。

(5) 元素和化合物的测定

元素和化合物的测定是工业中最多见和最重要的分析项目。元素分为金属和非金属；化合物分为金属化合物和非金属化合物，无机物和有机物。

0.4　工业分析的方法

因为工业分析对象广，分析项目和分析要求各不相同，因而分析方法多种多样，工业分析的方法是根据生产需要和实践确定的，常常是许多分析方法的综合利用。依其原理、作用的不同，有不同的分类方法。

①按分析方法的原理来分有：化学分析方法、物理分析方法、物理化学分析方法；后两者常需要较复杂的仪器，所以又统称为仪器分析法；

②按分析任务来分有：定性分析、定量分析、结构分析、表面分析、形态分析等；

③按分析对象来分有：无机分析和有机分析；

④按试剂用量或被测成分含量来分有：常量分析、微量分析、痕量分析和超痕量分析；

⑤按测试程序来分有：离线分析和在线分析；

⑥ 按分析的要求来分有：例行分析和仲裁分析；

⑦ 按分析完成的时间和分析所起的作用来分或根据不同的需要来分有：快速分析法和标准分析法。

(1) 标准分析法

一个试样中，某组分的测定可以用不同的方法进行，但各种方法的准确度是不同的，因此，当用不同的方法测定时，所得结果难免有出入。此外，即使使用同样的试剂，采用同样的方法，如果使用不同精密度的仪器，分析结果也不尽相同。为使同一试样中的同一组分，不论是由何单位或何人员来分析，所得结果都在允许误差范围以内，必须统一分析方法。这就要求规定一个相当准确、可靠的方法作为标准分析方法，同时对进行分析的各种条件也应做出严格的规定。

标准分析法都应注明允许误差（或公差）。公差是某分析方法所允许的平行测定间的绝对偏差。公差是将多次分析数据经过数理统计处理而确定的，在生产实践中是判断分析结果合格与否的根据。两次平行测定的数值之差在规定允许误差的绝对值的两倍以内认为有效，否则必须重新测定。

例如，用艾氏卡法测定煤中硫含量，两次测得结果分别为 2.56% 和 2.74%。两次结果之差为：

$$2.74\% - 2.56\% = 0.18\%$$

当硫含量在 1%～4% 时其公差为 ±0.1%。因为 0.18% 小于其公差（±0.1%）绝对值的两倍（0.2%），因此，可用两次分析结果的算术平均值（2.65%）作为分析结果。

标准分析方法分为以下三种。

① 绝对测量法（或权威方法）。测定值为绝对量，与质量、时间等基本单位或导出量直接有关，有最好的准确度。如质量法中由天平直接称量被测物质或库仑法测定物质的纯度等。

② 相对测量法（或标准参考法）。测定值是相对量，是以标准物质或基准物质含量为标准，确定被测物质的含量。这类方法已被证明没有系统误差，如果存在系统误差，也是已知并能加以校正，因此有足充的准确度和精密度。容量分析和大多数仪器分析均属这类方法，在工业分析中用得最多最广。

③ 现场方法。这类方法能快速测定，以便控制和指导生产，对准确度的要求可以降低。

标准分析方法不是永久不变的，由于生产的发展和对产品质量要求的提高，国家技术委员会和各部委每隔一段时间（一般四年一次）会发布新标准以代替旧标准，并采用新研制的仪器替代旧仪器，以快速准确的新方法代替旧方法，使工业分析向着快速、简便、准确的方向发展。

各企业往往也制定了适合本企业使用的方法，即企业标准，但企业标准必须经过相关部门的认可。企业标准的应用相当广泛，各企业可根据各自生产需要和对测定准确度要求的不同，选择相应的标准。

(2) 快速分析法

快速分析法主要用于控制生产工艺过程中的关键部位，要求迅速报出分析结果，以指导工艺过程的顺利进行和产品质量的提高。其主要特点是分析速度快，而对准确度的要求则只要符合生产要求的前提下可适当降低一些，所以误差往往比较大。它常用于中控分析（炉前或车间分析）。快速分析结果不能作为工艺计算、成本核算及产品质量评定的依据。它要求分析方法简捷方便，省时可靠，要求分析人员有经验，有熟练的操作技能。

标准分析方法准确，但操作费时，而快速分析法又不太准确。就目前分析化学的发展来看，上述方法的差别逐渐减少，即标准方法向快速分析法方向发展，而快速分析法也向较高准确度方向发展。有些方法准确度又高，分析速度也快，既可作标准法，也可作为快速法。

(3) 其他分析方法

仲裁分析是当甲乙双方对分析结果有分歧时，为解决双方争议为目的的一项分析。所用的方法可用原有的分析方法，通过双方协商，由技术更高的分析技术人员进行测定，以判断原甲乙双方分析结果是否准确。必要时可采用标准分析方法，不受工作时间的限制。

离线分析是指在现场人工采样，把采集的样品带回实验室处理后进行分析的方法。

近线分析是指人工现场采样在现场进行分析的方法。

离线分析和近线分析是传统的分析方法，得到的分析结果滞后于生产过程，当生产出现异常情况时难以及时调整，可能会影响生产正常运行，甚至出现事故。为了及时了解生产实际情况，必须及时得到分析结果，因而最好采用在线分析。

在线分析是指采用自动采样系统，将试样自动输入分析仪器中进行连续或间歇连续分析（有的甚至不需要采样和样品处理）。由于在线分析速度快，效率高（每小时分析上百个样品），操作简单，自动化程度高，节省人力及试剂用量，可实现连续检测和数据处理计算机化，消除人为误差等特点，已在冶金、水泥、食品、电力、水力、环保等方面得到了广泛的应用。

0.5 标准物质

在工业分析中常常要用到标准物质。如标定标准溶液的浓度；在钢铁分析中常采用标准物质与试样在相同条件下进行测定，然后用比较的方法计算试样中被测成分的含量；在分析方法的选定和分析方法的制定过程中也常用标准物质来验证方法的科学性和实践性，所以标准物质在工业分析中具有重要的作用。

(1) 标准物质的定义

按照国际标准化组织（ISO）的定义，标准物质是指一个或多个特征量值已被准确确定了的物质，这种物质用于校准测量用的仪器，评价测量方法，或给材料赋值的材料或物质。所谓特征值是指化学组分含量，或物质性质（如凝固点、电阻率、折射率等），或某些工程参数（如粒度、色度、表面粗糙度等）。

标准物质可以是纯的或混合的气体、液体或固体。如校正黏度计用的纯水，量热法中作用热容校准物质的蓝宝石，化学分析中的基准试剂和标准溶液，钢铁分析中用的标准钢样，药物分析中使用的药物对照品等。

（2）标准物质的特性

标准物质必须材质均匀，性能稳定，化学成分已准确地确定，附有标准物质证书，在国家主管部门授权的情况下，可按规定精度成批生产且有足够的产量。

注意：标准物质证书的内容应包括标准物质名称、编号、简介、定值方法、定值结果标准值及不确定度、制备日期、保存条件和有效期限、确保均匀性的最小取样量、有关注意事项等。另外分析工作者要注意区分保存期限和使用期限。因为在启封后，可能因化学、物理、生物因素而影响它的稳定性。

（3）标准物质的等级

我国将标准物质分为两个级别：一级标准物质和二级标准物质。

一级标准物质（GBW），是指采用绝对测量方法或其他准确、可靠的方法测量其特性值，测量准确度达到国内最高水平的有证标准物质。它务必经过国家计量测试学会标准物质专业委员会审查，由国家技术监督局批准发行，并附有证书。它主要用来研究与评价标准方法及对二级标准物质定值。

二级标准物质［GBW（E）］，是指采用准确可靠的方法，或直接与一级标准物质相比较的方法定值的标准物质，也称为工作标准物质。它由科研院所、企业中经国家级计量认证的实验室研制，报经主管部门审查批准、国家技术监督局备案。它主要用于评价分析方法，以及同一实验室或不同实验室间的质量保证。

标准物质种类很多，涉及面很广，按其鉴定特性基本上可分为化学成分标准物质、物理和物理化学特性标准物质和工程技术特性标准物质三大类。分析测试中常用的标准物质是化学成分和物理化学特性标准物质。如高纯试剂纯度标准物质有碳酸钠、EDTA、氯化钠、重铬酸钾、邻苯二甲酸氢钾；高纯气体标准物质如一氧化碳、氢、氧、二氧化碳、硫化氢等；元素分析标准物质如间氯苯甲酸、茴香酸、苯甲酸、脲等；钢铁标样如生铁、碳素钢、低合金钢等；pH标准物质如邻苯二甲酸氢钾、硼砂、酒石酸氢钾、混合磷酸盐等；熔点标准物质如对硝基苯甲酸、萘、蒽、蒽醌等。

（4）标准物质的选择

对于不同类型的物质，应选用同类型的标准试样，并要求选用标准试样时要使其组成、结构等与被测试样相近。例如，冶金行业中的标准钢铁样品有普碳钢标准试样、合金钢标准试样、纯铁标准试样、铸铁标准试样等，并根据其中组分的含量不同分成一组多品种的标准试样，如在测定普碳钢样品中某组分时，不能使用合金钢标准试样作对照。另外，在选择同类型的标准试样时，也应注意该组分的含量范围，所测样品中某组分的含量应与标准试样中该组分的含量相近，这样分析结果将不因组成和结构等因素而产生误差。

（5）标准物质的用途

① 用于校准分析仪器，如用标准砝码校准天平的称量误差。

② 评价改进的分析方法或新制定的分析方法的准确度。

③ 在各种仪器分析中制作校准曲线（或工作曲线，也称标准曲线）。

④ 用于标定标准溶液浓度，求滴定度或用比较法求被测成分含量。

⑤ 在分析测试质量保证体系中作考核样，评价分析人员和实验室的工作质量，以及

用于质量控制（建立质量控制图进行实验室内日常分析测试工作的质量管理、用作控制标样监控工作曲线的稳定性，控制漂移）。

⑥ 在仲裁分析中作为平行验证样检验测定过程的可靠性。

使用和贮存标准物质的过程中应特别注意：防止氧化、沾污和受潮；标准物质中被测组分的浓度或含量应当与试样中被测组分的浓度或含量相近，或一套标准物质所建立的被测组分的工作曲线浓度范围能覆盖试样中被测组分的浓度；标准物质在物理形态和结构，化学形态或生物形态与被测试样一致或接近；要按标准物质的质量保证书要求使用。

0.6 工业分析结果的表示

分析结果的表示方式，一般是以被测元素在试样中的百分含量来表示的，但其具体表示方法，要考虑以下情况。

(1) 被测元素在试样中的存在状态

合金钢中的合金元素，常以单质元素表示，如铬以 Cr%，但矿石中某元素常以氧化物形式存在，则以氧化物形式表示，如铁矿石中的铁则以 Fe_2O_3% 表示，硅酸盐中的硅、铝、铁、钙、镁等是以 SiO_2%、Al_2O_3%、Fe_2O_3%、CaO%、MgO% 等表示。这种表示方法主要是为了反映客观存在的现实，便于检验分析结果的可靠性，所有氧化物百分率之和应为 100%。

(2) 分析试样的聚集状态

气体：分析结果以体积分数表示。

液体：以每升或每毫升被测溶液中所含被测成分的质量（g 或 mg）表示。

固体：以质量分数表示。

注：$1g = 1000mg = 1000000\mu g = 1000000000ng$。

(3) 分析结果的含量范围

目前企业实验室还常用到 ppm 和 ppb，甚至 ppt，特别在痕量、超痕量分析中。ppm 表示百万分之一（$1ppm = 10^{-4}$%），指试样量以 g 计，被测成分量以 μg 计，如钢中含氮 8.56 ppm，表示 1g 钢中含有 8.56μg 氮，或含 0.000856% 的氮。对气体来说，是指 1L 气体中含有气体被测成分的体积是 1μL [也有用每升或每立方米中含被测组分的质量（mg）表示]。ppb 表示十亿分之一（$1ppb = 10^{-7}$%），指试样量以 g 计，被测成分量以 ng 计。$ppt = 10^{-10}$%，表示万亿分之一，指试样量以 g 计，被测成分量以 0.001ng 计。液体溶液的质量体积浓度不能用 ppm 等表示。

(4) 分析结果的准确度应与测量方法的准确度相一致

各种分析方法所能达到的准确度是不同的。如重量分析、容量分析的准确度为 0.01%，若分析结果表示为 0.00X% 甚至 0.000X%，则毫无意义。但仪器分析如分光光度分析、光谱分析、极谱分析等准确度可达百万分之一以上（10^{-4}%），因此结果表示可到小数点后第四位。

（5）分析结果与公差

公差，即分析结果可以允许的误差值，也称允许误差，指某分析方法所允许的平行测定间的绝对偏差。公差是以绝对误差表示的，它不是任意规定的，是根据生产和科学技术的发展，从实际需要和可能条件，经若干单位多次平行测定，并将所得数据集中起来统计处理后，由国家或有关主管机构严格制定出来的。规定的公差大小，要视具体情况而定，一般是由分析的要求、试样所含的组分情况、方法的准确度以及试样中被测组分的含量等因素决定的。分析要求严，试样所含组分简单，方法准确度高，被测成分含量小，则公差小。如冶金部部颁标准"镁化学分析方法"中规定测定铁含量的公差是：

铁含量（%）	公差（%）
<0.02	0.001
0.02～0.04	0.006
>0.04	0.008

公差是用来判断分析结果是否合格的依据，两次平行测定的数值之差在规定的允许误差的绝对值两倍以内应认为测定结果合格，可用其算术平均值作为分析结果，否则叫超差，应重新测定。

例：氟硅酸钾容量法测定黏土中二氧化硅含量，两次测定结果分别为 28.60%、29.20%，是否可用其算术平均值作为分析结果。

当二氧化硅含量在 20%～30% 时可查得其公差为 ±0.35%，而两次测定结果之差为 29.20%－28.60%＝0.60%。因 0.60% 小于公差 ±0.35% 的绝对值的两倍（0.70%），所以可用两次分析结果的算术平均值作为分析结果。

0.7　工业分析注意事项

根据工业分析的特点与方法，在工业分析中要注意以下几个方面。

① 正确采样和制样，即所采集和制备的试样，能代表全部物料的平均组成，确保分析试样具有代表性。

② 选择适当的样品分解方法和分析方法，并考虑分析物料所含杂质的影响。分解方法要有利于样品的快速分解，并适于后续成分的测定，分析方法要满足准确度的要求。

③ 在保证准确度的前提下，尽可能快速化及简便化。

工业分析要用到各类化学试剂，易造成环境污染，所以在选择样品处理方法和分析方法时，尽量采用无毒或低毒试剂，且尽可能少用，减少环境污染。

实验室存有大量的易燃易爆物品，实验过程中常接触有毒试剂，务必注意安全，防止发生事故。

0.8　工业分析的发展展望

工业分析在工业生产中占有重要的地位，矿产的开发、工业原料的选择、工艺流程的控制、工业成品的检验、新产品的研制以及三废的处理和利用等，都必须以分析结果为重要依据。就目前我国工厂化验室所采用的分析方法而言，仍以化学分析和仪器分析并用，有的甚至以化学分析为主，但随着生产的发展和科学技术的进步，给工业分析提出了越来越多的新课题和新要求。如工业生产过程中各种参数的连续自动测定、大气和水中超微量有害物质的监测、半导体材料及超纯材料的分析、食品以及生物组织等分析都促进了工业分析的发展。从其发展趋势看，主要是向高灵敏度，高选择性，快速简便、经济、自动化、数字化并向智能化、信息化方向发展。

① 测量组分的含量范围日趋减小，从常量到微量再到痕量分析。特别是原子能工业、电子工业、真空技术、航天技术等的发展，由分析材料的主成分变为分析材料的杂质成分。

② 分析方法、分析仪器的准确度和灵敏度、选择性不断提高。不断出现一些特效试剂，如显色剂、滴定剂、萃取剂、沉淀剂和掩蔽剂等使分析方法的准确度、灵敏度、选择性大大提高；采用新的测试仪器提高测定的灵敏度，如荧光法测铝、镁、硒等的灵敏度达到 $10^{-9} \sim 10^{-7}$ g，电子光谱的绝对灵敏度达到 10^{-18} g。激光技术的应用，各种方法的联合使用，如气-质联用等技术为工业分析解决了不少新难题。

③ 分析过程不断自动化。可以实现对工业生产过程的监测与控制，可使整个生产过程合理，生产成本降低，产品质量提高，环境污染减少。

④ 分析所获得的信息日趋完善。现代分析要求提供关于物质更加完备的信息，即物质的组成、成分的价态以及百分含量、存在的聚集状态、表面形态、内部结构情况、瞬间的反应及反应产物情况，而且还要求不使用传统的破坏样品的方法，直接测量复杂的样品。

⑤ 工业分析所涉及的领域不断扩大。除传统工业外，正逐渐向生物工程、环境工程、新材料、新能源等新兴工业中发挥其作用，使工业分析更加多元化和专一化。

 【知识拓展】

中国色谱分析先驱——卢佩章院士

色谱是一种快速、高效、灵敏的分析、分离技术，是分析化学的重要组成部分，在工农业生产、进出口贸易、国防、科研、医学、生物制药、基因分析学科等方面有着广泛且重要的应用。新中国成立初期，我国的气相色谱研究还是空白。

在大连化物所，卢佩章原来的研究方向是催化化学，但是国家任务的神圣感和科学家的责任感很快使他改变了专业兴趣，与色谱结下了不解之缘。建国初期，他完成了"熔铁催化剂水煤气合成液体燃料及化工产品"项目。卢佩章和他的研究小组于 1953 年设计出我国第一台体积色谱仪，使分析石油样品的速度由原来的 30 多小时缩短到不到 1 小时，而且所用样品量仅是原来的千分之一，这项技术迅速在全国石油化工企业普及应用。

20 世纪 60 年代，卢佩章的研究方向转向国防工业，发展了腐蚀性气体色谱等一系列国防分析技术和仪器，解决了国防工业的急需，填补了国内空白。70 年代，卢佩章接受了我国第一艘核动力潜艇 79 号密闭舱气体分析的国防科研紧急任务，并建立了科研小组。经过方法研究、仪器试制和现场反复考核，把色谱技术应用到潜艇密闭舱中，研制出当时世界上最先进的船用色谱仪。用该仪器可迅速、连续测定密闭舱中气体组分，确保人员安全生活。

火箭升空需要液氢作燃料，制备高纯液氢燃料的关键之一是必须去除其中的痕量氧，否则无法安全生产运行。卢佩章接受了任务，组建科研小组，开始了长达20年的科学探索。他们利用分子筛色谱技术开始了超纯气体净化和测试的研究，并为工业生产超纯气体提供了方法和手段，由于成功研制了当时国际上仅少数国家才能生产的新型吸附剂——分子筛，并敏锐地察觉到这种吸附剂用作催化剂将有特殊性能，使我国先于国际上其他国家首先研制成功脱氧分子筛105催化剂。

卢佩章一直称自己是"集体中的小兵"。他曾说，"几十年来的研究，我深切体会到抓准国家任务的重要性。"首先要针对自身的特点选准任务，并根据历史发展及时调整。为了更好地完成任务必须在科学上勇于创新，必须有坚强的理论基础。也就是说科研选题要"国家最需要，我们最合适，赶超瞄得准"，并且要"任务带学科，学科出任务"。"我们必须有一个有共同思想的强大集体，我自己的任务仅仅是大海里的一滴水，我是集体中的一个小兵，一个对国家、对集体负责的小兵。"

 【习题与思考题】

0-1 通过网上查阅阐述工业分析在国民经济中的地位和作用。

0-2 工业分析有何特点？在工业分析中要注意什么问题？

0-3 按完成的时间和所起的作用不同，工业分析可分为哪几种，各种方法的特点是什么？

0-4 工业分析结果如何表示？应考虑哪些问题？

0-5 标准物质有何特性？在工业分析中的作用是什么？在贮存和使用过程中应注意哪些问题？

第1章 试样的采集和制备

作为一名分析工作者，其基本任务是测定大批物料的平均组成，但首先要遇到的问题是试样的采集和制备，科学地处理好这两个问题是整个分析工作的关键。由于分析的物料各种各样，聚集状态也不尽相同，因此试样的采集、制备方法也各不相同。本章介绍各种试样采集的一般原理和方法以及固体试样的制备。

1.1 试样的采集

1.1.1 采样基本术语、基本原则

工业分析的物料是大批量的（kg 或 t），而化验室的分析试样却只有其中的很小一部分（g 或 mg），如何从如此大量的物料中采集有代表性的物料作为分析样品，是分析工作者的首要问题。如采集不合理，所得的试样没有代表性，哪怕分析方法再准确，仪器再先进，分析技能再高，也是徒劳的，结果不可靠，甚至造成重大经济损失，所以必须重视采样。

（1）采样的基本术语

从一批物料中采集具有代表性的部分样品的过程即"采样"。这些具有代表性的部分样品可能是从很多个采样点上采集来的，那么，在规定的采样点上采集来的规定量（质量或体积）的物料叫"子样"（或小样、分样），在一个采集对象中应布置采样点的个数称为"子样数目"。合并所有的子样所得到的样品叫"原始平均试样"或叫"送检样"。应采取一个原始平均试样的物料总量叫"分析化验单位"（或叫基本批量）。送往化验室用于分析测试的样品叫"分析试样"。

子样数目及每个采集点应采集的子样量的多少，是根据物料总量、物料颗粒大小、均匀程度、杂质含量高低等因素决定的。物料量越多，杂质越多，分布越不均匀，则子样数目和每个子样的采样量也就越多。

（2）采样的基本原则

采样无论是从技术层面、商业层面，还是从安全层面或法律层面考虑，其基本目的是从被检的大批总体物料中取出具有代表性的样品，通过对具有代表性的物料进行检测，掌握总体物料的成分、性能和状态特性等总体情况。因此，采样的基本原则是使采得的样品

具有充分的代表性。

物料状态不同，采样的具体操作不同，应按标准进行。

1.1.2 采样量和子样数目

为了取得有代表性的试样，采样量和子样数目应为多少呢？显然，在满足需要的前提下，采样量和子样数目越少越好，任何不必要地增加采样量和子样数目都会导致采样费用的增加和物料的损失，能给出所需信息的最少采样量和最少子样数目为最佳采样量和最佳子样数目。

(1) 采样量

对一些颗粒大小不均匀、成分混杂不齐、组成很不均匀的物料，如矿石、煤炭、土壤等固体试样，选取具有代表性的均匀试样的操作较为困难。根据经验，这类物料的样品采集量与物料的均匀度、粒度、易破碎程度有关，可按捷蒙德和哈尔费尔达里经验公式计算：

$$Q = Kd^{\alpha} \tag{1-1}$$

式中　Q——采集试样的最少质量（或称最低可靠质量），kg；

　　　d——物料中最大颗粒的直径，mm；

　　　K——经验常数，一般 $K = 0.02 \sim 1$，样品越不均匀，K 值越大。各类矿石的 K 值
　　　　　参见表 1-1；

　　　α——经验常数，随矿石类型和粒度而变，数值介于 $1.5 \sim 2.7$，一般由实验确定。

理查-切乔特等人把 α 规定 2，省去了由实验求 α 的麻烦，于是式(1-1) 可简化为：

$$Q = Kd^2 \tag{1-2}$$

表 1-1　各类矿石的缩分系数参考值

矿石种类	K 值	矿石种类	K 值
铁矿(接触交代型)	0.1~0.2	脉金($d<0.6$mm)	0.4
铁矿(风化型)	0.2	脉金($d>0.6$mm)	0.8~1.0
锰矿	0.1~0.2	镍矿(硫化物)	0.2~0.5
铜矿	0.1~0.2	镍矿(硅酸盐)	0.1~0.3
铬矿	0.2~0.3	钼矿	0.1~0.5
铅矿	0.2~0.3	锑矿、汞矿	0.1~0.2
铅矿、钨矿	0.2	铀矿	0.5~1.0
铝土矿	0.1~0.3	磷灰石	0.1~0.15
脉金($d<0.5$mm)	0.2		

【例 1-1】　现有一批矿石物料，已知 $K = 0.1$，若此矿石最大颗粒直径为 80mm，则采样最少质量为多少？

解：已知 $K = 0.1$，$d = 80$mm，由 $Q = Kd^2$ 得

$$Q = 0.1 \times 80^2 = 640\text{kg}$$

若采集的量低于 640kg，将失去代表性。如果颗粒直径更大，采样量就更多。这样大的物料量，不适宜于直接分析。如果上述物料中的最大颗粒直径为 10mm，则采样量为：

$$Q = 0.1 \times 10^2 = 10 \text{kg}$$

如物料中的最大颗粒直径为 1mm，则取样量为：

$$Q = 0.1 \times 1^2 = 0.1 \text{kg}$$

把 0.1kg 再制成分析试样就容易多了，可见物料的颗粒直径对取样量的多少有很大的影响，在实际工作中经常将物料中的大颗粒粉碎后再进行采样。

(2) 子样数目

切乔特公式解决了采取试样质量多少的问题，但对于不均匀的物料，为了获得具有代表性的试样，除了考虑所取试样的最低质量外，还必须解决应选取多少个采样点（即子样数目或采样单元）的问题。采样点的多少，主要决定于以下两个方面的因素。

一方面是试样中组分含量与整批物料中组分平均含量之间的允许误差，即采样的准确度。准确度要求越高，则采样单元应越多。

另一方面是物料的不均匀程度。物料的不均匀程度与物料颗粒大小、组分在颗粒中的分布有关。物料越不均匀，采样单元越多；当然还要考虑后续制样过程中所花人力和物力，以选取能达到预期准确度的最经济的子样数目（采样单元数）。

子样数目，一般可按以下方法计算。

一步采样法：对分为 N 点的物料进行采样，采样的子样数目 n 为

$$n = \left(\frac{t\sigma'}{E}\right)^2 \tag{1-3}$$

式中 n——子样数目（采样点个数）；

  E——试样中组分含量与整批物料中组分含量之间的允许误差；

  σ'——各个试样单元之间标准偏差的估计值，可测定得出；

  t——选定置信度下的概率系数（可查 t 值分布表 1-2），t 值与置信度和测定次数有关，选定置信度（一般为 90% 或 95%）后，根据测定次数，即可从表 1-2 中查到 t 值。

从式(1-3)可以看出，测定次数、置信度、允许误差及标准偏差估计值直接影响子样数目的多少。

表 1-2 t 分布表

置信度 P 自由度 f	50%	90%	95%	99%
1	1.00	6.31	12.71	63.66
2	0.82	2.92	4.30	9.93
3	0.76	2.35	3.18	5.84
4	0.74	2.13	2.78	4.60
5	0.73	2.02	2.57	4.03
6	0.72	1.94	2.45	3.71
7	0.71	1.90	2.37	3.50
8	0.71	1.86	2.31	3.36
9	0.70	1.83	2.26	3.25
10	0.70	1.81	2.23	3.17
20	0.69	1.73	2.09	2.85
∞	0.67	1.65	1.96	2.58

例如：某物料各个试样单元之间标准偏差估计值 σ' 为 0.15%，置信度为 95%，允许误差 E 为 0.10%，测定次数为 5 次，查 t 表得 $t = 2.78$，则采样单元数 n 为：

$$n = \left(\frac{t\sigma'}{E}\right)^2 = \left(\frac{2.78 \times 0.15\%}{0.10\%}\right)^2 = 17.4 \approx 18$$

即应从 18 个采样点，分别采取一份试样。

二步采样法：物料的采样单元可分为基本单元和次级单元两种。如一列火车共有 N 个车厢全部装的是矿石，采样时首先选取若干车厢（基本单元），然后从这些车厢中分别各取若干个采样单元（次级单元）。这种采样方法称二步采样法。

有些物料明显地分成许多单元（如桶、箱、堆等），或者可以人为地分为许多单元（如某天或某班组的产品），这种情况可以采用二步采样法采样。其计算公式为：

$$n = \frac{N(\sigma_w'^2 + n'\sigma_b'^2)}{Nn'\left(\frac{E}{t}\right)^2 + n'\sigma_b'^2} \tag{1-4}$$

式中，E 和 t 意义与式(1-3)相同；n 为采取试样的基本单元数；N 为整批物料总单元数；n' 为从基本单元中采取试样的次级单元数；$\sigma_b'^2$ 为各个单元间的标准偏差的估计值；$\sigma_w'^2$ 为各次级单元间的标准偏差估计值。

式(1-4)说明的问题与式(1-3)是一致的，随着标准偏差估计值的增大（试样越不均匀），允许误差 E 的减小（采样准确度越高），采样单元数就越大（子样数越多）。

对于某特定的物料，在一定的准确度要求下，n 值随 n' 的不同而不同。n' 可由下式计算：

$$n' = \frac{\sigma_w'}{\sigma_b'}\sqrt{\frac{c_1}{c_2}} \tag{1-5}$$

式中，c_1 为采取和处理试样基本单元的平均费用；c_2 为采取和处理试样次级单元的平均费用。

1.1.3 采样方法

试样的采集方法与物料的存在状态有关，状态不同，采样方法也不同。

1.1.3.1 固态物料的采样

地质工作中分析样品的采集一般由地质工作人员按照有关规范取样后送实验室进行分析，但分析工作者仍须掌握和承担试样的采集方法和任务。工业生产中样品的采集方法大多有国家或行业标准，尚无国家或行业标准的，也要根据采样理论和生产实际制定企业标准。对固体物料而言，采样方法大同小异。

（1）物料堆中采样

矿物原料如矿石、煤炭等，常堆放在露天，一般分布是很不均匀的。由于颗粒或块状物料在堆集过程中的分层现象，大的在下面，小的在上面，外层物料受到风化或氧化等作用而使组成发生变化，造成里外成分不一致，使物料更加不均匀。因此从物料堆中取样时，应从物料的不同部位、不同深度采集试样。但实际上不可能扒开物料堆从内部深处取样，那样会破坏内部贮存条件，引起物料内部组分也发生变化，且取样较困难。一般方法是用锹或铲子将表层 0.1m 厚的部分除去，以地面为起点，每隔 0.5m 高处画一横线，再每隔 1～2m 向地面划垂线，两线交点为采样点，在采样点挖 0.3m 深的坑，从坑底向地面垂直方向挖够一个子样的物料量，合并后成为原始平均试样。

（2）袋装物料的采样

物料是桶、袋、箱、捆等形式，如化工产品一般是用袋（桶）包装，每一袋（桶）为一件，首先应从一批包装中确定若干件，然后用适当的取样器从每件中取出若干份。多少件为一分析化验单位，视不同产品而定。袋装化学肥料，通常是：

50 件以内，   抽取 5 件；
51～100 件，   每增 10 件，加取 1 件；
101～500 件，   每增 50 件，加取 2 件；
501～1000 件，   每增 100 件，加取 2 件；
1001～5000 件，   每增 1000 件，加取 1 件。

例如，若某批化学肥料为 2000 件，则应抽取的件数为

$$5+5×1+8×2+5×2+10×1=46 \text{ 件}$$

从物料袋中各部位随机抽取规定量的件数，然后再用取样钻或双套取样管（适宜于易变质的物料）对每个采样单元分别进行采样。方法是用采样管（见图 1-1）或采样钻沿袋对角线方向扦入，旋转 180° 抽出，把钻管内的物料清出，即为 1 个子样。化工产品总样量一般不少于 500g，其他工业产品的总样量应足够分析用。

（3）物料流中采样

随运输带上传送的物料叫物料流。如运输皮带、链板运输机等上面的物料采集，大都使用机械化的自动采样器定时、定量连续采样。若要人工采样时也较容易，只要每隔一定时间采取一份试样便可。一般用舌形铲（300mm 长，250mm 宽），在采样点一次采取规定量的物料。采样前首先应分别在物料流的左、中、右位置布好采样点，然后取样。若在运转的皮带上取样，则取样铲要紧贴皮带全宽度取样，因物料在运输过程中也会发生分层现象。

当采用相同的时间间隔采样时，只要物料流的流量均匀，则采样的时间间隔 T 可用下式计算：

$$T \leqslant \frac{60Q}{nG} \tag{1-6}$$

式中 T——采样的时间间隔，min；

       Q——物料批量，t；

       n——子样数目，个；

       G——物料的流量，t/h。

图 1-1 双套回转
取样管

（4）运输工具中采样

从运送工具中采样，要根据运输工具的不同，选用不同的布点方法，常用的布点方法有斜线三点法、斜线四点法和斜线五点法。当车皮容量低于 30t 时采用斜线三点法；当车皮容量在

30～50t 时，采用斜线四点法，而当车皮容量超过 50t 时采用斜线五点法，如图 1-2。布点时应将采样点分布在车皮的一条对角线上，首、末采样点至少距车角 1m，其余采样点等距离分布在首、末两个采样点之间。

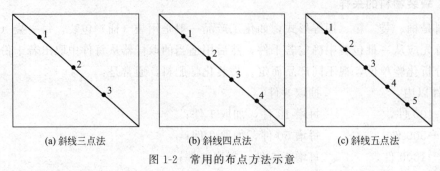

(a) 斜线三点法　　　　　　(b) 斜线四点法　　　　　　(c) 斜线五点法

图 1-2　常用的布点方法示意

当然还有其他一些布点方法。

1.1.3.2　液体物料的采样

液体物料具有流动性，其组成一般比固体物料均匀，采样比较容易。液体物料分为流动液体和静止（贮存在罐或瓶中）液体。对于静止的液体，通常是在不同部位采取子样；对于流动的液体，则在不同时间和地点采取子样，然后混合成平均试样。

（1）流动液体物料的采样

此类物料一般在输送管道中（或江河中）。采样时要根据一定时间内的总流量来确定子样数目和每个子样的采集量以及子样之间的时间间隔。对于输送管道中流动的液态物料的采集，用装在输送管道上的采样阀（图 1-3）采样。按有关采样规程和分析目的要求，每隔一定时间，打开阀门，最初流出的液体弃去，然后采样，采样量按规定和实际需要量确定。对江河水样的采集，也可用下述采样瓶采样。

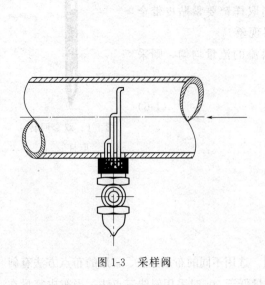

图 1-3　采样阀

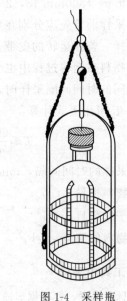

图 1-4　采样瓶

（2）静止液体物料的采样

又分大贮罐和小贮罐（桶或瓶）物料的采集。

① 大贮罐物料的采集。采样工具为采样瓶（见图1-4），它是由底部附有重物的金属框架和装在金属框架内的带塞小口瓶组成，金属框架用来放置、固定和保护小口瓶并起重锤作用，框的底部还附有铅块，以增加采样瓶的质量，使其易沉入液体底部，框架上有两根长绳或金属链，一根系在穿过框架上的小金属管同瓶塞相连的拉杆上，控制瓶塞的起落，另一根系住金属框，控制金属框的升降。

小口瓶分为玻璃瓶和塑料瓶：玻璃瓶易清洗，透明，易观察，但其中硅、钠、钾等易溶出而干扰，且易碎。塑料瓶不易碎，轻便，但易吸附 PO_4^{3-} 及有机物，易受有机溶剂腐蚀。所以，根据实际选择合适的采样瓶。

从大贮罐中采集试样有两种方式：一种是采集全液层试样，具体方法是先向上将瓶塞提起，再将采样瓶由液面垂直匀速沉入物料底部，当采样瓶刚达底部时，气泡停止冒出，说明采样瓶沉入的速度适中，并已采得全液层试样，此时放下瓶塞，提出采样瓶，完成采样。

另一种是分别从上层（距表面200mm）、中层、下层分别采样，然后再将它们合并，混合均匀作为一个试样。在一定深度的液层采样时，首先盖紧瓶塞，将采样瓶沉入液面以下预定深度，深度可由系住金属框的长绳上所标注的刻度指示，然后稍用力向上提取牵着瓶塞的绳子，拔出瓶塞，液体物料便进入采样瓶内。待瓶内空气被驱尽停止冒出气泡时，再放下瓶塞，将采样瓶提出液面即可。

在未特别指明时，一般以全液层采样法进行采样。

② 小贮罐（桶或瓶）中采样。对易搅拌均匀的液体，可先搅匀直接取样分析，对不易搅匀的液态物料，则采用采样管进行采样。采样管一般是一个由玻璃、金属或塑料制成的管子，能插入到罐、桶、瓶或槽车内所需要的液面上。

金属采样管（见图1-5），由一根长金属管制成，管下端为锥状，内壁有一个与管壁密合的金属重砣锥体，并系一根长绳或金属丝控制重砣的升降。

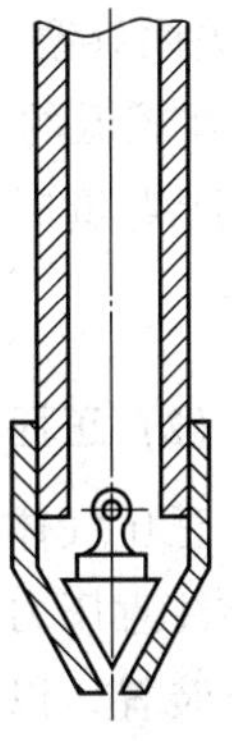

1.1.3.3　气体物料的采集

气体物料由于分子的扩散作用，物料组成较均匀，易于采得具有代表性的样品，但气体物料呈各种状态和性质，如静态和动态，有常压气体，也有正压和负压气体，有常温、低温、高温气体，有无毒无味、无腐蚀性气体，也有有毒有腐蚀性气体，所以采样前必须先了解气体的性质和状态，再根据不同情况，严格按规范要求选用采样方法，并注意安全。

图1-5　金属采样
管局部结构

气体采样通常是采取钢瓶中的压缩气体或液化气体、贮罐中的气体、管道或烟囱内的流动气体。根据不同情况和要求以及不同的分析项目，需用不同的方式采取不同形式的样品。在一定时间间隔内采取的气体样品称为"定期试样"；在某一部位采取的气体试样称"定位试样"；在不同对象或同一对象不同时间内采取的气体样品混合物称"混合试样"；

用同一采样装置在一定时间范围内采取的气体样品或在一个生产周期内采取的可以代表一个过程（或周期）的气体样品称为"平均试样"。

常用的气体采样装置一般由采样管、过滤管、冷却器及气样容器等组成。采样管可用玻璃、瓷或金属制成，可根据需要使用。过滤管内装有玻璃丝，用于除去气体内含有的机械杂质。冷却器用于高于200℃的气体样品的采取。气样容器有许多种，视气体条件和分析要求选用，有的情况可将采样管直接与气体分析仪连接。

从气体管道中采样时，可将采样管插入管道的采样点部位至管道直径的1/3处，用橡胶管和气样容器连接。从静止的气体容器中采样时，可将采样管安装在气体容器的一定部位上，用橡胶管和气样容器连接便可采样。

根据压力不同，工业气体通常有常压气体（气体物料的压力等于或近似等于大气压的气体）、正压气体（气体物料的压力高于大气压的气体）及负压气体（气体物料的压力低于大气压的气体）三种，对不同压力的气体，用不同方法采样。

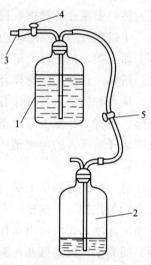

图1-6　采样瓶
1—采气瓶；2—封闭液瓶；
3—橡胶管；4—旋塞；
5—止水夹

（1）常压气体物料的采样

常压气体的采样通常采用封闭液采样法。如采样量较大时，可选用图1-6所示的采样瓶采样。如采样量较小时，可选用气样管采样（图1-7）或流水抽气法采样（采样装置见图1-8）。

封闭液采样具体操作如下：先将图1-6中封闭液瓶2提高，打开止水夹5和旋塞4，让瓶2的封闭液流入采气瓶1，并将瓶1充满，使瓶1中的空气全部排出。然后夹紧止水夹5，关闭旋塞4，将橡胶管3与气体物料采样管相接（注意相接前采样管要排气）。再把瓶2放在较低的位置，打开止水夹5和旋塞4，气体物料便进入瓶1中。待气体物料进入瓶1至所需量时，关闭旋塞，夹紧止水夹，就完成了气体样品的采集。气样管采样与此类似。

（2）正压气体物料的采样

正压气体物料的采集，一般采用球胆、气袋、吸气瓶或吸气管等装置；此法较容易，但要注意压力范围。采取高压气体是需要在采样导管和采样器之间安装一个合适的安全或放空装置，以便使压力降至略高于大气压后，再连接采样管，采取一定体积的气体。采取中压气体时，可在导管和采样器之间安装一个三通活塞，将三通的一端连接放空或安全装置。也可直接用球胆连接采样口，利用管路中的压力将气体压入球胆。

生产中的正压气体常常与采样装置和气体分析仪相连，直接进行分析。而对于一些特殊的气体要使用特制的采样容器进行采样，如卡式气罐、液氯钢瓶、金属杜瓦瓶等。

（3）负压气体物料的采样

对于负压不大的气体物料可采用抽气泵法减压采样。所用抽气泵可用流水真空泵（见

图1-8），也可用机械真空泵（见图1-9）。

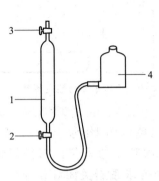

图1-7 气样管采样

1—气样管；2,3—旋塞；4—封闭液瓶

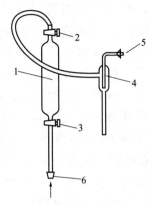

图1-8 流水抽气法采样装置

1—气样管；2,3—旋塞；4—流水
真空泵；5,6—橡胶管

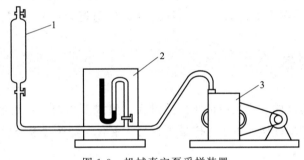

图1-9 机械真空泵采样装置

1—气样管；2—压力计；3—真空泵

流水抽气泵取样法具体操作如下：将气样管经图1-8中橡胶管6和采样管相连，再将流水真空泵经橡胶管5和自来水龙头相连。开启自来水龙头和旋塞2和3，使流水抽气泵产生的负压将气体抽入气样管一定时间后，关闭自来水龙头及旋塞2和3，将气样管从采样管上和流水抽气泵上取下便可。

超负压气体物料（气体压力远远低于大气压叫超负压气体）的采集，则要用抽空容器取样法取样。抽空容器如图1-10所示，抽空容器一般是容积为0.5～3L的厚壁优质玻璃瓶或管，瓶（管）上有旋塞。采样前将其抽至内压为8～13kPa以下，关闭瓶（管）上的旋塞，然后称量，用橡胶管将集气瓶与采样装置连接，开启集气瓶上的旋塞，气体物料即进入集气瓶。取完后，再称量，两次质量之差即为气体试样的质量。

1.1.3.4 试样采集需注意的问题

为了确保采集的试样具有充分的代表性，在采集试样的过程中除按标准和有关规定进行操作外，还要注意几个方面：取样过程中要避免物料发生任何变化；取得的试样不得有任何损失；不得引入任何杂质成分，所以取样工具或装置务必清洁，对液体或气体试样的采集容器首先要用试样清洗几次再装试样；取得的试样应尽量保存在密闭的容器内（特别是液体样品易挥发），见光易发生变化的则应贮存在棕色容器内；还要注意试样的贮存温度、时间等因素；对于易分层的混合液体的采样，采样前一定要搅匀，同时要在不同位点，多点采样；用封闭液采取气体样品时，因气体在封闭液中有一定的溶解度，故封闭液事先要用被分析的气体试样饱和，对易溶气体还要注意温度的影响和容器是否干燥等；

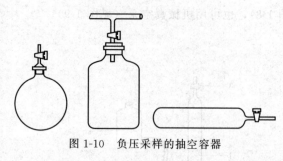

图 1-10　负压采样的抽空容器

气体样品采样前一定要了解其性质，若有腐蚀性的气体（如 H_2S、SO_2），则不能用球胆或金属采样管采样；一定要注意采样安全，对危险品的采集，在任何情况下，采样者都必须确保所有被打开了的部件和采样口按照要求重新关闭好；为便于分析，并为分析结果提供充分、准确的信息，采得样品后，要详细做好采样记录。采样记录一般包括这些内容：样品名称和编号、分析项目名称、总体物料批号及数量、生产单位、采样点及其编号、样品量、气象条件、采样日期、采样人姓名等。样品装好后，要及时在容器壁上贴好标签，标签内容大致与记录内容相同。

1.2　试样的制备

采集的原始平均试样（或初级试样）数量大，组成不均匀，一般不能直接用于分析。对液体和气体原始平均试样，由于采样量少且易于混合，经充分混合后便可分取一定量进行分析测试。

而对于固体原始平均试样，因采样量大，组成不均匀且颗粒大小悬殊，因而不能直接用于分析测试工作，一般要经过以下步骤将原始平均试样制备成分析试样才能进行测定，为此，在不改变原始平均样品的组成情况下，对其进行一系列加工处理，缩减试样量，并使之成为组成均匀（能代表原始平均样品的组成）、粒度很细（便于试样分解）的适用于分析测试的分析试样的过程叫试样的制备（简称制样）。分析试样一般为数克至数百克。

固体试样有多种，常见的有金属及非金属两大类，本节主要介绍岩石、矿物等非金属试样的制备，金属试样的采集和制备在第 7 章介绍。

制样一般包括破碎、过筛、混匀和缩分四个过程。

1.2.1　破碎

通过机械或人工方法将大块的物料分散成一定细度物料的过程叫破碎。破碎的目的是为了把试样粉碎至一定程度，便于缩分和试样分解。破碎又分粗碎、中碎、细碎和粉碎四个阶段，且由粗碎、中碎、细碎再到粉碎，粉碎一般是在球磨机、瓷研钵、玛瑙研钵中进行。根据分析项目的不同要求，使用不同的设备和方法破碎到不同的粒度。

粗碎：$d_{max} \approx 25mm$。

中碎：将 25mm 颗粒分散到 5mm 左右。

细碎：将 5mm 颗粒分散到 0.15mm 左右。

粉碎：将 0.15mm 左右颗粒分散到 0.075mm 以下。

常用破碎工具有颚式破碎机、锥式破碎机、捶击式粉碎机、铁碾槽、球磨机、研钵等。采用哪种破碎工具应根据物料性质和对试样的要求进行选择。当然有的样品不宜用钢铁材质破碎机破碎，只能用人工逐级敲碎。

在破碎过程中，要注意工具清洁，不能磨损，防止杂质引入，防止物料跳出及粉末飞扬，不能丢弃难破碎的任何颗粒。

因为不需要将所有原始平均试样都制备成分析试样，所以，在破碎的每一个阶段又包括四个工序：破碎、过筛、混合及缩分。经历这些周期性过程，原始平均试样自然减量到分析试样的要求，然后送化验室，送化验室的样品一般要求通过 100~200 号筛。

1.2.2 过筛

粉碎后的物料需要经过过筛（筛分），即按规定用适当的标准筛对样品进行分选。经过破碎的物料中仍有大于规定粒度的物料，必须用一定规格的标准筛筛分出来继续进行破碎，直至全部通过规定的标准筛。物料硬度不同，其组成也不尽相同，所以过筛时，凡未通过标准筛的物料，不得抛弃，必须进一步破碎。物料破碎后，用哪号筛子过筛要根据物料颗粒大小来选择。

物料在过筛之前，甚至有的物料在破碎前，要将物料干燥，以免过筛（或破碎）时黏结或将筛孔堵塞。另外在试样加工过程中，样品的粒度变化很大，为了减少重复劳动，降低成本，在破碎之前先进行预过筛（或辅助过筛）。

过筛用的筛子为标准筛，其材料一般是铜网或不锈钢网（见图 1-11），过筛有人工操作和机械振动两种方式。

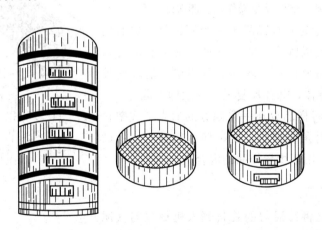

图 1-11 标准分样筛

筛的规格常用筛号（或筛目）表示，筛网的数目（筛目）就是指一英寸长度（1in 或 25.4mm）内的筛孔数目。筛目不同，筛孔直径大小就不同，如 20 目筛，指 1in 长度内有 20 个筛孔，其孔径为 0.84mm。我国常用成套的孔径不同的金属网筛，称为套筛，采用十级套筛。表 1-3 列出了分样筛常用筛号与孔径之间的关系。

表 1-3 分样筛号及孔径

筛号	孔 径		网线直径	筛号	孔 径		网线直径
	in	mm	in		in	mm	in
$3^{1/2}$	0.223	5.66	0.057	40	0.0165	0.42	0.0098
4	0.187	4.76	0.050	45	0.0138	0.35	0.0087
5	0.157	4.00	0.044	50	0.0117	0.297	0.0074
6	0.132	3.36	0.040	60	0.0098	0.250	0.0064
8	0.0937	2.38	0.0331	70	0.0083	0.210	0.0055
10	0.0787	2.00	0.0299	80	0.0070	0.177	0.0047
12	0.0661	1.68	0.0272	100	0.0059	0.149	0.0040
14	0.0555	1.41	0.0240	120	0.0049	0.125	0.0034
16	0.0469	1.19	0.0213	140	0.0041	0.105	0.0029
18	0.0394	1.10	0.0189	170	0.0035	0.088	0.0025
20	0.0331	0.84	0.0165	200	0.0029	0.074	0.0021
25	0.0280	0.71	0.0146	230	0.0024	0.062	0.0018
30	0.0232	0.59	0.0130	270	0.0021	0.053	0.0016
35	0.0197	0.50	0.0114	325	0.0017	0.044	0.0014
				400	0.0015	0.037	0.0013

1.2.3 混匀

经破碎过筛后，物料是不均匀的，大的在下层，小的在上层，所以在缩分之前必须将其充分混匀。混匀的方法有人工混匀法和机械混匀法。

(1) 人工混匀法

人工混匀法有堆锥法、环锥法、掀角法等。

① 堆锥法　是用铁铲将物料往一中心堆成一个圆锥，然后将已堆好的物料用铁铲从锥底开始一铲一铲地将物料铲起，堆成另一个圆锥，如此反复操作三、四次即可混匀。

② 环锥法　是先将样品堆成一个圆锥体，然后用干净的木板或钢板以锥顶插入，以轴心为中心转动木板，将圆锥体样品分成一个环形，再用铲子沿环的外线将样品堆成圆锥体，如此反复三、四次即可混匀。

③ 掀角法　将样品放在一张四方的油光纸或塑料橡胶布上，反复对角线掀角，使试样翻动数次，将试样混匀。掀角法适用于少量样品的混合。

(2) 机械混匀法

机械混匀法是将欲混匀的物料倒入机械混匀（搅拌）器中，启动机器，经一段时间运作，即可混匀。另外样品在球磨机内磨碎的过程中，本身就是一种很好的混匀方法。用分样器（见图 1-12）也可以将试样很好地混合。

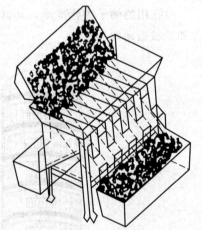

图 1-12　分样器

1.2.4 缩分

按规定在不改变物料平均组成和性质的情况下，通过某些步骤，逐步减少试样量的过程叫缩分。经过破碎、筛分、混合后的样品，其质量还是很多，不可能全部加工成分析试样，必须经过数次缩分处理，实际上在试样由粗碎、中碎到细碎等每一步制样的操作过程中，都要进行缩分，缩分的目的是在保证样品具有代表性的前提下，减少样品的处理量，提高工作效率。常用的缩分方法如下。

（1）分样器缩分法

将待缩分的物料缓缓倾入分样器中，进入分样器的物料，顺着分样器的两侧流出，被平均分成两份，将其中一份弃去（或保存备查），另一份则继续进行再破碎、过筛、混匀、缩分，直到所需的粒度和试样量。

（2）锥形四分法

此法是最常用的方法，其步骤是先将物料堆成圆锥体，用平板将圆锥体垂直压平成圆台体，将圆台体物料平均分成四份，取其中对角线作为一份物料，另一份弃去或保存备查。重复操作，直至所取的物料量符合要求，操作过程如图 1-13。

（3）棋盘（正方形）缩分法

将混匀的样品铺成正方形的均匀薄层，然后将其划分成若干个小正方形，用小铲子将一定间隔内的小正方形样品全部取出，放在一起混合均匀（如图 1-14）。其余部分弃去或保存备查。

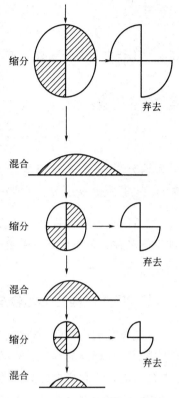

图 1-13　锥形四分法示意图

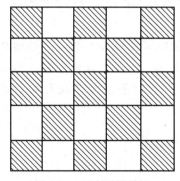

图 1-14　正方形缩分法

以上三种缩分方法均可将试样量减少，即每缩分一次，试样量减少一半，但缩分次数不能随意，那么样品缩分到什么程度呢？应缩分多少次呢？为了保证样品逐级破碎、逐级缩分后的试样具有代表性，在每次缩分时，试样的粒度与缩分后应保留的试样量之间应遵循理查-切乔特公式：

若制样某一阶段粒度为 d，其质量为 Q'，则依缩分公式得到

$$Q'/Kd^2 = n \tag{1-7}$$

当 $n < 1$ 时，一般出现在开始阶段，说明送检样数量不足，应重新取样或与送检单位商议决定；

当 $1 \leqslant n \leqslant 2$ 时，应先破碎，后缩分；

当 $n \geqslant 2$ 时，可以先混匀、缩分，再取部分进行破碎。若以每次缩减一半论，则缩分次数 m 可依下式确定。

$$n = 2^m \tag{1-8}$$

【例 1-2】　有一矿样质量为 2kg，已全部通过 20 目筛，求需要缩分出有代表性的样品的最小质量，至多缩分多少次（K 取 0.2）。

解：过 20 目筛的矿样最大颗粒直径 d 可查表 1-3 得 0.84mm，则可求得应保留的最小质量为：

$$Q_{缩分}=Kd^2=0.2\times0.84\times0.84=0.141\text{kg}$$

在实际工作中，缩分次数 m 按下式计算：

$$Q=2^mKd^2$$

缩分次数 m 为：

$$m=\frac{\lg(Q_{采样})-\lg(Q_{缩分})}{\lg2}=\frac{\lg2-\lg0.141}{\lg2}=3.8$$

因为缩分后保留试样的最小质量为 0.141kg，所以只能允许缩分三次（而不是四次）。如果要继续缩分，则要再经过破碎、过筛、混匀，再用较大号的筛缩分。

　　最后制得的物料装入广口磨砂试剂瓶中贮存备用。同时立即贴上标签，表明基本信息（如试样名称、采集地点、采集时间、采集人、制样时间、制样人、制成试样量、过筛号等）。

1.2.5　制样过程的沾污损失及要求

　　在制样过程中，由于机械、器皿和样品与样品之间的交叉污染，均对样品的分析结果产生影响。其影响的程度受样品中待测组分含量的大小而变化，为了减少这种污染对分析结果的影响，必须根据样品性质及分析要求来选定制样器械和制样方式。为此，在制样前最好将送检样分类，按品位不同由低含量到高含量顺序制样。每次制样前后用到的机械或器皿均须用吹风机吹干净或用水洗干净。

　　在制样过程中，除样品沾污现象外，不可避免地会产生样品的损失。分析工作者应尽可能减少这种损失。

　　为保证制样的质量，防止沾污和损失，使送检样与分析试样成分一致，我国地矿部门规定：样品经过制样，累计损失率不得超过原始样品的 5%；缩分样品时，每次缩分误差不得超过 2%；制得的分析试样，用玻璃板压平后，不能有花纹和明显的颗粒。

 【知识拓展】

样品管理程序

　　现场采样人员负责样品的采集至送检前的管理，包括现场标志、保存和运输。

　　样品管理人员负责样品的交接、实验室标识、保存和检毕样品的清理及质控样的编制。

　　现场采样人员对采集的样品及时加贴标志。加贴标志上应包括采样地点、分析项目及样品编号等信息。根据采样规范的要求，妥善保存和安全运输，需要加固定剂的，应现场添加固定剂，需要低温或避光保存的，应立即进行低温或避光保存（包括运输过程中），防止运输过程中的沾污、变质和损坏。

现场采样人员将样品交样品管理人员，并在《样品交接记录》上双方签字确认。

客户委托的样品，由综技室将样品交监测分析室管理人员并在《样品交接记录》上双方签字确认。

样品管理人员接收到样品后，检查样品的状况，填写《样品交接记录》。

注明样品的编号、数量、特征、状态和是否有异常情况，对接收样品再加实验室编号，及时将样品转交分析人员，并说明是否留样。实验室编号按序排列，加注在采样编号之后，实验室编号每年更新一次。

测定污染源的颗粒物（含烟尘）的滤筒和测定空气中颗粒物的滤膜，因要求特殊，故先由样品管理员编号，交采样人员进行衡重、采样，编号按序编号，编号每年更新一次。

对增加的质控样，样品管理员进行室内编号，按采样编号规定执行。

分析人员在样品的制备、分析过程中要严格控制环境条件，对样品加以防护，以免样品的混淆、丢失及变质。

分析人员应及时在样品标识上将分析完的项目加符号"×"，等完成全部样品的分析测试后，对无需留样的样品，由分析人员按"三废处理规定"进行处置。

对于监督性监测和仲裁性监测样品和客户要求留样的样品，检毕后由样品管理人员统一收集，在保存有效期内，按样品的保存要求妥善保存，逾期则予以妥善处置。

《样品交接记录》由样品管理员保管归档，按《档案管理程序》执行。流程如下。

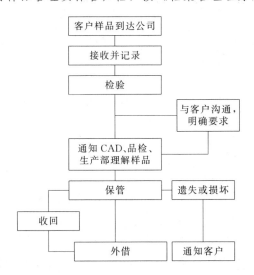

【习题与思考题】

1-1 名字解释：

子样 子样数目 原始平均试样（送检样） 分析化验单位 分析试样 气体定期试样 定位试样 混合试样 平均试样

1-2 子样数目和采样量决定于什么因素？如何确定子样数目和最低采样量？

1-3 以矿石为例，说明固体试样的采集和制备方法。

1-4 常用气体采样装置有哪些？如何从工业设备中采取正压、负压和常压气体试样？

1-5 样品最低可靠质量与样品粒度有什么关系？写出理查-切乔特经验公式，并说明各符号的意义及量的单位，并简述切乔特公式的用途。

1-6 原始样品质量为 16kg，若该样品的 K 值为 0.5，当破碎至颗粒直径为 4mm 时，最低可靠质量是多少？样品能否缩分？若能缩分，可缩分几次（$\alpha=2$）？

1-7 试述样品采集和制备的基本原则是什么？在采集和制备过程中应注意哪些问题。

◆ **参考文献** ◆

[1] 汪尔康. 分析化学手册. 第三版. 北京：化学工业出版社，2016
[2] 中华人民共和国国家标准《化工产品采样总则》GB/T 6678—2003
[3] 中华人民共和国国家标准《固体化工产品采样通则》GB/T 6679—2003
[4] 中华人民共和国国家标准《液体化工产品采样通则》GB/T 6680—2003
[5] 中华人民共和国国家标准《气体化工产品采样通则》GB/T 6681—2003
[6] 中华人民共和国国家标准《工业用化学产品采样安全通则》GB/T 3723—1999
[7] 张燮，工业分析化学. 北京：化学工业出版社，2003.
[8] 黄敏文，苑星海，等. 化学分析的样品处理. 北京：化学工业出版社，2007.

第2章 试样的分解

2.1 概述

试样分解就是将试样中的待测组分全部转变为适合于测定的状态。通常是使待测组分以可溶盐的形式进入溶液，或者使其保留在沉淀中与其他组分分离，有时以气体形式将待测组分导出，再以适当的试剂吸收或使其挥发。

试样分解是分析测试工作中很重要的一步，分析工作者必须熟悉各种试样的分解方法，这对分析方法的选择和拟定具有十分重要的意义。分析试样品种繁多，性质各异，其分解方法也不同。但都应遵循一般要求：试样分解要完全，处理后的溶液中不得残留原试样的固体；试样分解过程中待测成分要全部转变为适于测定的形态，且不得挥发损失（加热蒸干不能发生暴沸飞溅，测定钢中磷含量时不能用 HCl、H_2SO_4 分解试样，以防 PH_3 挥发）；分解过程中不能引入含待测组分的物质或干扰的物质，要防止加入的试剂或被腐蚀的容器中含有待测组分（如测磷不能用 H_3PO_4 分解，测硅尽量不用玻璃器皿或瓷坩埚）；选择的分解方法与组分的测定方法应相适应（如重量法和 K_2SiF_6 容量法测硅时，前者可用 Na_2CO_3 或 $NaOH$ 分解试样，而后者只能用 K_2CO_3 或 KOH 分解，不能用 Na_2CO_3 或 $NaOH$ 分解）；由溶（熔）剂性质，选择合适的溶（熔）器（坩埚、器皿等），即溶（熔）剂与溶（熔）器的匹配；分解方法要尽量满足简便、快速、安全环保、经济等要求。

总之，选择正确的分解方法，是保证分析工作顺利进行的关键，也是分析工作者的基本技能。因为试样的分解方法选择不当，会造成试样分解不完全，或被测成分损失，或者引进干扰物质，这些都将影响分析结果的准确性；其次分解方法的选择与被测物质的组成、被测成分含量及分析方法等有很大的关系；另外试样性质不同，分析要求不同，分解方法也会不同，且有的分解方法所用的时间占整个分析时间的大部分，故试样分解方法的选择是一项十分重要而又极其复杂的工作。所以分析工作者必须掌握各种分解方法的特点、条件及所适用的分析范围；熟悉各种溶（熔）剂的性质，特别是各种离子或化合物的反应特性；了解各种容器的材料组成和性能及适用条件，才能正确选择或拟定合理的分解方法。

常见试样的分解方法很多，归纳起来可以分为湿法分解和干法分解两大类。

湿法分解法是将试样与溶剂相互作用，样品中的待测组分变为可供测定的离子或分子存在于溶液中，是一种直接分解法（通常称溶解法）。湿法分解所用的溶剂主要是水、有机溶剂、酸和碱等，应用最多的是酸。湿法分解依操作温度不同，可分常温分解和加热分解；依分解时的压力不同，可分为常压分解和增压分解（封闭溶样）法；依提供的能量方式，可分为电加热分解法、水蒸气加热分解法、超声波搅拌分解法和微波加热分解法等。

　　湿法分解法的主要特点是：溶剂酸容易提纯；分解时不致引入 H^+ 以外的阳离子；过量的酸易挥发除去（除 H_3PO_4 外）；一般分解温度较低，对容器腐蚀小；操作较简单，便于成批操作。但湿法分解的分解能力和范围都有限，有些试样分解不完全；有些易挥发组分在加热时可能会挥发损失。

　　干法分解法是对那些不能完全被溶剂所分解的样品，将它们与熔剂混匀，在高温下发生复分解反应，使之转变为易被水或酸溶解的新化合物。然后用水或酸浸取，使样品中待测成分转变为可供测定的离子或分子的溶液。所以干法分解法是一种间接分解法。所用的熔剂是固体酸、碱、盐或它们的混合物。

　　干法分解又分为熔融（全熔）和烧结（半熔）法。全熔分解法是在高于熔剂熔点的温度下熔融分解，熔剂与样品之间的反应是在液相或固-液相之间进行，反应完成后形成均一熔融体；烧结法是在低于熔剂熔点的温度下分解，熔剂与样品之间的反应发生在固相之间。其分解程度取决于试样的粒度和熔剂与试样的混匀程度，要求有较长的分解时间及较过量的熔剂。

　　干法分解，特别是全熔法，只要熔剂及处理方法选择适当，许多难分解的试样均可完全分解。但由于分解温度高，分解能力强，对器皿的腐蚀程度相对较大，可能给分析结果带来影响，温度越高，时间越长，分析结果影响越大，且操作不如湿法分解法方便。

2.2　湿法分解法

　　湿法分解法通常包括水溶法、酸溶法和碱溶法。

2.2.1　水溶法

　　在用湿法分解法分解试样时，应首先考虑水溶法。碱金属盐、大多数的碱土金属盐、铵盐、无机酸盐〔$CaSO_4$、$PbSO_4$、$Ca_3(PO_4)_2$ 除外〕、无机卤化物（$AgCl$、Hg_2Cl_2、$PbCl_2$ 除外）等试样都可以用水溶法分解。

2.2.2　酸溶法

　　酸溶法是较常用的湿法分解法。酸作分解剂，主要是利用酸的酸性、氧化性、还原性、配位性等。酸溶剂中以无机酸居多，有机酸应用不多。下面重点介绍几种常见的无机酸溶解法。

（1）盐酸

　　盐酸对试样的分解作用主要是利用 H^+ 效应、Cl^- 还原性及 Cl^- 强配位性。对金属氧化物、硫化物、碳酸盐及电动序位于 H 以前的金属或合金的分解，盐酸十分有效。生成的氯化物大多易溶于水（AgCl、Hg_2Cl_2、$PbCl_2$ 除外）；另外，盐酸还可溶解软锰矿（MnO_2）和赤铁矿（Fe_2O_3）等，因 Cl^- 有配位性和还原性；盐酸和 H_2O_2、$KClO_3$、HNO_3 等氧化剂联合使用时产生氯原子和氯气或氯化亚硝酰，起强氧化作用，能分解许多含铀的原生矿物和黄铁矿等金属硫化物；Cl^- 能与 Ge、As(Ⅲ)、Sn(Ⅳ)、Se(Ⅳ)、Te(Ⅳ)、Hg(Ⅱ) 等形成易挥发的氯化物，可使含这些元素的矿物分解；水泥试样也常用盐酸分解。

盐酸在特殊条件下，还可分解通常不能分解的一些物质。如在 8mol/L HCl，100℃ 密闭容器中分解十二烷基磺酸钠，2h 后变为十二醇。用盐酸水解法将蛋白质水解测定其氨基酸含量。在密封增压的条件下升高温度（250～300℃），盐酸可以溶解灼烧过的 Al_2O_3、BeO、SnO_2 以及某些硅酸盐等。HCl 中加入 H_2O_2 或 Br_2 后溶剂更具有氧化性，可用于溶解铜合金和硫化物矿石等，并可同时破坏试样中的有机物。

用盐酸分解试样宜用玻璃、塑料、陶瓷、石英等器皿，不宜使用金、铂、银等器皿。

（2）硝酸

硝酸有很强的酸性和氧化性，它可以分解碳酸盐、硫酸盐、磷酸盐、硫化物及许多氧化物，除金、铂族元素外，绝大部分金属试样都可被硝酸分解。但铝、铁、铬能被硝酸钝化，锡、钨、锑与硝酸反应生成不溶性 H_2SnO_3、H_2WO_4、$HSbO_3$ 沉淀，因而不能用硝酸分解。

用硝酸分解样品，在蒸发过程中硅、钛、锆、铌、钽、钼、锡、锑等大部分或全部生成难溶性的碱式硝酸盐沉淀。硝酸分解含硫矿样时，将硫氧化为硫单质或氧化成 SO_4^{2-}（加 $KClO_3$ 或饱和溴水），因单质硫析出影响测定，所以不单独用硝酸分解。

由于硝酸的氧化性强弱与硝酸的浓度有关，因此在分解某些还原性样品时，随硝酸的浓度不同，分解产物也不同。如：

$$CuS+10HNO_3(浓)\xrightarrow{加热}Cu(NO_3)_2+8NO_2+4H_2O+H_2SO_4$$

$$3CuS+8HNO_3(稀)\xrightarrow{加热}3Cu(NO_3)_2+2NO+4H_2O+3S\downarrow$$

硝酸的配位能力较弱，为了充分利用硝酸的强氧化性，扩大应用能力，可采用王水或逆王水（3 份体积 HNO_3＋1 份体积 HCl）来分解试样。

王水： $$HNO_3+3HCl\Longrightarrow NOCl+Cl_2\uparrow+2H_2O$$

所生成的氯气或氯化亚硝酰均为强氧化剂，Cl^- 又为部分金属离子强配位体，所以具有很强的分解能力，能有效分解各种单质贵金属和各种硫化物。

逆王水： $$6HCl+2HNO_3\longrightarrow 2NO+3Cl_2+4H_2O$$

可能是由于生成氧化能力很强的氯之故。

硝酸分解试样后，溶液中会产生亚硝酸及其他氮的氧化物，它们能破坏有机试剂，所以应加热煮沸溶液或加入某些试剂（如尿素），使其分解除去。

（3）硫酸

硫酸是高沸点的强酸，热浓硫酸还具有很强的氧化性和脱水性，SO_4^{2-} 能跟铀、钍、稀土、钛、锆等形成中等稳定的配合物，因此它是许多矿石和合金的有效溶剂，如能溶解 Sb、As_2O_3、Sn、Pb 合金等；但和碱土金属及铅离子生成沉淀。

在溶样过程中，硫酸多和其他酸或氧化剂混合使用。如常与氢氟酸混合使用分解硅酸盐矿物；和磷酸一起处理钢渣，可使碳化物溶解，二氧化硅脱水，并使钼、钽、钛、钨等保存在溶液中而不水解。

热浓硫酸能破坏几乎所有有机物，各种生物材料常可用浓硫酸和浓硝酸（按不同比例）或过氧化氢混合消解，可能是利用了浓硝酸的强氧化作用和浓硫酸的强脱水作用。

工业分析中常利用硫酸的高沸点（338℃），加热到硫酸冒白烟（SO_3）来除去溶液中的低沸点酸盐酸、硝酸、氟化氢等。但如果冒烟时间较长，析出的硫酸盐往往难溶（如铬钢、铬铁合金等），给后续测定造成麻烦，要引起注意。

(4) 磷酸

磷酸是一个中强酸，且无恒沸溶液，磷酸加热时变成焦磷酸和聚磷酸，PO_4^{3-} 具有很强的配位能力，能与铝、铁（Ⅲ）、钍、铀（Ⅳ、Ⅵ）、锰（Ⅲ）、钒（Ⅲ、Ⅳ、Ⅴ）、钼、钨、铬（Ⅲ）等形成稳定的配离子，常用来分解合金钢和难溶矿样，如铬矿、氧化钛矿、金红石、刚玉、铝土矿、蓝晶石、电气石和炉渣等。

尽管磷酸的分解能力强，但通常仅用于某些单项分析，而不用于系统分析，这是由于磷酸与许多金属离子形成难溶性化合物，给分析带来不便。并且磷酸分解矿样不彻底，因为它对许多硅酸盐矿物的作用甚微，也不能将硫化物、有机碳等物质氧化。所以磷酸常与其他酸、氧化剂、还原剂以及多种配合剂混合使用，可收到更好的溶样效果。如熔融过的氧化铝一般难溶于各种酸，但可被浓磷酸-硫酸的混合液在加热下溶解。硫酸与 $SnCl_2$ 的混合液是一种强还原性体系，可从黄铁矿及其硫化物矿中定量释放出 H_2S，砷形成 AsH_3 逸出，然后可在挥发出来的气体中测定硫和砷。

单独用磷酸溶样时，不能长时间加热，以免生成多聚磷酸难溶物。

磷酸在高温时，对玻璃有较强的腐蚀作用，所以用磷酸溶样时要经常摇动，加热时间不能过长，否则玻璃内壁腐蚀形成薄层。

(5) 高氯酸

高氯酸是强酸，热浓高氯酸为强氧化剂和脱水剂，它可氧化硫化物、有机碳，可有效地分解硫化物、氟化物、氧化物、碳酸盐及许多铀、钍、稀土的磷酸盐矿物及各种铁合金（包括不锈钢），其分解速度快，而且在分解过程中将金属氧化为最高价态，溶解后生成的高氯酸盐除钾、铵、铯、铷盐外，其余盐在水中溶解度大。

用高氯酸把铬氧化成 $Cr_2O_7^{2-}$，再滴加盐酸（或氯化钠）溶液，能使 $Cr_2O_7^{2-}$ 转化为 CrO_2Cl_2（氯化铬酰）挥发除去（称挥铬法）。此为工业分析中除铬干扰的一种方法。

加热蒸发至冒高氯酸白烟（203℃时）可除去低沸点酸，其残渣易溶于水，而硫酸蒸发后残渣则常不易溶解，所以重量法测硅时，用高氯酸作脱水剂优于用硫酸和盐酸作脱水剂，且一次脱水即可。

常采用高氯酸和硝酸、高氯酸和硫酸或高氯酸和氢氟酸的混合溶剂。如高氯酸和氢氟酸的混合溶剂可将钢、铌（Nb）、钽（Ta）、锆（Zb）等试样中的微量氮在加压下转化为氨气而进行测定。不过要在加压下分解，即在密闭的装置中，对试样进行分解处理，它是在用钢制的外套，聚四氟乙烯塑料或铂作衬里的设备中进行的。其优点是没有有害气体挥发出来，安全，避免了环境污染，另外分解速度快。

热浓高氯酸遇有机物或某些无机还原剂激烈反应，易发生爆炸；高氯酸蒸气与易燃气体混合形成猛烈爆炸的混合物，所以在操作时要特别小心。在分解有机物时，应先加浓硝酸破坏有机物后再加高氯酸，以防爆炸。

（6）氢氟酸

氢氟酸的酸性较弱，分解起主要作用的是氟离子的强配位能力，能与 Al、Cr(Ⅲ)、Fe(Ⅲ)、Fe(Ⅱ)、Ga、In、Re、Sb、Sn、Th、Ti、U、Nb、Ta、Zr、Hf 等生成稳定的配合物，且可与硅作用生成易挥发性的 SiF_4。因此广泛用于分解各种天然和工业生产的硅酸盐，在常压下几乎可分解除尖晶石、斧石、锆石、电气石、绿柱石、石榴石以外的一切硅酸盐矿物。而这些难分解的硅酸盐，在聚四氟乙烯增压釜中加热至 300℃ 后也可全部分解。

氢氟酸与高氯酸、磷酸、硝酸、硫酸等混合，可分解磷矿石、银矿石、石英及含铌、锗、钨的合金钢试样。如试液用于分析硅，为了防止 SiF_4 挥发损失，一般可用聚乙烯容器，在小于 60℃ 条件下分解试样。

氢氟酸分解后制备的试样溶液可以不必除去 F^- 而直接用于原子吸收、火焰光度分析、分光光度及纸色谱法。

氢氟酸分解试样不宜在玻璃、银、镍器皿中进行，一般在铂容器或塑料器皿中进行。但用聚四氟乙烯容器时，加热温度不应超过 250℃，以免分解产生有毒的氟异丁烯气体。

氢氟酸对人体有毒并有腐蚀作用，使用时应避免与皮肤接触，并在通风良好的环境下操作。

用氢氟酸分解试样时试液中某些组分可能会损失，如硅、钛等与氢氟酸反应生成气体挥发。

$$SiO_2 + 6HF \Longrightarrow H_2SiF_6 + 2H_2O$$
$$\Updownarrow$$
$$SiF_4 \uparrow + 2HF$$
$$TiO_2 + 4HF \Longrightarrow TiF_4 \uparrow + 2H_2O$$

2.2.3　碱溶法

（1）NaOH 溶解法

NaOH 稀溶液主要用来溶解铝、锌等两性金属及其合金，以及某些酸性或两性氧化物等。在测定铝合金中硅时，用 NaOH 溶解（并滴加适量 H_2O_2）使硅以 SiO_3^{2-} 形式存在于溶液中，可避免用氢氟酸溶解时硅以 SiF_4 形式挥发损失。反应在铂容器或聚四氟乙烯容器中进行。

（2）碳酸盐分解法

浓的碳酸盐溶液可以用来分解硫酸盐，如 $CuSO_4$、$PbSO_4$ 等。

（3）氨分解法

利用氨的配位作用，可以分解 Cu、Zn、Cd 等的化合物。

2.3 干法分解法

干法分解法有熔融法和烧结法两种，它们所使用的熔剂大体相同，但加热的温度和所得的产物性质不同。其所用的熔剂按其酸碱性不同可分为两类：酸性熔剂和碱性熔剂。酸性熔剂主要有氟化氢钾、焦硫酸钾（钠）、硫酸氢钾（钠）、强酸的铵盐等；碱性熔剂主要有碱金属碳酸盐、苛性碱、碱金属过氧化物和碱性盐等。常用熔剂的性质、用量及应用见表 2-1。

表 2-1 常用熔剂的性质、用量及应用

熔　剂	用　量	温度/℃	适应坩埚	应　用
无水碳酸钠	6～8 倍	950～1000	铂、铁、镍、刚玉	用于分解硅酸岩石、不溶性矿渣、黏土、耐火材料、不溶于酸的残渣硫酸盐等
碳酸氢钠	12～24 倍	900～950		
1 份无水碳酸钠+1 份无水碳酸钾	6～8 倍	900～950		
6 份无水碳酸钠+0.5 份硝酸钾	8～10 倍	750～800	铂、铁、镍、刚玉	用于测定矿石中的全硫、砷、铬、钒等
3 份无水碳酸钠+2 份硼酸钠	10～12 倍	500～800	铂、瓷、刚玉、石英	用于分解铬铁矿、钛铁矿
2 份无水碳酸钠+1 份氧化镁	10～14 倍	750～800	铂、铁、镍、瓷、刚玉、石英	用来分解铁合金、铬铁矿（测定铬、锰）
1 份无水碳酸钠+2 份氧化镁	4～10 倍	750～850	铂、铁、镍、瓷、刚玉、石英	用来分解铁合金，测定煤中的硫
2 份无水碳酸钠+1 份氧化锌	8～10 倍	750～800	瓷、刚玉、石英	用来测定矿石中的硫
4 份无水碳酸钠+1 份酒石酸钾	8～10 倍	850～900	铂、瓷、刚玉	用来分离铬(Cr)与钒(V_2O_5)
过氧化钠	6～8 倍	600～700	铁、镍、刚玉	用于测定矿石和铁合金中的硫、铬、钒、锰、硅、磷、钨、钼、钛、铀、稀土等试样
5 份过氧化钠+1 份无水碳酸钠	6～8 倍	650～700	铁、镍、银、刚玉	
4 份过氧化钠+2 份无水碳酸钠	6～8 倍	650～700	铁、镍、银、刚玉	
氢氧化钾（钠）	8～10 倍	450～600	铁、镍、银	用来分解硅酸盐等矿物
6 份氢氧化钾（钠）+0.5 份硝酸钾（钠）	4～6 倍	600～700	铁、镍、银	用来代替过氧化钠
4 份碳酸钠+3 份硫	8～10 倍	850～900	瓷、刚玉、石英	用来分解有色金属矿石焙烧后的产品
硫酸氢钾	12～14 倍	500～700	铂、瓷、石英	熔融铁、铝、钛、铜的氧化物，分解硅酸盐测定 SiO_2，分解钨矿分离钨和硅
焦硫酸钾	8～12 倍	500～700	铂、瓷、石英	
1 份氟化氢钾+1 份焦硫酸钾	8～12 倍	600～700	铂	分解锆矿石
氧化硼	8～10 倍	600～800	铂	分解硅酸盐测定碱金属
硫代硫酸钠	8～10 倍		瓷、刚玉、石英	分解有色金属矿石焙烧后的产品
混合铵盐	12～20 倍		瓷、刚玉、石英	分解硫化物、硅酸盐、磷酸盐等矿物

熔融法分解试样时，反应物浓度和反应的温度（300～1000℃）都很高，因此分解能力很强。但又因温度高（有时 1000℃ 以上），且在一定容器中进行，操作较麻烦，且易引入杂质（熔剂或容器腐蚀引入），另外某些组分在高温下挥发损失严重，熔融液还有爬壁现象等，这些都会给分析测定带来影响，因此，在选择分解方法时，应尽可能采用溶解

法，或某些试样先用酸溶分解，剩下的残渣再用熔融法分解。下面分别介绍有关熔剂。

2.3.1 碱金属碳酸盐

碱金属碳酸盐包括碳酸锂、碳酸钠、碳酸钾及它们的低共熔混合物。对硅酸盐岩石矿物是很有效的熔剂，所以这类熔剂很重要，其中碳酸钠易提纯，廉价，最常用，可满足一般熔样要求。某些纯碱含较高的硅、钙，所以也推荐用易提纯的碳酸氢钠作熔剂。

硅酸盐被酸分解的难易程度与其本身组成和性质有关，若其中碱性氧化物含量越高且碱性越强，则越易被酸分解，甚至可溶于水。许多天然硅酸盐不被一般酸所分解，加入一定量的碱性熔剂（如碳酸钠），使碱性成分增加，然后在高温下熔融发生复分解反应，生成易溶于水或酸的化合物。如：长石（$NaAlSi_3O_8$）与 Na_2CO_3 反应：

$$NaAlSi_3O_8 + 3Na_2CO_3 \xrightarrow{熔融} NaAlO_2 + 3Na_2SiO_3 + 3CO_2\uparrow$$

生成的 $NaAlO_2$ 与 Na_2SiO_3 可溶于一般酸中，制得可供分析测定用的溶液。碳酸钠熔融分解的温度一般为 $950\sim1000℃$，时间为 $0.5\sim1h$，熔剂量为试样量的 $4\sim6$ 倍，而对高铝试样则要 $6\sim10$ 倍。对铝土矿、铬铁矿、锆石等难分解矿物，需在 $1200℃$ 熔融 $10min$ 左右。在分解硅酸盐等试样时，为减少氟、氯等元素在分解时的挥发损失，常采用 $1:1$ 的 K_2CO_3 和 Na_2CO_3 混合熔剂，其熔点可降到 $700℃$。

一般分析中常用 Na_2CO_3 作熔剂，而不用 K_2CO_3，因为 K_2CO_3 吸水性比 Na_2CO_3 强，使用前要脱水；钾盐被沉淀吸附的倾向比钠盐大，洗涤时难洗干净，所以 K_2CO_3 很少单独作熔剂。但在用 K_2SiF_6 容量法测 SiO_2 时，却用 K_2CO_3 熔样，因为 K_2CO_3 熔融的熔块比用 Na_2CO_3 熔融的熔块容易脱落，在 K_2SiF_6 沉淀中，Na^+ 对测定的干扰比 K^+ 大（见第 6 章）。另外含铌、钽的试样，由于铌酸、钽酸的钠盐微溶于水，不溶于高浓度的钠盐溶液，在分解这类试样时，也可用碳酸钾作熔剂。

为了提高分解能力，往往加入少量氧化剂或还原剂助熔，常用的氧化剂有 KNO_3、$KClO_3$、$KMnO_4$、Na_2O_2。如常用 Na_2CO_3 和 KNO_3 混合熔剂，以分解含硫、锰、砷、铬等矿样。用 Na_2CO_3+S 来分解砷、锑、锡等矿样，将它们转化为可溶性硫代酸盐，如锡石的分解反应：

$$2SnO_2 + 2Na_2CO_3 + 9S \longrightarrow 2Na_2SnS_3 + 3SO_2\uparrow + 2CO_2\uparrow$$

用碳酸钠或碳酸钾作熔剂时一般在铂坩埚中进行。

2.3.2 碱金属氢氧化物

碱金属氢氧化物熔融分解的作用与碱金属碳酸盐类似，只是熔点较低（$300℃$ 左右），碱性更强，熔融速度更快，熔块易被水或稀酸溶解，对硅酸盐矿物包括一些铝含量较高、难以用碱金属碳酸盐熔融分解的样品，用此类熔剂可以很好地分解。

因 $NaOH$、KOH 固体易吸收水分，熔融开始时要缓缓加热，以防水分逸出引起溅出，有时加样后再加数滴无水乙醇，加热时水分随乙醇挥发或燃烧除去。熔融时还要防止坩埚上部受热，以防熔体沿壁上爬，引起样品损失。

碱金属氢氧化物熔融最好用锆坩埚，其次是银、金、铁、镍、石墨、刚玉等坩埚，不能在铂坩埚中进行（严重腐蚀），熔融温度为 $450\sim600℃$，熔剂的量为试样量的 $8\sim$

10 倍。

分解难熔矿样时,也可用 NaOH＋Na$_2$O$_2$(或 KNO$_3$)作混合熔剂。Na$_2$CO$_3$＋NaOH 作混合熔剂也可以降低熔点,增强氧化作用,降低反应剧烈程度,防止飞溅。

2.3.3 过氧化钠

过氧化钠(Na$_2$O$_2$)为强碱和强氧化剂,它能使所有元素氧化至高价,促使试样分解,对 Na$_2$CO$_3$ 和 NaOH 不能分解的矿样如锡矿石、铬铁矿、钨矿等难熔矿物有较强的分解作用。

熔融不能用铂坩埚,一般在铁、镍、银、刚玉或瓷坩埚中进行,常在铁坩埚中进行,熔融前应将熔剂与试样混合均匀,开始缓慢升温以防飞溅,熔融温度在 600～700℃。

过氧化钠作熔剂用得较少,因为试剂不易提纯,常含硅、铝、钙、铜、锡等杂质,它与炭、木屑、铝粉、硫黄等易被氧化的物质作用时会发生燃烧甚至爆炸,并且它对坩埚有严重的腐蚀作用。

2.3.4 焦硫酸钾(硫酸氢钾)

焦硫酸钾(或硫酸氢钾)是酸性熔剂,熔点 419℃,硫酸氢钾(KHSO$_4$)实际上相当于 K$_2$S$_2$O$_7$,因为:

$$2KHSO_4 \xrightarrow{\geqslant 210℃} K_2S_2O_7 + H_2O \uparrow$$

它在更高的温度下分解出硫酐(SO$_3$):

$$K_2S_2O_7 \xrightarrow{\geqslant 370～420℃} K_2SO_4 + SO_3$$

分解生成的硫酐可穿越矿物晶格,与各种难于分解的碱性氧化物矿物如铝土矿、磷铁矿、钛铁矿等反应使之转变为可溶性硫酸盐。

$$TiO_2 + 2SO_3 =\!=\!= Ti(SO_4)_2$$
$$ZrO_2 + 2SO_3 =\!=\!= Zr(SO_4)_2$$

用硫酸氢钾熔融时,开始应小火加热,最后加热至 600～700℃熔融 30min,但当温度超过 700℃时,焦硫酸盐即失去 SO$_3$ 转变为无活性的硫酸盐,所以温度不宜太高,且时间不宜太长,以防 SO$_3$ 大量挥发(坩埚应尽量盖严)。

此法可在瓷坩埚或石英坩埚中进行,也可在铂坩埚中进行,但对铂坩埚稍有腐蚀。

硫酸氢盐或焦硫酸盐在硅酸盐矿物分析中用于熔融铁、铝氧化物,效果很好,因为这类灼烧过的金属氧化物不溶于盐酸,但用焦硫酸钾熔融只需 5～10min。此法分解试样不能用于硅酸盐系统分析,因分解不完全(有少量残渣),但对单项(Fe、Mn、Ti)测定可用。

2.3.5 铵盐

近年来,采用铵盐混合熔剂进行熔样取得了较好的成果。该法熔解能力强,分解速度快,试样在 2～3min 内可分解出相应的无水酸,无水酸在较高温度下与试样反应生成相应的水溶性盐，具有极强的熔解能力。如：

$$NH_4Cl \xrightarrow{337.8℃} HCl + NH_3$$

$$2NH_4NO_3 \xrightarrow{高于190℃} HNO_3 + N_2O + 2H_2O + NH_3$$

$$(NH_4)_2SO_4 \xrightarrow{\geqslant355℃} H_2SO_4 + 2NH_3$$

使用单一铵盐或它们的混合物可以分解硫化物、硅酸盐、碳酸盐、氧化物及铌（钽）矿物。铵盐易吸湿潮解或结块，用前应烘干，否则加热易飞溅，试样粒度宜细。此法熔融一般用瓷坩埚，对硅酸盐试样采用镍坩埚。

2.3.6　烧结法

烧结法是把样品与固体熔剂混合，在低于其熔点某个温度区域下加热，使样品与试剂发生复分解反应而分解的过程，又叫半熔法，所用的固体熔剂称烧结剂。烧结后的产物成渣状，易于提取。

样品分解的完全程度决定于试样的细度、烧结剂的性质与用量、熔剂与试样的混匀程度、加热方式和时间。此法的特点是固相之间的反应（反应物和产物均为固相，也有气体发生），加热温度较低，需要较长时间，熔剂用量较多，但不易腐蚀坩埚。常常在瓷坩埚中进行。主要烧结剂有碱金属碳酸盐、氢氧化物、各种金属氧化物和某些盐类的混合物。如艾士卡试剂：2 份 MgO + 3 份 Na_2CO_3；1 份 MgO + 2 份 Na_2CO_3；1 份 ZnO + 2 份 Na_2CO_3。

此类熔剂广泛用于分解铁矿石及煤。在分解过程中，由于氧化物熔点高（MgO 的熔点 2500℃、ZnO 的熔点 1800℃），可以防止 Na_2CO_3 在灼烧时熔合，保持松散状态，使试样氧化得更加完全，反应产物的气体容易逸出，坩埚腐蚀程度小，可在普通瓷坩埚或刚玉坩埚中进行熔融，而不需要贵重器皿。如煤中全硫量的测定是利用艾士卡试剂与煤样混合在瓷坩埚或刚玉坩埚中，于室温下逐渐升温至 800～850℃后再灼烧 1.5～2.5h，使煤样分解。$CaCO_3$-NH_4Cl 烧结剂（亦叫斯密特法）常用于测定硅酸盐中钾和钠的试样分解，在特制的高形铂坩埚内，烧结温度为 750～800℃，$CaCO_3$ 用量为试样量的 8～15 倍（NH_4Cl 用量与 $CaCO_3$ 相当），反应产物仍为粉末状，但钾、钠已转为氯化物，可用水浸取。

综上所述，采用干法分解试样时，一般酸性试样用碱性熔剂，碱性试样用酸性熔剂，使用时还可加入氧化剂、还原剂等助熔。而选用混合熔剂的主要目的是降低熔点，加强氧化作用，减缓反应的激烈程度，防止飞溅。

干法分解是在高温下进行，且熔剂具有极大的化学活性，所以要正确选用坩埚材料与合适的熔剂，确保坩埚不受损失，显得十分重要。选择时要考虑：熔融时所能允许的最高灼烧温度；坩埚不与熔剂或被测试样中的成分发生化学反应而使坩埚受到腐蚀或损坏；不因坩埚而引入杂质，干扰测定，对于银、镍、铁坩埚，因熔融时总有少量被浸蚀，所以不能测定银、镍、铁等成分；另外大部分熔融反应具有可逆性，为使反应进行完全，大都加入 6～12 倍试样量的过量熔剂。表 2-2 列出了常用坩埚及其适用温度和熔剂。

表 2-2 常用坩埚及其适用温度和熔剂

坩　埚	最高温度/℃	适 用 熔 剂
铂坩埚	1200	Na_2CO_3、$K_2S_2O_7$、HF
银坩埚	700	NaOH
镍坩埚	900	Na_2CO_3、Na_2O_2、NaOH
铁坩埚	600	Na_2O_2、Na_2CO_3、NaOH
瓷坩埚	900～1000	$K_2S_2O_7$、$KHSO_4$

2.4 其他分解法

(1) 增压分解法

对于在常压下难分解的物料，往往能在高于溶剂常压沸点的温度下溶解，即采用密闭容器，用酸或混合酸与试样一起加热，由于蒸气压增高，酸的沸点也提高，使酸溶解的能力和效率提高，从而使试样分解。此法还可以避免挥发性反应产物的损失。例如，用 HF-$HClO_4$ 在加压条件下可分解刚玉（Al_2O_3）、钛铁矿（$FeTiO_3$）、铬铁矿（$FeCr_2O_4$）、铌钽铁矿［$FeMn(Nb、Ta)_2O_5$］等难溶试样。

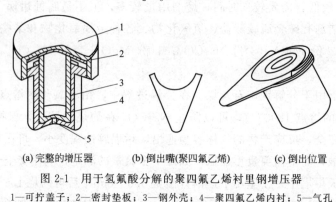

(a) 完整的增压器　　　(b) 倒出嘴(聚四氟乙烯)　　　(c) 倒出位置

图 2-1 用于氢氟酸分解的聚四氟乙烯衬里钢增压器

1—可拧盖子；2—密封垫板；3—钢外壳；4—聚四氟乙烯内衬；5—气孔

增压装置目前普遍采用的是一种类似于微型高压锅的双层附有旋盖的罐状容器，内层用铂或聚四氟乙烯、外层用不锈钢制成，如图 2-1 所示。溶样时将盖子旋紧加热。聚四氟乙烯内衬适宜于 250℃下使用，若要更高的温度必须使用铂内衬。

(2) 超声波振荡分解法

利用超声波振荡溶解是一种物理方法，一般适宜在室温下溶解样品。对难溶盐的熔块进行溶解时，使用超声波振荡更有效。溶样时，把盛有样品和溶剂的烧杯置于超声换能器内，把超声波变幅杆插入烧杯中，根据需要调节功率、频率，使之产生振荡而使试样粉碎变小，同时可使被溶解的组分离开样品颗粒的表面扩散到溶液中，降低浓度梯度，从而加速试样的分解。为减少或消除超声波的噪声，可将其装置置于玻璃罩内进行。

(3) 电解分解法

通过外加电源使阳极氧化的方法，溶解金属。把用作电解池阳极的一块金属放在适宜电解液中，通过外加电流，可使其溶解。用铂或石墨作阴极，如果电解过程的电流效率为

100％，可用库仑法测定金属溶解量。同时还可将阳极溶解与组分在阴极析出结合起来，用作分离提取和富集某些元素的有效方法。

（4）微波分解法

利用微波对玻璃、陶瓷、塑料的穿透性和被水、含水或脂肪等物质的吸收性，使样品与酸（或水）的混合物通过吸收微波能产生瞬时深层加热（内加热）。同时，微波产生的变磁场使介质分子极化，极化分子在交变高频磁场中迅速转向和定向排列，导致分子高速振荡（达 24.5 亿次/s）。由于分子和相邻分子间的相互作用使这种振荡受到干扰和阻碍，从而产生高速摩擦，迅速产生很高的热量。高速振荡和高速摩擦这两种作用，使样品表面层不断破坏，不断产生新表面与溶剂反应，促使样品迅速溶解。因此微波溶解法与烧杯加热或常规的密封溶样相比，有快速、准确、洁净、节能、易控制、改善劳动条件、易实现自动化等优点，已广泛应用于地质、冶金、环境、生物以及各种无机和有机工业物料的分析。

微波溶样装置由专用微波炉和密封溶样罐组成。专用微波炉有两种类型，一种是湿法分解用微波炉，另一种是干法分解用微波炉（类似于箱型电阻炉）。反应罐由聚四氟乙烯、聚碳酸酯等材料制成，它们可透过微波而本身不被加热，抗化学腐蚀，强度较高，可承受一定高压，尤其以聚四氟乙烯为好。由于金属对微波反射，溶解时切忌使用金属反应器。

（5）灰化分解法

灰化分解法主要适用于分解有机试样，测定有机物中的无机元素。本法主要有高温灰化法、氧瓶燃烧法、燃烧法及低温灰化法等。

① 高温灰化法　高温灰化法是将试样置于蒸发皿或坩埚内，在空气中一定温度范围（500～550℃）内加热分解、灰化冷却，所得残渣用无机酸洗出后进行测定。此法常用于测定有机物和生物试样等多种金属元素，如锑、铬、铁、钠、锶、锌等。

② 氧瓶燃烧法　氧瓶燃烧法是在充满氧气的密闭瓶内引燃有机物，瓶内用适当的吸收剂吸收其燃烧产物，然后用适当的方法测定。此法广泛用于测定有机物中卤素、硫、磷、硼等元素。

③ 燃烧法　燃烧法是在氧气流存在下，试样在燃烧管中燃烧，然后用一定量的吸收剂溶液吸收燃烧产物，再用适当的方法测定。此法主要测定有机物中的卤素和硫等元素，在钢铁分析中也用此法分解测定钢铁中的碳和硫。

④ 低温灰化法　低温灰化法是在低温灰化装置（<100℃）中借助高频激发的氧气将有机试样氧化分解。此法可以测定有机物中多种无机元素，如银、砷、镉、钴、铬、铜、铁、镍、铅等。

2.5　试样分解机理

前面介绍了试样的各种分解方法及特点，为了更好地了解实验中的异常现象，更深入地研究样品处理的方法，并解决经常面临的一些问题，作为分析工作者对试样的分解机理有所了解是必要的。在实际工作中，要处理的样品种类繁多，组成复杂，其分解机理所涉及的信息面广，除与化学密切相关外，还与物理有关。研究试样分解的机理不仅有益于分析工作，而且对揭示某些自然和工艺过程的实质很有启发。如弄清分解样品的电化学机理，对研究金属防腐、保护远洋船舶、延长地下电缆安全使用期很有帮助；某些稀有金属的湿法冶炼，溶样过程和金属制备过程有相似和统一之处，所以研究分解机理显得十分重要。本节对试样分解的机理从物理作用和化学作用等方面进行简要介绍。

2.5.1 物理作用

试样分解机理的物理作用主要包括界面作用、空穴作用、晶格畸变及传质作用等。

(1) 界面作用

试样分解实际上是样品（通常是固体反应物）与溶（熔）剂的作用，作用的第一步是在相界面吸附后进行反应，然后扩散，再进行新的反应，如此循环往复，直到样品分解完全。

界面上被吸附物的浓度与该物质在溶剂（或朗相）中的浓度关系可借助等温吸附式如弗里德里希（Freundlich）或朗格缪尔（Langmuir）方程导出。

$$Freundlich\ 方程 \qquad \frac{x}{m} = kp^{1/n} \qquad (2-1)$$

$$Langmuir\ 方程 \qquad \theta = \frac{k_1 p}{1 + k_2 p} \qquad (2-2)$$

对上述两方程进行讨论可知：在低浓度下（相当于 $k_2 p \leqslant 1$），被覆盖的表面分数随浓度线性地改变，因而溶样的速率也与该组分在液相中的浓度呈线性关系。如白云石、方解石等在稀盐酸中的溶解速率与酸的浓度成正比。在高浓度时（$k_2 p \geqslant 1$），θ 近于恒定，反应几乎不受吸附控制。而在中等浓度下，溶解速率和浓度的关系较复杂。

如果反应产物也被吸附，则样品表面逐步饱和，则溶解速率取决于解吸速率。如黄铁矿在浓盐酸中钝化是因为产物硫化氢被矿石样品强烈吸附，且产物氯化亚铁在浓盐酸中溶解度减小，沉积在界面上。

反应速率与颗粒大小和形状也有很大关系，一般球状颗粒溶解较慢；而无定形颗粒由于多棱、多刃，溶解较快。

界面作用还涉及固-固之间或固-气之间的各种反应。烧结法其作用机理通常认为是由于温度升高而两种结晶物质可能发生短暂的机械碰撞，使晶格质点发生振荡而引起，在两个固相的界面首先生成单分子层的反应产物。这些颗粒的晶格振荡强度随着温度的升高而加强，到一定温度，离子或分子的运动能够克服其晶格能所体现的自身吸引力，从而在相接触的混合物之间彼此扩散，交换位置，形成新产物。

有机样品的干灰化法以及某些在特定气氛（氯气、氩气等）下的样品分解，也是从反应物及产物在界面的吸附、解吸和扩散转移为基础的。

(2) 空穴作用

各种物质（固体或液体）均有内部裂缝和空穴，这是物质所固有的，在实际工作中经常可看到这种情况存在。如几种溶剂混合时，总体积往往不等于各组分体积之和。这种现象的存在对试样的分解起作用，因为溶（熔）剂中的这些空穴可以容纳溶质分子，从而实现分解；而溶质中的空穴也可接纳溶（熔）剂分子，从而扩大了溶（熔）剂的作用，有利于分解。

除了物质的固有空穴外，气体的存在也会在一定条件下造成空穴，键合水的放出使某些稳定矿物生成空穴，从而影响样品分解能力。这里的气体不是指环境气体，而是指样品和溶（熔）剂在分解条件下，由热分解或化学反应生成的气体。这些气体可以穿透晶格，改变其反应性能。如铬铁矿和氧化镁混合灼烧生成镁铬铁矿的收率比在同条件下由铬铁矿和碳酸镁混合烧结的低。因为碳酸盐分解生成二氧化碳形成空穴，虽二氧化碳未参加下一步反应，但形成的这些空穴却使固体的反应活性增加。又如高岭土、铁铝氧石等硅酸盐铁矿一般不溶于盐酸，但于 $700℃$ 温度下短时间灼烧后，使该类矿物中的键合水逸出形成了空穴，便可在盐酸中溶解。

范德华力的作用显而易见，在此不再赘述。

（3）晶格畸变

物质有晶形和非晶形两种形态，即使表观上不呈晶形的物质，也有各种微晶组成，这种微晶称晶胞（或晶格）。位于晶格各顶点的原子或离子处在不断振动中。当该物质处于某种溶剂中时，由于溶剂分子或其中的有关组分对晶胞顶点的原子或离子进攻，使其振幅加大，因而晶格变形，就叫晶格畸变。由畸变最后导致晶胞崩解，实现试样的分解。造成晶格畸变的主要原因有水合作用和价态改变。

水合作用是指某种成分与水直接结合的现象，其产物为水合物。如食盐和各种强电解质易溶于水，主要是由于组成这些固体晶胞的离子有强烈的水合作用，从而造成其晶格畸变进而晶胞崩解。水合作用的强弱用它所含组分中某种离子的水化能来表征，当然水化数和水合半径也影响晶格的稳定和一定组分的水合情况。

水合硫酸钙（石膏）容易被盐酸分解，但无水的硬石膏分解缓慢且不完全，是由于石膏的晶格易于进一步发生水合作用而畸变。无水的 α-Al_2O_3 矿（刚玉）实际上不溶于酸，而水合的氧化铝则易溶，因水合的氧化铝的晶格已经畸变或易于进一步畸变。

晶格畸变的另一重要原因是晶胞顶点离子的价态改变。由于离子价态不同，半径不同，体积也不同，因而在分解过程中，价态变化会引起体积的膨胀或收缩，从而影响到组成固体骨架的稳定，使晶格发生畸变，加速晶体崩解。为了改变价态，常在分解时加入各种氧化剂或还原剂或掺杂。如为分解铼的矿样，在加酸的同时也加高锰酸钾，此时四价铼的硫化物被氧化到高价态，使原来样品的晶格显著收缩，有利于分解。经灼烧过的氧化铝难熔于焦硫酸钾，而在氧化铝中预先加入铁的氧化物（在制备氧化铝样品时就加入，灼烧后得到铝、铁氧化物），则样品易被焦硫酸钾分解。在用碳酸镁与氯化铵的混合物烧结分解硅酸盐矿物时，铁含量高的样品易于分解，也是由于晶格中亚铁离子被空气氧化，晶格收缩，使样品分解加快。黄玉 $[Al_4SiO_4(OH,F)]$ 和蓝晶石（$Al_2O_3 \cdot SiO_2$）等某些本身缺乏变价组分或不易掺杂的矿物，往往晶格稳定，因而难于分解。

（4）传质作用

上面介绍的界面作用、空穴作用、晶格畸变是从溶质（样品）与溶剂直接作用的部位讨论样品的分解，要使此过程顺利连续进行，必然涉及传质。在讨论界面作用时已讲到了扩散这一内容，下面再对传质作一简要介绍。

传质就是指质量或物质的传输或传送，它主要有迁移、对流和扩散三种方式。三种方式在样品分解过程中均起作用，尤其是扩散。

① 迁移　带电颗粒在电场中受不同的电位推动而运动便是迁移，迁移是由体系中的电位梯度引起的。当试样在溶（熔）剂中分解时，体系中不同区域有不同的电位，带电颗粒便向一定方向迁移，迁移速率与电位梯度大小、带电颗粒电荷多少、颗粒尺寸和它在溶液中的溶剂化程度有关。

② 对流　对流传质是由气体或液体的流动引起的。体系的温度差、压力差以及搅拌均可引起对流。对流过程可加速反应物到界面的运动，但对整个反应速率的影响还难以定量确定。这是因为即使在充分搅拌时悬浊液的颗粒外围总有一厚度不等的滞留层（即有一层膜包围了固相），膜的厚度与搅拌速度、流速和黏度等有关。对流在样品分解中的作用也不可忽视，如黄铁矿用酸分解时，应加速搅拌促进酸的对流，使相界面的酸度维持稳定，并促使产物硫化氢气体逸出。生物样品低温灰化时，也需要通过对流使样品与气流界面的反应气体得到更新。

③ 扩散　尽管有迁移和对流，但如果不突破滞留层的阻碍，溶质和溶剂的分子仍然不能直接作用，因而无法实现分解，而在滞留层中，扩散是最重要的传质途径。扩散是以浓度梯度为基础的，当两点间存在浓度差时，物质分子就会自发从高浓度向低浓度区传输。样品分解过程实际上受到化学反应过程和传质扩散过程双重控制，只是各自作用大小不同。如锌在稀酸中的溶解，当酸浓度低于 $0.1mol/L$ 时，受扩散控制；高于 $0.5mol/L$ 时，受释出氢的化学反应控制，在这两个浓度之间时，则受两个过程的控制。所以当考虑两种控制同时作用时，生成物的生成速率 $dc_{界面}/dt$ 可用依诺维奇（Elovich）方程表示：

$$dc_{界面}/dt = k\exp bc_{界面} \tag{2-3}$$

式中，k、b 为常数。实际应用时，常用其积分式：

$$Q = 2.303\rho(\lg\rho k + \lg t) \tag{2-4}$$

式中　Q——反应进行程度，百分数；

　　　k,ρ——常数；

　　　t——反应进行时间。

2.5.2　化学作用

试样分解除物理作用外，化学作用更为重要。下面从经典化学平衡、中间化合物形成等方面介绍化学作用。

2.5.2.1　经典化学平衡

分析化学中的酸碱中和、氧化还原作用、配合作用及相平衡等理论能较好地解释样品分解的某些机理。

（1）酸碱中和

几乎所有的碳酸盐、氧化物、硅酸盐以及部分硫化物的溶解和熔融都是基于酸碱中和反应。大家知道，当样品组成中的阴离子是挥发性的弱酸根时，则用稀强酸分解，如方解石、白云石、黄铁矿等，此时生成的二氧化碳或硫化氢气体逸出反应体系，有利于样品分解；当阴离子是难挥发酸根时，则用碱性熔剂熔融，如重晶石（$BaSO_4$）矿、玻璃、陶瓷等样品，常用碳酸钠、氢氧化钠分解，因为碱金属的盐如硫酸盐、硅酸盐易溶于水；碱金属及过渡金属氧化物碱性较强，常用强酸溶解或用酸性熔剂（如焦硫酸钾）熔融，两性或酸性氧化物则多用碱性溶液分解，如刚玉、亚砷酸（氧化砷）分别用硼砂熔融和氢氧化钠溶液溶解。下面分别介绍焦硫酸钾（硫酸氢钾）、碳酸钠等分解样品的典型反应。

焦硫酸钾（硫酸氢钾）：在开始熔融时硫酸氢钾电离生成钾离子、硫酸氢根离子、氢离子和硫酸根离子等，当温度达 $450\sim600℃$ 时，硫酸氢根失水变为焦硫酸根离子：

$$2HSO_4^- \longrightarrow S_2O_7^{2-} + H_2O$$

HSO_4^-、$S_2O_7^{2-}$ 都是 O^{2-} 的有效接受体。

$$2HSO_4^- + O^{2-} \longrightarrow 2SO_4^{2-} + H_2O$$
$$S_2O_7^{2-} + O^{2-} \longrightarrow 2SO_4^{2-}$$

上式两个反应是硫酸氢钾和焦硫酸钾熔融分解样品的基础，各种在熔融状态下能解离出 O^{2-} 组分的物质（如金属氧化物），均可与之作用，由此可知，硫酸氢钾和焦硫酸钾可很好地分解样品中的碱性成分。值得注意的是，硫酸氢钾在熔融时的反应活性是由 HSO_4^- 而不是它离解的 H^+ 体现的；另外还要注意 $S_2O_7^{2-}$ 也是 O^{2-} 的给予体，反应为：

$$S_2O_7^{2-} \longrightarrow 2SO_3 + O^{2-}$$

即在较高温度下（如 $700℃$ 以上）失去 SO_3 而转变为无活性的硫酸盐，所以 $700℃$ 是焦硫酸钾和硫酸氢钾分解样品的使用温度上限。

碳酸钠分解各种硅酸样品的典型反应为：

$$SiO_2 + CO_3^{2-} \longrightarrow SiO_3^{2-} + CO_2$$
$$SiO_3^{2-} + CO_3^{2-} \longrightarrow SiO_4^{2-} + CO_2$$
$$Al_2O_3 + CO_3^{2-} \longrightarrow 2AlO_2^- + CO_2$$
$$TiO_2 + CO_3^{2-} \longrightarrow TiO_3^{2-} + CO_2$$

上述反应可以认为 CO_3^{2-} 是 O^{2-} 的给予体，在熔融条件下，发生了如下反应：

$$CO_3^{2-} \longrightarrow CO_2 + O^{2-}$$

而试样中的有关元素如硅、铝、钛等生成了更高次的氧配合物之故。由于 O^{2-} 的高度反应活性以及硅酸盐分解反应产物 CO_2 挥发离开平衡体系，有利于反应向样品分解的方向进行，所以碳酸钠成为大部分硅酸盐样品的好熔剂。正因为生成了 O^{2-}，坩埚中的组成成分如铂、铑、铱等在大气氧或其他氧化剂存在下会发生如下反应：

$$Pt + O_2 + O^{2-} \longrightarrow PtO_3^-$$

这个反应是铂坩埚在高温下被熔融腐蚀的原因。

硼酸盐熔剂既能分解酸基矿物又能分解碱性物料，其原因又是为什么呢（以失水四硼酸钠为代表）？熔融时离解反应式为：

$$Na_2B_4O_7 \longrightarrow 2Na^+ + B_2O_3 + 2BO_2^-$$

生成的 BO_2^- 是良好的 O^{2-} 给予体，易于某些酸性或两性的氧化物，如 SiO_2、Al_2O_3、TiO_2、SnO_2、ThO_2 等作用，如：

$$SiO_2 + 2BO_2^- \longrightarrow SiO_3^{2-} + B_2O_3$$

而上述反应产物之一的 B_2O_3（本身很难分解）在熔融时又是 O^{2-} 的良好接受体：

$$B_2O_3 + O^{2-} \longrightarrow 2BO_2^-$$

因此是很多金属氧化物（如锌、铜、镍、铁、铝、铬）的熔剂，所以是一类作用很广的熔剂。

（2）氧化还原作用

氧化还原作用在金属、合金、有机物及生物样品的分解方面有极广泛的应用。在这些体系中，氧化还原反应情况极其复杂，但总的来看，不外乎是体系发生了氧化还原反应（即电子转移反应）而造成了离子价态的改变（电子的授受）、氢的释放、氧的转移等。

试样分解中的电子授受是指含有自由电子的物质将本身的电子转移给其他成分，因而氧化数改变，促进样品分解的现象。如金属银溶于铁钒溶液中，此时银吸附铁（Ⅲ），并将自身的电子转移给铁（Ⅲ），双方价态改变，而银被溶解，但由于两个电对的标准电位相近（Ag^+/Ag，$+0.799V$；Fe^{3+}/Fe^{2+}，$+0.771V$），在磷酸介质中，改变铁的电对电位，才能使反应充分进行。

试样分解中氢的释放是一类重要的电子转移反应。它是由固体（样品）吸附溶液中的水合氢离子，并从其他溶质或从固体本身得到电子，进行如下反应的结果：

$$2H^+ + 2e \longrightarrow H_2$$

金属本身则成为阳离子进入溶液。如果生成的氢分子或氢原子不迅速释出，而在固体表面积累时，就会构成某种电子转移势垒，即与钝化层类似的隔离物，阻止固体进一步溶解。这种影响如果仅靠加热或搅拌难以消除，必须加入去极化剂过氧化氢或其他去氢的成分，才能恢复固体吸附质子和转移电子的活性，从而促进试样的分解。去极化剂可直接与吸附的氢反应，如：

$$H_2O_2 + H_2 \longrightarrow 2H_2O$$

但也可以不与氢反应，而只提供另一种电化学过程，同样可达到使固体给出电子从而加速分解的目的。如镍在盐酸或硫酸中的溶解，可被氯化铁加速，通常认为是由于铁（Ⅲ）离子与质子竞相为金属吸附，但由于 Fe^{3+}/Fe^{2+} 有更高的氧化电位，较容易实现电子转移，从而抑制了氢的释放。

试样分解中的氧转移包括大气氧、外加氧化剂中的氧以及某些非氧化性试剂中氧组分参与的反应。如干灰化法中有机物的燃烧，黄铁矿用王水溶解时硫酸根的生成以及许多熔融反应都会涉及氧转移的反应，也都属于电子的转移反应。如各种有机物样品，不论用干法或湿法消解，都是氧向碳-碳和碳-氢键进攻，使大分子化合物首先降解，最终得到二氧化碳和水。样品熔融分解过程中的氧转移正如前面酸碱中和中所论述的那样，许多熔剂及样品中的某些组分可以分解生成氧负离子（O^{2-}），即把这些物质分为氧的给予体和氧的接受体。

值得一提的是有些组分具有授、受氧的双重作用，在样品分解中独具特色。如用氢氧化钠熔融分解氧化铝时，O^{2-} 的授、受过程就是样品的熔融分解过程，此时样品主组分起上述双重作用，反应如下：

$$Al_2O_3 \longrightarrow 2Al^{3+} + 3O^{2-}$$

$$Al_2O_3 + O^{2-} \longrightarrow 2AlO_2^-$$

硅酸盐岩矿分解时，也有类似现象，如：

$$SiO_3^{2-} \longrightarrow SiO_2 + O^{2-}$$

$$SiO_3^{2-} + O^{2-} \longrightarrow SiO_4^{4-}$$

焦硫酸钾熔融金属氧化物时，熔剂也起了授、受氧的双重作用，如：

$$S_2O_7^{2-} \longrightarrow 2SO_3 + O^{2-}$$

$$S_2O_7^{2-} + O^{2-} \longrightarrow 2SO_4^{2-}$$

（3）配合作用

样品分解中的配合作用表现在两个方面：一是配合剂直接与样品中某一组分反应；二是配合剂改变了体系的氧化还原电位或减少微溶化合物在样品表面的沉积，从而间接促进了样品分解。

直接作用如氢氟酸分解铌、钽氧化物矿样就是利用氟离子的强配位能力；重晶石被 EDTA 溶液分解是利用 EDTA 与钡离子形成稳定的配合物；萤石（CaF_2）粉可溶于高浓度的氯化铝溶液中，是利用中心离子氟与铝的优越配位能力，形成高稳定性的配合物而使萤石分解。

配位剂的间接作用也很重要，如柠檬酸盐和酒石酸盐对钼、锡、铌、钽等的配合作用有助于防止这些金属钢样或矿样在酸的溶解或熔体浸取时发生水解。

将配合作用与氧化还原作用结合，则对某些样品的溶解特别有利。如将浓磷酸与重铬酸钾或二氯化锡混合，形成强烈的配合和氧化还原试剂体系，在金属及某些硫化物矿样的溶解中相得益彰。

（4）相平衡

试样分解过程中也涉及多相平衡，通常由于反应产物逸离平衡体系或界面活性提高而促进试样的分解。

若反应产物为气体，且逸离平衡体系，则有利于样品的分解，如杜玛法测定有机物样品中氮含量时，常用氧化铜或氧化镍作氧化剂，释出的氮被二氧化碳气流带进测量管中，从而离开平衡体系，推动平衡向样品完全分解的方向移动。又如索氏抽提法之所以在溶样中效果良好，就是它不断更新液相，使反应产物不致积累，而是于一定时间后即脱离平衡体系的结果。

样品分解中的各类相平衡作用机理中的一个共同点就是认为界面是不均匀的，并且存在多个活性中心。试样分解得以进行就是因为通过了各种分解手段，使界面活性不断提高。活性中心的数目随着化学处理方法、机械加工（如制样）以及热处理方式而异。例如固相的比表面在高温时减少，由于晶格的重排、位错及缺陷，因而活性中心数目减少，这样的样品（如高温灼烧过的氧化铝、氧化锆及炉渣等）不易在酸中溶解，甚至难于被某些熔剂熔融分解。因此，为了加速样品的分解，增加活性中心是十分必要的。

通常在分解样品时，于主体分解试剂中加入某种辅助试剂可以改变界面性能如加速晶格畸变，有利于活性中心的形成或增加。如铬铁矿用氢氟酸与硫酸的混合液处理时，分解不完全，但若在该溶液中加入少许钒酸铵，则在相同条件下，样品迅速分解，这显然是由于钒（V）的引入，使相界面铁的价态改变，晶格崩解，活性中心增加之故（这与前述价态改变使晶格畸变相似）。

许多表面活性剂可以增加样品的分解能力，可能与界面活性改善有关。如一些生物组织、蛋白质等在含有一定浓度表面活性剂如长链烷基胺类化合物或季铵盐的水或醇溶液中较易溶解，当然这与表面活性剂的胶束形成有关。

2.5.2.2 中间化合物的形成

中间化合物的形成能解释多相催化、有机化合物分解、燃烧爆炸等过程中的机理。关于试样分解的讨论罕见，现就样品处理有关化学反应的副产物中推测中间化合物的形成，特别是吸附配合物的生成和自由基的释出来介绍样品分解机理。

（1）吸附配合物的形成

以铅溶于硝酸为例，产物并不像以下反应那么简单。

$$3Pb + 2NO_3^- + 8H^+ \longrightarrow 3Pb^{2+} + 2NO + 4H_2O$$

而是生成 N_2O（约占 70%）、N_2（10%～20%），还有少量的 NO 和 NH_4^+。实际情况更复杂，通常认为铅与硝酸的作用中，首先是铅表面的活性中心吸附质子和硝酸根，生成 Pb-HNO_3 配合物，在其活性中心也可以分别吸附 H^+ 和 NO_3^-，生成相应的金属与被吸附组分组成的配合物。这些组分进行复杂的解吸-分解（反应）-再吸附，同时还与溶液或大气中的某些成分反应，如：

$$Pb\text{-}HNO_3 + HNO_3 \longrightarrow Pb(NO_3)_2 + H_2$$

$$2HNO_3 \longrightarrow NO_3^- + NO_2^+ + H_2O$$

$$Pb\text{-}HNO_3 + 2NO_2^+ + H_2O \longrightarrow Pb(NO_3)_2 + HNO_2 + 2H^+$$

$$HNO_3 + HNO_2 \longrightarrow 2NO_2 + H_2O$$

$$Pb\text{-}HNO_3 + 3HNO_2 \longrightarrow Pb(NO_3)_2 + N_2O + 2H_2O$$

在反应中还可以形成新的吸附配合物如 Pb-HNO_2，引发新的中间反应如：

$$Pb\text{-}HNO_2 + 3HNO_2 \longrightarrow Pb(NO_3)_2 + N_2 + 2H_2O$$

通过以上反应围绕活性中心配合物的形成，铅不断变成硝酸铅而溶解。

（2）自由基的形成

在中间化合物的形成并进行一系列后续反应过程中，自由基的形成是相当普遍的，在试样分解的复杂反应中同样存在，特别是反应中发生离子价态的改变时，自由基产生的可能性很大。例如氧化银（Ⅱ）溶于氨水的反应，推测在反应过程中生成了自由基·NH，其反应为：

$$2AgO + NH_3 \longrightarrow Ag_2O + H_2O + \cdot NH$$

此·NH 和固体表面活性中心吸附的氨反应如：

$$\cdot NH + NH_3 \longrightarrow N_2H_4$$

$$\cdot NH + NH_3 \longrightarrow N_2 + 2H_2 \uparrow$$

而当氨的浓度低时，·NH 和样品固体表面吸附的氧反应：

$$2NH \cdot + O_2 \longrightarrow 2HNO$$

$$NH + O_2 \longrightarrow HNO_2$$

$$2NH + 3O_2 \longrightarrow 2HNO_3$$

有机物的低温灰化、燃烧分解或湿消化均可能与自由基·OH 的生成有关，在此不一一讨论。

 【知识拓展】

微波常压法分解试样

稀土元素及钛铁矿、钒铁矿等矿样常用的消解方法有敞口酸溶、碱熔、微波消解、高压密闭消解等方法，其中敞口酸溶由于不加压、溶解时间短等原因导致元素测定结果偏低；高温碱熔消解样品溶液，会因盐度过高进而造成基体干扰；高压密闭消解效果较好，但溶样时间过长。微波消解样品能够有效克服上述处理方法的缺点，可以迅速有效地分解试样、缩短溶样时间、试样不易损失和交叉污染，具有快速高效、试剂用量少、空白值低等优点，已成为此类样品前处理的有效手段。

微波法常压分解试样通常有酸溶解和碱熔融两种途径。微波法常压分解试样的方法原理：稀土元素及钛铁矿、钒铁矿等矿样对微波具有较好的吸收，矿样能在几分钟的时间内升温超过 1000℃。

以钛铁矿为例，由于钛铁矿结构中 Fe^{2+} 具有 d 电子，具有较大的磁化率，Fe—O 键具有明显的离子-共价特征，使钛铁矿具有较大的极化率，另外，钛铁矿中的 Fe^{2+}、Fe^{3+} 共存，电子在这两种价态中的交换，能促进钛铁矿因偶极弛豫而引起的对微波能的损耗，这些因素都决定了钛铁矿具有能显著吸收微波辐射的特殊性质。利用钛铁矿对微波具有显著吸收的特性，在钛铁矿样中加入 Na_2O_2，在微波炉中进行微波辐照高温熔融矿样后，用 HCl 浸出制得试液，然后用传统滴定法测定矿样中的钛含量，经与传统马弗炉 NaOH 高温熔融分解法比较，该分析方法具有较好的准确度。微波碱熔法通常单独采用 Na_2O_2 作为熔剂。Na_2O_2 系强烈的氧化性熔剂，它对高钛物料具有很好的分解能力，但缺点是与物料反应程度过于激烈，容易造成喷溅，且对坩埚侵蚀非常严重。因此，一般以质量比为 3:1 的 Na_2O_2 和 NaOH 混合物为熔剂，应用微波熔融法同样能将试样充分分解。由于 NaOH 的加入起到"稀释"作用，因此避免了反应过于激烈而造成物料喷溅，且不改变熔融效果。根据微波的特性，样品分解不能采用金属材料的坩埚，瓷坩埚虽为微波所透过，但不耐强碱，故样品的熔融选择在刚玉坩埚内进行。

 【习题与思考题】

2-1 试样分解的目的和关键是什么？试样分解时选择溶（熔）剂的原则是什么？

2-2 总结归纳常用熔剂的如下内容：（1）熔剂名称；（2）熔剂性质；（3）分解试样时的通常用量；（4）适宜器皿及使用注意事项；（5）分解试样的温度和时间。

2-3 湿法分解和干法分解各有什么优缺点？

2-4 熔融和烧结的主要区别是什么？烧结法的优点是什么？

2-5 简述湿法分解法的一般原理？用氢氟酸分解时，为何常加入硫酸或高氯酸？

2-6 简述碱性熔剂分解硅酸盐的一般原理。

2-7 酸性熔剂主要用于分解什么试样？原理是什么？

2-8 简述增压分解、超声波分解、电解分解和微波分解技术的原理和方法。

2-9 下列情况使用的溶（熔）剂和坩埚是否妥当？为什么？若不正确应改用什么溶（熔）剂和坩埚？（1）分解金红石（TiO_2）时，用碳酸钠作熔剂；（2）以过氧化钠为熔剂时，采用瓷坩埚；（3）测定钢铁中的磷时，用硫酸作为溶剂。

第3章 水质分析

3.1 概述

3.1.1 水的分类及水质分析意义

众所周知，水是生命的起源，是构成任何生物体的基本成分，水是人类生活和一切动植物生长必不可少的物质。水是分布最广的自然资源，它覆盖地球表面的70%以上，是人类环境的重要资源，也是人类最宝贵的财富，是人类赖以生存和从事工农业生产不可缺少的物质。自然界的水分为地下水、地面水和大气水等，地面水又包括江河水、湖水、海水和冰山水等，它们统称天然水。按用途来分，水可分为生活用水、农业用水（灌溉用水、渔业用水等）、工业用水（原料用水、锅炉用水、冷却水等）和各种污水（废水）等。

水的用途不同，对水质的要求也不同，如锅炉用水，要严格控制能导致锅炉、给水系统及其他热力设备腐蚀、结垢的化学组分（如钙、镁离子）的含量，同时还要限制易使离子交换树脂中毒的化学组分（如溶解氧、可溶性二氧化硅、铁和氯化物等）的含量；对于冷却水的一般要求是水温低、浊度低、不易结垢、对金属设备不易产生腐蚀等。所以水质的优劣不仅关系到人类健康及整个生态平衡，还影响到工农业产品质量和设备使用，因此水质分析是工业分析的重要内容。其重要性具体表现在：水质分析是合理利用水的重要前提（如生活用水、锅炉用水、冷却用水等对水质均有不同要求）；水质分析是为改善水质的需要（如对污水必须进行处理，处理后的水是否符合要求，还必须对它进行分析检测）；水质分析是制定水质指标，以衡量水质好坏的依据，是环境分析的一个重要组成部分。水质分析的内容十分广泛而复杂，目前它已成为分析化学中具有独特体系的一门重要的分支学科。

3.1.2 水的一般成分及其影响因素

（1）水的一般成分

纯净的水中只有水分子存在，但由于受到各种因素和影响，造成水中存在其他一些杂质成分，主要如下：

① 溶解性气体，如 CO_2、O_2、N_2、H_2、Cl_2、H_2S 等；

② 可溶性盐类，这些盐类以离子状态存在于溶液中，如 Cl^-、SO_4^{2-}、HCO_3^-、CO_3^{2-}、NO_3^-、OH^-、H^+、Ca^{2+}、Mg^{2+}、Fe^{3+} 等；

③ 胶状物质，如 $Al(OH)_3$、$Fe(OH)_3$、H_2SiO_3、有机物等；

④ 固体悬浮物，悬浮于水中不能溶解的物质；

⑤ 微生物。

由于水的来源不同，所含杂质成分及含量也不同。如雨水所含主要杂质为 CO_2、O_2、N_2、尘埃、微生物等；地面水所含主要杂质为少量溶解性盐类（海水除外）、悬浮物、腐殖质和微生物等。地下水主要含可溶性盐类，如钾、钠、钙、镁的碳酸盐、氯化物、硫酸盐、硝酸盐和硅酸盐等。工业废水、生活污水则因生产情况及污染程度不同而异。常说的水分析是指水中杂质的分析，实际上水中的杂质成分随时都在变化，进行水质分析，一方面是了解某一时刻、某一地点、在一定条件下的水质状况；另一方面是通过水质分析结果了解影响水质的主要因素。

（2）影响水质的主要因素

影响水质的因素很多，主要为水土流失、动植物的腐败、工农业生产造成的污染及生活污染等。具体表现在：空气中气体成分的溶解；岩石、土壤中盐类的溶解；人类生活及工农业生产活动所排放的物质；物质在水中所产生的物理或化学变化。特别要注意人类活动给水质带来的影响。

3.1.3 水质指标和水质标准

（1）水质和水质指标

由于水体中含有杂质，使水的物理性质和化学性质与纯水不同。这种由水和水中的杂质共同表现的综合特性叫水质。而用来衡量水的各种特性的尺度（评价水质好坏的项目）叫水质指标。水质指标具体表征水的物理、化学、生物特性，说明水中组分的种类、数量、存在的状态及相互作用程度。

水质指标按其性质可分为物理指标、化学指标和微生物学指标三类。

水的物理性质及指标主要有温度、颜色、嗅与味、浑浊度与透明度、固体含量与导电性等。化学指标包括水中所含的各种无机物和有机物的含量以及由它们共同表现出来的一些综合特性，如 pH 值、酸度、碱度、硬度、矿化度等。化学指标是一类内容十分丰富的指标，是决定水的性质与应用的基础。微生物学指标是指一定体积水中的细菌总数、大肠杆菌等。

（2）水质标准

从水的利用出发，各种用水都有一定的要求，这种要求具体体现在对各种水质指标的限制不同。也就是说水的用途不同，采用的水质指标的标准也就不同。人们根据长期的实践经验以及自身需要与可能，提出了一系列水质标准，即水质指标各项目要求达到的合格范围。水质标准也是由某些单位或组织提出，经国家或国际行业组织审查批准并颁布的，必须遵照执行。为了保护环境并实现水资源的可持续利用，更好地为人类服务，国内外有各种水质标准。如灌溉用水水质标准、渔业用水水质标准、工业锅炉水质标准、饮用水水质标准、各种废水排放标准等。表 3-1 为国标 GB 1576—85《低压锅炉水质标准》中有关"燃用固体燃料的水管锅炉、水火管组织锅炉、燃气锅炉"所规定的水质标准。

表 3-1　国标部分水质标准

项　目		给　水			锅　水		
工作压力/MPa(kgf/cm^2)		≤0.98 (≤10)	>0.98 ≤1.56 (>10 ≤16)	>1.56 ≤2.54 (>16 ≤25)	≤0.98 (≤10)	>0.98 ≤1.57 (>10 ≤16)	>1.57 ≤2.54 (>16 ≤25)
悬浮物/(mg/L)		≤5	≤5	≤5			
总硬度/(mmol/L)		≤0.03	≤0.03	≤0.03			
总硬度/(mmol/L)	无过热器				≤22		≤20≤14
	有过热器					≤14	≤12
pH 值(25℃)		≥7	≥7	≥7	10～12	10～12	10～12
含油量/(mg/L)		≤2	≤2	≤2			
溶解氧/(mg/L)		≤0.1	≤0.1	≤0.05			
溶解固形物/(mg/L)	无过热器				<4000	<3500	<3000
	有过热器					<3000	<2500
SO$_3^{2-}$/(mg/L)					10～40	10～40	10～40
PO$_4^{3-}$/(mg/L)						10～30	10～30
相对碱度$\left(\dfrac{游离\ NaOH}{溶解固形物}\right)$			—		<0.2	<0.2	<0.2

　　水质分析与一般固体样品的分析不同，因为水中各组分随时间变化且价态也变化，其浓度变化范围大，很多属于痕量或超痕量分析，所以对样品采集有特别要求，某些组分易挥发变化（如水中的溶解氧），或由于微生物的作用而损失，不少项目要求在现场测定或采样后尽快测定，对一些只能带回实验室测定的项目，有的要求采样人员加入必要的试剂保护被测成分不损失或不变化，但在实验室的保存时间也有一定的限制。为此，应根据水质特性、水质检测的目的与检测项目的不同而采用不同的措施（如采样方法、预处理方法、保存方法和分析方法等）。

　　水质分析所用的方法包括分析化学（含仪器分析）中的各种方法。表 3-2 列出水质分析中需要测定的部分项目及其常用的分析方法。

表 3-2　水质分析测定项目及其常用测定方法

分析方法	项目	检测范围
重量法	悬浮物、总固体、溶解性固体、灼烧减量、有机物、油	1～20000mg/L[1]

分析方法	项目	检测范围
滴定法	硬度、游离二氧化碳、侵蚀性二氧化碳、COD、DO、Ca^{2+}、Mg^{2+}、Cl^-、硫化物、有机酸、挥发酚、总铬	硬度：$\geqslant 0.5$ mmol /L[2] 游离二氧化碳：$4.0 \sim 400$ mg/L[3] 侵蚀性二氧化碳：$\geqslant 4.0$ mg/L[4] COD：$30 \sim 700$ mg/L[5] DO：$\geqslant 0.2$ mg/L[6] Ca^{2+}：$2 \sim 200$ mg/L Mg^{2+}：$2 \sim 200$ mg/L[7] Cl^-：$10 \sim 500$ mg/L[8] 硫化物：$10^{-1} \sim 10^3$ mg/L[9] 有机酸：$K_a \geqslant 10^{-8}$[10] 挥发酚：$0.1 \sim 45.0$ mg/L[11] 总铬：$\geqslant 1$ mg/L[12]
吸光光度法	SiO_2、Fe^{3+}、Fe^{2+}、Al^{3+}、Mn^{2+}、Cu^{2+}、Pb^{2+}、Zn^{2+}、$Cr(III、VI)$、Hg^{2+}、Cd^{2+}、Ca^{2+}、Mg^{2+}、U、Th^{4+}、NH_4^+、As、Se、F^-、Cl^-、SO_4^{2-}、CN^-、NO_3^-、NO_2^-、总磷、有机磷、有机氮、酚类、硫化物、余氯、木质素、阴离子表面活性剂、油	SiO_2：$0.01\% \sim 0.40\%$[13, 14] Fe^{3+}、Fe^{2+}、Al^{3+}、Mn^{2+}、Cu^{2+}、Pb^{2+}、Zn^{2+}、$Cr(III、VI)$、Hg^{2+}、Cd^{2+}、Ca^{2+}、Mg^{2+}、Th^{4+}、NH_4^+：$\geqslant 0.08$ mg/L[15~21] As、Se：$0 \sim 4$ mg/L[22~23] F^-、Cl^-、SO_4^{2-}、CN^-、NO_3^-、NO_2^-：$\geqslant 2$ mg/L[24~29] 总磷：$20 \sim 60$ mg/kg[30] 有机磷：$\geqslant 5 \times 10^{-4}$ mg/L[31] 有机氮：$\geqslant 0.5$ mg/kg[32] 酚类：$0 \sim 2.5$ mg/L[33] 硫化物：$0 \sim 0.8$ mg/L[34] 余氯：$0 \sim 100$ mg/L[35] 木质素：$0.1 \sim 1.0$ mg/kg[36] 阴离子表面活性剂：$\geqslant 0.02$ mg/L[37] 油：$0.05 \sim 50$ mg/L[38]
比浊法	SO_4^{2-}、浊度、透明度	SO_4^{2-}：$0 \sim 40$ mg/L[39] 浊度：$0 \sim 100$ 度[40]
火焰光度法	Na^+、K^+、Li^+	$0.1 \sim 10 \times 10^{-3}$ mg/kg[41]
发射光谱法	Ag、Si、Mg、Fe、Al、Ni、Ca、Cu 等数十种	质量分数范围：$0.002 \sim 22.00\%$[42]
原子吸收光谱法	As、Ag、Bi、Ca、Cd、Co、Cu、Fe、Hg、K、Mg、Mn、Mo、Na、Ni、Pb、Sn、Zn 等	质量分数范围：$0.002 \sim 28.00\%$[43]
电位法	DO、酸度、碱度	DO：0.02 mg/L[44] 酸值：$0.1 \sim 150$ mg/g[45] 碱度：$\geqslant 10$ mN[46]
极谱法	As、Cd、Co、Cu、Ni、Pb、V、Se、Mo、DO、Zn 等	普通极谱法测定：$10^{-2} \sim 10^{-5}$ mol/L 现代新极谱法测定：$10^{-8} \sim 10^{-9}$ mol/L[47]
离子选择性电极法	K^+、Na^+、F^-、Cl^-、Br^-、I^-、S^{2-}、NO_3^-、NH_4^+ 等	$0.8 \times 10^{-3} \sim 1400$ mg/L[48~54]
液相色谱法	有机汞、Co、Cu、Ni、有机物	$\geqslant 0.001 \mu g/L$[55~57]

分析方法	项目	检测范围
离子色谱法	K^+、Li^+、Na^+、F^-、Cl^-、Br^-、I^-、NO_3^-、SO_4^{2-} 等	$\geqslant 0.001\mu g/L^{[58\sim60]}$
气相色谱法	Al、Be、Cr、Se、气体物质、有机物质	$\geqslant 0.001\mu g/L^{[61\sim66]}$
放射化学分析法	总放射性、总 α、U、Th、Ra、Rn 等放射性核素	α：2.5×10^{-2} Bq/L U：$\geqslant1.5\times10^{-34}$ mg/L Th：$0.01\sim0.5\mu g/L$ Ra $\geqslant3.0\times10^{-5}$ Bq/kg Rn：$10\sim10^5$ Bp/$m^{3[67\sim72]}$
其他	温度、外观、嗅、味、电导率	电导率：$\leqslant0.1$ mS/$m^{[73]}$

3.1.4 水样的采集、保存和消解

水样的采集、保存是进行水质分析的重要环节，第 1 章已介绍水样的采集，下面重点介绍水样采集时的布点、水样的保存和水样的预处理等。

3.1.4.1 水样采集点的布置

(1) 河流

流经城市的河流首先至少在城市的上、中、下游各设一个断面，然后根据河面宽度和深度分别布点：河面宽度 30m 以上时，可于左、中、右设三个采样点；30m 以下在河流左右两边有代表性的位置布点；河宽 10m 以内则只在河流中心主线上布一个采样点。河流深度超过 3m，各断面的上下层设两个采样点；3m 以内只取表层水样。

另外在城市供水点的上游 1km 处至少设一个采样点。为了追溯污染源及其分布和时空变化，可在支流入口前 10m 处布点，并进行定点连续测定。

(2) 湖泊、水库

湖泊、水库要分别在入口和出口处布点采样，同时还要按面积大小划成 $2km^2$ 的方块，每个方块内布一个采样点。水深 10m 以内，可距水面 $30\sim50cm$ 处取一个水样；水深 10m 以上，可在表面和底层（距底 2m）各取一个水样。

(3) 地下水

地下水监测井点采用控制性布点与功能性布点相结合的布设原则。监测井点应主要布设在建设项目场地、周围环境敏感点、地下水污染源、主要现状环境水文地质问题以及对于确定边界条件有控制意义的地点。监测井点的层位应以潜水和可能受建设项目影响的有开发利用价值的含水层为主。潜水监测井不得穿透潜水隔水底板，承压水监测井中的目的层与其他含水层之间应止水良好。一般情况下，地下水水位监测点数应大于相应评价级别地下水水质监测点数的 2 倍以上。

一级评价项目目的含水层的水质监测点不应少于 7 个点/层。评价面积大于 $100km^2$ 时，每增加 $15km^2$ 水质监测点应至少增加 1 个点/层。一般要求建设项目场地上游和两侧的地下水水质监测点各不得少于 1 个点/层，建设项目场地及其下游影响区的地下水水质监测点不得少于 3 个点/层。

二级评价项目目的含水层的水质监测点不应少于 5 个点/层。评价面积大于 $100km^2$

时，每增加20km² 水质监测点应至少增加1个点/层。一般要求建设项目场地上游和两侧的地下水水质监测点各不得少于1个点/层，建设项目场地及其下游影响区的地下水水质监测点不得少于2个点/层。

三级评价项目目的含水层的水质监测点不应少于3个点/层。一般要求建设项目场地上游和两侧的地下水水质监测点各不得少于1个点/层，建设项目场地及其下游影响区的地下水水质监测点不得少于2个点/层。

评价级别为一级的Ⅰ类和Ⅲ类建设项目，对地下水监测井（孔）点应进行定深水质取样，具体要求：

① 地下水监测井中水深小于20m时，取二个水质样品，取样点深度分别在井水位以下1.0m之内和井水位以下井水深度约3/4处。

② 地下水监测井中水深大于20m时，取三个水质样品，取样点深度分别在井水位以下1.0m之内、井水位以下井水深度约1/2处和井水位以下井水深度约3/4处。

评价级别为二级、三级的Ⅰ类和Ⅲ类建设项目和所有评价级别的Ⅱ类建设项目，只取一个水质样品，取样点深度应在水位以下1.0m之内。

3.1.4.2 水样取样量

分析检测所取水样的体积取决于分析项目和分析所要求的准确度。一般供物理化学检验的水样大多取2L。某些特殊测定项目水样可以多取一些，而一般单项分析水样要取100～1000mL。

3.1.4.3 水样的保存

采集的水样应尽快进行分析测定，以免在运送和存放过程中引起水质的变化，采样和分析的时间间隔越短，分析结果越可靠。未经过任何处理的用于物理化学性质检验的水样，最长存放时间大致为：清洁的水样72h，轻度污染的水样48h，严重污染的水样12h。

水样在存放过程中，一些测定项目易受到影响。如金属阳离子与玻璃器皿产生离子交换；体系温度、pH值可能变化；酚类或生化需氧量降低等。为减少存放所造成的这种变化，部分项目要在现场测定，部分项目可加入试剂保护或冷冻保存。

水样保存的目的是为了减少存放期间因水样变化而造成的损失。但任何一个保存方法也难以完全做到使水样物化性质不变化，但每一种方法都希望使水样生物作用减缓、化学变化减缓和组分的挥发损失减少。

保存方法一般不外乎控制溶液的pH值、加入化学药品、冷藏和冷冻。一般认为冷藏使温度接近冰点或更低是较好的保存方法，但并不适应所有类型的样品。以下分析项目，若不能及时进行分析，则应按所述方法作好水样的保存。

① 测定氰化物的水样 在现场加氢氧化钠溶液使pH值大于13，现场固定，可保存24h；测酚水样，加硫酸铜11g/L，以防止其生物氧化。

② 测定硫化物的水样 先在容器中以每升水样加入5mL乙酸锌溶液（200g/L）和适量氢氧化钠溶液（40g/L），使溶液pH值在9.0～10.0之间，现场固定。

③ 测定溶解氧的水样 瓶内不允许留有空气泡，取样后要立即加入1mL硫酸锰和3mL碱性碘化钾溶液，塞紧瓶塞使溶解氧在现场固定。有条件最好用测氧仪现场测定。

④ 测定生化需氧量的水样　应在取样后立即进行测定，否则应放置在冰箱中保持温度为 3~4℃，但应在 9h 内进行测定。

⑤ 测定重金属离子的水样　可用盐酸或硝酸酸化，使 pH 值在 3.5 左右，以减少沉淀和吸附作用，最好是尽快进行测定。

⑥ 测定甲醛的水样　在每升水样中加入 2mL 浓硫酸，以抑制细菌活动，防止甲醛发生变化。加完浓硫酸后，塞紧瓶塞保存。

⑦ 测定微生物的水样　以无菌容器取水样于相应容器中。所采用容器应洁净，不被污染；容器器壁不应吸收或吸附某些待测组分；容器不应与某些待测组分发生反应；容器应无菌且密封良好。取好的样品应尽快放置至冰箱冷藏。样品如需稀释时，应无菌操作。

3.1.4.4　水样的消解

水样中常含有不同量的固体物质和有机物质，因而形成不同程度的浑浊，大量浑浊的形成会对水中金属离子产生吸附作用，有些有机物还会与金属离子形成配合物，从而影响金属离子的准确测定，特别是工业废水，水质十分复杂，测定前进行某些预处理，如过滤、萃取、蒸馏或消解等。

对工业废水进行金属离子的测定，常对水样进行酸性消解处理，以消除有机物和 CN^-、NO_2^-、S^{2-}、SO_3^{2-} 等的干扰，它们在消解时由于氧化和挥发作用而消除。

消解常用硫酸-硝酸进行消解，难消解的可用硝酸-高氯酸消解。用硫酸-硝酸消解时，先加混合酸到水样中，蒸发至较少体积后再加入混合酸消解，直至溶液无色透明，最终赶尽残余的硝酸。消解完后的母液用蒸馏水稀释，加热溶解残渣得消解液。然后用消解液进行分析测定，如在含有大量有机物的污泥中进行金属离子的测定时，就用上法进行消解处理后，再取消解液进行有关金属离子的测定。

用于消解的消解剂要求纯度高，其含铁及重金属离子杂质不能超过 0.0001%，否则会增加空白值，降低灵敏度。

除上述酸性消解法外，还有干式消解法（灼烧法）。该法是先将水样蒸干，然后在 600℃ 左右灼烧至残渣不再变色，使有机物完全分解除去，最后用蒸馏水溶解残渣，然后取此液进行分析测定。

水质分析项目很多，大体上分为五大类：物理性质、金属化合物、非金属无机物、有机物、微生物，下面分别介绍。

3.2　水的物理性质的检验

3.2.1　浊度的测定

(1) 方法原理

水的浊度是指水的浑浊程度，是由水里含的泥沙、胶体物、有机物、浮游物、微生物等对透过光产生散射或吸收引起的。美国公共卫生协会将浊度定义为"样品使穿过其中的光发生散射或吸收光线，而不是沿直线穿透的光学特性的表征"。由浊度定义可知，浊度与其中上述物质的浓度、粒度的大小及形状以及表面对光的散射特性等有关。

工业用水特别是循环冷却水中含有的悬浮物、胶体、泥沙等易导致换热器及管道结垢，将使换热效率下降，严重时导致设备腐蚀而影响使用寿命。所以要严格控制工业用水的浊度。

浊度的单位有多种，常见的是 NTU 和 FTU。但都是以福马肼聚合物作为浊度标准对照溶液（硫酸联氨和六亚甲基四胺的混合液），若采用散射浊度仪测定，即使光线穿过样品，在与入射光呈 90°的方向上检测被水中的颗粒物所散射的光强度，则称为散射法，所得浊度单位为 NTU。若用分光光度计测定透射光强度时浊度的单位为 FTU。

天然水、饮用水的浊度较低，一般采用分光光度法测定，用福马肼聚合物作一系列浊度标准溶液，绘制工作曲线，由测得水样的透光度在工作曲线上求出其浊度。

实际工作中常用浊度仪测定水的浊度，常见的国产浊度计有 ET1180 型、TURB-2A 型精密浊度仪等。进口的有美国产的 DRT-15CE 型浊度计、2100P 型便携式浊度计、AQ2010 型浊度计；日本产的 TCR-30 型浊度计；德国产的 ET76020 型便携式微电脑快速浊度测定仪，它的光源采用红外硅光源或钨光源，使用 9V 直流电源，仪器采用 0.2NTU、10NTU、100NTU、1000NTU 四点校正，测量量程为 0.2～2000NTU。

（2）福马肼浊度贮备标准液（400FTU）的配制

① 硫酸联氨溶液　称取 1.000g 硫酸联氨，用少量无浊度水溶解，移入 100mL 容量瓶中，并稀释至刻度。

② 六亚甲基四胺溶液　称取 10.00g 六亚甲基四胺，用少量无浊度水溶解，移入 100mL 容量瓶中，并稀释至刻度。

③ 福马肼浊度贮备标准液　分别移取硫酸联氨溶液和六亚甲基四胺溶液各 25mL，注入 500mL 容量瓶中，充分摇匀，在（25±3）℃下保温 24h 后，用无浊度水稀释至刻度。

（3）分析步骤

① 工作曲线的绘制　浊度为 40～400 FTU 的工作曲线，按如下方法用移液管吸取浊度贮备标准液分别加入到一组 100mL 容量瓶中，用无浊度水稀释至刻度，摇匀，放入 1cm 比色皿中，以无浊度水作参比，在波长为 660nm 处测定透光率，并绘制工作曲线。

储备标准液/mL	0	10.00	15.00	20.00	25.00	50.00	75.00	100.00
水样浊度/FTU	0	40	60	80	100	200	300	400

如果浊度为 4～40 FTU 的工作曲线，按如下方法用移液管吸取浊度贮备标准液分别加入到一组 100mL 容量瓶中，用无浊度水稀释至刻度，摇匀，放入 5cm 比色皿中，以无浊度水作参比，在波长为 660nm 处测定透光率，并绘制工作曲线。

储备标准液/mL	0	1.00	1.50	2.00	2.50	5.00	7.50	10.00
水样浊度/FTU	0	4	6	8	10	20	30	40

② 水样的测定　取充分摇匀的水样，直接注入比色皿中，用绘制工作曲线的相同条件测定透光度，根据工作曲线求出水样浊度。

若水样带有颜色，可用 0.15μm 滤膜过滤器过滤，并以此溶液作为空白。

3.2.2　颜色

纯水无色透明，深层水浅蓝色。污水有色，透光性减弱，还会影响水生生物生长。水的颜色分为"真色"和"表色"，未经过滤或离心分离的原始水样的颜色称"表色"。除去浊度后测得水的颜色叫"真色"。除浊方法有放置澄清、过滤或离心分离。

色度较低的水样采用铂钴标准色阶目视比色法（铂氯酸钾与氯化钴配成标准色阶）；对色度较深的工业废水采用稀释倍数法，将工业废水用水稀释到接近无色时的稀释倍数即为水样色度。其颜色可用深蓝色、黄色、黑色等文字描述。

3.2.3 pH 值

天然水的 pH 值在 6.0～9.0 之间，工业废水排入城市市政下水道时其 pH 值必须在 6.0～9.0 之间，锅炉水的 pH 值必须在 7.0～8.5 之间。水的 pH 值对各种杂质的型体分布起决定性的作用，因此是最重要的水质指标之一。pH 值受温度影响，测定时必须在规定的温度下进行或进行温度校正。测定方法有比色法和酸度计法。

（1）比色法 简单，但受色度、浊度、胶体物质、氧化还原剂等影响。

（2）酸度计法（玻璃电极法） 不受上述因素的影响，准确度较高，是常用方法，但必须使用与水样 pH 值相近的标准缓冲溶液校正仪器。

3.2.4 残渣的测定

残渣是指水样经蒸发后的残余物。残渣有三种类型：总残渣（总蒸发残渣）、不可过滤性残渣（截留在滤纸上的残渣，也称悬浮固形物）及可过滤性残渣（即通过过滤器的残渣，亦叫溶解性固形物）。影响残渣测定的因素有悬浮物的性质，所用滤皿的孔径、面积和厚度［一般用 G_4 玻璃过滤器（孔径 3～4μm）或铺有 5mm 厚石棉层、容积为 30mL 的古氏坩埚过滤器］，烘干的温度和时间。其中烘干温度有两种：一种是在 105～110℃ 下，此时可保留结晶水和部分附着水，有机物挥发较少；另一种是在（180±2）℃ 下，此时除去大部分附着水，保留部分结晶水，挥发部分有机物，分解部分碳酸盐。

① 不可过滤性残渣（悬浮固形物）的测定 先用 1∶1 硝酸溶液洗涤 G_4 玻璃过滤器，再用蒸馏水洗 G_4 玻璃过滤器，置于 105～110℃ 烘箱中烘干 1h。放入干燥器内冷至室温，称至恒重，记下过滤器质量 G_2(mg)。

取水样 500～1000mL，徐徐注入过滤器，并用水力抽气器抽滤。将最初 200mL 滤液重复过滤一次，滤液应保留，作其他分析用。

过滤完水样后，用蒸馏水洗涤容器和过滤器数次，再将玻璃过滤器置于 105～110℃ 烘箱中烘干 1h。取出放入干燥器中，冷却至室温时称量。再烘 30min 后称量，直至恒重，记下过滤器和悬浮物的质量 G_1(mg)。则不可过滤性残渣为：

$$\rho(\text{悬浮固形物}) = \frac{G_1 - G_2}{V} \times 10^3 \, (\text{mg/L}) \tag{3-1}$$

式中，V 为所取水样体积，mL。

② 可过滤性残渣（溶解性固形物）的测定 取 V mL 上述滤液（水样体积应使蒸干后溶解固形物的质量为 100mg 左右），逐次注入已烘干至恒重 G_2(mg) 的蒸发皿中，在水浴上蒸干。置于 105～110℃ 烘箱中烘 2h。取出放入干燥器中，冷却至室温时称量，直至恒重记下质量 G_1(mg)。则可过滤性残渣为：

$$\rho(溶解固形物)=\frac{G_1-G_2}{V}\times10^3(mg/L) \tag{3-2}$$

3.2.5 电导率的测定

电导是电阻的倒数，因水中存在溶解性的盐，因而就有电导。

何谓电导率呢？我们将两个电极插入溶液中，则两电极间的电阻 R 与电极间距 L 成正比，而与电极的截面积 A 成反比，即

$$R=\rho\frac{L}{A}$$

式中，ρ 为电阻率，其倒数 $1/\rho$ 称电导率，以 κ 表示。

即

$$\kappa=1/\rho$$

因此电导率就是电阻率的倒数。

对某一电导池，其 L/A 的比值是一个常数，称电导池常数，用 C 表示，故有：

$$R=\rho\frac{L}{A}=\frac{C}{\kappa}$$

即

$$\kappa=\frac{C}{R}$$

因此，当电导池常数 C 已知时，测得水样的电阻值 R，即可求出电导率 κ。电阻越大，电导率越小，表示溶解性盐类越少。

电导率的标准单位是 S/m，实际使用单位为 mS/m。

水的电导率一般采用电导率仪进行测量。测量时，恒温水浴锅的温度要求控制在 $25℃\pm0.2℃$，所用蒸馏水电导率应小于 $0.1mS/m$。测电导池常数 C 时，采用 $0.01000mol/L$ 标准氯化钾溶液（$25℃$时，此浓度氯化钾溶液的 κ_{KCl} 为 $141.3mS/m$），插入电极后，测量电阻 $R_{KCl}(\Omega)$，计算 C：

$$C=\kappa_{KCl}\cdot R_{KCl}=141.3R_{KCl}$$

然后测量水样的电阻 R_S，按下式计算水样电导率 κ_S：

$$\kappa_S=\frac{C}{R_S}=\frac{141.3R_{KCl}}{R_S}\quad(mS/m)$$

当测量温度不是 $25℃$ 时，应用下式计算 $25℃$ 时的电导率 κ_S：

$$\kappa_S=\frac{\kappa_t}{1+a(t-25)}\quad(mS/m)$$

式中 κ_t——水温为 $t℃$ 时水样的电导率，mS/m；

$\quad\quad t$——测定时的温度，$℃$；

$\quad\quad a$——各种离子电导率平均温度系数，取 0.022。

3.3 金属化合物的测定

水中金属化合物种类较多，一般只测定金属离子。金属离子有 Ca^{2+}、Mg^{2+}、Fe^{3+}、Fe^{2+}、$Cr(Ⅲ、Ⅵ)$ 等，还有其他许多重金属离子等，这些离子的测定方法，我们不能一

一讨论，只讨论其中几种。

3.3.1　总硬度的测定

水的硬度原来是指水中钙、镁等高价金属离子沉淀肥皂的程度。通俗地讲是指水中高价金属离子（但不包括一价离子 Na^+、K^+ 等）的含量。

天然水中主要是 Ca^{2+}、Mg^{2+}，其他离子很少。一般把含 Ca^{2+}、Mg^{2+} 较多的水叫硬水，Ca^{2+}、Mg^{2+} 较少的水叫软水，而衡量 Ca^{2+}、Mg^{2+} 的多少用硬度表示。所以硬度就是水中 Ca^{2+}、Mg^{2+} 的浓度。浓度高，硬度高，反之亦然。

工业用水对钙、镁含量有十分严格的要求，硬度太高的水会对工业生产产生不利的影响。若使用硬水作为锅炉水，加热时会在炉壁上形成水垢，水垢不仅会降低锅炉热效率，增大燃料消耗，更为严重的是会使炉壁局部过热、软化、破裂，甚至发生爆炸。在冷却用水系统中，水垢会堵塞设备管路。此外，硬水还会妨碍纺织品着色并使纤维变脆，皮革不坚固，糖不容易结晶等。所以硬度的测定是确定水质是否符合工业用水要求的重要指标。

硬度的单位用"单元摩尔浓度"表示，水的硬度是用每升水中含 CaO（或 MgO）多少"单元毫摩尔"表示，即用 $\text{mmol}\left(\frac{1}{2}CaO\right)/L$ 表示。CaO 摩尔质量的二分之一为其"单元摩尔质量"，即 CaO 单元摩尔质量 $=56/2=28(g/mol)$。

目前硬度的测定常用 EDTA 容量法，铬黑 T（EBT）是常用指示剂。酸度控制在 $pH \approx 10$。具体测定步骤：量取水样 $50 \sim 100mL$（记为 V）于 250mL 锥形瓶中，加入 $5 \sim 10mL$ 氨性缓冲溶液（pH10.0），摇匀。加入少许铬黑 T 指示剂，用 0.0200mol/L EDTA 标准溶液滴定至由酒红色变为纯蓝色为终点，记下消耗的 EDTA 的体积 V_1。

硬度以 $\text{mmol}\left(\frac{1}{2}CaO\right)/L$ 表示，则 H 为：

$$H = \frac{2cV_1}{V} \times 1000 \text{mmol}\left(\frac{1}{2}CaO\right)/L \qquad (3-3)$$

式中　c，V_1——EDTA 的浓度（mol/L）和滴定所耗的体积（mL）；

　　　　V——取水样体积，mL。

如果分析结果以德国硬度（°）表示（1°表示 1L 水中含有 10mgCaO），则

$$总硬度 = \frac{V_1 c \times 5.608 \times 1000}{V} \qquad （德国度）$$

如果分析结果以 mol/L 表示，则

$$总硬度 = \frac{cV_1}{V} \qquad （mol/L）$$

3.3.2　铁的测定

一般而言，天然地表水中含铁量不高，不致影响人体健康，但如果超过 0.3mg/L 则有特殊气味而不宜饮用。酸性水样可含大量铁离子（水中铁有 Fe^{2+}、Fe^{3+}），含铁量较高的水带黄色，并给印染、纺织、造纸工业等造成不利影响，一般纺织、染色和造纸等工业，要求水中含铁量不得超过 0.2mg/L。

为防高铁水解沉淀，采样后必须立即用盐酸酸化至 pH<1，且 Fe^{2+} 易氧化，采样后应立即测定。

测铁的方法很多，有火焰原子吸收法（快捷简便）、容量法（适于高含量）及分光光度法等。分光光度法测铁通常有硫氰酸盐（KSCN）、磺基水杨酸（Ssal）和邻菲啰啉法等，后者灵敏度高，干扰少，配合物稳定。

邻菲啰啉分光光度法是在试液中加酸溶解 $Fe(OH)_{2\sim3}$，加还原剂（盐酸羟胺或抗坏血酸）还原 Fe^{3+}，调 pH 值至 5.5～6.0，Fe^{2+} 与显色剂邻菲啰啉生成橙红色化合物，用分光光度计于 510nm 处测定。主要反应式为：

$$4Fe^{3+} + 2NH_2OH \longrightarrow 4Fe^{2+} + 4H^+ + N_2O + H_2O$$

此法测定的为总量。若只要测 Fe^{2+}，则不需加还原剂，其他条件相同。水样中大量的磷酸盐存在对测定产生干扰，可用柠檬酸盐和对苯二酚加以消除。用溶剂萃取法可消除所有金属离子或可能与铁配合的阴离子所造成的干扰。

3.3.3 镉的测定

镉是人体必需的元素，但镉的毒性很大，长期饮用含镉量高的水，镉将在人体蓄积，损害肾脏，镉中毒引起疼痛，一般成年人体内含 20～30mg，地面水的最高允许浓度 0.001mg/L。镉的主要污染源有电镀、采矿、冶金、染料、电池和化学工业等排放的污水。

镉的测定方法有原子吸收光谱法、双硫腙分光光度法、阳极溶出伏安法和示波极谱法，这里只介绍原子吸收光谱法。

(1) 方法原理

本法是把水样用硝酸、高氯酸消解处理，在磷酸（1+4）介质中，用甲基异丁基甲酮[分子式为 $CH_3COCH_2CH(CH_3)_2$，简称 MIBK] 萃取试液中的 CdI_4^{2-} 配阴离子，将有机相吸入火焰中，借火焰中镉的原子蒸气对镉空心阴极灯辐射出的特征谱线的吸收进行测定。

由于采用萃取分离的方法，消除了基体对测定的干扰。在萃取条件下，银、铜、铅也被完全萃取，但不会影响镉的测定。高氯酸的存在会影响测定，应将其除尽。

对镉含量在 0.05～1mg/L 范围内的地下水、地表水及污水，可将水样或消解处理后的水样直接吸入火焰原子吸收光谱仪法测定，共存离子在常见浓度范围内不干扰测定，钙离子浓度高于 1000mg/L 时抑制镉的吸收；对镉含量在 1～50μg/L 范围内的地下水、洁净地表水，可将水样或消解后的水样在磷酸（1+4）介质中与吡咯烷二硫代氨基甲酸铵（APDC）配合后，用甲基异丁基甲酮（MIBK）萃取（或离子交换）后再进行测定，即采用萃取或离子交换火焰原子吸收分光光度法，萃取法中铁含量低于 5mg/L 时不干扰测定，铁含量高时用碘化钾-甲基异丁基甲酮萃取体系效果好，但样品中存在强还原剂时，萃取前应除去；而石墨炉原子吸收分光光度法测定微量镉是将水样直接注入石墨炉内进行测定，它适用于地下水和清洁的地表水，含量范围为 $0.1 \sim 2\mu g/L$。

（2）分析步骤

① 标准曲线的绘制　吸取 0mL、0.50mL、1.00mL、2.00mL、5.00mL、10.00mL 镉标准溶液（10.00μg/mL），分别放入 25mL 分液漏斗中，加水稀释至 50mL。分别加入 10mL 磷酸、10mL 碘化钾溶液（1mol/L），摇匀。分别加入 10mL 甲基异丁基甲酮，振动 2min，静置分层后弃去水相，将有机相转入 10mL 干烧杯中。在选定的仪器工作条件下，用水饱和的甲基异丁基甲酮为参比，分别测定吸光度。然后以经空白校正下的各标准溶液吸光度与镉含量绘制标准曲线。

② 试样测定　取水样 100mL 于 200mL 烧杯中，加入 5mL 硝酸，在电热板上加热消解。蒸发至 10mL 左右，加入 5mL 硝酸和 2mL 高氯酸继续加热消解，直至 1mL 左右。取下冷却，加水溶解残渣，用预先酸洗过的中速滤纸滤入 100mL 容量瓶中，用水洗涤至刻度，摇匀。吸取试验溶液 50.00mL，按标准曲线绘制的步骤进行萃取和测量。测得的试样吸光度经空白校正后，根据标准曲线求出试样中镉的含量。

3.3.4　汞的测定

（1）方法原理

汞及其化合物属于剧毒物质，可在人体内蓄积。进入水体的无机汞离子可以转变为毒性更大的有机汞（如甲基汞），易溶入水，不但在水中迅速扩散，且进入生物体内大量蓄积，毒性极强，一般认为人体可接受的血汞浓度为 0.1mg/L。我国规定生活饮用水的含汞量不得起过 0.001mg/L，工业废水中汞的最高容许排放浓度为 0.05mg/L。因此随时掌握水中汞的含量对评价环境质量是十分重要的。

汞的主要污染源来自矿山、金属冶炼、汞盐制造、染料制造、有机合成、仪表及军工等工业废水的排放。

汞的测定方法常用冷原子吸收法、冷原子荧光法和双硫腙分光光度法等。这里只介绍双硫腙分光光度法。

双硫腙分光光度法是在 95℃ 用高锰酸钾和过硫酸钾将试样消解，把所有汞（无机汞和有机汞）全部转变为二价汞离子，用盐酸羟胺将过剩的氧化剂还原，在酸性溶液中，加入双硫腙溶液与汞离子作用生成橙红色螯合物，用有机溶剂氯仿萃取，再用碱溶液洗去过剩的双硫腙。于分光光度计上 500nm 波长处测定，求得水样中汞的含量。此法干扰离子主要是铜，在双硫腙洗脱液中加入 EDTA 二钠盐可掩蔽。

双硫腙（又叫二苯硫腙或二硫腙）的结构式为：

它与汞离子生成的配合物结构为：

$$S=C \underset{N-N-C_6H_5}{\overset{NH-N-C_6H_5}{\underset{}{\bigg\langle}}} Hg^{2+} \underset{H_5C_6-N-HN}{\overset{H_5C_6-N-N}{\bigg\rangle}} C=S$$

（2）分析步骤

① 标准曲线的绘制　取 9 个 500mL 锥形瓶，各加 5mL 高锰酸钾溶液（5g/L）。分别加入 $1\mu g/mL$ 的汞标准溶液 0mL、0.25mL、0.50mL、1.00mL、2.00mL、4.00mL、6.00mL、8.00mL 及 10.00mL，加水稀释至 250mL。向各瓶中加入 5mL 浓硫酸，混匀，在 95℃水浴中消解 30min。待溶液冷却至 40℃左右，滴加盐酸羟胺溶液（20g/L），使高锰酸钾褪色，剧烈振荡，开塞放置 5~10min。转移至 500mL 分液漏斗中，以少量蒸馏水冲洗锥形瓶二次，一并移入分液漏斗中。分别加入 1mL 亚硫酸钠溶液（20g/L），混匀后，再加入 10.0mL 双硫腙氯仿使用液（使用前将 0.1% 的双硫腙氯仿用氯仿稀释至在 500nm 波长处透光率为 70%）。缓慢旋摇并放气，再密塞剧烈振摇 1min，静置分层。将有机相转入已盛有 20mL 双硫腙洗脱液（8g 优级纯氢氧化钠溶于煮沸放冷的水中，加入 10g 乙二胺四乙酸二钠盐，稀释至 1000mL，贮于塑料瓶中密塞）的 60mL 分液漏斗中，振摇 1min，静置分层。用滤纸吸去分液漏斗颈部的水珠，塞入少许脱脂棉。将有机相放入 2cm 比色皿中，在 500nm 波长下，以纯溶剂作参比测定吸光度，以测得的吸光度减去试剂空白吸的光度后，与对应的汞含量绘制标准曲线。

② 水样测定　于 500mL 锥形瓶中加入 5mL 高锰酸钾溶液（5g/L），然后，加入 250mL 水样（如高锰酸钾的颜色褪去，可适当补加高锰酸钾溶液）。以下操作步骤同标准曲线的绘制。样品吸光度减去试剂空白吸光度后，从标准曲线上查得汞的含量。

3.3.5　铅的测定

铅是有毒金属，可在人体和动植物组织中蓄积，其毒性主要表现为贫血症、神经机能失调和肾损伤。铅对水生生物的安全浓度为 0.16mg/L。用含铅 0.1mg/L 以上的水灌溉水稻和小麦时，作物中铅含量明显增加。我国规定生活饮用水标准中铅浓度不超过 0.1mg/L。铅的主要污染来自蓄电池、五金、冶金、机械、涂料和电镀工业等排放的污水。

铅的测定方法有原子吸收分光光度法、双硫腙分光光度法和阳极溶出伏安法或示波极谱法等。下面主要介绍双硫腙分光光度法。

双硫腙分光光度法测定铅在选择性方面并不理想，但由于其灵敏度较高 $[\varepsilon_{510}=7\times10^4 L/(mol\cdot cm)]$，因此至今仍在应用。在中性及氨性溶液中，铅（Ⅱ）与双硫腙反应生成淡红色螯合物，用氯仿、四氯化碳或苯等溶剂萃取入有机相，用分光光度计于 510nm 波长处测定，求出水相中铅的含量。

铅的定量萃取与溶液的 pH 值和溶液中共存的其他掩蔽剂的浓度有关。当无其他掩蔽剂存在时，在 pH5.0~11.5 的酸度范围内，铅的一次萃取率可达到 99% 以上；但当有柠檬酸或酒石酸存在时，在微酸性（pH5.0~7.0）条件下，对铅的萃取率有影响，而使定量萃取的酸度范围变为 pH7.5~11.5，此外，氰化物的加入量也不能超过 0.1mol/L。因为在碱性条件下，$[Pb(CN)_4]^{2-}$ 的形成使铅的萃取率降低；影响萃取的另一因素是双硫腙溶液的浓度，为使铅（Ⅱ）与双硫腙的反应较完全，必须保证水相中有足够的双硫腙存在。实验表明：在 pH＞10.5 时约有 99％的双硫腙溶于水相，所以最佳的萃取酸度条件为 pH10.5～11.5。铅与双硫腙的配合物结构式与汞和双硫腙生成的配合物类似。

3.3.6 铬的测定

（1）方法原理

铬是生物体所必需的微量元素之一。铬的毒性与铬的价态有关，六价铬比三价铬毒性大 100 倍，易被人体吸收并在体内蓄积，且有致癌作用，三价铬和六价铬还可以相互转化。当水中六价铬浓度为 1mg/L 时，水呈淡黄色并有涩味；三价铬浓度为 1mg/L 时，水的浊度明显增加。铬的污染源主要来自铬矿石的加工、金属表面处理、皮革鞣制、印染等行业排放的污水。我国规定工业废水中六价铬及其化合物最高容许排放浓度为 0.5mg/L（按六价铬计）。

铬的测定方法有原子吸收分光光度法、二苯碳酰二肼分光光度法、硫酸亚铁铵滴定法、极谱法、气相色谱法、中子活化法、化学发光法等。下面主要介绍二苯碳酰二肼分光光度法。

在酸性溶液中，六价铬与二苯碳酰二肼（简写为 DPC）反应，生成紫红色水溶性螯合物，其最大吸收波长为 540nm，摩尔吸光系数为 4.0×10^4 L/(mol·cm)，借此进行分光光度测定。具体反应见第 7 章 7.8 节中铬的测定。

体系酸度对显色反应有较大的影响，一般控制在 0.05～0.3mol/L，最适宜的酸度为 0.2mol/L，显色前，水样应调节至中性。

三价铬没有上述反应［因为铬（Ⅲ）的水合离子 $[Cr(H_2O)_6]^{3+}$ 为典型的惰性八面体结构配离子，不容易进行配位体的交换］，如果要测定三价铬，则方法原理同上，只是在酸性溶液中，首先用高锰酸钾氧化三价铬成六价铬，用亚硝酸钠分解过量的高锰酸钾，再用尿素分解过量的亚硝酸钠，然后加二苯碳酰二肼测定总铬量，用总铬量减去六价铬量即为三价铬量。

（2）水中总铬的测定

取 50.00mL 摇匀的饮用天然矿泉水水样置于 150mL 锥形瓶中，调节 pH 值为 7.0。取六价铬标准贮备溶液 0mL、0.20mL、0.50mL、2.00mL、4.00mL、6.00mL、8.00mL 及 10.00mL 分别置于 150mL 锥形瓶中。加纯水至 50mL。

向水样和标准系列瓶中，各加入（1＋1）硫酸溶液 0.5mL、（1＋1）磷酸溶液 0.5mL 及 2～3 滴高锰酸钾溶液（60g/L），如紫红色消退，则应添加高锰酸钾溶液至溶液保持淡红色，各加入数粒玻璃珠，加热煮沸，直到溶液体积约为 20mL。

冷却后，向各瓶中加入 1mL 尿素溶液（200g/L），再滴加亚硝酸钠溶液（20g/L），每加 1 滴充分摇动，直至紫色刚好褪去为止。稍停片刻，待瓶中不再冒气泡后将溶液转移至 50mL 比色管中，用纯水稀释至刻度。

向各管中加入 2.5mL 硫酸及 2.0mL 二苯碳酰二肼丙酮溶液（2.5g/L 的丙酮溶液），立即摇匀，放置 10min。

在 540nm 波长处，以纯水作参比，用合适的比色皿测定吸光度，从标准曲线上查得水样中总铬的量。

(3) 水中六价铬的测定

取 50.00mL 摇匀的饮用天然矿泉水水样（含六价铬超过 $10\mu g$ 时，可吸取适量水样稀释至 50.0mL）置于 50mL 比色管中。

另取 50mL 比色管 9 支，分别加入六价铬标准溶液 0mL、0.25mL、0.50mL、1.00mL、2.00mL、4.00mL、6.00mL、8.00mL 及 10.00mL，加纯水至刻度。

向水样管及标准管中各加 2.5mL 硫酸溶液（1+1）及 2.5mL 二苯碳酰二肼丙酮溶液（2.5g/L 的丙酮溶液），立即混匀，放置 10min。在 540nm 波长处，用合适的比色皿测定样品及标准系列溶液的吸光度。

如原水样有颜色时，另取 50mL 水样于 100mL 烧杯中，加入 2.5mL 硫酸溶液（1+1），置电炉上煮沸 2min，使水样中的六价铬还原为三价铬。溶液冷却后转入 50mL 比色管中，加纯水至刻度，再加 2.5mL 硫酸溶液，摇匀后加入 2.5mL 二苯碳酰二肼丙酮溶液，摇匀，放置 10min。按上述条件测定此水样空白的吸光度。

绘制标准曲线，在曲线上查得样品管中六价铬的含量。有颜色的水样应由测得的样品管溶液的吸光度减去测得的水样空白吸光度，在标准曲线上查得样品管中六价铬的量。

3.4 非金属无机物的测定

3.4.1 酸度

水的酸度是指水中那些能放出质子（H^+）的物质的含量。水中能放出质子的物质主要有游离二氧化碳（在水中以 H_2CO_3 形式存在）、HCO_3^-、HPO_4^{2-} 和有机酸等。水的酸度是水质分析的一项综合指标，但它不能反映是何种具体化学成分。

水的酸度的测定方法，可选用酚酞或甲基橙作指示剂，用强碱标准溶液进行滴定，根据强碱标准溶液所消耗的量便可算出水中能放出质子的物质的含量（即水的酸度）。根据指示剂指示终点时 pH 值的不同，酸度分为酚酞酸度和甲基橙酸度。

① 酚酞酸度　酚酞酸度（总酸度）是以酚酞作指示剂，终点为 pH8.3。

② 甲基橙酸度　甲基橙酸度是以甲基橙作指示剂，终点为 pH3.7。

总酸度包括了水中的强酸和弱酸，而甲基橙酸度只包含一些较强的酸。

3.4.2 碱度

水的碱度是指水中含有能接受质子（H^+）物质的总量（亦表示水中能与强酸发生中和反应的所有碱性物质的总量）。水中能接受质子的物质很多，主要有氢氧根、碳酸盐、碳酸氢盐、磷酸盐、磷酸氢盐、硅酸盐、亚硫酸盐、氨和有机碱等碱性物质。天然水的碱度主要是 HCO_3^- 和 CO_3^{2-} 水解后产生的。锅炉水中碱性物质主要是 OH^- 和 CO_3^{2-}，有时为调节 pH 值和更有效地除去 Ca、Mg、Si，在加 Na_2CO_3 的同时，加入 Na_3PO_4 和 Na_2HPO_4 等，则又增加了 PO_4^{3-} 和 HPO_4^{2-} 等碱性物质。当然 HS^-、$HSiO_3^-$、SiO_3^{2-}、BO_2^- 等也是碱性物质。

碱度的测定方法有酸碱指示剂滴定法和 pH 电位滴定法，一般用酸碱指示剂滴定法，碱度单位也用 mol/L。随指示剂的不同，碱度分为酚酞碱度和甲基橙碱度（总碱度）两种。

(1) 酚酞碱度

以酚酞为指示剂，用 HCl 标准溶液滴定后计算所得的含量，记为 P。滴定反应终点为 pH＝8.3。滴定中发生下列反应：

$$OH^- + H^+ \Longrightarrow H_2O$$
$$CO_3^{2-} + H^+ \Longrightarrow HCO_3^-$$
$$PO_4^{3-} + H^+ \Longrightarrow HPO_4^{2-}$$

此时溶液中的 OH^- 被完全中和，CO_3^{2-} 则几乎全部转化为 HCO_3^-，而此时根据分布系数的计算公式可计算 $\delta(HPO_4^{2-})$ 为：

$$\delta(HPO_4^{2-}) = \frac{K_{a_1} K_{a_2} [H^+]}{[H^+]^3 + K_{a_1}[H^+]^2 + K_{a_1} K_{a_2}[H^+] + K_{a_1} K_{a_2} K_{a_3}}$$
$$= \frac{7.6 \times 6.3 \times 10^{-19.3}}{10^{-24.9} + 7.6 \times 10^{-3} \times 10^{-16.6} + 7.6 \times 6.3 \times 10^{-19.3} + 7.6 \times 6.3 \times 4.4 \times 10^{-24}}$$
$$= \frac{2.4 \times 10^{-18}}{2.59 \times 10^{-18}} = 0.927（即 92.7\%）$$

仅有另外的 0.073 为滴定过量部分，即进一步反应生成 $H_2PO_4^-$。

(2) 酚酞后碱度

在上述滴定后的溶液中，再加甲基橙指示剂，用盐酸标准溶液继续滴定至溶液由黄色→橙色（pH 4.2）后计算所得含量，记为 M。滴定在原来反应基础上发生如下反应：

$$HCO_3^- + H^+ \Longrightarrow H_2O + CO_2$$
$$HPO_4^{2-} + H^+ \Longrightarrow H_2PO_4^-$$

此时 HCO_3^-（原有的和上述转化的）均被 HCl 中和。而此时 $H_2PO_4^-$ 的分布系数 $\delta(H_2PO_4^-)$ 为：

$$\delta(H_2PO_4^-) = \frac{K_{a_1} [H^+]^2}{[H^+]^3 + K_{a_1}[H^+]^2 + K_{a_1} K_{a_2}[H^+] + K_{a_1} K_{a_2} K_{a_3}}$$
$$= \frac{7.6 \times 10^{-11.4}}{10^{-12.6} + 7.6 \times 10^{-11.4} + 7.6 \times 6.3 \times 10^{-15.2} + 7.6 \times 6.3 \times 4.4 \times 10^{-24}}$$
$$= \frac{3.03 \times 10^{-11}}{3.05 \times 10^{-11}} = 0.992（即 99.2\%）$$

说明只有 0.008（即 0.8%）反应过量，生成了 H_3PO_4。

(3) 甲基橙碱度 A（又称总碱度）

总碱度又称甲基橙碱度，所以

$$A = P + M$$

要说明的是，有的资料上将酚酞后碱度称为甲基橙碱度，此时总碱度等于酚酞碱度与甲基橙碱度之和。实际工作中，由于某种需要，也可以不用上述三种碱度分别表示，而简单地计算为酚酞碱度或甲基橙碱度。

若直接用甲基橙作指示剂，用盐酸去滴定，则上述反应都要发生，则测得的甲基橙碱度实际上就是总碱度。测定甲基橙碱度时，常采用溴甲酚绿-甲基红为指示剂。

对天然水而言，碱度一般是指 CO_3^{2-}、HCO_3^-、OH^- 浓度的总和。

例：精确移取水样 100.00mL 于 250mL 锥形瓶中，加 1％酚酞指示剂 5 滴，以 0.1000mol/L 盐酸标准溶液滴定至红色恰好消失，记录消耗盐酸的体积 P（mL）。再加 0.2％甲基橙指示剂 2 滴，继续用盐酸标准溶液滴定由黄色变为橙红色，记录消耗盐酸的体积 M（mL），可分别算出水样中 OH^-、CO_3^{2-}、HCO_3^- 等各自引起的碱度，见表 3-3。

表 3-3　各种碱度的相互关系

测定结果	氢氧化物（OH^-）	碳酸盐（CO_3^{2-}）	重碳酸盐（HCO_3^-）
$P=0$	0	0	M
$P<M$	0	$2P$	$M-P$
$P=M$	0	$2P$（或 $2M$）	0
$P>M$	$P-M$	$2M$	0
$M=0$	P	0	0

注意：此关系只适应于天然水。

（4）分析步骤

取 100.00mL 透明水样置于 250mL 锥形瓶中，加入 2～3 滴 1％酚酞指示剂，用 0.1000mol/L 盐酸标准溶液滴定至粉红色刚刚褪去，记下盐酸的用量（V_1）。

在刚滴定过的溶液中，加入 10 滴溴甲酚绿-甲基红指示剂，用 0.1000mol/L 盐酸标准溶液继续滴定至溶液由绿色变为暗红色，记下消耗盐酸的体积（V_2）。

酚酞碱度和甲基橙碱度分别计算如下：

$$酚酞碱度 = \frac{c_{HCl} \times V_1}{V} \times 10^3 \, (mol/L)$$

$$总碱度 = \frac{c_{HCl}(V_1 + V_2)}{V} \times 10^3 \, (mol/L)$$

3.4.3　氨氮的测定

氨氮是指以游离态的氨或铵离子形式存在的氮。其来源主要是：水体中含氮的有机物被微生物分解；在微生物的作用下，水体中的硝酸根和亚硝酸根被还原成氨；各种农用肥料进入水体，如尿素、碳铵等。如果水体刚受污染，则只能检出氨氮；在水体缺氧时，水体中的亚硝酸盐也受微生物的作用还原为氨；在有氧环境中，水体中的氨可转变为亚硝酸盐或进一步氧化为硝酸盐。

测定水体中氨氮的浓度，可作为水体受有机物污染程度的指标。

水体中氨氮的测定，可采用纳氏试剂分光光度法、氨气敏电极法和蒸馏-酸碱滴定法等。电极法选择性较高，测量范围宽，测定样品不需预处理，操作简便，但电极使用寿命不长。纳氏试剂分光光度法应用较广，操作简便，灵敏度高，但水体颜色、浊度及 Ca^{2+}、

Mg^{2+}、Fe^{3+}、S^{2-}、醛、酮均干扰测定，需对水样进行预蒸馏。当氨氮含量较高时，可采用以甲基红-亚甲基蓝为指示剂的蒸馏-酸碱滴定法。

（1）纳氏试剂分光光度法

取一定量的水样，调 pH 值在 6.0～7.4 之间，加入氧化镁使溶液呈碱性，再蒸馏，将蒸出的气态氨用硫酸或硼酸溶液吸收，然后在碱性条件下，氨或铵根离子与纳氏试剂（四碘合汞酸钾）反应生成淡红棕色配合物，最大吸收波长为 410～425nm，适用于氨氮浓度在 0～2.0mg/L 范围内的各种水样的测定。其主要反应为：

$$2NH_3 + H_2SO_4 \Longrightarrow (NH_4)_2SO_4$$

$$3NH_3 + H_3BO_3 \Longrightarrow (NH_4)_3BO_3$$

$$2K_2[HgI_4] + 3KOH + NH_3 \Longrightarrow \left[O {\overset{Hg}{\underset{Hg}{<}}} NH_2 \right] I + 7KI + 2H_2O$$

　　　纳氏试剂　　　　　　　　　淡红棕色

（2）氨气敏电极法

氨气敏电极是一复合电极，内部的 pH 玻璃电极为指示电极，Ag-AgCl 电极为参比电极。电极对置于盛有 0.1mol/L NH_4Cl 溶液的塑料套管中，管端部用一聚四氟乙烯微孔疏水选择性透气薄膜，使内充液和外部试液隔开，透气薄膜与 pH 玻璃电极间有一层很薄的液膜，可使电极迅速地响应（见图 3-1）。

其测定原理是：试液中加入强碱使 pH＞11，氨盐转化为氨。使生成的氨由于扩散作用，通过透气膜进入液膜内的内充液中，此时水分子和其他离子不能透过，使氯化铵液膜内的铵根离子电离平衡向左移动，引起 H^+ 浓度的改变，变化的 H^+ 浓度由 pH 玻璃电极测量，在一定的离子强度下，测得的电位与水样中氨氮浓度的对数呈线性关系：

$$E = E^{\ominus} + 0.059 \lg c_{NH_4^+}$$

从而可根据测得的电位值，计算水样中氨氮的含量。

该方法不需预蒸馏，且色度和浊度也不影响，是测定氨氮的快速、灵敏、可靠的方法。

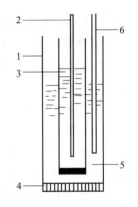

图 3-1　氨气敏电极结构
　　　　示意图

1—外壳；2—内电极导线；
3—平面玻璃电极；4—透
气薄膜；5—内充液；
6—Ag-AgCl 电极

3.4.4　溶解氧（DO）的测定

溶解氧是指溶解在水中的分子态氧，简称 DO。是由于地面水与大气相接触以及某些含叶绿素水生植物的光合作用的结果。氧在水中有较大的溶解度，其溶解度与外界压力、空气中氧的分压、水的温度等有关。常温常压下、水中溶解氧一般应为 8～10mg/L。

清洁的地面水溶解氧接近饱和，由于藻类生长则可达过饱和。但若水体受有机或无机还原性物质污染后，溶解氧降低，将会导致水体中厌氧菌繁殖，水质恶化，如含量低于 4mg/L 时，水生动物可能因窒息而死亡（所谓一潭死水）。而在工业上却由于溶解氧的存在使金属氧化而使腐蚀加快，如在冷却系统中，水中溶解氧和二氧化碳含量高时，能使铜的腐蚀速率加快。因此在某些工业用水特别是动力工业的给水中，对溶解氧的含量要求极为严格。如锅炉给水要求溶解氧的含量不得超过 0.05mg/L（有过热器的水管式锅炉）或 0.1mg/L（无过热器的水管式锅炉）。由此可知，对水中溶解氧的测定是极为重要的。

溶解氧的测定，一般水样采用碘量法、比色法、膜电极法和电化学探头法。一般清洁水可直接采用碘量法。

（1）碘量法

其原理是利用了氧在碱性介质中的氧化性，向水样中加入 $MnSO_4$ 和碱性 KI，首先 $MnSO_4$ 与 NaOH 生成 $Mn(OH)_2\downarrow$，然后水中溶解氧迅速把 $Mn(OH)_2$ 氧化成四价的亚锰酸 $MnO(OH)_2$ 或三价的 $Mn(OH)_3$，从而将溶解氧固定。再加酸，高价锰可以与 KI 反应，析出与溶解氧的量相当的 I_2，接着以淀粉作指示剂，用 $Na_2S_2O_3$ 标准溶液滴定生成的 I_2，求出水中溶解氧。主要反应方程式如下：

$$MnSO_4 + 2NaOH \Longrightarrow Mn(OH)_2\downarrow + Na_2SO_4$$
$$2Mn(OH)_2 + O_2 \Longrightarrow 2MnO(OH)_2\downarrow（或 H_2MnO_3）$$
$$4Mn(OH)_2 + O_2 + 2H_2O \Longrightarrow 4Mn(OH)_3\downarrow$$
$$MnO(OH)_2 + 2H_2SO_4 \Longrightarrow Mn(SO_4)_2 + 3H_2O$$
$$Mn(SO_4)_2 + 2KI \Longrightarrow MnSO_4 + K_2SO_4 + I_2$$
$$2Mn(OH)_3 + 3H_2SO_4 + 2KI \Longrightarrow 2MnSO_4 + K_2SO_4 + I_2 + 6H_2O$$
$$I_2 + 2Na_2S_2O_3 \Longrightarrow 2NaI + Na_2S_4O_6$$

操作步骤可大概分为三步：固定溶解氧、析出 I_2 和滴定。具体步骤如下。

① 洗净取样瓶、取样桶，将取样瓶置桶内。将两根水样胶管插入两个取样瓶内至瓶底，调节水流速约 700mL/min，使水样从两瓶内溢出并超过瓶口 150mm 后，轻轻抽出胶管。

② 立即用移液管在水面下往第一瓶内加 1mL 硫酸锰溶液（340g/L），往第二瓶内加 5mL 硫酸溶液（1+1）。

③ 用滴定管往两瓶中各加 3mL 碱性碘化钾混合液（每升水中含有 30g 氢氧化钠和 20g 碘化钾），仍在水面下加。盖紧瓶塞后从桶内取出摇匀，再放入桶内水中。

④ 以上工作为现场采样，下面的测定过程最好在现场进行。如需回化验室测定，必须将水样以桶内水封的形式尽快送往化验室。

⑤ 待沉淀物下沉后，用移液管往第一瓶加 5mL 硫酸溶液（1+1），往第二瓶中加 1mL 硫酸锰溶液（均在水面下进行）。盖好瓶塞，取出摇匀。

⑥ 保持水温低于 15℃，分别取水样 200～250mL，记为 V_0，注入两个 500mL 锥形瓶中，并立即用硫代硫酸钠标准溶液滴定至浅黄色。加 1mL 淀粉溶液（10g/L），继续滴定至蓝色消失为终点。记下第一瓶水样消耗的硫代硫酸钠标准溶的体积 V_1 和第二瓶水样消耗的体积 V_2。

用式(3-4)计算水样中溶解氧的含量。

$$溶解氧 = \frac{\frac{1}{4}(V_1 - V_2)c \times 32.00}{V_0} \times 1000 (mg/L) \tag{3-4}$$

式中，c 为硫代硫酸钠标准溶液的浓度，mol/L；32.00 为氧气摩尔质量；1/4 为 O_2 与硫代硫酸钠的化学计量系数比。因为由上述反应式可以看出：

$$O_2 \sim 2MnO(OH)_2 \sim 2I_2 \sim 4Na_2S_2O_3$$，即氧与硫代硫酸钠的物质的量关系满足

$$n_{O_2} : n_{S_2O_3^{2-}} = 1 : 4$$

测定溶解氧，关键注意采样，不能有气泡进入或有气泡残留。

本法适用于较清洁的水样，如水样中含有氧化还原物质等会干扰，如 Fe^{3+} 氧化 I^- 而使结果偏高，$2Fe^{3+} + 2KI = 2Fe^{2+} + 2K^+ + I_2$，所以污水要用修正碘量法，修正碘量法有三种：叠氮化钠修正法、$KMnO_4$ 修正法及明矾絮凝修正法。在此不再介绍。

（2）电化学探头法

电化学探头法是采用一种用透气薄膜将水样与电化学电池隔开的电极来测定溶解氧的方法。所采用的探头由一小室构成，室内有两个金属电极并充有电解质，用选择性薄膜将小室封闭，水和离子不能透过该薄膜，但氧和一定数量的其他气体可以透过。在外加电压的情况下使电极间产生电位差，使金属离子在阳极进入溶液，而透过膜的氧在阴极还原。由此产生的电流与透过膜和电解质液层的氧的传递速率成正比，也就与一定温度下水样中氧的分压成正比。

根据所采用的探头不同，可以测定水中氧的浓度（mg/L）或氧的饱和百分率。该法适用于测定色度高和浑浊的水，还适用于含铁及能与碘作用的水样的测定。

二氧化硫、硫化氢、氨、二氧化碳、溴和碘等能扩散并通过薄膜，对测定有干扰。另外如水样中含有油、硫化物、碳酸盐和藻类等，会造成薄膜堵塞，也产生干扰。

目前有专用的溶解氧测定仪，常见国产溶解氧测定仪有 GDY-8 型、SJG-203A 型、JPB-607 型、JYD-1A 型、YSI-58 型、DO600 型、SJG-9435A 型、HK-318 型、DO-1 型高浓度溶氧仪、JPBJ-608 型便携式溶氧测定仪等；美国产的有 YSI550A 型；德国产的 OXI197 型和 OXI330I 型。

OXI197 型便携式溶氧测定仪，它能同时显示氧气浓度和温度，氧气浓度的测量范围是 0～19.99mg/L。具有快速校准、自动空气压力补偿及自动温度补偿等功能。仪器配有可以使用 600h 的可充电电池，可以存储 50 对测量数据，并具有 RS232 数字输出接口。

YSI550A 便携式溶解氧分析仪，具有防水、防撞击外壳的特点，使用极谱法和热敏电阻法技术，内置校准室，自动温度补偿，盐度补偿，高度补偿输入，同时显示溶解氧和温度读数。温度的测量范围为 −5～45℃，分辨率为 0.1℃，准确度为 ±0.3℃；溶解氧的测量范围为 0～50mg/L，分辨率为 0.01mg/L。

3.5　有机化合物的测定

地面水受有机物污染非常普遍，它对水中生物、人体健康和生态平衡构成严重威胁。

有机污染物的测定有两类，一类是测定总有机污染物，它可直接测定（如总有机碳、总有机氮等），也可以测定与有机物反应的氧化剂量，间接反映有机污染物的含量（如生化需氧量、化学需氧量等）。另一类是测定某具体的有机物（酚类、油类、有机磷农药等）。因为有机污染物种类多，组成和含量变化大，所以许多测定指标是条件性指标，必

须严格控制测定条件和指明采用的具体方法。

3.5.1 化学需（耗）氧量（COD）的测定

COD 是在一定条件下，用氧化剂滴定水样时所消耗的量。氧化剂氧化的物质主要是各种有机物（有机酸、腐殖酸、脂肪酸、糖类化合物、可溶性淀粉等）以及还原性无机物（NO_2^-、Fe^{2+}、S^{2-} 等），它是衡量水中有机物相对含量的指标之一。

氧化时会受到氧化剂的种类、浓度、温度、时间及催化剂等的影响，所以 COD 是一个条件性指标。

常用的氧化剂有 $K_2Cr_2O_7$ 和 $KMnO_4$ 两种，用 $K_2Cr_2O_7$ 做氧化剂叫重铬酸钾法（COD_{Cr}），此法是标准方法。对工业废水等污染较严重的水必须采用 $K_2Cr_2O_7$ 法；若采用 $KMnO_4$ 做氧化剂则叫 $KMnO_4$ 法（COD_{Mn}），现叫 $KMnO_4$ 指数法。在 $KMnO_4$ 法条件下，只有部分有机物被氧化，不是理论上的需氧量，因此不能反映水中有机物总量。所以 COD_{Cr} 法与 COD_{Mn} 法测得的结果不一定相同。COD 以 mg/L 为单位，用氧量表示。

3.5.1.1 KMnO₄ 法（KMnO₄ 指数法）

其原理是在酸性条件下，水中的有机物和其他还原性物质（如 Fe^{2+}、NO_2^-、S^{2-} 等）在加热条件下，与一定过量的 $KMnO_4$ 标准溶液反应，使之氧化完全。过量的 $KMnO_4$ 用 $Na_2C_2O_4$ 还原，再用 $KMnO_4$ 标准溶液返滴定剩余的 $Na_2C_2O_4$。其反应是：

$$4KMnO_4 + 6H_2SO_4 + 5C \longrightarrow 2K_2SO_4 + 4MnSO_4 + 6H_2O + 5CO_2\uparrow$$
$$2KMnO_4 + 5Na_2C_2O_4 + 8H_2SO_4 \longrightarrow 5Na_2SO_4 + K_2SO_4 + 2MnSO_4 + 10CO_2\uparrow + 8H_2O$$

若水样中 $Cl^- > 300$mg/L 时，在酸性条件下氧化，可发生副反应：

$$2MnO_4^- + 16H^+ + 10Cl^- \longrightarrow 2Mn^{2+} + 8H_2O + 5Cl_2\uparrow$$

这样消耗过多的 MnO_4^- 而使结果偏高。为克服干扰，可改在碱性条件下进行氧化：

$$4MnO_4^- + 3C + 2H_2O \longrightarrow 4MnO_2 + 3CO_2\uparrow + 4OH^-$$

（此时 Cl^- 不与 $KMnO_4$ 反应）。

具体分析步骤是：取水样 100mL（若指数 > 5mg/L，可少取，但应用水稀释至 100mL）。加 5mL H_2SO_4（1+3）酸化，准确加入 0.002mol/L $KMnO_4$ 标液 10.00mL，摇匀。向瓶中加入几粒玻璃珠，用小漏斗掩盖瓶口，加热水样恰好煮沸 10min，取下趁热加入 0.05000mol/L $Na_2C_2O_4$ 溶液 10mL，立即用 0.002mol/L $KMnO_4$ 滴定至粉红色不消失为终点。

当水样不稀释时，按下式计算：

$$COD_{Mn} = \frac{[(10+V_1)K-10] \times c \times 8 \times 1000}{100} \quad (O_2，mg/L) \tag{3-5}$$

当水样经稀释时，按下式计算：

$$COD_{Mn} = \frac{\{[(10+V_1)K-10] - [(10+V_0)K-10] \times a\} \times c \times 8 \times 1000}{V_2} \quad (O_2，mg/L)$$
$$\tag{3-6}$$

式中　V_1——滴定水样时消耗 $KMnO_4$ 的体积，mL；

V_0——空白试验时 $KMnO_4$ 消耗的体积，mL

V_2——分取水样体积，mL；

c——$Na_2C_2O_4$ 浓度，mol/L；

K——校正系数，1mL $KMnO_4 \approx Na_2C_2O_4$ 的体积，mL；

a——经稀释水样中含水比值，如 25mL 水样用 75mL 水稀至 100mL，则 $a = 0.75$；

8——氧（1/2 O_2）摩尔质量（氧的单元摩尔质量），g/mol。

测定的介质与酸度，一般是 0.5~1mol/L H_2SO_4 介质，不能用 HCl（还原性），也不能用 HNO_3（氧化性），酸度低易产生 MnO_2 沉淀，且不按化学计量反应；酸度过高时 $KMnO_4$ 易分解。

$KMnO_4$ 加入并经煮沸后溶液应保持淡红色。

滴定时温度必须控制在 60~80℃。温度高，$H_2C_2O_4$ 分解；温度低，反应慢。但加入 $Na_2C_2O_4$ 时温度不宜过高。此法适于较清洁的地面水及饮用水。

3.5.1.2　重铬酸钾法（COD_{Cr}）

(1) 方法原理

重铬酸钾法是在强酸性溶液中，用 $K_2Cr_2O_7$ 将水样中的还原性物质（主要是有机物）氧化，过量的 $K_2Cr_2O_7$ 溶液以试亚铁灵为指示剂，用硫酸亚铁铵溶液回滴，根据所消耗的 $K_2Cr_2O_7$ 的量计算水样 COD_{Cr} 量。

该法的最低检出浓度为 50mg/L，测定上限为 400mg/L。

水样回流时间较长，若回流中颜色变绿则化学需氧量太高，需将水样稀释后重做。回流装置如图 3-2。

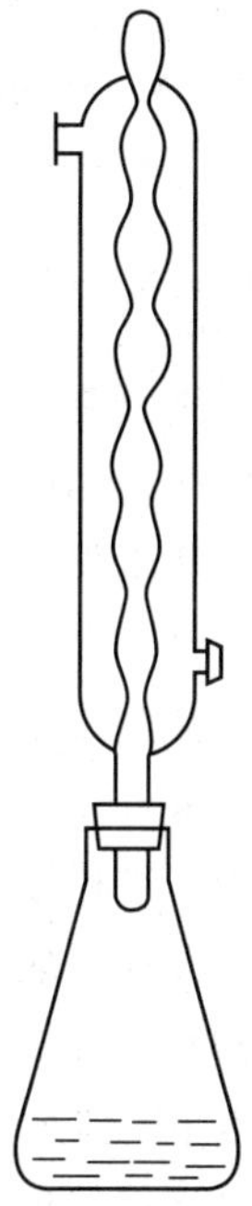

COD_{Cr} 分析只能用蒸馏水，不能用去离子水。

邻菲啰啉在氧化性溶液中为淡蓝色，在还原性溶液中为红色，所以终点颜色变化为：

黄色——→蓝绿——→红褐色

其原因是：淡蓝色＋橙色（$Cr_2O_7^{2-}$）→红色＋绿色（Cr^{3+}）

图 3-2　回流装置

(2) 分析步骤

取 20.00mL 混合均匀的水样（或适量水样稀释至 20.00mL），置于 250mL 磨口的回流锥形瓶中，准确加入 10.00mL 重铬酸钾标准溶液及数粒小玻璃珠或沸石，连接磨口回流冷凝管，从冷凝管上口慢慢地加入 30mL 硫酸-硫酸银溶液，轻轻摇动锥形瓶使溶液混匀，加热回流 2h（自开始沸腾计时）。

对于化学需氧量高的废水样，可先取上述操作所需体积 1/10 的废水样和试剂于 $\phi 15mm \times 150mm$ 硬质玻璃试管中，摇匀，加热后观察是否呈绿色。如溶液呈绿色，再适当减少废水取样量，直至溶液不变绿色为止，从而确定废水样分析时应取用的体积。稀释时，所取废水样量不得少于 5mL，如果化学需氧量很高，则废水量应多次稀释。废水中氯离子含量超过 30mg/L 时，应先把 0.4g 硫酸汞加入回流锥形瓶中，再加 20.00mL 废水（或适量废水稀释至 20.00mL），摇匀。

冷却后，用 90mL 水冲洗冷凝管壁，取下锥形瓶。溶液总体积不得少于 140mL，否则因酸度太大，滴定终点不明显。

溶液再度冷却后，加 3 滴试亚铁灵指示剂，用硫酸亚铁铵标准溶液滴定，溶液的颜色由黄色经蓝绿色至红褐色即为终点，记录硫酸亚铁铵标准溶液的用量。

测定水样的同时，取 20.00mL 重蒸水，按同样操作步骤做空白试验。记录滴定空白时硫酸亚铁铵标准溶液的用量。化学需氧量为：

$$\mathrm{COD_{Cr}}(O_2, mg/L) = \frac{(V_0 - V_1) \times c \times 8 \times 1000}{V}$$

式中　c——硫酸亚铁铵标准溶液的浓度，mol/L；

　　　V_0——滴定空白时硫酸亚铁铵标准溶液的用量，mL；

　　　V_1——滴定水样时硫酸亚铁铵标准溶液的用量，mL；

　　　V——水样的体积，mL；

　　　8——氧（$1/2O_2$）摩尔质量，g/mol。

3.5.1.3　高氯废水中化学需氧量（COD）的测定

高氯废水是指氯离子含量大于 1000mg/L 的废水。由于高浓度的氯离子可以被重铬酸钾氧化，因此重铬酸钾法（GB/T 11914—89）不适用于高氯废水中 COD 的测定。高氯废水中化学需氧量的测定方法有氯气校正法（HJ/T 70—2001）和碘化钾碱性高锰酸钾法（HJ/T 132—2003）。

氯气校正法是在水样中加入已知过量的重铬酸钾溶液及硫酸汞溶液，并在强酸介质下以硫酸银作催化剂，回流 2h，以 1,10-邻菲啰啉为指示剂，用硫酸亚铁铵标准溶液滴定水样中未被还原的重铬酸钾，由消耗的硫酸亚铁铵的量计算出回流过程中消耗的重铬酸钾的量，并换算成消耗氧的质量浓度，即为表观 COD。将水样中未与二价汞离子配位而被氧化的那部分氯离子所形成的氯气导出，用氢氧化钠溶液吸收后，加入碘化钾，用硫酸调节溶液 pH 值为 2~3，以淀粉为指示剂，用硫代硫酸钠标准溶液滴定，由此计算出与氯离子反应消耗的重铬酸钾的量，并换算为消耗氧的质量浓度，即为氯离子校正值。表观 COD 与氯离子校正值的差即为所测水样的 COD。

该法适用于氯离子含量小于 20000mg/L 的高氯废水中化学需氧量的测定，主要用于油田、盐海炼油厂、油库、氯碱厂等废水中 COD 的测定。

实验需要通氮气，用到汞盐，是其缺点。

碘化钾碱性高锰酸钾法是在碱性条件下，在水样中加入一定量的高锰酸钾溶液，在沸水浴中反应一定时间，以氧化水中的还原性物质。加入过量的碘化钾，还原剩余的高锰酸钾，以淀粉为指示剂，用硫代硫酸钠滴定释放出来的碘。根据消耗的高锰酸钾的量，换算成相对应的氧的质量浓度，以 $\mathrm{COD_{OH\text{-}KI}}$ 表示。该方法适用于油气田和炼化企业高氯废水中化学需氧量的测定。

由于碘化钾碱性高锰酸钾法与重铬酸钾法的氧化条件不同，对同一样品的测定值也不同。而我国的污水综合排放标准中，COD 指标是指重铬酸钾法的测定结果。可按式（3-7）

将 COD_{OH-KI} 换算为 COD_{Cr}。

$$COD_{Cr} = \frac{COD_{OH-KI}}{K} \quad\quad (3-7)$$

式中，K 是指碘化钾碱性高锰酸钾法的氧化率与重铬酸钾法的氧化率的比值，可以通过分别用碘化钾碱性高锰酸钾法和重铬酸钾法测定同一有代表性的废水样品的需氧量来确定。若用碘化钾碱性高锰酸钾法和重铬酸钾法测定同一有代表性的废水样品的需氧量分别为 COD_1 和 COD_2，则 K 值可以用下式计算：

$$K = \frac{COD_1}{COD_2} \quad\quad (3-8)$$

3.5.2　挥发酚的测定

（1）方法原理

水体中酚类化合物来源于炼油、炼焦、煤气洗涤等石油化工、造纸、木材防腐等工业废水和废弃物。酚类化合物属高毒物，使人体中毒、鱼类死亡、作物枯死，因此是环境监测的常规测定项目之一。

酚类化合物由一系列酚的衍生物组成。废水及被污染的地面水中有很多种酚，部分酚可挥发，另一部分酚不能挥发，能与水蒸气一起蒸馏出来的酚叫挥发酚，挥发酚大多是沸点在 230℃ 以下的一元酚。沸点在 230℃ 以上的叫不挥发酚。

微量酚的测定采用国际上通用的 4-氨基安替比林分光光度法，因该方法选择性高且稳定，如用三氯甲烷萃取可提高方法灵敏度，并且颜色更加稳定。

水样中酚类化合物不稳定，易挥发、氧化和受微生物作用而损失，氧化性物质、还原性物质、金属离子及芳香胺类对测定有干扰，因而要在水样采集后立即加入保存剂预蒸馏后尽快测定。

在测定时，采取水样后加入硫酸亚铁破坏其他氧化剂，并用磷酸溶液调至 pH 值约为 4（溶液中加入二滴甲基橙检验，应为红色），加适量硫酸铜抑制微生物对酚的氧化作用，然后蒸馏。馏出液酚类化合物在 pH=10 的氨性溶液中，用铁氰化钾作氧化剂，与 4-氨基安替比林反应生成橙红色吲哚酚安替比林染料，其最大吸收波长为 510nm。用氯仿萃取可在 460nm 测定。其主要反应为：

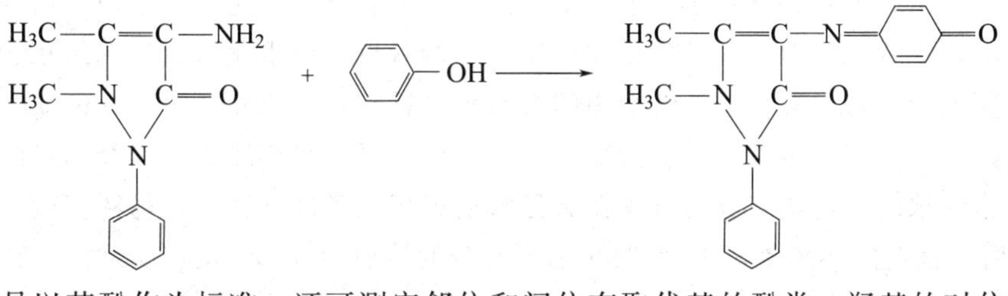

本法是以苯酚作为标准，还可测定邻位和间位有取代基的酚类。羟基的对位取代基可阻止反应的进行，但卤素、羧基、磺酸基、羟基和甲氧基除外；邻位的硝基阻止反应的发生，而间位的硝基不完全阻止反应发生；氨基安替比林与酚的偶合在对位较邻位容易，当对位被烷基、芳基、酯、硝基、苯酰基、亚硝基或醛基取代，而邻位未被取代时，不呈现颜色反应。

芳香胺也可以与4-氨基安替比林反应生成有色物质而干扰测定，但在一般情况下可通过预蒸馏与之分离。

（2）分析步骤

① 水样的预蒸馏　量取250mL水样于蒸馏烧瓶中，加2滴甲基橙溶液（0.5g/L），用磷酸溶液（1＋9）将水样调至橙红色（pH＝4），加入5mL硫酸铜溶液（100g/L）（采样未加时），加入数粒玻璃珠，以250mL量筒收集馏出液，加热蒸馏，待馏出液馏出225mL以上时，停止加热，放冷，加入25mL水，继续蒸馏到馏出液为250mL为止。

水样预蒸馏的目的是分离出挥发酚及消除颜色、浑浊和金属离子的干扰。当水样中含有氧化剂和还原剂、油类等干扰物质时，在蒸馏前去除。

② 显色　将馏出液移入分液漏斗，加2mL氨-氯化铵缓冲溶液（pH＝10）。加入1.5mL 4-氨基安替比林溶液（20g/L），混匀，再加入1.5mL铁氰化钾溶液（80g/L），混匀后放置10min。

③ 萃取　准确加入10.0mL氯仿，密塞，剧摇2min，静置分层。用干脱脂棉拭干分液漏斗颈管内壁，于颈管内塞一小团干脱脂棉，使氯仿层通过干脱脂棉团，弃去最初的几滴萃取液后，收集于2cm比色皿中。

④ 测定　在波长460nm处，以氯仿为参比，测定吸光度。

⑤ 标准曲线绘制　在8个分液漏斗中，分别加入100mL水，依次加入0mL、0.50mL、1.00mL、3.00mL、5.00mL、7.00mL、10.00mL、15.00mL酚标准溶液（1.00mg/L）。然后进行显色、萃取，并分别测定其吸光度。以吸光度A为纵坐标，以酚含量（μg）为横坐标作图。

根据试样的吸光度，求出试样中挥发酚的含量。

3.5.3　生化需氧量的测定

3.5.3.1　方法原理-碘量法

生化需氧量（BOD_5）是指在好气条件下，微生物分解有机物质的生物化学过程中所需要的溶解氧量。微生物分解有机物是一个非常缓慢的过程，要把可分解的有机物全部分解掉常需要20天以上的时间，国内外目前普遍采用20℃培养5天所需要的氧作为指标，以氧mg/L表示。也就是分别测定水样培养前的溶解氧含量和在（20±1）℃培养五天后的溶解氧含量，二者之差即为五日生化过程所消耗的氧量，即生化需氧量（BOD_5）。

在实际测定时，只有某些天然水中的溶解氧接近饱和，BOD_5小于4mg/L，可以直接培养测定。对于大部分污水和严重污染的天然水要稀释后培养测定。稀释的目的是降低水样中有机物的浓度，使整个分解过程在有足够溶解氧的条件下进行，稀释程度一般以经过5天培养后，消耗的溶解氧至少为2mg/L，剩余的溶解氧至少1mg/L为宜。其具体水样稀释倍数可借助于高锰酸钾指数或化学耗氧量（COD_{Cr}）推算。

为了保证培养的水样中有足够的溶解氧，稀释水要充氧至饱和或接近饱和。为此将蒸馏水放置较长时间或者用人工曝气和纯氧充氧的办法使溶解氧达到饱和。稀释水中应加入一定量的无机营养物质（磷酸盐、钙、镁、铁盐等），以保证微生物生长时的需要。

对于不含或少含微生物的工业废水，或某些不易被一般微生物所分解的有机物工业废水，在测定 BOD_5 时，需要进行微生物的驯化或接种，以引入能分解废水中有机物的微生物。这种驯化的微生物种群最好从接受该种废水的水体中取得。为此，可以在排水口以下 3～8km 处取得水样，经培养接种到稀释水中，也可以人工方法驯化，即采用一定量的生活污水，每天加入一定量的待测废水，连续曝气培养，直至培养成含有可分解废水中有机物的微生物种群为止。培养后的菌液用相同方法接种到稀释水中。

3.5.3.2　仪器和试剂

(1) 仪器

① 恒温培养箱。

② 细口玻璃瓶：5～20L。

③ 量筒：1000～2000mL。

④ 玻璃搅拌棒：棒长应比所用量筒高度长 20cm，在棒的底端固定一个直径比量筒直径略小，并带有几个小孔的硬橡胶板。

⑤ 溶解氧瓶：200～300mL，带有磨口玻璃塞并具有供水封用的钟形口。

⑥ 虹吸管：供分取水样和添加稀释水用。

(2) 试剂

① 氯化钙溶液：称取 27.5g 无水氯化钙溶于水，稀释至 1000mL。

② 氯化铁溶液：称取 0.25g 氯化铁（$FeCl_3 \cdot 6H_2O$）溶于水，稀释至 1000mL。

③ 硫酸镁溶液：称取 22.5g 硫酸镁（$MgSO_4 \cdot 7H_2O$）溶于水中，稀释至 1000mL。

④ 磷酸盐缓冲溶液：称取 8.5g 磷酸二氢钾（KH_2PO_4）、21.75g 磷酸氢二钾（K_2HPO_4）、33.4g 磷酸氢二钠（Na_2HPO_4）和 1.7g 氯化铵（NH_4Cl）溶于水中，稀释至 1000mL。此溶液的 pH 值应为 7.2。

⑤ 盐酸溶液（0.5mol/L）：将 40mL 盐酸（1.18g/mL）溶于水，稀释至 1000mL。

⑥ 氢氧化钠溶液（0.5mol/L）：将 20g 氢氧化钠溶于水，稀释至 1000mL。

⑦ 亚硫酸钠溶液（$1/2Na_2SO_3 = 0.025mol/L$）：将 1.575g 亚硫酸钠溶于水，稀释至 1000mL。此溶液不稳定，需每天配制。

⑧ 葡萄糖-谷氨酸标准溶液：将葡萄糖（$C_6H_{12}O_6$）和谷氨酸（$HOOCCH_2$—CH_2CHNH_2COOH）在 103℃ 干燥 1h 后，各称取 150mg 溶于水中，移入 1000mL 容量瓶内并稀释至标线，混合均匀。此标准溶液临用前配制。

⑨ 稀释水：在 5～20L 玻璃瓶内装入一定量的水，控制水温在 20℃ 左右。然后用无油空气压缩机或薄膜泵，将此水曝气 2～8h，使水中的溶解氧接近于饱和，也可以鼓入适量纯氧。瓶口盖以两层经洗涤晾干的纱布，置于 20℃ 培养箱中放置数小时，使水中溶解氧含量达 8mg/L 左右。临用前于每升水中加入氯化钙溶液、氯化铁溶液、硫酸镁溶液、磷酸盐缓冲溶液各 1mL，并混合均匀。稀释水的 pH 值为 7.2，其 BOD_5 应小于 0.2mg/L。

⑩ 接种液：可选用以下任一方法，以获得可用的接种液。

a. 城市污水，一般采用生活污水，在室温下放置一昼夜，取上清液供用。

b. 表层土壤浸出液，取 100g 花园土壤或植物生长土壤，加入 1L 水，混合并静置 10min，取上清液供用。

c. 用含城市污水的河水或湖水。

d. 污水处理厂的出水。

e. 当分析含有难以降解物质的废水时,在排污口下游3～8km处取水样作为废水的驯化接种液。如无此种水源,可取中和或经适当稀释后的废水进行连续曝气,每天加入少量该种废水,同时加入适量表层土壤或生活污水,使能适应该种废水的微生物大量繁殖。当水中出现大量絮状物,或检查其化学需氧量的降低值出现突变时,表明适用的微生物已进行繁殖,可用作接种液。一般驯化过程需要3～8天。

⑪ 接种稀释水:取适量接种液,加入稀释水中,混匀。每升稀释水中接种液加入量为:生活污水1～10mL;表层土壤浸出液20～30mL;河水、湖水10～100mL。接种稀释水的pH值应为7.2,BOD_5值以在0.3～1.0mg/L之间为宜。接种稀释水配制后应立即使用。

3.5.3.3 操作步骤

(1) 水样的预处理

① 水样的pH值若超出6.5～7.5范围时,可用盐酸或氢氧化钠稀释溶液调节至近于7,但用量不要超过水样体积的0.5%。若水样的酸度或碱度很高,可改用高浓度的碱或酸液进行中和。

② 水样中含有铜、铅、锌、镉、铬、砷、氰等有毒物质时,可使用经驯化的微生物接种液的稀释水进行稀释,或增大稀释倍数,以减少毒物的浓度。

③ 含有少量游离氯的水样,一般放置1～2h,游离氯即可消失。对于游离氯在短时间内不能消散的水样,可加入亚硫酸钠溶液除去。其加入量的计算方法是:取中和好的水样100mL,加入(1+1)乙酸10mL、100g/L碘化钾溶液1mL,混匀。以淀粉溶液为指示剂,用亚硫酸钠标准溶液滴定游离碘。根据亚硫酸钠标准溶液消耗的体积及其浓度,计算水样中所需加入亚硫酸钠溶液的量。

④ 从水温较低的水域中采集的水样,可能含有过饱和溶解氧,此时应将水样迅速升温至20℃左右,充分振摇,以赶出过饱和的溶解氧。从水温较高的水域或废水排放口取得的水样,则应迅速冷却至20℃左右,充分振摇,使与空气中氧分压接近平衡。

(2) 水样的测定

① 不经稀释水样的测定:溶解氧含量较高、有机物含量较少的地面水,可不经稀释,而直接以虹吸法将约20℃的混匀水样转移至两个溶解氧瓶内,转移过程中应注意不使其产生气泡。以同样的操作使两个溶解氧瓶充满水样,加塞水封。

立即测定其中一瓶的溶解氧。将另一瓶放入培养箱中,在(20±1)℃培养5天后,测定其溶解氧。

② 需经稀释水样的测定:稀释倍数的确定,地面水可由测得的高锰酸盐指数乘以适当的系数,按表3-4求出稀释倍数。

表3-4 高锰酸盐指数对应的系数

高锰酸盐指数/(mg/L)	系 数	高锰酸盐指数/(mg/L)	系 数
<5	—	10～20	0.4,0.6
5～10	0.2,0.3	>20	0.5,0.7,1.0

工业废水的系数可由重铬酸钾法测得的 COD 值确定。通常需作三个稀释比，即使用稀释水时，由 COD 值分别乘以系数 0.075、0.15 和 0.225，即获得三个稀释倍数；使用接种稀释水时，则分别乘以 0.075、0.15 和 0.25，获得三个稀释倍数。

稀释倍数确定以后，按下法之一测定水样。

a. 一般稀释法。按照选定的稀释比例，用虹吸法沿筒壁先引入稀释水（或接种稀释水）于 1000mL 量筒中，加入需要量的均匀水样，再引入稀释水（或接种稀释水）至 800mL，用带胶板的玻璃棒小心地上下搅匀。搅拌时勿使搅拌棒的胶板露出水面，防止产生气泡。

按不经稀释水样的测定步骤，进行装瓶，测定当天溶解氧和培养 5 天后的溶解氧的含量。

另取两个溶解氧瓶，用虹吸法装满稀释水（或接种稀释水）作为空白，分别测定 5 天前、后溶解氧的含量。

b. 直接稀释法。直接稀释法是在溶解氧瓶内直接稀释。在已知两个容积相同（其差小于 1mL）的溶解氧瓶内，用虹吸法加入部分稀释水（或接种稀释水），再加入根据瓶容积和稀释比例计算出的水样量，然后引入稀释水（或接种稀释水）至刚好充满，加塞，勿留气泡于瓶内。其余操作与上述稀释法相同。

在 BOD_5 测定中，一般应用叠氮化钠改良法测定溶解氧。如遇干扰物质，应根据具体情况采用其他测定法。

3.5.3.4　结果计算

① 不经稀释直接培养的水样

$$BOD_5(mg/L) = c_1 - c_2$$

式中　c_1——水样在培养前的溶解氧浓度，mg/L；

　　　c_2——水样 5 天培养后剩余溶解氧浓度，mg/L。

② 经稀释后培养的水样

$$BOD_5(mg/L) = \frac{(c_1 - c_2) - (c_1' - c_2')f_1}{f_2}$$

式中　c_1'——稀释水（或接种稀释水）在培养前的溶解氧浓度，mg/L；

　　　c_2'——稀释水（或接种稀释水）在培养后的溶解氧浓度，mg/L；

　　　f_1——稀释水（或接种稀释水）在培养液中所占比例；

　　　f_2——水样在培养液中所占比例。

3.6　微生物的测定

微生物病原体污染是水体环境污染的重要组成部分，国外相关研究表明，40％的河流及河口的水质难以达到水环境质量标准是由于病原微生物所致。我国地表水体微生物水质评价起步相对较晚，目前的水质评价指标体系仍以常规理化指标为主，部分水质监测站缺乏对微生物指标长期而系统的监测。但微生物水质评价的重要性已逐渐被认识，例如我国 1996 年 10 月发布的《污水综合排放标准》（GB 8978—1996）和 2002 年发布的《地表水环境质量标准》(GB 3838—2002)、2001 年国家卫生部（卫法监发〔2001〕161 号）文件规定实施的《生活饮用水卫生规范》以及 2006 年起实施的《城市污水再生利用——工业用水水质标准》(GB/T 19923—2005)，均明确规定了病原微生物的浓度指标[74~77]。

　　水体微生物病原体种类繁多，主要包括肠道致病菌（如沙门氏菌、志贺氏菌、霍乱弧菌、副溶血弧菌）、某些病毒（如禽流感病毒、甲肝病毒等）、肠产毒性大肠杆菌（ETEC）、肠致病性大肠杆菌（EPEC）及其变种。健康人群感染此类病原微生物就会患病甚至致死，因此水体如果受到病原污染对直接接触者或间接接触者的危害不言而喻。水传播为病原体传播的主要方式之一，世界范围内就曾出现过多起水体由于受到病原体污染而爆发的疫情，并且导致了数以万计的死亡[78~80]。水体病原体主要来自于人或其他温血动物的粪便，粪便是肠道排泄物，有健康者亦有肠道病患者或带菌者粪便（禽类等），因此粪便中既有正常肠道菌，也可能有致病菌。由于某种特殊的病原体在水体中的含量较少，检测难度较大且费用昂贵，因此一般通过检测与水体病原体高度相关的粪便指示菌的含量来表征水体粪便污染程度，粪便指示菌浓度较高则水体粪便污染程度较严重。总大肠菌群（Total coliforms，TC）、粪大肠菌群（Faecal coliforms，FC）、大肠杆菌（*Escherichia coli*，*E. coli*）和肠球菌（Enterococcus，ENT）为世界范围内普遍采用的粪便指示菌。总大肠菌群为早期采用的粪便指示菌，由于天然水体中的部分总大肠菌群并非来自于人和动物的粪便，因此总大肠菌群在某些情况下并不能较好地指示水体的粪便污染程度，目前已基本被其他类型指示菌所替代。粪大肠菌群是总大肠菌群较好的替代指标，研究表明水体大肠杆菌含量与病原微生物含量间的相关程度更高，因此近年来欧美国家逐步采用大肠杆菌指标替代粪大肠菌群指标来指示水体的粪便污染程度。但根据世界卫生组织（World Health Organization，WHO）条例，在大肠杆菌指标缺失的条件下，粪大肠菌群指标可以替代大肠杆菌指标来衡量水体的病原污染程度。因此粪大肠菌群仍然被许多发展中国家采用，我国的水环境质量标准就主要采用粪大肠菌群指标来评价水体的微生物病原体污染程度[78~81]。

　　粪大肠菌群主要包括肠杆菌科的大肠埃希氏菌（俗称大肠杆菌）、枸橼酸杆菌、克雷伯氏菌和阴沟肠杆菌。粪大肠菌群存在表明水体可能已被粪便污染，因而会对人的健康构成威胁[81,82]。就工业用水而言，多以再生水作为工业用水水源，在我国现有的环境标准分析方法体系中主要对粪大肠菌群进行检测。并对粪大肠菌群的监测标准作了规定（GB/T 19923—2005）[76]，并以多管发酵法和滤膜法作为粪大肠菌群检测的通用方法[83]。

3.6.1　多管发酵法

(1) 适用范围

　　国家标准规定了多管发酵法测定生活饮用水及其水源水中的总大肠菌群。本方法亦适用于再生工业用水中粪大肠菌群的测定[77,84]。

(2) 术语和定义

　　总大肠菌群指一群在 37℃培养 24 h 能发酵乳糖并产酸产气的需氧和兼性厌氧革兰氏阴性无芽孢杆菌。

（3）乳糖蛋白胨培养液配制

蛋白胨 10g，牛肉膏 3g，乳糖 5g，氯化钠 5g，溴甲酚紫乙醇溶液（16g/L）1mL，蒸馏水 1000mL。

将蛋白胨、牛肉膏，乳糖及氯化钠溶于蒸馏水中，调整 pH 为 7.2～7.4，再加入 1mL 16 g/L 的溴甲酚紫乙醇溶液，充分混匀，分装于装有倒管的试管中，68.95 kPa（115℃）高压灭菌 20min，贮存于冷暗处备用。

（4）伊红美蓝培养基配制

蛋白胨 10g、乳糖 10g、磷酸氢二钾 2g、琼脂 20～30g、伊红水溶液（20g/L）20mL、美蓝水溶液（5g/L）13mL、蒸馏水 1000mL。

将蛋白胨、磷酸盐和琼脂溶解于蒸馏水中，校正 pH 为 7.2，加入乳糖，混匀后分装，以 68.95kPa（115℃）高压灭菌 20min。临用时加热融化琼脂，冷至 50～55℃，加入伊红和美蓝水溶液，混匀，倾注平皿。

（5）革兰氏染色液配制

① 结晶紫染色液配制　取结晶紫 1g、乙醇（95%，体积分数）20mL、草酸铵水溶液（10 g/L）80mL。将结晶紫溶于乙醇中，然后与草酸铵溶液混合。

注：结晶紫不可用龙胆紫代替，前者是纯品，后者不是单一成分，易出现假阳性。结晶紫溶液放置过久会产生沉淀，不能再用。

② 革兰氏碘液配制　取碘 1g、碘化钾 2g、蒸馏水 300mL。将碘和碘化钾先进行混合，加入蒸馏水少许，充分振摇，待完全溶解后，再加蒸馏水。

③ 脱色剂配制　将无水乙醇配制成体积分数为 95% ，作为脱色液。

④ 沙黄复染液配制　取沙黄 0.25g、乙醇（95%，体积分数）10mL、蒸馏水 90mL。将沙黄溶解于乙醇中，待完全溶解后加入蒸馏水。

⑤ 染色法　先将培养 18～24h 的培养物涂片；将涂片在火焰上固定，滴加结晶紫染色液，染 1min，水洗；滴加革兰氏碘液，作用 1min，水洗；滴加脱色剂，摇动玻片，直至无紫色脱落为止，约 30s，水洗；滴加复染剂，复染 1min，水洗，待干，镜检。

⑥ 所需仪器　培养箱、冰箱、天平、显微镜、平皿、试管、分度吸管、锥形瓶、小导管和载玻片。

（6）检验步骤

① 乳糖发酵试验　取 10mL 水样接种到 10mL 双料乳糖蛋白胨培养液中，取 1mL 水样接种到 10mL 单料乳糖蛋白胨培养液中，另取 1mL 水样注入 9mL 灭菌生理盐水中，混匀后吸取 1mL（即 0.1mL 水样）注入 10mL 单料乳糖蛋白胨培养液中，每一稀释度接种 5 管对已处理过的出厂自来水，需经常检验或每天检验一次的，可直接接种 5 份 10mL 水样双料培养基，每份接种 10mL 水样。

检验水源水时，如污染较严重，应加大稀释度，可接种 1mL，0.1mL，0.01mL 甚至 0.1mL，0.01mL，0.001mL，每个稀释度接种 5 管，每个水样共接种 15 管。接种 1mL 以下水样时，必须作 10 倍递增稀释后，取 1mL 接种，每递增稀释一次，换用 1 支 1mL 灭菌刻度吸管。

将接种管置于 $36℃±1℃$ 培养箱内，培养 $24h±2h$，如所有乳糖蛋白胨培养管都不产气产酸，则可报告为总大肠菌群阴性，如有产酸产气者，则按下列步骤进行。

② 分离培养　将产酸产气的发酵管分别转种在伊红美蓝琼脂平板上，于 $36℃±1℃$ 培养箱内培养 $18\sim24h$，观察菌落形态，挑取符合下列特征的菌落作革兰氏染色、镜检和证实试验。

深紫黑色、具有金属光泽的菌落；

紫黑色、不带或略带金属光泽的菌落；

淡紫红色、中心较深的菌落。

③ 证实试验　经上述染色镜检为革兰氏阴性无芽孢杆菌，同时接种乳糖蛋白胨培养液，置于 $36℃±1℃$ 培养箱中培养 $24h±2h$，有产酸产气者，即证实有总大肠菌群存在。

(7) 结果分析

根据证实为总大肠菌群阳性的管数，查 MPN（most probable number，最可能数）检索表，报告每 100mL 水样中的总大肠菌群最可能数（MPN）值。5 管法结果见表 3-5。稀释样品查表后所得结果应乘稀释倍数。如所有乳糖发酵管均阴性时，可报告总大肠菌群未检出[77, 85]。

表 3-5 用 5 份 10mL 水样时各种阳性和阴性结果组合时的最可能数（MPN）

表 3-5　5 份 10mL 水样时各种阳性和阴性结果组合时的最可能数（MPN）

5 份 10mL 管中阳性管数	0	1	2	3	4	5
最可能数（MPN）	<2.2	2.2	5.1	9.2	16.0	>16

3.6.2　滤膜法

(1) 适用范围

国家标准规定了滤膜法测定生活饮用水及其水源水中的总大肠菌群。本方法亦适用于再生用工业用水中总大肠菌群的测定。

(2) 术语和定义

总大肠菌群滤膜法（membrane filter technique for total coliforms）是指用孔径为 $0.45\ \mu m$ 的微孔滤膜过滤水样，将滤膜贴在添加乳糖的选择性培养基上 $37℃$ 培养 $24\ h$，能形成特征性菌落的需氧和兼性厌氧的革兰氏阴性无芽孢杆菌以检测水中总大肠菌群的方法[77, 86]。

(3) 培养基与试剂

① 品红亚硫酸钠培养基　蛋白胨 10g、酵母浸膏 5g、牛肉膏 5g、乳糖 10g、琼脂 $15\sim20g$、磷酸氢二钾 3.5g、无水亚硫酸钠 5g、碱性品红乙醇溶液（50g/L）20mL、蒸馏水 1000mL。

② 储备培养基的制备　先将琼脂加到 500mL 蒸馏水中，煮沸溶解，于另 500mL 蒸馏水中加入磷酸氢二钾、蛋白胨、酵母浸膏和牛肉膏，加热溶解，倒入已溶解的琼脂，补

足蒸馏水至 1000mL，混匀后调 pH 为 7.2～7.4，再加入乳糖，分装，68.95kPa（115℃）高压灭菌 20min，储存于冷暗处备用。

本培养基也可不加琼脂，制成液体培养基，使用时加 2～3mL 于灭菌吸收垫上，再将滤膜置于培养垫上培养。

③ 平皿培养基的配制　将上法制备的储备培养基加热融化，用灭菌吸管按比例吸取一定量的 50 g/L 的碱性品红乙醇溶液置于灭菌空试管中，再按比例称取所需的无水亚硫酸钠置于另一灭菌试管中，加灭菌水少许，使其溶解后，置沸水浴中煮沸 10min 以灭菌。

用灭菌吸管吸取已灭菌的亚硫酸钠溶液，滴加于碱性品红乙醇溶液至深红色退成淡粉色为止，将此亚硫酸钠与碱性品红的混合液全部加到已融化的储备培养基内，并充分混匀（防止产生气泡），立即将此种培养基 15mL 倾入已灭菌的空平皿内。待冷却凝固后置冰箱内备用。已制成的培养基于冰箱内保存不宜超过两周。如培养基已由淡粉色变成深红色，则不能再用。

④ 所需仪器　滤膜（孔径 0.45μm）、抽滤设备、无齿镊子，其他仪器同多管发酵法。

（4）检验步骤

① 准备工作

滤膜灭菌：将滤膜放入烧杯中，加入蒸馏水，置于沸水浴中煮沸灭菌 3 次，每次 15min。前两次煮沸后需更换水洗涤 2～3 次，以除去残留溶剂。

滤器灭菌：用点燃的酒精棉球火焰灭菌。也可用蒸汽灭菌器 103.43 kPa（121℃，15 lb）高压灭菌 20min。

② 过滤水样　用无菌镊子夹取灭菌滤膜边缘部分，将粗糙面向上，贴放在已灭菌的滤床上，固定好滤器，将 100mL 水样（如水样含菌数较多，可减少过滤水样量，或将水样稀释）注入滤器中，打开滤器阀门，在 -5.07×10^4 Pa（负 0.5 大气压）下抽滤。

③ 培养　水样滤完后，再抽气约 5s，关上滤器阀门，取下滤器，用灭菌镊子夹取滤膜边缘部分，移放在品红亚硫酸钠培养基上，滤膜截留细菌面向上，滤膜应与培养基完全贴紧，两者间不得留有气泡，然后将平皿倒置，放入 37℃ 恒温箱内培养 24 h±2 h。

（5）结果观察与报告

① 挑取符合下列特征菌落进行革兰氏染色、镜检。

紫红色、具有金属光泽的菌落；深红色、不带或略带金属光泽的菌落；淡红色、中心色较深的菌落。

② 凡革兰氏染色为阴性的无芽孢杆菌，再接种乳糖蛋白胨培养液，于 37℃ 培养 24h，有产酸产气者，则判定为总大肠菌群阳性。

③ 计算滤膜上生长的总大肠菌群数，以每 100mL 水样中的总大肠菌群数（CFU/100mL）报告之。

$$总大肠菌群菌落数（CFU/100mL）= \frac{数出的总大肠菌群菌落数 \times 100}{过滤的水样体积（mL）}$$

【知识拓展】

智慧水质监测

随着物联网、大数据、云计算等新一代信息技术飞速发展，在先进的环境治理技术基础上结合前沿信息技术建立的智慧水质环境监测云平台，可以解决流域水环境、水厂等多场景下水质的实时动态监测、安全预警、突发事件应急监测和水环境监管网格化管理等问题，运用在线智慧水质监测，实现大数据驱动科学决策和管理。

水质在线监测系统（on-line water quality monitoring system，WQMS）是一套以在线自动分析仪器为核心，运用现代传感技术、自动测量技术、自动控制技术、计算机应用技术以及相关的专用分析软件和通信网络组成的一个综合性的在线自动监测体系。WQMS组成一个从取样、预处理、分析到数据处理及存储的完整系统，从而实现对样品的在线自动监测。自动监测系统一般包括取样系统、预处理系统、数据采集与控制系统、在线监测分析仪表、数据处理与传输系统及远程数据管理中心，这些分系统既各成体系，又相互协作，以完成整个在线自动监测系统连续可靠地运行，还可以实现远程和无线监控，达到及时掌握水质状况。WQMS可尽早发现水质的异常变化，为防止水质污染迅速做出预警预报，及时追踪污染源，从而为管理决策服务。

WQMS通过水质监测仪在线分析，按测量方式通常分为电极法和光度法两种，根据使用环境的不同作相应的选择，可以连续地对温度、pH、溶解氧、电导率、浊度、叶绿素、蓝藻、高锰酸盐指数、化学需氧量、生物需氧量、氨氮、硝酸盐氮、亚硝酸盐氮、总磷、磷酸盐、总氮、总有机碳、水中油、余氯、氯离子、总氯、硬度、氟化物、氰化物、总酚、大肠杆菌、硅酸盐、硫酸盐、硫化物、臭氧、重金属等指标进行监测。WQMS可以应用于水源地监测、环保监测站，市政水处理过程，市政管网水质监督，农村自来水监控；循环冷却水、泳池水运行管理、工业水源循环利用、工厂化水产养殖等领域。

 【习题与思考题】

3-1 何谓水质、水质指标和水质标准？水质指标分哪几类？

3-2 怎样采取水试样？采取水样时应注意些什么？

3-3 水质分析时为何要先分析水中溶解氧（DO）和 pH 值？

3-4 溶解氧的测定原理是什么？测定中的干扰因素有哪些？如何消除，并需注意哪些问题才能得到可靠的结果？

3-5 何谓化学需氧量？COD_{Mn} 和 COD_{Cr} 有何不同？COD_{Mn} 法如何消除氯离子的干扰？

3-6 何谓水的碱度？采用双指示剂测定有哪些情况？若用单指示剂（甲基橙）测定出来的为什么就是总碱度？

3-7 挥发酚主要有哪些物质？4-氨基安替比林分光光度法测定水中酚的原理是什么？如何消除有关干扰？

3-8 双硫腙分光光度法测定水中铅的原理如何？测定 pH 值是多少？为何要控制这样的酸度条件？

3-9 五日生化需氧量的测定与溶解氧有何关系？在什么情况下必须加"稀释水"或"接种稀释水"？

3-10 用分光光度法测定水中 Cr(Ⅵ)，其校准曲线数据如下：

$Cr^{6+}/\mu g$	0	0.20	0.50	1.00	2.00	4.00	6.00	8.00	10.00
A	0	0.010	0.020	0.044	0.090	0.183	0.268	0.351	0.441

(1) 用最小二乘法原理求回归方程，并计算线性相关系数。

(2) 若取 5.00mL 水样进行测定，测得吸光度为 0.088，求该水样中 Cr(Ⅵ) 的浓度。

(3) 在同一水样中加入 4.00mL 铬标准溶液 (1.00μg/mL)，测得其吸光度为 0.267，试计算加标回收率。

3-11 为何要以大肠杆菌或粪大肠菌群指标作为评价水体的微生物病原体污染程度的重要指标？

3-12 何谓粪大肠菌群？如何评价水体是否被微生物所污染？

◆ 参考文献 ◆

[1] GB 11901—89，水质悬浮物的测定重量法，1990 实施．

[2] ISO 6059—1984，水质钙与镁总量的测定 EDTA 滴定法，1984 实施．

[3] DZT 0064.47—1993，地下水质检验方法滴定法测定游离二氧化碳，1993 实施．

[4] SL 81—1994，侵蚀性二氧化碳的测定 (酸滴定法)，1994 实施．

[5] GB 11914—1989，水质化学需氧量的测定-重铬酸盐法，1989 实施．

[6] GB/T 7489—1987，水质溶解氧的测定 (碘量法)，1987 实施．

[7] GB/T 15452—2009，工业循环冷却水中钙、镁离子的测定 EDTA 滴定法，2009 实施．

[8] GB 11896—1989，水质氯化物的测定硝酸银滴定法，1989 实施．

[9] 刘永健，油田采出水中可溶性硫化物测定方法，哈尔滨商业大学学报，2009，25 (5)：531-534．

[10] GB/T 5009-157—2003 食品中有机酸的测定，2003 实施．

[11] HJ 502—2009，水质挥发酚的测定溴化容量法，2009 实施．

[12] GB/T 15555.8—1995，固体废物总铬的测定硫酸亚铁铵滴定法，1995 实施．

[13] GB/T 22660.6—2008，二氧化硅含量的测定，2008 实施．

[14] GB/T 9739—2006，化学试剂铁测定通用方法，2006 实施．

[15] 阿孜古丽·依明，姜黄素分光光度法测定污水中的 Al^{3+}，新疆医科大学学报，2008，31 (3)：262-264．

[16] 孙冬梅，分光光度-低压离子色谱法测定 Cu^{2+}、Ni^{2+}、Zn^{2+}、Pb^{2+}、Fe^{2+} 和 Mn^{2+}，皮革科学与工程，2009，19 (6)：58-64．

[17] 徐红纳，分光光度法同时测定水样中 Cr (Ⅲ) 和 Cr (Ⅵ) 的含量，中国地质大学 (北京)，2007：45-46．

[18] 陈昭国，高分辨率光度法测定 Pb^{2+}，Cd^{2+}，Hg^{2+} 含量，湖北工学院学报，1998，13 (3)：1-4．

[19] 张成，火焰原子吸收分光光度法测定透析液中 K^+、Na^+、Ca^{2+}、Mg^{2+} 离子的含量，中国医疗器械信息，2010，7 (6)：47-49．

[20] 蔡龙飞，催化动力学褪色光度法测定痕量钍 (Ⅳ) 的研究，分析试验室，2004，23 (2)：50-53．

[21] 朱正荣，土壤中水溶性 NH_4^+ 的吸光度测定，理化检验-化学分册，1996，32 (4)：37-38．

[22] 王颖馨，钼蓝分光光度法测定水中 As (Ⅲ) 含量，化工环保，2015，35 (2)：210-213．

[23] 陈国树，动力学光度法测定超痕量 Se (Ⅳ) 的研究，分析试验室，1992，(4)：10-11．

[24] 王丽平, 吸光光度法测定水中微量氟, 安徽教育学院学报, 1994, (01): 78-81.

[25] 高小红, 吸光光度法测定空气中的微量氯气, 化学与生物工程, 2013, 30 (05): 85-90.

[26] 陈昭国, 高分辨率光度法测定 Pb^{2+}, Cd^{2+}, Hg^{2+} 含量, 湖北工学院学报, 1998, 13 (3): 1-4.

[27] 王茂志, 紫外分光光度法测定混合溶液中 NO_3^- 和 SO_4^{2-} 浓度, 化学与生物工程, 2016, 33 (7): 68-70.

[28] 朱正荣, 电化学检测器-离子色谱法测定水中微量氰离子, 辽宁地质. 1988, (02): 37-38.

[29] 李保山, 溶剂浮选吸光光度法测定痕量 NO_2^- 离子, 抚顺石油学院学报, 1993, 13 (2): 19-23.

[30] GB/T 6437—2018, 饲料中总磷的测定分光光度法, 2018 实施.

[31] GB/T 13192—1991, 水质有机磷农药的测定气相色谱法, 1991 实施.

[32] GB/T 32737—2016, 土壤硝态氮的测定紫外分光光度法, 2016 实施.

[33] 张丽莹, 紫外分光光度法测定水中酚, 光谱实验室, 2006, 23 (4): 890-892.

[34] 吴弘波, 硫化物的快速分光光度法测定, 大化科技, 2000, 000 (001): 52-54.

[35] 郑淋淋, DPD 分光光度法测定水中游离余氯的探讨, 商品与质量, 2018, (36): 104.

[36] DB22T 1670—2012, 人参中木质素含量的测定分光光度法, 2012 实施.

[37] 张晓丽, 吸光光度法测定水中微量阴离子表面活性剂, 理化检验-化学分册, 2001, 37 (6): 283-283, 285.

[38] SL 93.2—1994 油的测定 (紫外分光光度法), 1994 实施.

[39] 梁润萍, 硫酸钡比浊法测定降水中 SO_4^{2-} 浓度的探讨, 广西化工, 1994, 23 (3): 48-50.

[40] GB 13200—1991, 水质浊度的测定, 1991 实施.

[41] 陆惠宝, 色层分离-原子吸收/火焰光度法测定 UO_2 中痕量碱金属元素, 原子能科学技术, 1993, 27 (3): 273-276.

[42] GB/T 24197—2009, 锰矿石铁、硅、铝、钙、钡、镁、钾、铜、镍、锌、磷、钴、铬、钒、砷、铅和钛含量的测定电感耦合等离子体原子发射光谱法, 2009 实施.

[43] GB/T 11170—2008, 不锈钢多元素含量的测定火花放电原子发射光谱法 (常规法), 2008 实施.

[44] GB/T 11913—1989, DO 的测定电化学探头法, 1989 实施.

[45] GB/T 18609—2011, 原油酸值的测定电位滴定法, 2011 实施.

[46] 王东兵, 论工业循环冷却水碱度的测定方法, 广西轻工业, 2011, (3): 26-27.

[47] 中国标准物质网 http://www.gbw114.com/news/n41076.html, 极谱分析法, 2018-11-06.

[48] GB 10267.1—88, 金属钙分析方法氯离子选择性电极法测定氯, 1988 实施.

[49] SL 93.2—1994, 油的测定 (紫外分光光度法), 1994 实施.

[50] GB/T 13083—2002, 饲料中氟的测定离子选择性电极法, 2002 实施.

[51] 陆欣生, 用离子选择性电极测定玻璃成品及原料中 Na_2O 和 K_2O 的含量, 华东化工学院学报, 1980, (3): 42-51.

[52] 梅朵, 离子选择性电极测定溶液中 Br^- 时去除 Cl^- 的干扰, 分析科学学报, 2006, 22 (2): 243-244.

[53] 梅树珍, 碘离子选择性电极法测定水碘含量, 中国公共卫生, 2000, 16 (1): 84.

[54] 王晓波, 对离子选择电极法测定地下水中铵离子含量的研究, 齐齐哈尔大学学报, 2001, 17 (1): 83-86.

[55] 尤进茂, 高效液相色谱检测 Zn (II)、Cd (II)、Co (II)、Pb (II)、Ni (II)、Cu (II)、Hg (II), 广东微量元素科学, 1995, 2 (5): 53-57.

[56] 马会会, 高效液相色谱法检测环境中的有机污染物, 吉林大学, 2013: 1-2.

[57] 肖亚兵, 液相色谱原子荧光法测定鱼肉中有机汞形态, 食品研究与开发, 2014, 35 (21): 106-108.

[58] 田伟, 离子色谱法测定水中的 F^-、Cl^-、NO_2^-、NO_3^-、SO_4^{2-}, 化学分析计量, 2002, 11 (2): 13-14.

[59] HJ 800—2016, 环境空气颗粒物中水溶性阳离子 (Li^+、Na^+、NH_4^+、K^+、Ca^{2+}、Mg^{2+}) 的测定离子色谱法, 2016 实施.

[60] HJ 84-2016, 水质无机阴离子 (F^-、Cl^-、NO_2^-、Br^-、NO_3^-、PO_4^{3-}、SO_3^{2-}、SO_4^{2-}) 的测定离子色谱法, 2016 实施.

[61] 胡彩虹, 气相色谱法测定猪肉、鱼和虾中三甲胺的含量, 食品科学, 2001, 22 (5): 83-86.

[62] 吴晓军, 痕量铝的气相色谱法测定, 色谱, 1987, 5 (2): 116-117.

[63] HJ 737—2015, 土壤和沉积物铍的测定 石墨炉原子吸收分光光度法, 2015 实施.

[64] 王顺荣，铬的无机气相色谱法测定，中国科学院环境化学研究所，1980，3（2）：8-11.

[65] 靳利娥，气相色谱法测定枸杞中的硒，山西大学学报，2002，25（3）：238-240.

[66] HJ 604—2011，环境空气甲烷、总烃和非甲烷总烃的测定气相色谱法，2011 实施.

[67] 王利华，厚源法测量水中总 α 放射性，环境监测管理与技术，2019，31（4）：43-45.

[68] 刘洪清，放射性化学去污废水中铀浓度分析方法研究，四川环境，2018，37（04）：12-14.

[69] GB 11224—89，地面水、地下水、饮用水中 Th（钍）的分析，1989 实施.

[70] EJ 1117—2000，土壤中 Ra 镭-226 的测定，尾矿渣中镭-226 的测定，2000 实施.

[71] 殷晓梅，连续测氡仪测定空气中氡浓度方法探讨，中国测试技术，2007，33（5）：32-34.

[72] 王顺荣，铬的无机气相色谱法测定，中国科学院环境化学研究所，1980，3（2）：8-11.

[73] 陈文芝，采用电导-频率变换测量方法的电导率仪，仪器分析，1997（2）：21-23.

[74] GB 8978—1996，污水综合排放标准，1998 实施.

[75] GB 3838—2002，地表水环境质量标准，2002 实施.

[76] GB/T 19923—2005，城市污水再生利用 工业用水水质，2006 实施.

[77] GB/T 5750.12—2006，生活饮用水标准检验方法微生物指标，2007 实施.

[78] 刘芳，指示水体病原污染的微生物及其检测，环境工程学报，2007，1（2）：139-144.

[79] 邓婷，两种方法对水中总大肠菌群和大肠埃希氏菌检测的对比分析，食品工程，2017，(1)：52-54.

[80] 唐思偲，用水体中大肠菌群的含量检测水质污染程度，生物学通报，2011，46（8）：15-17.

[81] 江磊，水体中粪大肠菌群的悬沙吸附特性与底泥交换过程研究，清华大学，2015：1-3.

[82] 李恒，多管发酵法与纸片法测定水中总大肠菌群和粪大肠菌群，仪器仪表与分析监测，2020，(3)：33-35.

[83] 王朝霞，多管发酵法与滤膜法测定水中粪大肠菌群的对比研究，农业与技术，2020，40（13）：22-23.

[84] 刘笑笑，多管发酵法测定生活饮用水中总大肠菌群不确定度的评定. 中国食品添加剂，2019，30（5）：123-127.

[85] 张炜煜，生活饮用水中总大肠菌群 MPN 法的不确定度评定，中国卫生检验杂志，2019，29（21）：2600-2603.

[86] 罗蔚文，关于城市污水粪大肠菌群 2 种检测方法的比较，科技资讯，2010，17：159.

第 4 章　煤质分析

4.1　概述

4.1.1　煤的组成和分类

煤不仅是最重要的化石（固体）燃料之一，而且还是冶金工业和化学工业的重要原料。煤炭是我国的基础和支柱能源。2018 年煤炭消费总量占能源消费总量的 59%，煤炭占一次能源消费比例首次低于 60%。但煤炭消费总量仍然保持增长趋势，煤炭在今后较长时间内仍将是中国主体能源的定位没有变化。但面对环境制约和市场下行压力，煤炭行业的发展必须寻求符合国情的能源转型路径，遵循清洁低碳的发展要求。在此背景下，国家《能源发展"十三五"规划》《煤炭清洁高效利用行业行动计划（2015—2020 年）》《国民经济和社会发展第十四个五年规划和 2035 年远景目标纲要》，特别是 2021 年全国两会碳达峰与碳中和被首次写入政府工作报告等政策，将煤炭清洁高效开发和利用作为能源转型的立足点和首要任务，指明了煤炭行业改革的发展方向是清洁高效利用。

煤是由一定地质年代生长的繁茂植物在适宜的地质环境下，经过漫长岁月的天然煤化作用而形成的生物岩，是一种组成、结构非常复杂而且极不均匀的、包括许多有机和无机化合物的混合物。根据成煤植物的不同，煤可分为两大类，即腐植煤和腐泥煤。由高等植物形成的煤称为腐植煤，它又可分为陆植煤和残植煤，通常讲的煤就是指腐植煤中的陆植煤。陆植煤又分为泥煤、褐煤、烟煤和无烟煤四类。其中烟煤中又按煤化程度依次分为：长焰煤、气煤、肥煤、焦煤、瘦煤、贫煤。不同种类煤炭的主要特征和用途如下：

① 泥煤　泥煤又称草炭或泥炭，为棕褐色或黑褐色的不均匀物质，相对密度为 1.29～1.61，自然风干后，水分为 25%～35%，泥炭中含有大量的未分解植物残体，有时肉眼可见。

② 褐煤　煤化程度最低的煤。其特点是水分高、比重小、挥发分高、不黏结、化学反应性强、热稳定性差、发热量低，含有不同数量的腐殖酸。多被用作燃料、气化或低温干馏的原料，也可用来提取褐煤蜡、腐殖酸，制造磺化煤或活性炭。

③ 长焰煤　长焰煤的变质程度低，它的挥发分含量很高，其煤化程度高于褐煤而低于其他烟煤。没有或只有很小的黏结性，胶质层厚度不超过 5mm，易燃烧，燃烧时有很长的火焰，故得名长焰煤。可作为气化和低温干馏的原料，也可作民用和动力燃料。

④ 气煤　挥发分高，胶质层较厚，热稳定性差。能单独结焦，但炼出的焦炭细长易

碎，收缩率大，且纵裂纹多，抗碎和耐磨性较差。故只能用作配煤炼焦，还可用来炼油、制造煤气、生产氮肥或作动力燃料。

⑤ 肥煤　具有很好的黏结性和中等及中高等挥发分，加热时能产生大量的胶质体，形成大于 25mm 的胶质层，结焦性最强，是配煤炼焦中的主要成分。

⑥ 焦煤　具有中低等挥发分和中高等黏结性，加热时可形成稳定性很好的胶质体，单独用来炼焦，能形成结构致密、块度大、强度高、耐磨性好、裂纹少、不易破碎的焦炭。但因其膨胀压力大，易造成推焦困难，损坏炉体，故一般都作为炼焦配煤使用。

⑦ 瘦煤　具有较低挥发分和中等黏结性。单独炼焦时，能形成块度大、裂纹少、抗碎强度较好，但耐磨性较差的焦炭。因此，用它加入配煤炼焦，可以增加焦炭的块度和强度。

⑧ 贫煤　具有一定的挥发分，加热时不产生胶质体，没有黏结性或只有微弱的黏结性，燃烧火焰短，炼焦时不结焦。主要用于动力和民用燃料。

⑨ 无烟煤　煤化程度最高的煤。挥发分低、比重大、硬度高、燃烧时烟少火苗短、具有一定的挥发分，加热时不产生胶质体，没有黏膜结性或只有微弱的黏结性，燃烧火焰短，炼焦时不结焦。主要用于动力和民用燃料。通常作民用和动力燃料。质量好的无烟煤可作气化原料、高炉喷吹和烧结铁矿石的燃料，以及制造电石、电极和碳素材料等。

就燃料观点看，煤是由可燃部分和不可燃部分组成。可燃部分包括有机质和矿物质中的可燃矿物质，不可燃部分是由水分和矿物质中的不可燃部分组成，大部分矿物质是不可燃的。所以煤是有机物和无机物所组成的复杂混合物，煤质的优劣，取决于其中不可燃部分的多少，不可燃部分越少，则煤质越好。因煤中有机物主要由 C、H、O、N 等元素组成，其中 C、H 占有机质的 95% 以上，煤燃烧时，主要是有机质中的碳、氢与氧的化合并放热。无机物主要由 Si、Fe、Al、Ca、Mg、K、Na、S、P、V、Ti 等元素组成的碳酸盐、硅酸盐、硫酸盐、磷酸盐及硫化物等。部分矿物（如 FeS）燃烧且放热，但硫、磷燃烧生成的氧化物腐蚀设备，污染大气，是有害成分。大部分无机物不能燃烧，这些矿物质随煤的燃烧而变为灰分，灰分在组成和质量上都不同于矿物质，但煤的灰分产率与矿物质含量间有一定的相关关系，可以用灰分来估算煤中矿物质的含量。

煤中的水分，主要存在于煤的孔隙结构中。水分的存在会影响燃烧稳定性和导热性，本身又不能燃烧，而且还要吸收热量汽化为水蒸气。

正是由于矿物质和水分等无机成分的存在，使煤的可燃部分比例减少，影响煤的发热量，从而影响到煤的质量。

煤在隔绝空气的条件下加热干馏，水及部分有机物裂解生成的气态产物挥发逸出，不挥发部分即为焦炭。焦炭的组成和煤相似，只是挥发分的含量较低。

煤的各项组分如图 4-1 所示。

工业上为了核算煤的使用量及成本，用煤单位为了掌握煤的质量，科研部门为了对煤进行综合利用，所以煤质分析十分重要。

4.1.2　煤质分析项目

煤质特性与煤的燃烧关系紧密，其中煤的发热量是反映煤质好坏的一个重要指标，而挥发分在较低温度下能够析出和燃烧，为其着火和燃烧提供了极其有利的条件，有利于提

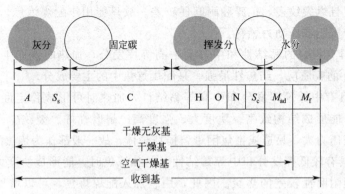

图 4-1　煤的成分及成分基准的划分

M_f—外部水分；M_{ad}—内部水分；

S_c—可燃硫或称全硫；S_s—硫酸盐硫，已归入灰分

高焦炭的燃烧速度。对于煤的分析，检验的项目很多，由于目的不同，分析的项目也有差别，一般分为工业分析和元素分析两类。工业分析是评价煤质特性的重要指标，根据工业分析数据可初步判断煤的种类、着火和燃尽等特性。元素分析是发电厂能量转换效率监测的基本数据，对于确定合理的燃烧空气量，降低排烟热损失和风机电耗有较为重要的意义。

（1）煤的工业分析

煤的工业分析也称技术分析或实用分析，是根据技术需要测定煤经转化生成的物质或呈现的性质。主要是水分、灰分、挥发分和固定碳四项指标的测定。煤的水分、灰分、挥发分和固定碳四个项目的测定称为半工业分析，若再测定发热量和全硫，则称煤的全工业分析。现在一般把发热量的测定和煤的全硫的测定作为单独测定项目。煤的工业分析是评价煤的基本依据，其中煤的水分、灰分、挥发分是直接测出的，固定碳是用差减法计算出来的。依据测试结果可以了解煤质特性，初步判断煤的工业用途。此外，煤的工业分析是煤自燃倾向性色谱吸氧鉴定法、测定煤中全硫的红外光谱法等规范的前提实验。因此，确切掌握工业分析各指标的基本含义与联系，准确测定各指标数值就显得非常重要。

根据煤的工业分析结果，初步了解煤的经济价值和某些基本特性。可以大致了解煤中有机质的含量及发热量的高低，从而初步判断煤的种类、加工利用效果及工业用途。如水分和灰分高的煤，它的有机质含量就少，发热量低，经济价值就小；通过固定碳的计算，也可粗略地计算发热量；通过全硫的测定，就能预测硫燃烧后危害情况。所以，煤的工业分析是了解煤的性质和用途的重要指标，是煤的生产和使用单位最常见的分析项目。

（2）煤的元素分析

煤的元素分析主要是测定煤中 C、H、O、N 及 S 五个项目，通常是指煤中有机质的五个主要元素分析。元素分析是对煤进行科学分类的主要依据之一，它表明了煤的固有成分，更符合煤的客观实际，在工业上作为计算发热量、干馏产物的产率、热量平衡的依据。如动力燃料用煤需要元素分析数据，以便为锅炉设计和燃烧过程中计算燃烧煤的理论

烟气量、空气消耗量和热平衡使用。但是，煤的元素分析手段比较复杂，一般用在科学研究工作中。

在特殊需要中，有时还要测定除硫外的其他有害元素，如磷、砷、氯、氟、汞等；有时可能要提取煤中某些稀有金属，如锗、镓、铀、钒、钽等，因此也要测定；有时测定煤灰成分，即灰分。灰分是由二氧化硅、氧化铝、三氧化二铁、氧化钙、氧化镁、氧化钠、氧化钾、氧化锰等组成，其中主要成分是二氧化硅（约 60%），煤灰的成分随着煤的种类而变化，有时变化很大，如黄铁矿含量很高的煤，其煤灰中三氧化二铁含量可高达 50%～60%，有些煤灰中氧化铝高达 40% 左右，还有氧化钙高达 30% 以上的煤灰，因此从煤灰成分分析中，不仅可大致推测原煤的矿物组成，而且可为动力煤的灰渣综合利用提供基础资料。但在煤的工业分析中，往往只测灰分产率，而不测定灰分的成分。

煤工业分析的检测较为容易，电厂化学实验室每天定时对入炉煤进行工业分析检测，并在厂内实时数据库中更新检测数据，为运行人员或控制系统提供即时的煤质信息。煤元素分析的检测较为复杂，需要在更高级别的实验室进行，因而滞后性较大，而基于瞬发伽马中子活化分析（prompt gamma neutron activation analysis，PGNAA）技术的元素成分在线测量系统成本较高，目前还未得到广泛应用。

(3) 煤的工艺性质

在工业上，有时测定煤的工艺性质。煤的工艺性质包括煤的黏结性和结焦性指数、煤的发热量和燃点、煤的反应性、煤灰熔融性和结渣性。

煤的黏结性和结焦性指数：煤的黏结性是煤粒（$d < 0.2\text{mm}$）在隔绝空气受热后能否黏结其本身或惰性物质（即无黏结力的物质）成焦块的性质；煤的结焦性是煤粒隔绝空气受热后能否生成优质焦炭的性质。两者都是炼焦煤的重要特性之一。

煤的燃点是将煤加热到开始燃烧时的温度，也称着火点、临界温度或发火温度。测定煤的燃点的方法很多，一般是将氧化剂加入或通入煤中，对煤进行加热，使煤发生爆燃或有明显的升温现象，然后求出爆燃或急剧升温的临界温度作为煤的燃点。我国测定燃点时采用亚硝酸钠作为氧化剂，在燃点测定仪中进行测定。

煤的反应性又叫反应活性，是指在一定温度条件下，煤与不同的气体介质（二氧化碳、氧气或水蒸气）相互作用的反应能力，是煤或焦炭在燃烧、气化和冶金中的重要指标。我国测定煤的反应性的方法是测定高温下煤或焦炭还原二氧化碳的性能，以二氧化碳还原率表示。反应性强的煤，在气化燃烧过程中，反应速率快，效率高。

煤灰熔融性又称灰熔点，是动力和气化用煤的重要指标。煤灰是由各种矿物质组成但又不同于原矿物质的混合物，没有一个固定的熔点，只有一个熔化温度的范围。煤的灰熔点低于任一单个成分的灰熔点。灰熔点的测定方法常用角锥法，将煤灰和糊精混合塑成三角锥体，放在高温炉中加热，根据灰锥形态变化确定变形温度（DT）、软化温度（ST）和熔化温度（FT）。一般用软化温度评价煤灰熔化性。

关于煤的工业用途，不同工业对煤的要求不同，如一般是挥发分产率高的煤，适用于低温干馏及煤焦油工业，固定碳含量高的煤适用于冶金炼焦和燃料。

煤的分析项目很多，这里主要介绍煤的工业分析、煤中全硫的测定和发热量的测定。

4.2 煤的工业分析

煤的工业分析通常指半工业分析，它包括水分、灰分、挥发分和固定碳四个项目的测定。

4.2.1 水分的测定

煤的水分直接影响煤的使用、运输和储存。煤的水分增加，煤中有用成分相对减少，且煤在燃烧时水分蒸发吸收热量而降低其发热量，同时与 SO_2 等作用生成 H_2SO_3 腐蚀设备。因此，煤的水分是评价煤炭质量的一个基本指标，煤中水分的含量越低越好。

4.2.1.1 煤中水分的存在形式

煤中水分从结合状态来看，分为游离水和化合水两类。

(1) 化合水

以化合的方式同煤中的矿物质结合的水，即常说的结晶水，所以又称结晶水。如存在于石膏（$CaSO_4 \cdot 2H_2O$）中的水、高岭土（$Al_2O_3 \cdot 2SiO_2 \cdot 2H_2O$）中的水。化合水分属于煤的固有组分，在煤中的比例极小，一般可以忽略，工业上一般也不测结晶水。

(2) 游离水

即以物理吸附或附着方式与煤结合的水分，它又分为外在水分和内在水分。外在水分又称自由水分或表面水分，它是附在煤颗粒表面和存在于直径大于 10^{-5}cm 的毛细孔中易于蒸发除去的水分。此类水分是在开采、贮存、运输及洗煤时带入的，容易蒸发除去，蒸气压与纯水的蒸气压相同，在空气中（温度 20℃，相对湿度 65%）风干 1～2 天后即可蒸发失去，所以这类水分又叫风干水分（即在一定条件下煤样与周围空气湿度达到平衡时所失去的水分）。除去外在水分的煤叫风干煤。外在水分的测定是在基本上不破坏煤中毛细孔的前提下进行的，试样通过风干或在 45～50℃ 温度下干燥一段时间后，进行称量和减重计算得到外在水分的含量（记为 M_f）。用于测定外在水分的试样，其粒度（颗粒直径）小 13mm 便可。

内在水分是指被吸附或凝聚在煤粒内部直径小于 10^{-5}cm 的毛细孔中难于蒸发除去的水分。内在水分的蒸气压低于纯水的蒸气压，需要在高于水的正常沸点的温度下才能除尽，故又称为烘干水分。除去内在水分的煤叫干燥煤。内在水分的测定，是把外在水分测定后的试样研细到粒度小于 3mm，在 102～105℃ 温度下干燥 1.5h，冷却称重，重复直至恒重，计算内在水分的含量（记为 M_{inh}）。

煤的外在水分（M_f）和经过换算的内在水分之和（M_{inh}）称为全水分或应用基水分（M_t）。它们之间的关系不是一个简单的加和关系。因为测定 M_f 和 M_{inh} 时各自的基准不同。它们之间的换算关系是：

$$M_t = M_f + \frac{100\% - M_f}{100\%} \times M_{inh} \tag{4-1}$$

【例 4-1】 例如：有煤样 100g，测定风干水分为 5%，风干后的烘干水分为 4%，求煤样总水分是多少？

解： 按题意分析

$$煤 100g \longrightarrow \begin{cases} 风干水分 5g \\ 风干煤 95g \longrightarrow \begin{cases} 烘干水分 3.8g \\ 干燥煤 91.2g \end{cases} 总水分 8.8g \end{cases}$$

也可代入总水分计算公式中，

$$M_t = M_f + \frac{100\% - M_f}{100\%} \times M_{inh} = 5\% + 4\% \times \frac{100\% - 5\%}{100\%} = 8.8\%。$$

在实际测定全水分（或应用基水分）时，不必分别测定外在水分和内在水分，可直接将试样粉碎到粒度小于 3mm，然后称取试样在 102～105℃温度下烘干，称量并计算求出全水分含量。

4.2.1.2 外在水分的测定

将粒度小于 13mm 的煤样（1kg 左右）倒入已恒重并称量的白铁皮浅盘中（长×宽×高＝280mm×230mm×30mm），在工业天平（精确度 0.1g）上准确称量，记下质量 $G(g)$，摊平试样并放入 45～50℃的烘箱中，干燥 8h，取出冷至室温，称量。放置 8h 自然干燥后，再称量。直至两次称量之差不大于 0.3% 为止。试样减轻的质量为 $G_1(g)$，按下式计算外在水分含量：

$$M_f = \frac{G_1}{G} \times 100\% \qquad (4-2)$$

4.2.1.3 内在水分的测定

将测定外在水分后的试样粉碎至粒度小于 3mm。用分析天平称量 10～15g［记为 $G(g)$］，放于已知质量的直径为 70mm、高 40mm 的称量瓶中。置于 102～105℃的烘箱内，鼓风干燥 1.5h，冷却称量，重复干燥 0.5h 直至恒重（两次质量之差不大于 0.005g）。试样减轻质量为 $G_1(g)$，用下式计算内在水分：

$$M_{inh} = \frac{G_1}{G} \times 100\% \qquad (4-3)$$

4.2.1.4 分析基水分（空气干燥煤样水分）的测定

作一般工业分析用的样品，大都是将测定外在水分（已经风干）后并粉碎为小于 3mm 的风干样品按样品的制备方法继续磨碎至全部通过 80 目筛（粒度在 0.2mm 以下）后再进行各项测定。粒度在 0.2mm 以下的空气干燥煤样在规定条件下测得的水分叫空气干燥水分（或叫分析基水分，记为 M_{ad}）。

分析基水分（M_{ad}）与全水分（M_t）和内在水分的（M_{inh}）的关系是：

$$M_{ad} < M_t，\ M_{inh} < M_{ad}$$

(1) 通氮干燥法

称取粒度为 0.2mm 以下的空气干燥煤样（1.0±0.1）g，精确至 0.0002g，记为

$G(g)$，平摊于已恒重的带盖称量瓶中（打开称量瓶盖），送入预先通入干燥氮气并已加热到$102\sim105℃$的干燥箱中干燥（烟煤烘1.5h，褐煤和无烟煤烘2h），从干燥箱中取出，立即加盖，放入干燥器中冷却至室温称量。重复干燥至恒重（两次称量差值小于0.001g），试样减轻质量为$G_1(g)$，用下式计算出分析基水分含量：

$$M_{ad}=\frac{G_1}{G}\times100\%\qquad(4-4)$$

(2) 空气干燥法

与氮气干燥法基本相同，称取一定量的空气干燥煤样，置于$102\sim105℃$的干燥箱中，在空气流中干燥至恒重（鼓风干燥），然后计算百分含量。

(3) 甲苯蒸馏法

甲苯蒸馏法（有机溶剂蒸馏法）是测定水分的较精确的方法。其理论依据是，两种互不相溶的液体混合物的沸点低于其中易挥发组分的沸点。例如，在760mmHg气压下，纯苯的沸点为80.4℃，水的沸点是100℃，但水和苯的混合物的沸点为69.13℃。在69.13℃时，苯的蒸气压为7.1234×10^4Pa，水的蒸气压为3.0090×10^4Pa，二者之和为1.0133×10^5Pa。因此，在69.13℃时，两种液体物质同时蒸发。利用混合物的这种性质可以在远比水的沸点低的温度下使水全部蒸发。有机溶剂蒸馏法适用于在高温下容易分解的有机物中水分的测定。所用的有机溶剂必须具有下列性质：与水互不相溶；常温下其相对密度要小于1；与被测物质之间不发生任何化学反应。所以，有机溶剂通常使用汽油、苯、甲苯、二甲苯或其他惰性有机碳氢化合物。此时有机溶剂的作用是降低沸点，使水易蒸馏出来；蒸出的水分被溶剂带走。

具体测定步骤是：称取25g[准确至0.001g，记为$G(g)$]粒度为0.2mm以下的空气干燥煤样，移入干燥的圆底烧瓶中，加入约80mL甲苯，摇匀。为防止喷溅，可放适量碎玻璃片或小玻璃球。安装好蒸馏装置（见图4-2）。

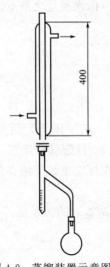

图4-2　蒸馏装置示意图

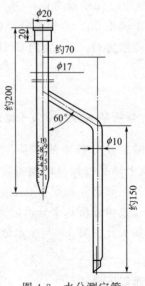

图4-3　水分测定管

在冷凝管中（与蒸馏烧瓶和冷凝管相连的叫水分测定管，如图 4-3）通入冷却水，加热蒸馏瓶至内容物达到沸腾状态，控制加热温度使在冷凝管口滴下的液滴数为 2～4 滴/s。连续加热直到馏出液清澈并在 5min 内不再有细小气泡出现为止。

取下水分测定管，冷却至室温，读数并记下水的体积（mL），并按校正后的体积由回收曲线上查出煤样中水的实际体积（V）。

回收曲线的绘制：用微量滴定管准确量取 0mL、1mL、2mL、3mL、…、10mL 蒸馏水，分别放入蒸馏烧瓶中。每瓶各加 80mL 甲苯，然后按上述方法进行蒸馏。根据水的加入量和实际蒸出的体积（mL）绘制回收曲线。更换试剂时，需重做回收曲线。

分析基水分按下式计算：

$$M_{ad} = \frac{Vd}{G} \times 100\%$$

(4-5)

式中，d 为水的密度，20℃时取 1.00g/mL。

4.2.2　灰分的测定

4.2.2.1　煤灰的来源和测定意义

煤的灰分是指煤中所有可燃性物质完全燃烧以及煤中所有矿物质在一定温度下产生一系列分解、化合等复杂反应后剩余的残渣。前面介绍过，煤灰的成分很复杂，它全部来自原矿物质，但组成和质量又与原煤中矿物质不完全相同，所以煤的灰分应称灰分产率，不能称灰分含量。

煤中矿物质有不同来源，一是原生矿物质，它是由成煤植物本身在生长过程中从土壤中吸收ⅠA族、ⅡA族金属生成的盐类，含量较少（2%～3%）；二是次生矿物质，它是在成煤过程中由外界混到煤层中的矿物质，其含量也不高；三是外来矿物质，是在采煤过程中混入的矿石、泥、沙等，因是从外界混入的，其分布不均匀，但在洗、选煤时易除去。原生矿物质和次生矿物质总称为煤的内在矿物质，由内在矿物质所形成的灰分叫内在灰分。

因煤的灰分来自于煤中矿物质，所以二者有一定量的关系，但煤中矿物质测定比较复杂，一般不测，因此可根据煤的灰分产率借助经验公式计算出矿物质含量。

灰分是煤中的无用物质，灰分越低煤质越好。在工业上，把灰分低于 10% 的为特低灰煤，灰分在 10%～15% 之间的为低灰煤，灰分在 15%～25% 之间的为中灰煤，灰分在 25%～40% 之间的为高灰煤，灰分高于 40% 的富灰煤。

煤的灰分的增加，既增加运输成本，又影响煤作为工业原料和能源的使用。如煤用作动力燃料时，灰分增加，则煤中可燃物质含量相对减少，煤的发热量就低。另外，煤灰增加，影响锅炉操作（如易结渣、熄火），加剧设备磨损，增加排渣量。当煤灰高的煤用于炼焦时，降低高炉的利用系数。因此测定煤的灰分，对于鉴定煤的质量，确定使用价值等都有重要意义。当然，煤灰也可以用来制造硅酸盐水泥、制砖等，还可用来改良土壤。而且还可以从煤灰中提炼锗、镓、钒等重要元素，使它变"废"为宝。

高温燃烧测煤中灰分产率时，其矿物质在燃烧过程中发生一系列的物理化学反应，主要如下：

400℃以上时，盐类脱水，如：

$$CaSO_4 \cdot 2H_2O \Longrightarrow CaSO_4 + 2H_2O\uparrow$$

$$Al_2O_3 \cdot 2SiO_2 \cdot 2H_2O \Longrightarrow Al_2O_3 \cdot 2SiO_2 + 2H_2O\uparrow$$

500℃以上时，碳酸盐分解，如：

$$CaCO_3 \Longrightarrow CaO + CO_2\uparrow$$

$$FeCO_3 \Longrightarrow FeO + CO_2\uparrow$$

400~600℃时，因空气中 O_2 的存在，发生氧化反应

$$4FeS_2 + 11O_2 \Longrightarrow 2Fe_2O_3 + 8SO_2\uparrow$$

$$2CaO + 2SO_2 + O_2 \Longrightarrow 2CaSO_4$$

$$4FeO + O_2 \Longrightarrow 2Fe_2O_3$$

高于 700℃时，其中碱金属氧化物和氯化物部分发生挥发，以上过程在温度为 800℃ 左右基本完成。所以测定煤的灰分温度控制在 (815±10)℃。

4.2.2.2 灰分的测定方法

煤中灰分产率的测定有两种：一种是缓慢灰化法，它用作仲裁分析；另一种是快速灰化法，它适于日常分析。两种方法的原理相同，区别主要是缓慢灰化法是慢慢加热至灼烧温度，而快速灰化法是直接放入灼烧温度下灼烧。

(1) 缓慢灰化法

用预先灼烧至质量恒定的灰皿（见图 4-4），称取粒度为 0.2mm 以下的空气干燥煤样 (1.0±0.1)g（精确至 0.0002g），记为 $G(g)$，均匀地摊平在灰皿中。将灰皿送入温度不超过 100℃ 的箱式电炉中，关上炉门并使炉门留有 15mm 左右的缝隙。在不少于 30min 的时间内将炉温缓慢上升至 500℃，并在此温度下保持 30min。继续升到 (815±10)℃，并在此温度下灼烧 1h。灰化结束后从炉中取出灰皿，放在耐热瓷板或石棉板上，盖上灰皿盖，在空气中冷却 5min 左右，移入干燥器中冷却至室温（约 20min）后称重。最后进行检查性灼烧，每次 20min，直至连续两次灼烧的质量变化不超过 0.001g 为止。用最后一次灼烧后的残渣质量，记为 $G_1(g)$ 为计算依据，按下式计算空气干燥煤样的灰分：

$$A_{ad} = \frac{G_1}{G} \times 100\% \tag{4-6}$$

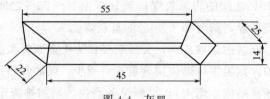

图 4-4 灰皿

由于 SO_2 和 CaO 在试验条件下生成 $CaSO_4$，使测定结果偏高，而且不稳定。为减少二氧化硫被固定在灰分中，应采取一些措施：炉后装有 20~30mm 的烟囱，以保证炉内通风良好，使生成的二氧化硫及时排出；测定时炉门留有 15mm 左右的缝隙，以保证有足够的空气通入；煤样在 100℃ 以下送入高温炉中，并在 30min 内缓慢升至 500℃，并保

温 30min，使煤样燃烧时产生的二氧化硫在碳酸盐分解前能全部逸出；煤样在灰皿中厚度小 0.15g/cm²。

（2）快速灰化法

又分快速灰分测定仪测定法和马弗炉测定法。

快速灰分测定仪（见图 4-5）由马蹄形管式电炉、传送带和控制仪三部分组成。测定时，将灰分快速测定仪预先加热至（815±10）℃。开动传送带并将其传送速度调节到 17mm/min 左右。用预先灼烧至质量恒定的灰皿，称取粒度为 0.2mm 以下的空气干燥煤样（1.0±0.1）g 均匀地摊平在灰皿中，将盛有煤样的灰皿放在灰分快速测定仪的传送带上，灰皿即自动送入炉中，当灰皿从炉中送出时，取下，放在耐热瓷板或石棉板上，在空气中冷却 5min 左右，移入干燥器中冷却至室温（约 20min），称量。

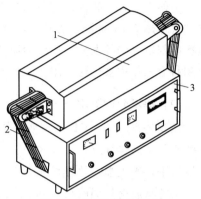

图 4-5　快速灰分测定仪
1—管式电炉；2—传送带；3—控制仪

马弗炉测定法是将盛有煤样的已恒重的灰皿预先分排放在耐热瓷板或石棉板上。将马弗炉加热到 850℃，打开炉门，将放有灰皿的耐热瓷板或石棉板缓慢地推入马弗炉中，先使第一排灰皿中的煤样灰化。待 5～10min，煤样不再冒烟时，以不大于 2mm/min 的速度把第二排、第三排、第四排的灰皿顺序推入炉内炽热部分（若试样着火发生爆燃，试验应作废）。关上炉门，在（815±10）℃的温度下灼烧 40min。从炉中取出灰皿，放在空气中冷却 5min 左右，移入干燥器中冷却至室温，称量。最后进行检查性灼烧至恒重，以最后一次灼烧后的质量为计算依据（如检查灼烧时结果不稳定，应改为缓慢灰化法重新测定，灰分低于 15％时，不必进行检查性灼烧）。

4.2.3　挥发分的测定

（1）挥发分的定义及测定意义

煤在与空气隔绝的特制容器内，于一定温度条件下加热一定时间后，煤中有机质和矿物质会分解析出气体，同时释放水蒸气而减少质量，减少的质量占煤样质量的百分数与分析水分之差，就是煤的挥发分（V_{ad}）。剩下的不挥发物称为焦渣（或称焦饼）。焦渣减去灰分含量即得固定碳含量。同灰分一样，挥发分不是煤的固有成分，而是在特定条件下，煤受热分解的产物，因此煤的挥发分就称煤的挥发分产率。

根据挥发分产率的高低，可初步判定煤的种类和适用于何种工业用途。挥发分产率高的煤在干馏时化学产量就多，适用于煤焦油工业。根据残留焦砟的性质，可初步估计煤是否适用于炼焦，还可估算焦炭的产量。所以挥发分的产率是判断煤质的重要指标之一。

煤在隔绝空气下加热，当温度低于 100℃时煤中吸附的气体和部分水逸出，低于 110℃游离水逸尽；当温度达到 200℃时化合水逸出；当温度升至 250℃时，第一次热分解开始，有气体逸出；当温度超过 350℃时，有焦油产生，550～600℃焦油逸尽；当温度超过 600℃时，第二次分解开始，气体再度逸出，气体冷凝后得高温焦；900～1000℃分解停止，残留物为焦炭。

煤的挥发分产率的测定结果完全取决于坩埚材料、大小和形状以及加热温度，加热时间，隔绝空气程度等实验条件，尤其是加热温度和时间。

为便于比较，我国规定采用带严密坩埚盖的特制瓷坩埚，在（900±10）℃的温度下隔绝空气加热 7min 的测定方法。各国的测定方法规范不尽相同，所以测定结果稍有差别，但各国都以煤的挥发分产率作为第一分类指标。又因它的测定方法简便、快速，所以在生产和科研工作中被广泛采用。

（2）挥发分的测定方法

用预先在 900℃下灼烧至质量恒定的带盖瓷坩埚（见图 4-6），称取粒度为 0.2mm 以下的空气干燥煤样（1.0±0.01）g，记为 G（g），精确至 0.0002g，然后轻轻振动坩埚，使煤样摊平，盖上盖，放在坩埚架上（见图 4-7）。将马弗炉预先加热至 920℃左右。打开炉门，迅速将放有坩埚的架子送入恒温区并关上炉门，准确加热 7min。从炉中取出坩埚，放在空气中冷却 5min 左右，移入干燥器中冷却至室温（约 5min）后称量。试样减轻的质量记为 G_1（g）。按下式计算煤的挥发分：

$$V_{ad} = \frac{G_1}{G} \times 100\% - M_{ad} \tag{4-7}$$

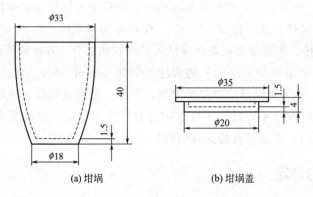

(a) 坩埚　　　　　　　　(b) 坩埚盖

图 4-6　挥发分坩埚

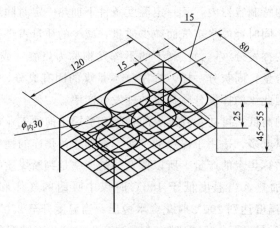

图 4-7　坩埚架

当空气干燥煤样中碳酸盐二氧化碳含量在 2%～12% 时，按下式计算挥发分：

$$V_{ad} = \frac{G_1}{G} \times 100\% - M_{ad} - (CO_2)_{ad} \tag{4-8}$$

当空气干燥煤样中碳酸盐二氧化碳含量大于 12% 时，按下式计算挥发分：

$$V_{ad} = \frac{G_1}{G} \times 100\% - M_{ad} - \left[(CO_2)_{ad} - (CO_2)_{ad}(焦渣)\right] \tag{4-9}$$

式中　　　$(CO_2)_{ad}$——空气干燥煤样中碳酸盐、二氧化碳的含量，%；

　　$(CO_2)_{ad}$（焦渣）——焦渣中二氧化碳对煤样量的百分数。

由上面计算式可知，煤的挥发分实际上是由煤中水分、碳氢氧化合物和碳氢化合物组成，但物理吸附水（外在水分和内在水分）和矿物质生成的二氧化碳不属于挥发分含量范围。

在测定过程中还要注意：把放有坩埚的架子放入炉内后，炉温会有所下降，但必须在 3min 内使炉温恢复至 (900±10)℃，否则此试验作废。加热时间包括温度恢复时间在内，应时间严格控制 7min，用秒表计时。

4.2.4　固定碳的计算和各种基的换算

(1) 固定碳的计算

在煤的工业分析中，认为煤中除水分、灰分、挥发分外，可燃性固体物是煤燃烧产生热量的主要成分，叫固定碳（FC_{ad}）。固定碳含量越高，发热量也越高，煤质越好。固定碳含量一般不进行测定，而由下式计算得到：

$$FC_{ad} = 100\% - (M_{ad} + A_{ad} + V_{ad}) \tag{4-10}$$

(2) 煤质分析结果的有关术语

煤质分析结果的有关术语和符号见表 4-1。

表 4-1　煤质分析结果的有关术语和符号

术语名称	英文术语	定　义	符号	曾称
收到基	As received basis	以收到状态的煤为基准	ar	应用基
空气干燥基	Air dried basis	以与空气湿度达到平衡状态的煤为基准	ad	分析基
干燥基	Dry basis	以假想无水状态的煤为基准	d	干基
干燥无灰基	Dry ash-free basis	以假想无水、无灰状态的煤为基准	daf	可燃基
干燥无矿物质基	Dry mineral-free basis	以假想无水、无矿物质状态的煤为基准	d,mmf	有机基
恒湿无灰基	Mois ash-free basis	以假想含最高内在水分、无灰状态的煤为基准	maf	
恒湿无矿物质基	Mois mineral-free basis	以假想含最高内在水分、无矿物质状态的煤为基准	m,mmf	

(3) 不同基准分析结果的换算

工业分析的结果大都是用含水样品测定的。但是，水分含量又因为温度、湿度或其他条件的改变而改变。一旦水分含量改变，其他组分含量也必然相应地改变，因此，分析结果失去实际使用价值，也不能相互比较。如果用干燥物质为基准表示组分含量，则不受水分改变的影响。所以，在工业分析标准中规定用干燥基为基准表示组分含量，而工业分析结果通常是用分析试样为基准计算出来的，但在生产现场，在工艺人员的工艺设计计算中，常以物料的应用状态为基准表示组分含量。因此分析的结果常常需要相互换算，下面介绍空气干燥基与其他基的一些换算公式。

收到基煤样的灰分和挥发分按式(4-11)换算：

$$X_{ar} = X_{ad} \times \frac{100\% - M_{ar}}{100\% - M_{ad}} \tag{4-11}$$

干燥基煤样的灰分和挥发分按式(4-12)换算：

$$X_d = X_{ad} \times \frac{100\%}{100\% - M_{ad}} \tag{4-12}$$

干燥无灰基煤样的挥发分按式(4-13)换算：

$$V_{daf} = V_{ad} \times \frac{100\%}{100\% - M_{ad} - A_{ad}} \tag{4-13}$$

当空气干燥煤样中碳酸盐二氧化碳含量大于2%时挥发分按式(4-14)换算：

$$V_{daf} = V_{ad} \times \frac{100\%}{100\% - M_{ad} - A_{ad} - (CO_2)_{ad}} \tag{4-14}$$

式中　X_{ar}——收到基煤样的灰分产率或挥发分产率；

$\quad\quad X_{ad}$——空气干燥基煤样的灰分产率或挥发分产率；

$\quad\quad M_{ar}$——收到基煤样的水分含量；

$\quad\quad M_{ad}$——空气干燥基煤样的水分含量；

$\quad\quad X_d$——干燥基煤样的灰分产率或挥发分产率；

$\quad\quad A_{ad}$——空气干燥基煤样的灰分；

$\quad\quad V_{daf}$——干燥无灰基煤样的灰分产率或挥发分产率；

$\quad\quad V_{ad}$——空气干燥基煤样的灰分产率或挥发分产率。

【例4-2】　某分析煤样的分析结果为水分5.0%，灰分6.0%，挥发分29.0%，求干燥基和应用基固定碳含量。

解：由式(4-10)得分析煤样固定碳

$FC_{ad} = 100\% - (M_{ad} + A_{ad} + V_{ad}) = 100\% - (5.0\% + 6.0\% + 29.0\%) = 60.0\%$

换算为干燥基则 $FC_d = FC_{ad} \times \dfrac{100}{100 - M_{ad}} = 60\% \times \dfrac{100}{100 - 5.0} = 63.1\%$

换算为应用基则 $FC_{ar} = FC_{ad} \times \dfrac{100 - M_{ad}}{100} = 60.0\% \times \dfrac{100 - 5.0}{100} = 57\%$

4.3　煤发热量的测定

煤的发热量，又称为煤的热值，是煤质分析和煤炭计价的重要指标之一。煤作为动力燃料，主要是利用煤的发热量，发热量愈高，其经济价值愈大。同时发热量也是计算热平衡、热效率和煤耗的依据。

4.3.1　发热量的表示方法

煤的发热量是指单位质量的煤完全燃烧时所产生的热量，以符号Q表示，也称热值，单位用"J/g"表示。

发热量的表示方法有弹筒发热量、恒容高位发热量和恒容低位发热量三种。

(1) 弹筒发热量

单位质量的试样在充有过量氧气的氧弹内燃烧，其燃烧产物组成为氧气、氮气、二氧化碳、硝酸和硫酸、液态水以及固态灰时放出的热量称为弹筒发热量。弹筒发热量只对测定本身进行了技术校正，而对生成酸或水的热效应没做任何校正。所以不符合生产使用的实际情况，没有实用意义。

(2) 恒容高位发热量

单位质量的试样在充有过量氧气的氧弹内燃烧，其燃烧产物组成为氧气、氮气、二氧化碳、二氧化硫、液态水以及固态灰时放出的热量称为恒容高位发热量。恒容高位发热量也即由弹筒发热量减去硝酸和硫酸校正热后得到的发热量（即对弹筒发热量进行生成酸的热效应校正后的发热量）。

(3) 恒容低位发热量

单位质量的试样在充有过量氧气的氧弹内燃烧，其燃烧产物组成为氧气、氮气、二氧化碳、二氧化硫、气态水以及固态灰时放出的热量称为恒容低位发热量。低位发热量也即由高位发热量减去水（煤中原有的水和煤中氢燃烧生成的水）的汽化热后得到的发热量（即对生成水的热效应进行了校正）。

发热量的测定是煤质分析的一个主要项目。煤的发热量是评定煤质的主要指标之一，在工业方面，发热量用来计算热平衡、热效率、耗煤量等，用以考虑改进操作条件和工艺过程，从而达到最大热能利用率的目的；在科研方面，煤的可燃基高位发热量是一个很重要的参数，因为它是表征煤的各种特征的综合指标，尤其是经重液洗选后的浮煤，可燃基高位发热量是反映各种煤煤化程度的函数。结合煤的挥发产率可推测出一些如黏结性、结焦性等煤质特征指标。通过发热量的测定，可以推知煤的变质程度，或由发热量来划分煤的类型。

发热量可以直接测定，也可以由工业分析的结果粗略地计算。现行企业中测定煤的发热量不属于常规分析项目。国家标准（GB/T 213—1996）中规定了煤的高位发热量的测定方法和发热量的计算方法，适用于泥煤、褐煤、烟煤、无烟煤和碳质岩以及焦炭的发热量测定。测定方法以经典的氧弹式热量计法为主，在此简要介绍氧弹式热量计法和发热量的计算方法。

4.3.2　发热量的测定方法——氧弹式热量计法

(1) 方法原理

氧弹式热量计法采用非绝热式量热计（恒温式），装置如图 4-8 和图 4-9 所示。称取一定量的分析煤样，置于密封的氧弹热量计中，在充有过量氧气的氧弹内完全燃烧，燃烧所放出的热量被氧弹周围的水和量热系统所吸收，水温的升高与试样燃烧放出的热量成正比。氧弹热量计的热容量可以通过在相似条件下燃烧一定量的基准量热物苯甲酸来确定，根据试样点燃前后量热系统产生的温升，并对点火热等附加热进行校正即可求得试样的弹筒发热量。

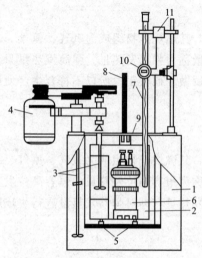

图 4-8　GR-3500 型恒温式热量计

1—外筒；2—内筒；3—搅拌器；4—电机；
5—绝缘支柱；6—氧弹；7—量热温度计；
8—外筒温度计；9—盖；10—放大
镜；11—振动器

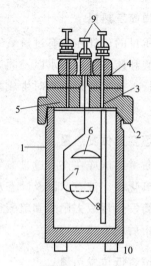

图 4-9　氧弹

1—弹体；2—弹盖；3—进气管；4—进
气阀；5—排气管；6—遮火罩；
7—电极柱；8—燃烧皿；
9—接线柱；10—弹脚

从弹筒发热量中扣除硝酸形成热和硫酸校正热（硫酸与二氧化硫形成热之差）后即得高位发热量。对煤中的水分（煤中原有的水和氢燃烧生成的水）的汽化热进行校正后求得煤的低位发热量。由于弹筒发热量是在恒定体积下测定的，所以它是恒容发热量。

(2) 测定步骤

称取粒度为 0.2mm 以下的空气干燥煤样 1～1.1g（精确至 0.0002g），置于燃烧皿中。取一段已知质量的点火丝，两端接在氧弹内的两个电极上，注意使点火丝与试样保持接触或保持有一小段距离。将 10mL 蒸馏水加入氧弹中，用以吸收煤燃烧时产生的氮氧化物和硫氧化物，然后拧紧氧弹盖。接好氧气导管，缓慢将氧气充入氧弹中，直至压力达到 2.6～2.8MPa，充氧气时间不得少于 30s。

准确称取一定质量的水加入到内筒时（以将氧弹完全浸没的水量为准），所加入的水量与标定仪器的热容量时所用的水量一致。先调节好外筒水温，使之与室温相差在 1℃ 以内。而内筒温度的调节以终点时内筒温度比外筒温度高 1℃ 左右为宜。

将装好一定质量的水的内筒小心地放入外筒的绝缘支架上，再将氧弹小心放入内筒，同时检漏。接上点火电极插头，装好搅拌器和量热温度计，并盖上外筒的盖子。温度计水银球应与氧弹主体的中部在同一水平上。在靠近量热温度计的露出水银柱的部位，应另悬一支普通温度计，用以测定露出柱的温度。

开动搅拌器，5min 后开始计时和读取内筒温度（t_o），并立即通电点火。随后记下外筒温度（t_j）和露出柱温度（t_e）。外筒温度至少读至精度 0.05℃，内筒温度借助放大镜读至精度 0.001℃。每次读数前，应开动振动器振动 3～5s。

注意观察内筒温度，如在 30s 温度急剧上升，则表明点火成功。点火后 100s 时读一次内筒温度（t_{100s}）。在接近终点时，以每间隔一分钟读取一次内筒温度，以第一个下降温度作为终点温度（t_n）。

实验完成后停止搅拌，取出内筒和氧弹，开启放气阀，放出燃烧废气，打开氧弹，仔细观察弹筒和燃烧皿内部。如果有试样燃烧不完全或有炭黑存在，试验作废。

找出未烧完的点火丝，量出长度，用于计算实际消耗量。用蒸馏水充分冲洗氧弹内各部位、放气阀、燃烧皿内外和燃烧残渣。把全部洗液收集在烧杯中，可供测硫使用。

(3) 结果计算

弹筒发热量 $Q_{b,ad}$ 按下式计算：

$$Q_{b,ad} = \frac{EH\left[(t_n+h_n)-(t_o+h_o)+C\right]-(q_1-q_2)}{G} \tag{4-15}$$

式中　$Q_{b,ad}$——分析煤样的弹筒发热量，J/g；

E——热量计的热容量，J/℃，是用量热基准物如苯甲酸进行标定得到的。即在充有 O_2 的氧弹中燃烧一定量的已标定热值的苯甲酸，由点火后产生的总热量和内筒水温度升高的度数，求出量热系每升高 1℃ 所需的热量；

H——贝克曼温度计的平均分度值，是温度计露出柱温度校正值，它随基点温度、浸没深度和露出柱温度不同而不同，前两个因素可在热容量标定和试样测定中取相同条件而抵消，但第三个因素-外界温度无法人为控制使其一致，故需校正；

t_o——点火时的温度，℃；

t_n——终点温度，℃；

h_o——点火时温度校正值，由贝克曼温度计检定证书中查得；

h_n——终点温度校正值，由贝克曼温度计检定证书中查得；

C——辐射校正系数或冷却校正系数（若使用绝热式量热计，则 $C=0$），℃；

q_1——点火丝扣除剩余部分的发热量，J；

q_2——添加物如包纸等产生的总热量，J；

G——空气干燥煤样的质量，g。

恒容高位发热量 $Q_{gr,V,ad}$ 按下式计算：

$$Q_{gr,V,ad} = Q_{b,ad} - (95S_{b,ad} + \alpha Q_{b,ad}) \tag{4-16}$$

式中　$Q_{gr,V,ad}$——分析煤样的恒容高位发热量，J/g；

$Q_{b,ad}$——分析煤样的弹筒发热量，J/g；

$S_{b,ad}$——由弹筒洗液测得的硫含量（通常用煤的全硫量代替）；

95——硫酸生成热校正系数（为 0.01g 硫生成硫酸的化学生成热和溶解热之和），J；

α——硝酸生成热校正系数，当 $Q_{b,ad} \leqslant 16.70kJ/g$ 时，$\alpha=0.001$；当 $16.70kJ/g < Q_{b,ad} \leqslant 25.10kJ/g$ 时，$\alpha=0.0012$；当 $Q_{b,ad} > 25.10kJ/g$ 时，$\alpha=0.0016$。

恒容低位发热量 $Q_{net,V,ad}$ 按下式计算：

$$Q_{net,V,ad} = Q_{gr,V,ad} - 25(M_{ad}+9H_{ad}) \tag{4-17}$$

式中　$Q_{net,V,ad}$——分析煤样的恒容低位发热量，J/g；

M_{ad}——煤的空气干燥基水分；

H_{ad}——分析煤样中氢的含量；

25——常数，相当于 0.01g 水的蒸发热，J。

此法测定煤的发热量与工业燃煤的实际热量有差别，原因有三：一是实际燃煤是在常压下进行的，而测定是在恒容下进行的；二是工业燃烧产物废气的温度在几百度以上，而测定的燃烧产物的温度在室温范围内；三是工业燃烧中 N→N_2，S→SO_2，H_2O→H_2O（g）。而在测定中 N→HNO_3，S→H_2SO_4，H_2O→H_2O(l)。三项差异中，第三项影响最大。

4.3.3 发热量的经验计算方法

煤的发热量除直接测定外，还可以利用煤的工业分析和元素分析数据进行计算。现列举各种煤的发热量的经验计算公式，这些经验公式计算结果与实测值之间的偏差一般小于418 J/g，相对误差约 1.5%。

（1）烟煤的 $Q_{net,V,ad}$ 的经验计算公式为

$$Q_{net,V,ad} = [100K - (K+6)(W_{ad}+A_{ad}) - 3V_{ad} - 40M_{ad}] \times 4.1868 \qquad (4-18)$$

式中 K——常数，在 72.5～85.5 之间，根据煤样的 V_{daf} 和焦渣特征表可得。另外，只有当 $V_{daf}<35\%$ 和 $M_{ad}>3\%$ 才减去 $40M_{ad}$。

（2）褐煤的 $Q_{net,V,ad}$ 经验计算公式为

$$Q_{net,V,ad} = [100K_1 - (K_1+6)(M_{ad}+A_{ad}) - V_{daf}] \times 4.1868 \qquad (4-19)$$

式中 K_1——常数，范围在 61～69 之间，与煤中的氧含量有关，查表可得。

4.4 煤中全硫量的测定

在各种类型的煤中，都含有高低不等的硫，煤中全硫通常是指煤中的无机硫和有机硫，有时还包括呈单体状态的微量元素硫。无机硫又分为硫化物和硫酸盐，但以硫化物为主，尤其以 FeS 较多；有机硫通常含量较低，但组成却很复杂，主要是以硫醚、硫醇、二硫化物等形式存在。

硫是煤中有害成分，对燃烧、炼焦、气化都是有害的，是煤质分析的重要指标之一，硫燃烧产生 SO_2 对设备严重腐蚀且污染大气，如用于制半水煤气则产生 H_2S 不易除净，用此水煤气合成 NH_3，则其中 H_2S 使催化剂中毒，若用于炼焦工业，则 S 被带入焦炭，用此焦炭炼钢使钢产生热脆性。因此，为了更好地掌握煤的质量，合理利用，必须对煤中硫进行测定。

工业分析中常测定煤中全硫含量，测硫的方法很多，通常有艾氏卡法、库仑法、高温燃烧中和法、弹筒法等。而艾士卡法是许多国家通用的测定煤中硫的标准方法，此法设备简单，准确度高，重现性好，但操作相对烦琐、费时。

4.4.1 艾氏卡法

(1) 方法原理

将煤样与艾氏卡试剂（2 份 MgO+1 份 Na_2CO_3）混合，于 800～850℃高温马弗炉中

灼烧，使煤中的硫转化为可溶性硫酸盐。经水浸取，滤去残渣，在酸性条件下加入沉淀剂氯化钡，使生成的硫酸钡沉淀析出，沉淀经过滤、洗涤、灼烧和称重（或硫酸钡沉淀-EDTA 容量法测定），计算出煤中全硫含量。有关反应如下：

试样与艾氏卡试剂混合燃烧氧化

$$煤 \xrightarrow[\triangle]{空气} CO_2 \uparrow + N_2 \uparrow + SO_2 \uparrow + SO_3 \uparrow + H_2O \uparrow$$

煤中无机硫和有机硫燃烧氧化产生的 SO_2、SO_3，被艾氏卡试剂中的 Na_2CO_3 或 MgO 吸收生成硫酸盐。

$$2Na_2CO_3 + 2SO_2 + O_2 \longrightarrow 2Na_2SO_4 + 2CO_2 \uparrow$$
$$Na_2CO_3 + SO_3 \longrightarrow Na_2SO_4 + CO_2 \uparrow$$
$$2MgO + 2SO_2 + O_2（空气）\longrightarrow 2MgSO_4$$

煤中硫酸盐则与 Na_2CO_3 发生复分解反应转化为 Na_2SO_4。

$$CaSO_4 + Na_2CO_3 \longrightarrow CaCO_3 + Na_2SO_4$$

硫酸盐的沉淀作用：

$$MgSO_4 + Na_2SO_4 + 2BaCl_2 \longrightarrow 2BaSO_4 \downarrow + 2NaCl + MgCl_2$$

硫酸钡沉淀用氨性 EDTA 溶解，过量的 EDTA 以 EBT 为指示剂，用锌盐标准溶液回滴。

$$BaSO_4 + H_2Y^{2-} \longrightarrow BaY^{2-} + SO_4^{2-} + 2H^+$$
$$H_2Y^{2-} + Zn^{2+} \longrightarrow ZnY^{2-} + 2H^+$$

艾氏卡试剂中的 MgO 除参加吸收硫的氧化物的化学反应外，主要是利用其较高的熔点（高于 $2800\,℃$），在 $800 \sim 850\,℃$ 灼烧时不至于熔融，因而能使半熔物（熔块）保持疏松状态，防止因 Na_2CO_3 熔合阻碍空气透入及产生的气体逸出。

（2）测定步骤

准确称取粒度小于 0.2mm 的分析煤样 1g 左右［记为 $G(g)$，精确至 0.0002g］置于瓷坩埚内，加入 2g 艾士卡试剂混合均匀，再用 1g 艾士卡试剂覆盖。将装有煤样的坩埚移入通风良好的马弗炉中，在 $1 \sim 2h$ 内从室温逐渐加热到 $800 \sim 850\,℃$，并在该温度下保持 $1 \sim 2h$。将坩埚从炉中取出，冷却至室温。用玻璃棒将坩埚中的灼烧物仔细搅松捣碎（如发现有未烧尽的煤粒，应在 $800 \sim 850\,℃$ 下继续灼烧 30min），然后转移到 400mL 烧杯中。用热水冲洗坩埚内壁，将洗液收入烧杯，再加入 $100 \sim 150mL$ 刚煮沸的水，充分搅拌。如果此时尚有黑色煤粒漂浮在液面上，则本次测定作废。

用中速定性滤纸倾泻法过滤，用热水冲洗三次，然后将残渣移入滤纸中，用热水仔细清洗至少 10 次，洗液总体积为 $250 \sim 300mL$。向滤液中滴入 $2 \sim 3$ 滴甲基橙指示剂（20g/L），加盐酸（1+1）中和后再过量 2mL，使溶液呈微酸性。将溶液加热到沸腾，在不断搅拌下滴加 10mL 氯化钡溶液（100g/L），在近沸状态下保持约 2h，使溶液体积为 200mL 左右。

将溶液冷却或静置过夜后，用无灰定量滤纸过滤，并用热水洗至无氯离子为止（用浓度为 10g/L 硝酸银溶液检验）。将带沉淀的滤纸移入已恒重并称量过的瓷坩埚中，灰化后，在温度为 $800 \sim 850\,℃$ 的马弗炉内灼烧 1h，取出坩埚，在空气中稍加冷却后放入干燥器中冷却至室温，称量，硫酸钡的质量记为 $G_1(g)$。按同样方法做空白实验［空白实验硫酸钡的质量记为 $G_2(g)$］。

煤中全硫含量按下式计算：

$$S_{t,ad} = \frac{(G_1 - G_2) \times \dfrac{M_S}{M_{BaSO_4}}}{G} \times 100\% \tag{4-20}$$

式中　$S_{t,ad}$——空气干燥煤样中全硫含量；

$\quad\quad G_1$——$BaSO_4$ 质量，g；

$\quad\quad G_2$——空白试验 $BaSO_4$ 质量，g；

$\quad\quad M_S$——S 的摩尔质量，g/mol；

$\quad M_{BaSO_4}$——$BaSO_4$ 摩尔质量，g/mol；

$\quad\quad G$——分析煤样质量，g。

若用 $BaSO_4$ 沉淀-EDTA 容量法测定，则将带硫酸钡沉淀的滤纸转入原来的烧杯中，加水 100mL、浓氨水 10mL，准确加入 0.05000mol/L EDTA 标准溶液 25.00mL，加热至 60～70℃，搅拌至沉淀完全溶解，冷却后加浓氨水 5mL、铬黑 T 指示剂（0.5g 加 50g 氯化钠混合研细）少许，以 0.05000mol/L 锌标准溶液滴定至溶液由蓝色转为红色为终点。

$BaSO_4$ 沉淀必须用氨性 EDTA 溶解，因为 BaY 的 $lgK_稳 = 7.86$，较小，由酸效应关系可知，提高 pH 值能提高其配合物稳定性，并且 EBT 指示剂最适宜酸度为 pH9.0～10.5。

4.4.2　高温燃烧中和法和碘量法

（1）高温燃烧中和法

高温燃烧中和法是将煤样置于高温下，在充足的氧气流中燃烧，使煤中各种形态的硫氧化成硫的氧化物，然后用过氧化氢吸收，使其成为硫酸溶液，再用标准氢氧化钠溶液进行滴定。根据消耗的氢氧化钠溶液的量计算出煤中的全硫含量。但煤中不同形态的硫其分解温度不同，黄铁矿硫在 300℃ 开始分解，有机硫与元素硫在 800℃ 以下都能分解，而硫酸盐硫要在 1350℃ 以上才能分解。如果试样中加入石英砂、三氧化钨等催化剂，则硫酸盐硫在低于 1200℃ 就能分解，因此控制炉温在 1200℃。高温燃烧中和法的主要反应如下：

燃烧：

$$煤（有机硫） + O_2 \xrightarrow{\text{催化剂}} SO_2\uparrow + CO_2\uparrow + Cl_2\uparrow + \cdots\cdots$$

$$4FeS_2 + 11O_2 \xrightarrow{500℃} 2Fe_2O_3 + 8SO_2\uparrow$$

$$2MeSO_4 \xrightarrow{\text{催化剂}} 2MeO + 2SO_2\uparrow + O_2\uparrow$$

$$2SO_2 + O_2 \longrightarrow 2SO_3\uparrow$$

吸收：

$$SO_2 + H_2O \longrightarrow H_2SO_3$$

$$SO_3 + H_2O \longrightarrow H_2SO_4$$

滴定：

$$H_2SO_4 + 2NaOH \longrightarrow Na_2SO_4 + 2H_2O$$

煤中的氯会干扰硫的测定，当氯含量大于 0.02% 时，需作必要的校正。因为吸收过程中氯与过氧化氢反应生成盐酸。滴定时，生成的盐酸同样要消耗标准氢氧化钠溶液。

$$Cl_2 + H_2O_2 \longrightarrow 2HCl + O_2 \uparrow$$

为校正这一误差，在氢氧化钠滴定达到终点时，再加入过量的羟基氰化汞，使羟基氰化汞中的羟基与氯离子发生置换反应生成氢氧化钠：

$$Hg(OH)CN + NaCl \longrightarrow HgCl(CN) + NaOH$$

上述反应生成的氢氧化钠用标准硫酸溶液进行返滴定。

（2）高温燃烧碘量法

煤样在 1200℃下，以空气作为氧化剂，氧化生成的二氧化硫导入以蓝色的碘-淀粉配合物溶液后，因发生氧化还原反应，蓝色逐渐减退，不等到蓝色消失，就用标准碘酸钾溶液来滴定，恢复原来的蓝色，当蓝色再不减退即为终点。由消耗的碘酸钾溶液的量计算煤中全硫量。主要反应为：

$$SO_2 + H_2O \longrightarrow H_2SO_3$$

$$KIO_3 + 5KI + 6HCl \longrightarrow 3I_2 + 3H_2O + 6KCl$$

$$H_2SO_3 + I_2 + H_2O \longrightarrow H_2SO_4 + 2HI$$

此法测得的结果比艾士卡法低（特别是硫含量高时），因为有少量二氧化硫未被吸收而随气流带走；有少量二氧化硫被空气氧化成三氧化硫；硫酸盐分解后几乎都生成三氧化硫。但在一定的燃烧温度下，三氧化硫的生成率几乎是一个常数，所以把燃烧碘量法测出的硫乘以一个系数就可以得到一个较准确的全硫含量。

（3）中和法和碘量法的异同

相同点：装置基本相同；燃烧温度相同；操作大部分相同。

不同点：燃烧气流及流速不同（中和法是 350mL/min 的氧气，碘量法是 1000mL/min 的空气）；吸收装置、吸收液及滴定剂不同（中和法是在锥形瓶中用过氧化氢溶液吸收，氢氧化钠溶液滴定。碘量法是在定硫吸收杯中用淀粉溶液吸收，碘酸钾溶液滴定）；催化剂不同（中和法一般在煤样上下层铺一层石英砂，碘量法不需铺）；中和法结果一般进行氯的校正，而碘量法不要；滴定时间不同（中和法是在吸收完后，取下吸收瓶后再滴定，碘量法是边吸收边滴定）；称样量也不同（中和法一般 0.4～0.5g，碘量法一般 0.1g）。

4.4.3　库仑滴定法

库仑滴定法，又称恒电流库仑滴定法，是建立在控制电流电解过程基础上的库仑分析方法。用强度一定的恒电流通过电解池，同时用电钟记录时间。由于电极反应，在工作电极附近产生一种物质，它与溶液中被测物质发生反应。当被测定物质被"滴定"（反应）完以后，由指示反应终点的仪器发出信号，立即停止电解，关掉电钟。按照法拉第电解定律，可由电解时间 t 和电流强度 i 计算溶液中被测物质的质量 m。

库仑滴定法是一种准确的常量分析方法，又是高度灵敏的痕量成分测定方法。由于时间和电流都可准确地测量，库仑滴定法的精密度是很高的，常量成分测定的精密度可达到二十万分之几。该法在它能够应用的场合，比一般容量分析优越。它不需要制备标准溶液，因而不存在标准溶液的稳定性问题；它不需要测量体积，也不存在这方面的误差；它比一般常量方法更容易实现自动化。

（1）方法原理

煤样在催化剂作用下，于空气流中燃烧分解，煤中的硫生成 SO_2 并被净化过的空气流带到电解池内，并立即被电解池内的 I_2 氧化为 H_2SO_4。由此导致 I_2 浓度降低，而 I^- 浓度则增加，指示电极间的电位改变，仪器自动启动电解，又产生出 I_2。这样电解产生的 I_2 使 SO_2 全部氧化，并使电解液回到平衡状态。根据电解产生的 I_2 所耗的电量的积分，再根据法拉第电解定律计算电解所耗的电量，从而求得试样中全硫的含量。反应式为：

$$2I^- - 2e^- \longrightarrow I_2$$

$$I_2 + SO_2 + 2H_2O \longrightarrow H_2SO_4 + 2HI$$

（2）测定步骤

将管式高温炉升温至 1150℃，用另一组铂铑-铂热电偶高温计测定燃烧管中高温带的位置、长度及 500℃ 的位置。调节送样程序控制器，使煤样预分解及高温分解的位置分别处于 500℃ 和 1150℃ 的部位。在燃烧管出口处填充洗净、干燥的玻璃纤维棉，在距出口端 80～100mm 处，充填厚度约 3mm 的硅酸铝。将程序控制器、管式高温炉、库仑积分器、电解池、电池搅拌器和空气供应及净化装置组装在一起。开动抽气泵和供气泵，将抽气流量调节到 1000mL/min，然后关闭电解池和燃烧管间的活塞，如抽气量降到 500mL/min 以下，证明仪器各部件及各接口气密性好，否则需检查各部件及其接口。

将管式高温炉升温并控制在（1150±5）℃。开动供气泵和抽气泵并将抽气流量调节到 1000mL/min。在抽气下，将 250～300mL 电解液加入电解池内，开动电磁搅拌器。在瓷舟中放入少量非测定用的煤样，按下述方法进行测定（终点电位调整试验）。如试验结束后库仑积分器的显示值为 0，应再次测定直至显示值不为 0。于瓷舟中称取粒度小于 0.2mm 的空气干燥煤样 0.05g（精确至 0.0002g），在煤样上盖一薄层三氧化钨。将瓷舟置于送样的石英托盘上，开启送样程序控制器，煤样即自动送进炉内，库仑滴定随即开始。试验结束后，库仑积分器显示出硫的量（mg）或百分含量，并由打印机打印出结果。当库仑积分器最终显示为硫的质量时，全硫含量按下式计算：

$$S_{t,ad} = \frac{G_1}{G} \times 100\% \tag{4-21}$$

式中　$S_{t,ad}$——空气干燥煤样中全硫含量；

　　　G_1——库仑积分器显示值，mg；

　　　G——煤样质量，mg。

附： 煤质工业分析仪介绍

（1）MAC-500 型工业分析仪

它是由美国 Leco 公司早在 1983 年研制的，该仪器可以连续测定煤的水分、灰分、挥发分，并能计算固定碳。它又分单炉和双炉两种类型，即一台控制仪可带一个炉子，也可以带两个炉子。仪器内部有一个呈圆盘形的加热炉，炉子下部装有电子分析天平，天平的支座伸入炉内，通过圆盘传送带转动，每 7 秒可以自动称量一只坩埚。传送带一次可以装 20 个坩埚，其中 19 个坩埚内装试样，1 个作空白，以校正因温度变化及其他变量改变而造成坩埚质量的改变，MAC-500 型工业分析仪将电子天平和微型计算机引用到工业分析中。炉温在氮保护气氛中保持在 106℃测定水分，等所有坩埚质量恒定后，计算机自动计算并打印出水分测定结果。随即炉温升高到 900℃后持续 7min，这时损失的质量就是挥发分，计算机自动计算并打印出结果。然后去掉坩埚盖，改变炉内为氧气气氛，温度降至 815℃，保持此温度到灼烧至质量恒定，坩埚内的剩余物即为煤的灰分，计算机记录下煤的灰分产率。根据水分、挥发分和灰分三项结果并计算出固定碳的含量。

市场上的工业分析仪目前主要是国产的，常见型号有 YX-GYFX/D 型全自动工业分析仪、5E-MAC/GⅢ型全自动工业分析仪、SDTGA5000 型工业分析仪、MAC-2000 型工业分析仪等。YX-GYFX/D 型全自动工业分析仪在 150min 左右可以连续进行 23 个试样的测定，并自动计算出该样品的发热量、固定碳和氢含量。

(2) YX-DL 一体化定硫仪

它是将裂解炉、电解池、搅拌器、送样机构、空气净化系统等部件巧妙地装配在整个箱体内。在 Windows 平台上，程序控制可以完成自动升温、控温、送样、退样、电解、计算，结果自动存盘、打印。最高炉温达 1300℃，控温精度＜5℃，测硫范围＞0.01%，完成一个样品的测定时间约为 5min。

(3) YX-GYFX/D 型全自工业分析仪

它采用可自动充氧放气的单头氧弹和自动充氧放气装置及氧弹自动升降机构，每次实验只需将装好试样的氧弹挂在升降机构的挂钩上，程序控制氧弹自动下降到设定位置即自动充氧，做完实验后自动将氧弹提升并通过导出气管自动将废气排出实验室外，可始终保持实验室环境清洁。另外，YX-GYFX/D 型全自动工业分析仪还采用半导体制冷型水循环系统，可根据前次发热量决定制冷量，平衡循环水系，使水温保持相对恒定。测温范围 5~40℃，温度分辨率达 0.0001℃，精密度 $RSD \leqslant 0.1\%$，测试时间约 8min。

(4) 微波水分测定仪

特别适用于测定煤的全水分、M_t 或空气干燥煤样的水分：M_{ad}（分析水）；还可用于测定其他非金属物质的水分含量。煤水分测定仪可以用于一切需要测定水分的行业。

微波水分测定仪可测定全水分和分析水分。可与计算机连接，处理数据。配置有红外加热器，用于测定不宜进行微波干燥的煤中水分。

① 水分测定仪的测定原理　称取一定粒度和一定质量的煤样，置于微波（或红外）干燥炉中干燥；根据干燥后煤样的质量损失计算出水分含量。

② 仪器结构　微波水分测定仪主要由微波干燥箱、电子天平、机械传动机构、微波电脑控制板、液晶显示器、微型打印机等部分组成。

a. 微波干燥箱。微波干燥箱内置了微波发生器、红外加热管两种加热装置；根据试验要求，可采用不同的加热方式和烘干功率，快速烘干样品。干燥箱内有可放置 9 个试样皿的微晶玻璃转盘（又称旋转托盘）。

b. 机械传动机构。该机构在微电脑控制下实现旋转托盘的水平旋转和升降运动，使得各试样的试验条件一致，样品受热均匀。在烘干前和烘干后，由系统自动控制转盘旋转、识别位置、升降和称重。并将每个位置上样品的器皿质量，烘干前、后的质量分别存储记录。

c. 微电脑控制板。它是水分测定仪智能控制核心，由单片机控制、驱动电路组成。其功能为：控制微波干燥或红外干燥，并调控干燥功率；传动机构完成旋转托盘的旋转、升降，实现试样皿识别、定位；通过控制电子天平自动回零、自动称重，分析计算并显示水分值；判断干燥终点；对称量数据进行记录、处理、运算；完成水分测定结果，进行显示和打印。

若用计算机控制，再配备一套测控软件和通讯电缆，以实现由计算机控制测量，数据，管理、报表打印等。一台计算机可控制多台水分测定仪。

（5）量热仪

包括全自动量热仪、微机全自动量热仪、微机双控量热仪、微机制冷型量热仪等。ZDHW-2002 型智能量热仪主要用于测定煤炭、焦炭、矸石等固体可燃物的发热量指标，以衡量被测物的品质。广泛适用于电力、煤炭、冶金、石化、质检、环保等行业。所测结果符合国标 GB/T 213—2003《煤的发热量测定方法》的要求。是煤质化验室主要仪器。

性能特点：单片机控制，采用液晶显示器，显示直观，操作简便。配有打印机，实验结果一目了然。自动搅拌、点火、数据采集、保存。实时显示温度-时间曲线。自动判断点火回路通断。并有故障显示报警功能。

 【知识拓展】

煤质在线分析技术

传统的化验室，不管是学校、研究院抑或是选煤厂、燃煤电厂，所采用的均是传统方法——烧灼法化验煤质。其中马弗炉用得最多，检测手段通常耗时较长，煤质检测，包括前期准备，检测内水、灰分、挥发分、弹筒发热量、全硫、氢等，一次需要约 4h，再加上结焦性等的检测用时更长。煤质在线测量系统的方式主要有两种，一是安装于入炉皮带上，检测入炉煤质，指导燃烧调整；二是固定于入厂皮带上，检验来煤质量，指导入厂煤按质分放，以利于煤的掺配。根据燃煤电厂的运营特点，煤质在线分析装置优势体现在：控制燃料成本、控制混煤特性、指导运行，优化燃烧等方面。煤质在线检测手段有以下几种：

（1）微波技术在线测量水分

陡河电厂和上海石洞口二厂安装的水分仪，均是从德国 BERTHOLD 公司购买的LB354 型微波水分仪，与 LB420 型灰分仪配套安装使用，目的是为了消除水分对灰分测定结果的影响。按照厂商提供数据，1% 的水分约相当于 0.2% 的灰分测定偏差。假定电厂燃用煤质水分在 5%～10% 之间，则水分变化引起的灰分测定偏差为 ±1.0%。水分和灰分仪配合使用，由于微波水分仪测量精度可达 ±0.2%，由水分引起的灰分测量误差可忽略不计，可以大大提高灰分测量精度。同时，两台仪器可共用一个 Cs137 辐射源进行单位面积重量的补偿，相对减少投资。

（2）双能 γ 射线衰减技术在线检测灰分

德国 Berthold 公司的 LB420 测灰仪所配备的闪烁探测器采用漂移和衰减的自动补偿，以保证长期使用的稳定性。国外较典型的双能 γ 射线快速测灰仪还有 COALSCAN3500 型、Model400 型等。TN-2000 型测灰仪也是采用双能透射法进行煤质测量。设备安装在锅炉上煤皮带尾部，自动对煤样进行在线测试，测试间隔为 1s。界面显示每分钟平均的灰分、热值，每分钟煤量、总煤量、输煤的机组号和仓号以及灰分、热值、煤量曲线。所得实时数据可并入局域网，为电厂发电部、燃煤部、企管部等相关部门提供数据，达到全厂规范管理的目的。

（3）中子诱发瞬发 γ 射线技术检测灰分及碳、氢氧等多种元素成分

比较典型的是 MJA 电站煤质在线检测装置，国内有黄台电厂、潍坊电厂等 11 家电厂安装，有的已完成调试，进入正式使用阶段。整套系统主要由煤质元素分析装置、工业分析软件并配套煤质水分仪等装置组成。设备包括安装于皮带上的中子煤质分析仪、微波水分仪、煤层限高器三部分。检测信号可接入 DCS 系统和 MIS 系统。装置使用的是可控制和关断的电子式中子源，断电后无放射性，但中子管的寿命较短，4000h 左右即需更换。

（4）快速 γ 中子活化技术（即 PGNAA）检测灰分、硫分

通常与测水仪结合，还可确定水分、热值等指标。较典型的是美国 Gamma-Metrics 生产的在线测煤仪，包括 CQM、ECA、1812C 等一系列产品。CQM 是快速 γ 中子活化分析仪（PGNAA），内置微波水分仪。该分析仪从采样系统获取煤样分析测定主要煤质参数。ECA 是跨带式，以实时方式分析皮带上输送煤的组成成分。可以测定灰分和硫分，还可选配微波水分仪，以计算热值以及 SO_2 的排放量。据调研，洛阳龙羽电厂将该设备安装在入厂煤汽车采样机的给料胶带机机架上，对入厂煤进行实时分析灰分、水分、硫分、发热量、灰分中的氧化物等。

 【习题与思考题】

4-1　什么叫煤的工业分析？它包括哪些项目？

4-2　煤中水分的存在形式有哪些？水分的测定通常分为几种？其测定条件怎样？

4-3　何谓煤的灰分、挥发分，为什么叫产率而不叫其含量？影响煤的灰分和挥发分产率的主要因素是什么？

4-4　有机溶剂蒸馏法测定煤中水分的原理是什么？

4-5　艾氏卡法、库仑滴定法和高温燃烧中和法测定煤中总硫的基本原理是什么？各方法的测定误差主要来自哪些方面？如何减少这些误差？

4-6　什么是弹筒发热量、高位发热量、低位发热量？为什么说工业燃烧设备中所获得的最大理论热值是低位发热量。

4-7　称取空气干燥煤样 1.000g，测定其空气干燥煤样水分时失去质量为 0.0600g，求煤样的分析水分。

4-8　称取空气干燥煤样（分析煤样）1.2000g，测定挥发分时失去质量 0.142g，测定灰分时残渣的质量为 0.1125g，如已知煤样的分析水分为 4%，求该煤样的挥发分、灰

分产率和固定碳的含量。

4-9 称取分析基煤样 1.2000g，灼烧后残余物的质量是 0.1000g，已知外在水分是 2.45%，分析水分是 1.5%，求应用基和干燥基的灰分质量分数。

4-10 某电厂去煤矿采样，所采煤样连同容器总质量为 5600g 运到化验室后为 5570g，包装容器质量为 860g，求煤样在运送过程中的全水分损失率（M_1）为多少？

4-11 用质量为 20.8055g 的称量瓶称取分析煤样 1.0030g，在 105～110℃下干燥后，称得质量为 21.8010g，检查性干燥后质量为 21.8005g，问分析煤样水分是多少？

4-12 称取空气干燥煤样 1.0000g，测定挥发分时，失去质量为 0.2842g，已知空气干燥煤样水分为 0.25%，灰分为 9.00%，收到基水分为 5.40%，求以空气干燥基、干燥基、干燥无灰基、收到基表示的挥发分和固定碳的质量分数。

4-13 试述煤样达到空气干燥状态的判定标准。

4-14 煤灰熔融的四个特征温度分别是什么？

4-15 国标中规定的全硫测定的库仑滴定法中电解液的组成是什么？各组分的作用是什么？

◆ 参考文献 ◆

[1] 解维伟.煤化学与煤质分析.北京：冶金工业出版社，2012.

[2] 朱银惠，王中慧.煤化学.北京：化学工业出版社，2021.

[3] 李英华.煤质分析应用技术指南.2版.北京：中国标准出版社，2009.

[4] 龙彦辉.工业分析.北京：中国石化出版社，2019.

第5章　气体分析

5.1　概述

气体分析是利用各种气体的物理、化学性质不同来测定混合气体组成的分析方法。在工业生产中为了正常安全生产，对各种工业气体都要经过分析，了解其组成。对化工原料气，分析后才能正确配料；中间产品气体分析可判断生产是否正常；另外由于人类活动或自然过程引起某些物质进入大气中，比如煤炭等能源燃烧、工业生产、交通运输等过程排放二氧化硫、氮氧化物、挥发性有机物等大气污染物进入大气环境中，以至破坏生态系统和人类正常生存和发展的条件，造成大气污染。所有这些需要对各种气体进行分析检测。气体分析应用领域广泛，覆盖了工业、农业、交通、科技、环保、国防、航天航空及日常生活等方面。

(1) 工业气体的种类

工业气体种类很多，如工业生产中常使用气体作为原料或燃料；化工生产中常常有副产品气体；燃料燃烧后常有废气生成（例如烟道气）；另外厂房内空气也常混有一定量的生产气体。根据这些气体在工业上的用途大致可以分为以下几种。

① 燃料气体　燃料气体包括天然气、焦炉煤气、石油气、水煤气等。天然气是煤或石油组成物质的分解产物，存在于含煤或石油的地层中，主要成分是甲烷。焦炉煤气是煤在800℃以上炼焦的副产物，主要成分是氢和甲烷。石油裂解的产物是石油气，主要成分是甲烷、烯烃及其他碳氢化合物。水煤气是由水蒸气作用于赤热的煤而生成的，主要成分是一氧化碳和氢气。

② 化工原料气　除上述几种燃料气体均可作为化工原料外，还有一些可以作为化工原料气。例如黄铁矿焙烧炉气，主要成分是二氧化硫，可用于合成硫酸；石灰焙烧窑气，主要成分是二氧化碳，用于制碱和制糖工业。它们的反应分别是：

$$4FeS + 7O_2 \longrightarrow 2Fe_2O_3 + 4SO_2 \uparrow$$

$$CaCO_3 \longrightarrow CaO + CO_2 \uparrow$$

③ 气体产品　以气体形式存在的工业产品种类很多，常见的气体产品主要有氢气、氮气、氧气、乙炔气、氨气等。

④ 废气　废气是指各种工业用炉的烟道气，主要成分为氮气、氧气、一氧化碳、二氧化碳、水蒸气及少量的其他气体以及化工生产中排放出来的大量尾气（此类尾气因生产情况不同组成不同）。

⑤ 工业厂房空气　工业厂房内的空气一般多少都含有一些生产气体，这些气体中有些对身体有害，有些能够引起燃烧爆炸。工业厂房空气分析是指这类有害气体的分析。

（2）气体分析的意义和特点

在工业生产中，气体与液体和固体一样，也要对其进行分析，了解其组成和含量，以便能正确地判断这些气体是否正常地参与了生产过程，及时指导和控制生产，确保安全。如进行原料气分析，便于正确配料；进行厂房空气分析，可以检查设备是否漏气以及室内通风情况，确定有无有害气体及含量是否已危及工作人员的健康和厂房的安全；对燃料气进行分析，可算出燃料的发热量；对燃料燃烧后的烟道气的分析，可以了解燃烧是否正常等。所以气体分析无论是对工业生产，还是对环境保护都具有十分重要的意义，是工业分析的重要内容。

由于气体的状态与固体、液体不同，所以气体分析与其他分析方法有许多不同之处。气体的质量轻、流动性大、不易称量，所以气体分析中常用测量体积的方法代替称量，并按体积计算被测组分的含量。又由于气体的体积随温度和压力的改变而改变，所以在测定气体体积时，必须记录当时的温度和压力，然后将被测气体的体积校正到某一温度压力下的体积。

（3）气体分析的方法

气体分析方法可分为化学分析法、物理分析法和物理化学分析法。化学分析法是根据气体的某一化学特性进行测定的，如吸收法、燃烧法或二者的结合，此法简单，快捷，应用较广；物理分析法是根据气体的物理特性，如密度、热导率、折射率、热值等进行测定的，如热传导法、磁力法、质谱法；物理化学分析法是根据气体的物理化学特性来进行测定的，如电导法、色谱法和红外光谱法等。

5.2　气体化学吸收法

气体化学吸收法包括气体吸收体积法、气体吸收质量法、气体吸收滴定法、气体吸收光度法等。

5.2.1　吸收体积法

气体吸收体积法是将试样（气体混合物）与某种特定试剂（称吸收剂）接触，试样中的待测组分与吸收剂发生选择性的定量的化学吸收作用。若吸收前后温度、压力一致，则吸收前后气体体积之差即为被测气体的体积。如含 CO_2 和 O_2 的混合气体与 KOH 溶液接触，CO_2 即被吸收生成 K_2CO_3，因 O_2 不被吸收，则吸收后减少的体积便是 CO_2 的体积，由此可算出 CO_2 和 O_2 的含量。

这种方法还适用于液体试样和固体试样。如钢铁中碳的测定，就是利用试样燃烧产生的 CO_2 用 KOH 吸收进行测定，所以此类方法也叫气体容量法。

5.2.1.1　常见气体吸收剂

用来吸收气体的化学试剂称为气体吸收剂。气体吸收剂有液态和固态两类，碱石灰

（1 份氢氧化钠和 1 份氧化钙，加少量酚酞混合均匀呈红色），碱石棉（200g/L 氢氧化钠与石棉混合为糊状物，在 150～160℃保温 4h，冷却后研成小块，密闭保存），海绵状钯是常见的固态吸收剂。液体吸收剂易制备，所以一般用液态吸收剂。下面介绍几种常见液态气体吸收剂。

(1) 氢氧化钾溶液

常用浓度为 33％ KOH 溶液作吸收剂，吸收二氧化碳和二氧化氮等。反应式为：

$$CO_2 + 2KOH \longrightarrow K_2CO_3 + H_2O$$

$$2NO_2 + 2KOH \longrightarrow KNO_3 + KNO_2 + H_2O$$

它适用于中等浓度及高浓度（2％～3％以上）二氧化碳的测定，1mL 此溶液能吸收 40mL 二氧化碳。通常只用 KOH 而不用 NaOH 吸收，因为浓的 NaOH 溶液易起泡沫，且生成 Na_2CO_3 后不易溶于浓的 NaOH 溶液中，以致堵塞吸收瓶内的孔道，影响吸收效果。

KOH 碱性溶液还能吸收 H_2S、SO_2 等酸性气体，测定二氧化碳前应先除去。

(2) 碱性焦性没食子酸溶液

O_2 常用碱性焦性没食子酸（1,2,3-三羟基苯）溶液作吸收剂。其反应分两步：

首先：焦性没食子酸和碱发生中和作用生成焦性没食子酸钾（盐）

$$C_6H_3(OH)_3 + 3KOH \longrightarrow C_6H_3(OK)_3 + 3H_2O$$

然后，焦性没食子酸钾与氧作用，生成六氧基联苯钾

$$2C_6H_3(OK)_3 + \frac{1}{2}O_2 \longrightarrow (KO)_3C_6H_2 - C_6H_2(KO)_3 + H_2O$$

配制好的此种溶液 1mL 能吸收 8～12mL 氧，其吸收能力与温度及氧的含量有关，随温度降低，吸收能力减弱（在 0℃时几乎不吸收），所以用它来测定氧时，温度最好不要低于 15℃；当温度在 15℃以上，气体中含氧量为 25％以下时，吸收率最高，对于含氧量低于 10％的气体，应使用有精密标度的仪器。

因为吸收剂同样是碱性溶液，酸性气体和氧化性气体同样有干扰，在测定氧前应先除去。

强还原剂低亚硫酸钠（又称连二亚硫酸钠，俗名保险粉，$Na_2S_2O_4$），在有蒽醌-β-磺酸钠作为催化剂时，也是氧的良好吸收剂，吸收反应也是氧化还原过程

$$2Na_2S_2O_4 + 3O_2 + 2H_2O \longrightarrow 4NaHSO_4$$

按常规配制的低亚硫酸钠的碱性溶液，每 1mL 能吸收 10mL 氧。

(3) 氨性氯化亚铜溶液

CO 在空气中的极限许可浓度是 0.03mg/L，它可用氯化亚铜的氨性溶液（或盐酸溶液）做吸收剂。其反应是首先生成不稳定的 $Cu_2Cl_2 \cdot 2CO$

$$Cu_2Cl_2 + 2CO \longrightarrow Cu_2Cl_2 \cdot 2CO$$

此为配位反应，接着，在氨性溶液中，$Cu_2Cl_2 \cdot 2CO$ 发生分解反应。

$$Cu_2Cl_2 \cdot 2CO + 4NH_3 + 2H_2O \longrightarrow H_4NOOC - Cu - Cu - COONH_4 + 2NH_4Cl$$

二者以氯化亚铜的氨性溶液吸收效果较好，1mL 的吸收液可以吸收 16mL 的一氧化

碳，它适用于 CO 含量高于 2%～3% 的测定，含量较高时，可采用二个吸收瓶连续二次吸收。因氨水的挥发性较大，用亚铜氨溶液吸收一氧化碳后的剩余气体中常混有氨气，影响后面气体的测定，因此，在测定剩余气体体积之前，应将剩余气体通过 H_2SO_4 溶液除去氨气。

此吸收剂还能吸收 O_2、C_2H_2、C_2H_4 及许多不饱和碳氢化合物，也可吸收酸性气体，故在吸收 CO 之前，应先将此类气体除掉。

(4) 饱和溴水

饱和溴水是不饱和烃（C_nH_m）的吸收剂。不饱和烃是指结构式为 C_nH_{2n}（如 C_2H_4、C_3H_6、C_4H_8）、C_nH_{2n-2}（如 C_2H_2）的烯烃或炔烃。溴能与不饱和烃发生加成反应生成饱和的溴代烃，吸收良好。反应式为：

$$CH_2\!=\!CH_2 + Br_2 \longrightarrow CH_2Br\!-\!CH_2Br$$
$$CH\!\equiv\!CH + 2Br_2 \longrightarrow CHBr_2\!-\!CH_2Br_2$$

在实验条件下，苯不能与溴反应，但能慢慢地溶解于溴水中，所以苯也可以一起被测定出来。用溴水吸收后出来的气体带有溴蒸气，也必须用碱液吸收，以免干扰后面测定。

(5) 硫酸汞或硫酸银的硫酸溶液

硫酸在有硫酸汞（或硫酸银）作为催化剂时，能与不饱和烃作用生成烃基磺酸、亚烃基磺酸、芳烃磺酸等。

$$CH_2\!=\!CH_2 + H_2SO_4 \longrightarrow CH_3\!-\!CH_2OSO_2OH \quad 乙基硫酸$$
$$CH\!\equiv\!CH + 2H_2SO_4 \longrightarrow CH_3\!-\!CH(OSO_2OH)_2 \quad 亚乙基硫酸$$
$$C_6H_6 + H_2SO_4 \longrightarrow C_6H_5SO_3H + H_2O$$

(6) 硫酸-高锰酸钾溶液

硫酸-高锰酸钾溶液是二氧化氮的吸收剂，反应式为

$$2NO_2 + H_2SO_4 \longrightarrow OH(ONO)SO_2 + HNO_3$$
$$10NO_2 + 3H_2SO_4 + 2KMnO_4 + 2H_2O \longrightarrow 10HNO_3 + K_2SO_4 + 2MnSO_4$$

(7) 碘溶液

SO_2 的常用吸收剂是碘溶液。但因 I_2 为氧化性物质，试样中的还原性气体会干扰测定，所以分析前应将试样中的还原性气体如硫化氢等除去。

5.2.1.2 混合气体的吸收顺序

在混合气体中，每一种组分并没有一种特效专一的吸收剂，因此在吸收过程中，必须根据实际情况，合理安排吸收顺序，以便消除气体组分之间的相互干扰，得到准确的结果。

例如：煤气或烟道气中主要含有 CO_2、C_nH_m、O_2、CO、CH_4、H_2、N_2 等气体，则根据吸收剂的性质，在分析时应按如下吸收顺序：

首先用 KOH 吸收 CO_2，因氢氧化钾溶液只吸收 CO_2，其他组分不干扰。饱和溴水只吸收 C_nH_m，其他组分不干扰，但由于吸收 C_nH_m 后，用碱液除去带出的溴蒸气时，

CO_2 也可同时被吸收，所以只能排在 CO_2 之后，故 C_nH_m 排在第二位。焦性没食子酸溶液本身只和氧作用，但由于是碱性溶液，能吸收酸性气体，所以也应排在氢氧化钾之后，故此 O_2 的吸收应排在第三位。氯化亚铜的氨性溶液，不但吸收 CO，还能吸收 CO_2、O_2、C_nH_m 等气体，所以只能把这些干扰气体全部吸收后才能使用，CO 应排在第四位。而剩余的 CH_4、H_2、N_2 等通过燃烧分析法，求出 CH_4、H_2，最后剩下的为 N_2。所以吸收顺序为 CO_2、C_nH_m、O_2、CO，剩余的 CH_4、H_2、N_2 燃烧后再测。

5.2.2 吸收质量法

综合应用吸收法和重量分析法，测定气体物质或可以转化为气体物质的元素含量的方法称为吸收质量法。其原理是使混合气体通过固体（或液体）吸收剂，待测气体与吸收剂发生反应（或吸附），使吸收剂质量增加，根据吸收剂增加的质量，计算出待测气体的含量。此法主要用于混合气体中微量气体组分的测定，也可进行常量气体组分的测定。

大气中 SO_2 被 PbO_2 吸收氧化生成 $PbSO_4$，再经 Na_2CO_3 溶液处理，使 $PbSO_4$ 转化为 $PbCO_3$，释放出的 SO_4^{2-} 用 $BaSO_4$ 质量法测定就属这一类。又如测定混合气体中二氧化碳时，使混合气体通过固体的碱石灰或碱石棉，二氧化碳被吸收，再精确称量吸收剂吸收气体前、后的质量，根据吸收剂前后质量之差，便可算出二氧化碳的含量。

吸收质量法还常用于有机化合物中碳、氢等元素含量的测定。将有机物在氧气流中燃烧，则碳、氢分别被氧化为二氧化碳和水蒸气。然后，将生成的水蒸气和二氧化碳导入分别装有高氯酸镁和碱石棉吸收剂的已知质量的两个串联吸收管中（高氯酸镁在前，碱石棉在后），水蒸气和二氧化碳先后分别被高氯酸镁和碱石棉所吸收，质量增加，再分别称出两吸收管的质量，由吸收剂增加的质量，便可计算出有机物中碳、氢的含量。

5.2.3 吸收滴定法

综合应用吸收法和滴定法测定气体（或可以转化为气体的其他物质）含量的分析方法称吸收滴定法。其原理是使混合气体通过特定的吸收剂，待测组分与吸收剂发生反应而被吸收，然后在一定条件下，用特定的标准溶液滴定，根据消耗的标准溶液的用量，便可计算出待测组分的含量。吸收滴定法也广泛用于气体分析中，吸收可作为富集样品的手段，它主要用于微量气体组分的测定，也可以进行常量气体组分的测定。

例如，焦炉煤气中少量硫化氢的测定，就是使一定量的气体试样通过醋酸镉溶液。硫化氢被吸收生成黄色的硫化镉沉淀，然后将溶液酸化，加入过量的碘标准溶液，负二价硫被氧化为单质硫，剩余的碘用硫代硫酸钠标准溶液滴定，由碘的消耗量计算出硫化氢的含量。反应式为：

$$H_2S + Cd(Ac)_2 \longrightarrow CdS\downarrow + 2HAc$$

$$CdS + 2HCl + I_2 \longrightarrow 2HI + CdCl_2 + S\downarrow$$

$$I_2 + 2Na_2S_2O_3 \longrightarrow Na_2S_4O_6 + 2NaI$$

如第 4 章煤中硫的燃烧中和法就是：

$$S \xrightarrow{\text{氧气}} SO_2 \xrightarrow{\text{双氧水}} H_2SO_4 \xrightarrow{\text{氢氧化钠}} 中和$$

又如气体中氨含量的测定，可以用酸标准溶液吸收，然后用碱标准溶液滴定剩余过量的酸。

$$2NH_3 + H_2SO_4 \longrightarrow (NH_4)_2SO_4$$
$$H_2SO_4 + 2NaOH \longrightarrow Na_2SO_4 + 2H_2O$$

氯化氢气体可用硝酸银标准溶液吸收，用佛尔哈德法完成测定：

$$HCl + AgNO_3 \longrightarrow AgCl \downarrow + HNO_3$$
$$AgNO_3 + NH_4SCN \longrightarrow AgSCN \downarrow + NH_4NO_3$$

5.2.4　吸收光度法

综合应用吸收法和分光光度法来测定气体物质（或可以转化为气体的其他物质）含量的分析方法称为吸收光度法。其原理是使混合气体通过吸收剂，待测气体被吸收后产生与原来不同的颜色（或吸收后再进行显色反应），其颜色的深浅与待测气体的含量成正比，用分光光度计测定溶液的吸光度，从而求出待测气体的含量。此法主要用于微量气体组分含量的测定。

例如，测定混合气体中微量乙炔时，使混合气体通过氯化亚铜的氨性溶液，乙炔被吸收，生成紫红色乙炔铜胶体溶液：

$$2C_2H_2 + Cu_2Cl_2 \longrightarrow 2CH \equiv CCu + 2HCl$$

其颜色的深浅与乙炔的含量成正比，测定吸光度并由标准曲线或一元回归方程求得乙炔的含量。

另外，大气或废气中的二氧化硫、氮氧化物等均可采用吸收光度法进行测定。

5.3　气体燃烧分析法

有些气体，如挥发性饱和碳氢化合物，性质比较稳定，和一般化学试剂较难发生化学反应，没有很好的吸收剂，难以用吸收法测定。但这些气体大都可以燃烧，因此可以用燃烧法测定含量。

燃烧法主要是依据可燃气体燃烧时，混合气体的可燃组分生成水和一定体积的二氧化碳，消耗了一定量的氧气，它们都与原来的可燃气体的体积有一定的比例关系，可根据它们的这种定量关系，分别计算出各种可燃气体组分的含量。

5.3.1　可燃气体的燃烧方法

可燃气体的燃烧方法通常有爆炸燃烧法、缓燃法和催化燃烧法三种。

(1) 爆炸燃烧法 (爆燃法)

用爆炸的方法使可燃气体燃烧叫爆炸燃烧法。可燃气体和空气或氧气混合，当二者浓度达到一定比例时，受热或遇火花即能引起爆炸性的燃烧。气体能够引起爆炸燃烧的浓度变化范围称为"爆炸极限"，气体爆炸有两个极限，即爆炸上限和爆炸下限，爆炸上限指可燃性气体引起爆炸的最高浓度，爆炸下限指可燃性气体引起爆炸的最低浓度。表 5-1 列出各种可燃气体或蒸气在空气中的爆炸极限。

如在空气中，H_2 的爆炸极限为 $4.10\% \sim 74.20\%$（体积分数）；CH_4 的爆炸极限为 $5.00\% \sim 15.00\%$；CO 的爆炸极限为 $12.50\% \sim 74.20\%$。也就是说它们在空气中的浓度分别达到上述范围时，均具有爆炸的可能性，如果受热或遇火花便会立即爆炸燃烧。低于或高于上述范围则不会爆炸。

爆炸燃烧装置见图 5-1，并列两支优质玻璃管，包括作用部分和承受部分。两根铂丝作电极，经过感应圈，通入 1×10^4 V 以上的高压电流，使铂丝电极间隙处产生火花，引起可燃性气体爆炸燃烧。爆炸燃烧法的特点是分析所需时间最短，但不太安全。

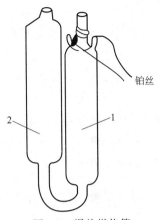

图 5-1 爆炸燃烧管
1—作用部分；2—承受部分

表 5-1 各种可燃气体或蒸气在空气中的爆炸极限 （体积分数/%）

气体名称	分子式	下限	上限	气体名称	分子式	下限	上限
甲烷	CH_4	5.0	15.0	丁烯	C_4H_8	1.7	9.0
一氧化碳	CO	12.5	74.2	戊烷	C_5H_{12}	1.4	8.0
甲醇	CH_3OH	6.0	37.0	戊烯	C_5H_{10}	1.6	—
二硫化碳	CS_2	1.0	—	己烷	C_6H_{14}	1.3	—
乙烷	C_2H_6	3.2	12.5	苯	C_6H_6	1.4	8.0
乙烯	C_2H_4	2.8	28.6	庚烷	C_7H_{16}	1.1	—
乙炔	C_2H_2	2.6	80.5	甲苯	C_7H_8	1.2	7.0
乙醇	C_2H_5OH	3.5	19.0	辛烷	C_8H_{18}	1.0	—
丙烷	C_3H_8	2.4	9.5	氢气	H_2	4.1	74.2
丙烯	C_3H_6	2.0	11.1	硫化氢	H_2S	4.3	45.5
丁烷	C_4H_{10}	1.9	8.5				

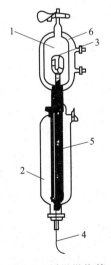

图 5-2 缓慢燃烧管
1—作用部分；2—承受部分；3—螺旋状铂丝；4—铜丝；5—玻璃管；6—水套管

（2）缓燃法（缓慢燃烧法）

使可燃性气体和空气（或氧气）混合，使其浓度控制在爆炸极限的下限以下，然后使其慢慢通过灼热的铂金螺丝而引起缓慢燃烧（通电），此法叫缓燃法。若可燃气体的浓度在爆炸上限以上，则氧气不充足，显然可燃气体不能完全燃烧。此法分析速度慢，所需时间较长，但较安全。适于可燃组分浓度较低的混合气体或空气中可燃物的测定。

缓燃装置见图 5-2。上下排列的两支优质玻璃管，分作用部分和承受部分，通过变压器及滑动电阻接电源，通入 6V 的低压电源，使上端螺旋状铂丝炽热，则可使气体缓慢燃烧。

（3）催化燃烧法（氧化铜燃烧法）

此法是利用 CuO 在高温下具有一定的氧化能力，可以氧化可燃性气体使其缓慢燃烧，其反应为：

$$H_2 + CuO \Longrightarrow Cu + H_2O \uparrow$$
$$CO + CuO \Longrightarrow Cu + CO_2 \uparrow$$

$$CH_4 + 4CuO \xrightarrow{\quad\quad} 4Cu + 2H_2O\uparrow + CO_2\uparrow$$

不同气体燃烧温度不同：H_2、CO 在 280℃ 以上开始燃烧，CH_4 在此温度下不能燃烧，高于 290℃ 时才开始燃烧，一般浓度的 CH_4 在 600℃ 以上时在氧化铜上可以燃烧完全。实际分析时，如单纯测 H_2 则控制温度为 350～400℃，若燃烧 CH_4 则在 750℃ 左右。CuO 被还原后可在 400℃ 空气流中氧化，再生后继续使用。

此法的优点是被分析气体中不需加入燃烧的空气或氧气，减少了测量次数，误差较小，计算简单。

燃烧管为 U 形石英管，低温时也可用石英玻璃管，管的中部填有棒状或粒状氧化铜。

5.3.2 可燃气体燃烧后的计算

如果气体混合物中含有若干种可燃气体，先用吸收法除去干扰组分，再取一定量的剩余气体或全部，加入过量空气或氧气，使之燃烧。测量其体积的缩减，消耗氧的体积及生成二氧化碳的体积，就可以计算出原可燃性气体的体积并求得其体积含量。

（1）根据体积缩减计算

可燃气体燃烧后，有的体积减小，如：

$$2H_2 + O_2 \xrightarrow{\quad\quad} 2H_2O(l)$$

体积   2   1   0

即 2 体积 H_2 与 1 体积 O_2 燃烧后体积完全消失了，在消失的 3 体积中，H_2 占 2 体积，设燃烧缩减的体积为 $V_缩$，H_2 燃烧前的体积为 V_{H_2}，则：

$$V_{H_2} = \frac{2}{3}V_缩 \quad 或 \quad V_缩 = \frac{3}{2}V_{H_2}$$

对甲烷的燃烧：

$$CH_4 + 2O_2 \xrightarrow{\quad\quad} CO_2 + 2H_2O(l)$$

     1   2   1   0

气体体积由 3 变为 1，即 1 体积甲烷的燃烧引起 2 体积的缩减。以 V_{CH_4} 代表燃烧前甲烷的体积。则有：$V_{CH_4} = \frac{1}{2}V_缩$ 或 $V_缩 = 2V_{CH_4}$

对于 CO 的燃烧：

$$2CO + O_2 \xrightarrow{\quad\quad} 2CO_2$$

体积   2   1   2

即 2 体积 CO 的燃烧引起 1 体积的缩减。设 V_{CO} 为 CO 燃烧前体积，则有 $V_{CO} = 2V_缩$，或 $V_缩 = \frac{1}{2}V_{CO}$。

（2）根据耗氧量的计算

从上述各反应可以看出，H_2 或 CO 燃烧时，耗氧体积均是可燃气体体积的一半，即：

$$V_{O_2} = \frac{1}{2}V_{CO} \qquad\qquad V_{O_2} = \frac{1}{2}V_{H_2}$$

而 CH_4 燃烧时耗氧量是其本身体积的 2 倍。

$$V_{O_2} = 2V_{CH_4}$$

（3）根据生成 CO_2 体积计算

H_2 燃烧无 CO_2 生成，CH_4、CO 燃烧时、生成与本身体积相同的 CO_2。

由上可知，气体燃烧后，其体积的缩减、耗氧量及生成 CO_2 等都与其本身体积有一定的比例关系。因此，测量这些体积的变化就可求出被测组分的含量。常见可燃气体的燃烧反应及其有关体积的变化关系见表 5-2。

表 5-2　常见可燃气体的燃烧反应及其有关体积的变化关系

气体名称	燃 烧 反 应	可燃气体体积	消耗 O_2 体积	缩减体积	生成 CO_2 体积
氢气	$2H_2 + O_2 \Longrightarrow 2H_2O$	V_{H_2}	$\frac{1}{2}V_{H_2}$	$\frac{3}{2}V_{H_2}$	0
一氧化碳	$2CO + O_2 \Longrightarrow 2CO_2$	V_{CO}	$\frac{1}{2}V_{CO}$	$\frac{1}{2}V_{CO}$	V_{CO}
甲烷	$CH_4 + 2O_2 \Longrightarrow CO_2 + 2H_2O$	V_{CH_4}	$2V_{CH_4}$	$2V_{CH_4}$	V_{CH_4}
乙烷	$2C_2H_6 + 7O_2 \Longrightarrow 4CO_2 + 6H_2O$	$V_{C_2H_6}$	$\frac{7}{2}V_{C_2H_6}$	$\frac{5}{2}V_{C_2H_6}$	$2V_{C_2H_6}$
乙烯	$C_2H_4 + 3O_2 \Longrightarrow 2CO_2 + 2H_2O$	$V_{C_2H_4}$	$3V_{C_2H_4}$	$2V_{C_2H_4}$	$2V_{C_2H_4}$

5.3.3　燃烧法计算示例

（1）一元可燃气体燃烧后的计算

气体混合物中只含一种可燃性气体时，测定过程及计算都比较简单。先用吸收法除去其他组分（如二氧化碳、氧等），再取一定量的剩余气体或全部，加入一定量的空气使之燃烧，经燃烧后，根据体积的变化或生成二氧化碳的体积，计算可燃性气体含量。

【例 5-1】　有氧气、二氧化碳、甲烷和氮气的混合气体共 80.00mL。向用吸收法测定氧气、二氧化碳后的剩余气体中加入空气，使之燃烧，经燃烧后的气体用氢氧化钾溶液吸收，测得生成的二氧化碳的体积为 40.00mL，计算混合气体中甲烷的体积分数。

解： $CH_4 + 2O_2 \Longrightarrow CO_2 + 2H_2O$

甲烷燃烧时所生成的二氧化碳体积等于混合气体中甲烷的体积。

$$V_{CH_4} = V_{CO_2} = 40.00mL$$

$$\varphi(CH_4) = \frac{40.00}{80.00} \times 100\% = 50.0\%$$

【例 5-2】　有氢气和氮气的混合气体 40.00mL，加空气经燃烧后，测得其总体积减小 18.00mL，求氢气在混合气体中的体积分数。

解： $2H_2 + O_2 \Longrightarrow 2H_2O$

当氢燃烧时，体积的缩减量为氢气体积的 $\frac{3}{2}$

$$V_{缩} = \frac{3}{2}V_{H_2}, \quad V_{H_2} = \frac{2}{3}V_{缩} = \frac{2}{3} \times 18.00 = 12.00(mL)$$

$$\varphi(H_2) = \frac{12.00}{40.00} \times 100\% = 30.0\%$$

（2）二元可燃性气体混合燃烧后的计算

若混合气体中含两种可燃组分，可以先用吸收法除去干扰组分后，再经燃烧，测量其体积缩减，消耗氧的体积或生成 CO_2 的体积，由前述基本理论，列出二元联立方程组，计算它们的含量。

【例 5-3】 含 H_2、CH_4、N_2 的混合气体 20.0mL，精确加入空气 80.0mL，燃烧后用 KOH 溶液吸收生成的 CO_2，剩余气体体积为 68.0mL，再用焦性没食子酸碱性溶液吸收剩余的 O_2 后体积为 66.28mL，计算混合气体中 H_2、CH_4、N_2 的体积含量。

解：由题意 80.0mL 空气中含氧 80.0×20.9% mL，燃烧后剩余的氧为 (68.0−66.28)mL，故气体燃烧时耗氧总体积为 $V_{O_2,用}=80.0×20.9\%−(68.0−66.28)=15mL$。

即：
$$\frac{1}{2}V_{H_2}+2V_{CH_4}=15mL \qquad ①$$

燃烧后，虽未直接测 $V_{缩}$，但燃烧前气体总体积为 $80.0+20.0=100.0mL$，除去生成的 CO_2 后的体积为 68.0mL：

所以 $V_{缩}+V_{CO_2}=100−68.0=32mL$

而 $V_{缩}=\frac{3}{2}V_{H_2}+2V_{CH_4}$，$V_{CH_4}=V_{CO_2}$ 代入上式得：
$$\frac{3}{2}V_{H_2}+3V_{CH_4}=32mL \qquad ②$$

联立解式①、式②得 $V_{H_2}=12.7mL$　$V_{CH_4}=4.33mL$
$$V_{N_2}=20−(12.7+4.33)=2.97mL$$

各自含量为：
$$\varphi(H_2)=\frac{12.7}{20.0}×100\%=63.5\%$$
$$\varphi(CH_4)=\frac{4.33}{20.0}×100\%=21.65\%$$
$$\varphi(N_2)=\frac{2.97}{20.0}×100\%=14.85\%$$

【例 5-4】 有一氧化碳、甲烷、氮气的混合气体 40.00mL，加入过量的空气，经燃烧后，测得其体积缩减 42.00mL，生成二氧化碳 36.00mL。计算混合气体中各组分的体积分数。

解：根据可燃气体的体积与缩减体积和生成二氧化碳体积关系，得到：
$$V_{缩}=\frac{1}{2}V_{CO}+2V_{CH_4}=42.00mL$$
$$V_{CO_2}=V_{CO}+V_{CH_4}=36.00mL$$

由方程组得：
$$V_{CH_4}=16.00mL$$
$$V_{CO}=20.00mL$$
$$V_{N_2}=40.00−(16.00+20.00)=4.00mL$$

于是混合气体中各组分的体积分数为：

$$\varphi(CO) = \frac{20.00}{40.00} \times 100\% = 50.0\%$$

$$\varphi(CH_4) = \frac{16.00}{40.00} \times 100\% = 40.0\%$$

$$\varphi(N_2) = \frac{4.00}{40.00} \times 100\% = 10.0\%$$

【例 5-5】 混合气体 100mL，在吸收 CO_2、O_2、CO 时，气体体积每次递减为 88mL、85mL 和 80mL，将剩余的 80mL 排出 68mL，使剩余的 12mL 与空气混合成 100mL，燃烧后气体体积为 81mL，用 KOH 吸收 CO_2 后，体积为 76mL。求混合气体中 CO_2、O_2、CO、H_2、CH_4、N_2 的百分含量。

解： 由题意可知：

$$\varphi(CO_2) = \frac{100-88}{100} \times 100\% = 12\%$$

$$\varphi(O_2) = \frac{88-85}{100} \times 100\% = 3\%$$

$$\varphi(CO) = \frac{85-80}{100} \times 100\% = 5\%$$

将可燃气体 H_2、CH_4 燃烧后的体积缩减和生成 CO_2 的体积列成方程式：设 V_{H_2}、V_{CH_4}、V_{CO_2} 分别表示 12mL 气体中 H_2、CH_4 的体积及新生成的 CO_2 的体积。

根据 CH_4 燃烧反应知：$V_{CH_4} = V_{CO_2}$

则　　　　　　　　　　　　$V_{CH_4} = 81 - 76 = 5\text{mL}$ 　　　　　　　　①

又因 H_2、CH_4 燃烧时都引起体积缩减，而氢的体缩系数为 3/2，CH_4 的体缩系数为 2，而总体积缩减量 $V_缩 = 100 - 81 = 19\text{mL}$

则　　　　　　　　　　　　$\dfrac{3}{2}V_{H_2} + 2V_{CH_4} = 19\text{mL}$ 　　　　　　②

将式①代入式②得 $V_{H_2} = 6\text{mL}$　$V_{N_2} = 1\text{mL}$

今求得 V_{H_2}、V_{CH_4}、V_{N_2} 是 12mL 中的体积，换算成百分含量时应乘以 80/12，则

$$\varphi(H_2) = \frac{6 \times \frac{80}{12}}{100} \times 100\% = 40\%$$

$$\varphi(CH_4) = \frac{5 \times \frac{80}{12}}{100} \times 100\% = 33.3\%$$

$$\varphi(N_2) = \frac{1 \times \frac{80}{12}}{100} \times 100\% = 6.7\%$$

或　$\varphi(N_2) = 100\% - (12\% + 3\% + 5\% + 40\% + 33.3\%) = 6.7\%$

(3) 三元可燃气体混合物燃烧后的计算

如果气体混合物中含有三种可燃气体组分，先用吸收法除去干扰组分，再取一定量的剩余气体或全部，加入过量空气，使之进行燃烧。燃烧后，测量其体积的缩减量、耗氧量及生成二氧化碳的体积。列出三元一次方程组，解方程组可求得可燃气体的体积并可计算出混合气体中可燃气体的体积分数。

【例 5-6】 有二氧化碳、氧气、甲烷、一氧化碳、氢气、氮气的混合气体 100.00mL。用吸收法测得二氧化碳为 6.00mL，氧气为 4.00mL。用吸收后的剩余气体 20.00mL，加入氧气 75.00mL，进行燃烧，燃烧后其体积缩减 10.11mL，后用吸收法测得二氧化碳为 6.22mL，氧为 65.31mL。求混合气体中各组分的体积分数。

解：根据题意可得

$$\varphi(CO_2) = \frac{6.00}{100} \times 100\% = 6.0\%$$

$$\varphi(O_2) = \frac{4.00}{100} \times 100\% = 4.0\%$$

燃烧所消耗氧的体积为 $V_{耗氧} = 75.00 - 65.31 = 9.69mL$，根据可燃气体的体积与燃烧后的体积缩减量、耗氧量及生成二氧化碳体积之间的关系可列方程组：

$$V_{缩} = \frac{1}{2}V_{CO} + 2V_{CH_4} + \frac{3}{2}V_{H_2} = 10.11 \qquad ①$$

$$V_{CO_2}^{生成} = V_{CO} + V_{CH_4} = 6.22 \qquad ②$$

$$V_{耗氧} = \frac{1}{2}V_{CO} + 2V_{CH_4} + \frac{1}{2}V_{H_2} = 9.69 \qquad ③$$

联立解式①～式③得：

$$V_{CH_4} = \frac{3V_{耗氧} - V_{CO_2}^{生成} - V_{缩减}}{3} = \frac{3 \times 9.69 - 6.22 - 10.11}{3} = 4.25mL$$

$$V_{CO} = \frac{4V_{CO_2}^{生成} - 3V_{耗氧} + V_{缩减}}{3} = \frac{4 \times 6.22 - 3 \times 9.69 + 10.11}{3} = 1.97mL$$

$$V_{H_2} = V_{缩减} - V_{耗氧} = 10.11 - 9.69 = 0.42mL$$

吸收法吸收 CO_2 和 O_2 后的剩余气体体积为 $100.0 - 6.00 - 4.00 = 90.00mL$。而燃烧法是取其中的 20.00mL 进行测定的，换算成体积分数时应乘以 90.00/20.00。

所以混合气体中可燃气体的体积分数为：

$$\varphi(CH_4) = \frac{4.25 \times \frac{90.00}{20.00}}{100} \times 100\% = 19.1\%$$

$$\varphi(CO) = \frac{1.97 \times \frac{90.00}{20.00}}{100} \times 100\% = 8.90\%$$

$$\varphi(H_2) = \frac{0.42 \times \frac{90.00}{20.00}}{100} \times 100\% = 1.90\%$$

氮气为：$\varphi(N_2) = 100\% - (6.0\% + 4.0\% + 19.1\% + 8.90\% + 1.90\%) = 60.1\%$

5.4　其他分析方法简介

(1) 气相色谱法

气相色谱法可以应用于气体试样的分析，不仅可以分析有机物（如甲烷、乙烷、丙烯等），而且可以分析无机物（如氮气、氧气、一氧化碳、二氧化碳等）。测有机物时可以使用氢火焰离子化检测器（FID），而测定无机物只能选择热导池检测器（TCD）。大气中微量一氧化碳的分析、半水煤气（水蒸气和空气同时和赤热的煤作用的产物）组分的分析、金属热处理中的一氧化碳、二氧化碳、甲烷、氢气和氮气组分的分析以及石油气的组分分析等都采用气相色谱法。

(2) 电导法

测定电解质溶液导电能力的方法称为电导法。当溶液的组成发生变化时，溶液的电导率也发生相应的变化，利用电导率与物质含量之间的关系，可测定物质的含量。如合成氨生产中微量一氧化碳和二氧化碳的测定。环境分析中的二氧化碳、一氧化碳、二氧化硫、硫化氢、氧气、盐酸蒸气等，都可以用电导法来测定。

(3) 库仑法

以测量通过电解池的电量为基础而建立起来的分析方法称为库仑法。库仑滴定是通过测量电量的方法来确定反应终点。它被用于痕量组分的分析中，如金属中碳、硫等气体分析；环境分析中的二氧化硫、臭氧、二氧化氮等都可以用库仑滴定法来进行测定。

(4) 热导法

各种气体的导热性是不同的，如果把两根相同的金属丝（如铂金丝），分别插在两种不同的气体中，尽管通过的电流相同，但由于两种气体的导热性不同，这两根金属丝的温度改变就不一样。随着温度的变化，电阻也相应地发生变化，所以，只要检测出金属丝的电阻变化值，就能确定待测气体的百分含量。如在氧气厂（空气分馏）中就广泛采用此种方法。

(5) 红外光谱法

红外光谱法是利用物质的分子对红外辐射的吸收而建立的分析方法。通过对特征吸收谱带强度的测量可以求出组分的含量。常用来测定烷烃、烯烃和炔烃等有机气态化合物，以及一氧化碳、二氧化碳、二氧化硫、一氧化氮、二氧化氮等无机气态化合物。

(6) 激光雷达技术

激光雷达技术是激光用于远距离大气探测方面的新成就之一，激光雷达就是利用激光光束的背向散射光谱，检测大气中某些组分浓度的装置。这种方法在环境分析中得到了广泛的应用，经常检测的组分有二氧化硫、二氧化氮、乙烯、二氧化碳、氢气、一氧化氮、硫化氢、甲烷等。

5.5 气体分析仪

5.5.1 概述

气体分析仪，是一种测量气体成分的流程分析仪器，主要分为便携式或在线式气体分析仪。在很多生产过程中，特别是在存在燃烧、化合、催化等化学反应的生产过程中，仅仅根据温度、压力、流量等物理参数对工艺进行自动控制常常是不够的，需要更精密、科学的气体分析仪进行辅助检测。由于被分析气体的千差万别和分析原理的多种多样，气体分析仪的种类繁多。根据测量原理分类，常用的有：奥氏气体分析仪、热导式气体分析仪、电化学式气体分析仪、红外线吸收式分析仪和激光式气体分析仪等。根据被测气体分类，常用的有：烟气分析仪、氧量分析仪、氢气分析仪、CO_2分析仪、露点仪等。

气体分析仪是一种严格的计量器具，将被测气体通过原位采样、泵吸采样等方式引入到仪器内部进行测定，能够提供准确定量分析数据，可作为工业生产及安全环保改进和提高的依据。设计选型及使用检测时，须充分考虑各种影响测定的因素。气体分析仪内部所配套的一整套气路系统及外部配套设备，组成了一套较完整的物理方法和化学方法的工艺流程，对样气的工作条件进行全方位调整控制，以达到传感器正常稳定工作的目的。气体分析仪在生产工艺、司法鉴定、产品质量监督、科技仲裁、环保排放检查等方面有重要用途。

气体检测仪，是一种对气体泄漏浓度检测或报警的仪表工具，主要分为手持式或固定式气体检测仪。它是利用气体传感器来检测环境中存在的气体种类，一般用来检测有毒气体、可燃气体或气体含氧量等。例如，平常说的煤气报警器就是属于气体检测仪类的一种检测仪器。气体检测仪与气体分析仪在原理上都是采用各类气体传感器来测量气体浓度，在石化、煤炭、冶金、化工、市政燃气、环境监测、钢铁、电力等多种场所均有广泛应用。但两者在功能、结构、检测方式、检测准确度、控制方式、操作方式、排干扰方式上有较大的差异。

气体检测仪利用探头直接暴露在被测的样气环境中进行检测，只能提供定性分析结果和较为粗略的定量分析数据，达到一定浓度时发出信号报警。结构较简单，只包括气体探头（气体传感器）及传感器信号转换电路部分，使用时仪器放置于被测气氛内，即可显示数值，仪器结构设计及在实际检测过程中并不考虑大环境气氛中有无干扰测定的因素，并且不具备排除各种干扰因素的设计能力，是一种气体泄漏浓度检测的仪器仪表工具，属于安全防护仪器。

气体分析仪有手动分析和自动分析两类。

5.5.2 自动气体分析仪

（1）热导式气体分析仪

根据不同气体具有不同热传导能力的原理，通过测定混合气体导热系数来测定组分的含量，仪表简单可靠，适用的气体种类较多。热导式气体分析仪的热敏元件有半导体敏感元件和金属电阻丝两类，前者体积小、热惯性小，电阻温度系数大，灵敏度高，时间滞后小；后者在铂线圈上烧结珠形金属氧化物作为敏感元件。热敏元件作为两臂构成电桥电路，吸附被测气体时，电导率和热导率即发生变化，使热敏元件电阻变化，据此可检测气体的浓度。热导式气体分析仪的应用范围很广，常用来分析氢气、氨气、二氧化碳、二氧化硫和低浓度可燃性气体含量。

（2）电化学式气体分析仪

根据化学反应所引起的离子量的变化或电流变化来测量气体成分，是一种基于电化学反应的气体分析仪。一般采用隔膜结构，提高检测选择性，防止测量电极表面沾污和保持电解液性能。常用的电化学式气体分析仪有定电位电解式和伽伐尼电池式两种。定电位电解式分析仪是在电极上施加特定电位，被测气体在电极表面电解，通过测量被测气体的电解电位测定被测气体。伽伐尼电池式分析仪则是电解通过隔膜扩散到电解液中的气体，由电流确定被测气体的浓度。选择不同的电极材料和电解液，可改变电极表面的内部电压，可检测不同的气体。

（3）红外气体分析仪

不同组分气体对不同波长的红外线具有选择性吸收，通过测量红外光谱可对气体进行定性和定量分析。红外气体分析仪不仅可分析气体成分，也可分析溶液成分，灵敏度较高，反应迅速，能在线检测，可组成生产控制调节系统。

常用的红外气体分析仪的检测部分由两个并列的光学系统组成，一个是测量室，一个是参比室，两室通过切光板以一定周期同时或交替开闭光路。被测气体浓度与透过测量室和参比室的光通量差值成正比，光通量差值是以一定周期振动的振幅投射到红外接收气室，将射入的红外线全部吸收，使脉动的光通量变为温度的周期变化，再转换为压力的变化，用电容式传感器来检测被测气体浓度。除用电容式传感器外，也可用直接检测红外线的量子式红外线传感器，并采用红外干涉滤光片进行波长选择和配以可调激光器作光源，形成一种崭新的全固体式红外气体分析仪。这种分析仪只用一个光源、一个测量室、一个红外线传感器就能完成气体浓度的测量。此外，若采用装有多个不同波长的滤光盘，则能同时分别测定多组分气体中的各种气体的浓度。

与红外线分析仪原理相似的还有紫外线分析仪、光电比色分析仪等，在工业上也用得较多。

5.5.3　手动气体分析仪

手动气体分析仪主要为奥氏（QF）气体分析仪和苏氏（ВТи）气体分析仪两种，由于用途和仪器的型号不同，其结构或形状也不相同，但是它们的基本原理却是一致的，基本由量气管、水准瓶、吸收瓶、梳形管、燃烧瓶等组成。

5.5.3.1　改良式奥氏（QF-190 型）气体分析仪

改良式奥氏（QF-190 型）气体分析仪如图 5-3 所示。它是由 1 支量气管、4 个吸收瓶和 1 个爆炸瓶组成。它可进行二氧化碳、氧气、甲烷、氢气、氮气混合气体的分析测定。其特点是构造简单、轻便、易操作，分析速度快，但精度不高，不能适用更复杂的混合气体的分析。场所存在一定局限性，只能单一成分地逐个分析，费时，操作烦琐，响应速度慢，效率低，不能实现在线分析，适应不了生产发展的需要，所以奥氏气体分析仪逐渐被全自动分析仪器替代。

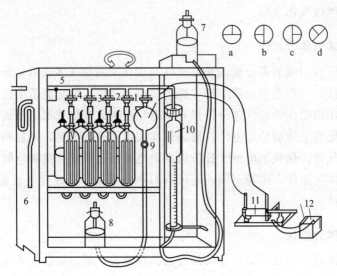

图 5-3　改良式奥氏气体分析仪

Ⅰ，Ⅱ，Ⅲ，Ⅳ—吸收瓶；1，2，3，4—活塞；5—三通活塞；6—进样口；
7，8—水准瓶；9—爆炸瓶；10—量气管；11—点火器（感应线圈）；12—电源

（1）量气管

图 5-4　量气管

该仪器使用的是单臂直式量气管，该量气管为 100mL 有刻度的玻璃管，分度值为 0.2mL，可读出在 100mL 体积范围内的所示体积，如图 5-4 所示。量气管的末端用橡皮管与水准瓶相连，顶端是引入气体与赶出气体的出口，可与取样管相通。

当水准瓶升高时，液面上升，可将量气管中的气体赶出；当水准瓶放低时液面下降，将气体吸入量气管；与进气管、排气管配合使用，可完成排气和吸入样品的操作。当收集足够的气体以后，关闭气体分析器上的进样阀门，将量气管的液面与水准瓶的液面处在同一个水平面上，读出量气管上的读数，即为气体的体积。

（2）吸收瓶

吸收瓶是供气体进行吸收作用的容器，分为两部分，一部分是作用部分，另一部分是承受部分。每部分的体积应比量气管大，为 120～150mL，二者并列排列。作用部分经活塞与梳形管相连，承受部分与大气相通。使用时，将吸收液吸至作用部分的顶端，当气体由量气管进入吸收瓶中时，吸收液由作用部分流入承受部分，气体与吸收液发生吸收作用。为了增大气体与吸收液的接触面积以提高吸收效率，在吸收瓶的吸收部分装有许多直立的玻璃管，这种吸收瓶称为接触式吸收瓶，如图 5-5 所示。

（3）爆炸瓶

图 5-6 所示为爆炸瓶示意图。它是一个球形厚臂的玻璃容器，在球的上端熔封两根铂

金丝，铂丝的外端经导线与电源连接。球的下端管口用橡皮管连接水准瓶。使用前用封闭液充满到球的顶端，引入气体后封闭液至水准瓶中，用感应线圈在铂丝间产生电火花以点燃混合气体。

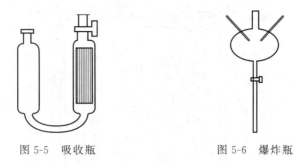

图 5-5　吸收瓶　　　　　　　　图 5-6　爆炸瓶

目前使用的是较为方便的压电陶瓷火花发生器，其原理是借助两只圆柱形特殊陶瓷受到相对冲击后产生 10000V 以上高压脉冲电流，火花发生率高，可达 100％，不用电源，安全可靠，发火次数可达 50000 次以上。

（4）梳形管

用来连接量气管、吸收瓶和燃烧瓶，是气体流动的通路，如图 5-7 所示。

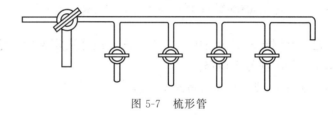

图 5-7　梳形管

5.5.3.2　苏式（ВТи）气体分析仪

苏式气体分析仪如图 5-8 所示，它是由一支双臂式量气管、7 个吸收瓶、1 个氧化铜燃烧管、1 个缓燃管等组成。它可进行煤气全分析或更复杂的混合气体分析。仪器构造较为复杂，分析速度较慢，但精度较高，适用性较广。

5.5.3.3　奥氏气体分析仪应用示例（煤气全分析）

煤气全分析项目为 CO_2、C_nH_m、O_2、CO、CH_4、H_2 及 N_2，前四项可用吸收法测定，CH_4 及 H_2 用燃烧法测定，剩余气体体积可视为 N_2 的体积。

（1）吸收剂的配制

① 氢氧化钾溶液（33％）：称取一份质量的氢氧化钾溶解在二份质量的水中。

② 焦性没食子酸碱性溶液：取 5g 焦性没食子酸溶解在 15mL 水中，另溶解 48g 氢氧化钾于 32mL 水中，使用前混合装入吸收瓶中。

③ 硫酸银的硫酸溶液：4g 硫酸银溶解在 65mL 水中，将 400mL 浓硫酸于搅拌下缓慢加入。

④ 氨性氯化亚铜溶液：250g 氯化铵溶解于 750mL 水中，加入 200g 氯化亚铜，溶解

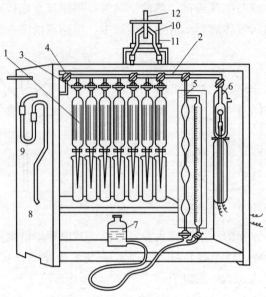

图 5-8 苏式（ВТи）气体分析仪

1—吸收瓶；2—梳形管；3—活塞；4—三通活塞；5—量气管；
6—缓燃管；7—水准瓶；8—进样口；9—过滤管；10—氧
化铜燃烧管；11—加热器；12—热电偶

后，迅速转移于预先装有铜丝的试剂瓶中至几乎充满。用橡皮塞塞紧（溶液应无色）。临使用时，用溶液体积二倍的浓氨水稀释。

⑤ 封闭液：10%硫酸溶液，再加入数滴甲基橙。

（2）仪器的校准与安装

① 量气管的校准　量气管的刻度不一定准确无误。因此，对于新购置的气体分析仪，应该按下述过程，预先校正量气管刻度。

在量气管的下端，用塞有玻璃珠的橡皮管接一支玻璃尖嘴管。向量气管内注入水至"0"刻度，并充满尖嘴管。然后，由尖嘴管放出 20.0mL 水于已知质量的 100mL 干燥具塞锥形瓶中，精确称量。继续分别顺序放出四个 20.0mL，直至"100"刻度，分别称量。同时测量水的温度。按校正滴定管的计算法，计算量气管每 20mL 间隔的校正值。

对于精确的分析，还要求测定梳形管的体积，以校正气体的体积。为此将梳形管用水充满，然后将其放出称量。

② 洗涤与安装　在安装仪器前全部玻璃部分应洗涤干净。新购仪器先用热碱液洗，然后用水洗，再用热铬酸洗液洗，用水冲净，最后用蒸馏水冲洗。当水经器壁流下后，壁上不应附有水珠，才算合格。干燥时，不可用加热方法，可通空气吹干。安装时先按其在气体分析过程中的顺序把仪器依次排列在桌上，然后用橡皮管小心地一一连接起来。所用橡皮管应有足够弹性，连接时玻璃管端应对齐。

③ 旋塞上润滑剂的涂法　先将旋塞的塞子与其套管仔细洗净，拭干，用棉花包在铜丝上擦净活塞孔道。在塞上薄薄涂上一层油，然后插入套管中，并不断旋转直至旋塞达到完全透明为止。如果此时有油落入旋塞的孔道中，则需取下塞子，将孔道中的油拭去，再将塞子

放回原处并转动至透明为止，应避免涂油太多。旋塞上所用润滑剂，取 50g 白凡士林、10g 石蜡在水浴上加热熔化，再加入 30～40g 切碎的天然橡胶，加热直至形成均一的物质。天气热时多加石蜡，天气寒冷时多加凡士林。纯净的凡士林并不适应，因为它不具有使旋塞不漏气的黏滞性。制好的润滑剂应保存于具有磨口塞的小瓶中，切勿混入机械杂质。

④ 注入溶液　依照拟好的顺序将各吸收剂分别自吸收瓶的承受部分注入（图 5-3）。所用吸收剂按气体的成分确定。为进行煤气的分析，吸收瓶Ⅰ中注入氢氧化钾溶液，吸收瓶Ⅱ中注入硫酸银的硫酸溶液（如作水煤气分析，吸收瓶Ⅱ装焦性没食子酸溶液，吸收瓶Ⅲ、Ⅳ装亚铜盐氨性溶液），吸收瓶Ⅲ中注入焦性没食子酸碱性溶液，吸收瓶Ⅳ中注入亚铜盐氨溶液，吸收剂的注入量，应稍大于吸收瓶总容积的 1/2。在吸收液上倒入 5～8mL 液体石蜡，以免空气和试剂接触，影响吸收效能；水准瓶中注入封闭液；量气管的水套中注入水。

⑤ 检查漏气　先排除量气管中废气。图 5-3 中，旋转三通活塞 5，使量气管通大气，提高水准瓶，排除量气管内的空气，直至管内封闭液的液面升至顶端标线。关闭旋塞 5，旋开爆炸瓶 9 上的活塞，降低水准瓶，吸出爆炸瓶 9 内的空气，直至爆炸管内封闭液面升至顶端标线。再旋开活塞 5，关闭爆炸瓶 9 上的活塞，提高水准瓶，排除量气管内的空气，关闭旋塞 5。用同样方法排出吸收瓶Ⅰ、Ⅱ、Ⅲ、Ⅳ中的空气。最后使封闭液升至量气管顶端标线，关闭旋塞 5。置水准瓶于仪器底板上。如果这时量气管内的液面只是稍微下降后即不再移动；爆炸瓶及各吸收瓶内液面也不下降，表明仪器不漏气。反之，如果液面不断下降，表面仪器漏气，应仔细检查。在仪器完好的情况下，一般漏气事故往往是由于旋塞或橡皮管连接处不够严密所致。查明后，重新涂抹润滑剂或连接，即可以进行空气排除。

（3）取样

① 洗涤量气管　各吸收瓶及爆炸球等的液面应在标线上，使气体导入管与取好试样的球胆相连，将三通活塞旋至和进样口连接（各吸收瓶的旋塞不得打开），打开球胆上的夹子，同时放低水准瓶，当气体试样吸入量气管少许后，旋转三通活塞旋至和进样口断开，升高水准瓶，同时将三通活塞旋至和排气口连接，将气体试样排出，如此洗涤 2～3 次。

② 吸入样品　打开进样口旋塞，旋转三通活塞至与进样口连接，放低水准瓶，将气体试样吸入量气管中。当液面下降至刻度"0"以下少许时，关闭进样口旋塞。

③ 测量样品体积　旋转三通活塞至排空位置，小心升高水准瓶，使多余的气体试样排出，使量气管中的液面至刻度为"0"处。最后将三通活塞旋至关闭位置，此时采取气体试样完毕，采取气体试样为 100.0mL，记为 V_0。

（4）测定

① 吸收法测定　升高水准瓶，同时打开氢氧化钾吸收瓶Ⅰ上的活塞，将气体试样压入吸收瓶Ⅰ中，直至量气管内的液面接近标线为止。然后放低水准瓶，将气体试样抽回，如此往返 3～4 次，最后一次将气体试样自吸收瓶中全部抽回，当吸收瓶Ⅰ内的液面升至顶端标线时，关闭吸收瓶Ⅰ上的活塞，将水准瓶移近量气管，使水准瓶的封闭液面和量气管的液面对齐，等 30s 后，读出气体体积（V_1）。则吸收前后体积之差（V_0-V_1）即为气

体试样中所含 CO_2 的体积。注意，在读取体积后，应检查吸收是否完全，为此再重复上述操作步骤一次，如果体积相差不大于 0.1mL，即认为已吸收完全。

按同样的操作方法依次吸收氧气、一氧化碳，依次记为 V_2、V_3。

② 燃烧法测定　上升水准瓶，依次打开三通旋塞和排空旋塞，使量气管和排气口相通，将量气管内的剩余气体排至 25.0mL 刻度线，关闭排空口旋塞，打开氧气或空气口旋塞，吸入纯氧气或新鲜无二氧化碳的空气 75.0mL 至量气管的体积到 100mL，关闭氧气进气口旋塞，上升水准瓶，打开爆炸瓶的旋塞，将量气管内所有气体送至爆炸瓶中，往返几次以混匀气体样品，关闭爆炸瓶上的旋塞。

用点火器点燃，使混合气体爆炸。把燃烧后的剩余气体压回量气管中，量取体积，前后体积之差为燃烧缩减的体积，记为 $V_缩$；再将气体压入氢氧化钾吸收瓶 I 中，吸收生成 CO_2 体积，记为 $V_{CO_2}^{生}$；每次测量体积时记下温度与压力，以便在计算中用以进行校正。

(5) 结果计算

如果在分析过程中，气体的温度和压力有所变动，则应将测得的全部气体体积换算成原来试样的温度和压力下的体积。但在通常情况下，温度和压力是不会改变的，故可直接用各测得的体积来计算各组分的体积分数。

$$\varphi(CO_2) = \frac{V_1}{V_0} \times 100\%$$

$$\varphi(O_2) = \frac{V_2}{V_0} \times 100\%$$

$$\varphi(CO) = \frac{V_3}{V_0} \times 100\%$$

$$\varphi(CH_4) = \frac{V_{CO_2}^{生}}{V_0} \times \frac{V_3}{25} \times 100\%$$

$$\varphi(H_2) = \frac{\frac{2}{3}(V_缩 - 2V_{CO_2}^{生})}{V_0} \times \frac{V_3}{25} \times 100\%$$

5.5.4　在线/便携式气体分析仪

气体分析仪按测定对象可以分为一氧化碳/二氧化碳分析仪、氨气分析仪、甲醛分析仪和臭氧分析仪等；按使用的范围可以分为环境空气分析仪、烟气分析仪和汽车尾气分析仪等。

(1) 红外光谱气体分析仪

红外光谱气体分析仪分为单组分、双组分和多组分三类，单组分的有一氧化碳分析仪和二氧化碳分析仪，双组分主要是一氧化碳和二氧化碳的测定，而多组分则包含一氧化碳、二氧化碳、二氧化硫、一氧化氮、二氧化氮以及烷烃、烯烃和炔烃等两种或两种以上组分的测定。

常见的红外单组分一氧化碳分析仪有国产的 GXH-3011 型红外一氧化碳分析仪、H3860A 型便携式红外一氧化碳分析仪等。常见的红外单组分二氧化碳分析仪有国产的 GXH-3010 便携式红外二氧化碳分析仪、H3860B 型便携式红外二氧化碳分析仪、TY-

9800A 型红外二氧化碳分析仪；美国产的 TEL-7001 型红外二氧化碳分析仪；德国产的 Testo535 型二氧化碳分析仪，它的测定范围为 $0\sim9999\mu L/L$。

常见的双组分红外光谱气体分析仪有 GXH-3021 型便携式红外线一氧化碳/二氧化碳分析仪、QGS-08B 型红外线气体分析仪等。QGS-08B 型红外线气体分析仪的二氧化碳的最小测量范围是 $0\sim20\mu L/L$，一氧化碳的测量范围是 $0\sim30\mu L/L$。

国产 QGS-08C 型红外线气体分析仪可以配制一氧化碳、二氧化碳、二氧化硫、甲烷四种浓度的测量单元，GXH-1050 型红外线分析仪可以连续测定一氧化碳、二氧化碳、甲烷、丙烷、氧化亚氮、氨气、二氧化硫、一氧化氮等气体的浓度。

（2）甲醛分析仪

甲醛分析仪常采用电化学传感器法和分光光度法进行测定。

GDYQ-205S 型便携式甲醛速测仪，采用国家标准方法（GB/T 18204.26—2000）——酚试剂分光光度法，可直接读出甲醛浓度。测量范围为 $0\sim1.00mg/m^3$（采样量 5L），测量精度为 10%，工作环境温度为 $5\sim40$℃。

FP-30 型甲醛测定仪采用的是试纸光电光度法，当气体吹到浸有发色剂的纸上时，甲醛与纸上的试剂就会反应生成有色化合物，试纸的颜色就会从白色变成黄色。颜色的深浅可反映出所受光的反射光量，根据反射光量的强度变化率就可以确定甲醛的浓度。测定范围是 $0\sim0.4\mu L/L$（检测时间 30min）。

Formaldmeter htv 型甲醛检测仪采用电压型控制扩散电化学传感器来确定空气中甲醛的浓度，传感器是由两个贵金属电极和一个电解池组成，标准配置的测量范围是 $0.01\sim10\mu L/L$，在现场测量时不需要使用辅助试剂。

5.6 工业废气的测定

要对工业废气进行分析，首先要采样，正确地采集工业废气是测定其中有害物成分的关键，它直接影响测定结果的可靠性和准确性。本节主要介绍工业废气的采样方法和工业废气中 NO_x、SO_2 的测定。

5.6.1 采样方法与采样原理

采集工业废气的方法主要有直接采样法和浓缩采样法两种。

（1）直接采样法

直接采样法是用玻璃瓶、塑料瓶、橡皮球胆、注射器等直接采集含有污染物的气体样品。它适用于废气中污染物浓度较高，测定方法较灵敏以及不易被液体吸收剂吸收或固体吸附剂吸附的污染气体。用这种方法测得的结果为污染物的瞬时浓度或短时间平均浓度。

（2）浓缩采样法

浓缩采样法是使大量废气通过液体吸收剂或固体吸附剂。以浓缩或富集废气中的污染物，以利于分析测定的采样方法。它适用于被测污染物浓度很低、所用分析方法不能直接测定的废气样品的采集。该采样法测得的结果为采样时间内废气中污染物的平均浓度。

浓缩采样法又包括溶液吸收法和固体阻留法。溶液吸收法主要用于吸收气态和蒸气态污染物。常用的吸收剂有水、水溶液和有机溶剂等。吸收剂必须能与污染物发生快速的化学反应或能把污染物迅速地溶解，并便于进行分析操作；固体阻留法主要是通过固体吸附剂的吸附或阻留作用，以达到浓缩有害物质的目的。固体吸附剂有颗粒状和纤维状两种，常用颗粒吸附剂有硅胶、素陶瓷等，它们用于气态、蒸气态和颗粒物的采样；纤维状吸附剂有滤纸、滤膜、脱脂棉、玻璃棉等，吸附作用主要是物理性的阻留，用于采集颗粒物。

（3）采样仪器

用于工业废气的采样仪器，一般由收集器、流量计和抽气动力三部分组成。按图 5-9 所示组成完整的采样系统。

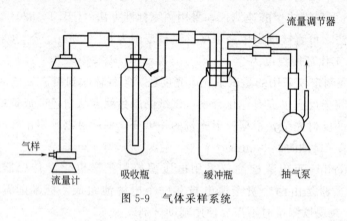

图 5-9　气体采样系统

① 收集器　收集器是捕集待测物质的装置。常用的收集器有液体吸收管、填充柱采样管和滤料采样夹等。

液体吸收管（瓶）用于采集气态或蒸气态的污染物。最常用的有气泡吸收管和多孔玻璃吸收管，管内一般装有一定量的吸收剂。当气体通过吸收液时，待测污染物与吸收剂发生物理和化学反应，使污染物保留于吸收液中。

填充柱采样管适用于采集蒸气态与气溶胶污染物。管内装预先处理过的颗粒状或纤维状的固体吸附剂（如硅胶或活性炭等），其吸收作用主要是固体物料对污染物的吸附和阻留。

滤料采样夹适用于采集粉尘、烟尘等，其收集作用主要是预先装在采样夹上的滤膜对污染物的阻留。

② 流量计　流量计是测量空气流量的装置。流量计的种类很多，现场采样常用孔口流量计或转子流量计。气体的流量一般由流量计上直接读取。

③ 抽气动力　常用的抽气动力有真空泵和薄膜泵。真空泵抽气量大、抽气速度快，多用于采气量多、收集器阻力较大的场合。薄膜泵轻便、易于携带、噪声小和抽气量小，适用于作气泡吸收管的采样动力。

5.6.2　NO_x 气体的测定

氮的氧化物有 N_2O、NO、NO_2、N_2O_3、N_2O_4、N_2O_5 等多种形式，工业废气中的氮氧化物主要是 NO、NO_2，NO 在大气中逐渐被氧化成 NO_2。NO_2 的毒性比 NO 高四

倍，是引起支气管炎等呼吸道疾病的有害物质，甚至引起肺水肿症状。

在分析中，既可分别测定 NO、NO_2，也可测定其总量（NO_x），通常是测其总量（NO_x）并以 NO_2 的形式表示，因此测定应将 NO 氧化为 NO_2。测定方法主要是用盐酸萘乙二胺分光光度法，即格里斯-拉尔茨曼（Criess-Saltzman）法，它是一种标准方法。

方法原理是利用废气中的 NO_2 被含冰醋酸的吸收液吸收，生成亚硝酸和硝酸。亚硝酸与吸收液中的对氨基苯磺酸进行重氮化反应，再与盐酸萘乙二胺偶合生成粉红色偶氮染料。于波长 540～545nm 之间进行分光光度法测定，其反应为：

$$2NO_2 + H_2O = HNO_3 + HNO_2$$

$$HO_3S-\!\!\!\bigcirc\!\!\!-NH_2 + HNO_2 + HAC = HO_3S-\!\!\!\bigcirc\!\!\!-N^+\!\!=\!NAC + 2H_2O$$

$$HO_3S-\!\!\!\bigcirc\!\!\!-N^+\!\!=\!NAC^- + \text{(萘)}-NH-CH_2-CH_2 \cdot 2HCl =$$

$$HO_3S-\!\!\!\bigcirc\!\!\!-N\!\!=\!N-\text{(萘)}-NH-CH_2-CH_2 \cdot 2HCl + HAC$$

NO 不与吸收液发生上述反应，测定 NO_x 总量时，应先使气样通过 CrO_3-砂子氧化管，把 NO 氧化成 NO_2，再通过吸收液吸收和显色。

吸收液是由冰乙酸、对氨基苯磺酸和盐酸萘乙二胺配制而成。

值得注意的是：气相中的 NO_2 并不是 100% 地转化为 NO_2^-，用标准气测得 $NO_2(g)$ 转变为 $NO_2^-(l)$ 的效率为 0.76，所以计算结果一般除以 0.76。按下式计算结果：

$$\varphi(NO_2) = \frac{A}{V_n \times 0.76}(\text{mg/m}^3)$$

式中　A——由标准曲线上查出 NO_2^- 的量，μg；

$\qquad V_n$——标准状态下的采样体积，L；

$\qquad$ 0.76——NO_2（气）转化为 NO_2^-（液）的系数。

5.6.3　SO_2 的测定

SO_2 是主要的大气污染物之一，它对呼吸道黏膜有强烈的刺激性，吸入后对呼吸器官造成损伤，可导致支气管炎，甚至肺水肿等症状。

测定 SO_2 的常用方法有酸碱滴定法、碘量法、盐酸副玫瑰苯胺分光光度法、库仑法和溶液电导法等。而盐酸副玫瑰苯胺分光光度法是我国大气环境质量标准规定的标准分析方法，下面主要介绍本方法原理。

方法是用氯化汞和氯化钾（钠）配制成采样用的吸收液——四氯汞钾（或四氯汞钠），吸收采样空气中的 SO_2，生成稳定的二氯亚硫酸配合物，此配合物与甲醛作用生成羟甲基磺酸，再与盐酸副玫瑰苯胺反应生成紫色配合物。于波长 575nm 处进行分光光度法测定，反应如下：

$$HgCl_2 + 2KCl = K_2[HgCl_4]$$

$$[HgCl_4]^{2-} + SO_2 + H_2O = [HgSO_3Cl_2]^{2-} + 2H^+ + 2Cl^-$$

$$[HgSO_3Cl_2]^{2-} + HCHO + 2H^+ = HgCl_2 + HOCH_2SO_3H \quad \text{（羟甲基磺酸）}$$

$$HCl \cdot NH_2 - \!\!\!\!\bigcirc\!\!\!\!- \overset{\overset{Cl}{|}}{\underset{\underset{\bigcirc}{|}}{C}} - \!\!\!\!\bigcirc\!\!\!\!- NH_2 \cdot HCl + HO-CH_2-SO_3H \longrightarrow$$

$$\left(H_2N-\!\!\!\!\bigcirc\!\!\!\!-\overset{|}{C}-\!\!\!\!\bigcirc\!\!\!\!-NH_2\right) + H_2O + 3H^+ + 3Cl^-$$

$$N \overset{+}{=} \quad N-CH_2-SO_3H$$

温度对显色有较大影响，温度越高，空白值越大。温度高显色反应速率快，褪色也快，最好使用恒温水浴控制显色温度，在 20～30℃且温差不超过 2℃。

酸度对测定影响也较大，若 pH 值为 1.6±0.1，配合物呈红紫色，$\lambda_{max}=548nm$，且空白值大；若溶液 pH 值为 1.2±0.1，配合物呈紫色，$\lambda_{max}=575nm$，空白值小。国标规定溶液 pH 值为 1.2±0.1。

干扰物主要是 NO_x、O_3 及某些重金属元素，样品放置一段时间 O_3 可自行分解，显色前可加入氨基磺酸钠可消除 NO_x 的干扰。EDTA、H_3PO_3 可消除 Fe、Cr 等的干扰。

由于本法用到汞盐，为避免汞盐的污染，近年来直接用甲醛溶液代替汞盐作吸收液建立一套方法。其原理与上基本相同，但较繁，不加讨论。

结果按下式计算：

$$\varphi(SO_2)=\frac{A}{V_n} \times \frac{V_t}{V_a}(mg/m^3)$$

式中　A——标准曲线查出的 SO_2 的量，μg；

V_n——标准状况下的采样体积，L；

V_t——吸收液总体积，mL；

V_a——分取吸收液体积，mL。

5.6.4　H_2S 气体的测定

(1) 碘量法

过量的乙酸锌溶液吸收样品中的硫化氢气体，生成硫化锌沉淀。再加入过量的碘溶液将硫化锌氧化，用硫代硫酸钠溶液滴定剩余的碘，此方法称为碘量法。

硫化氢质量分数高于 0.5% 的样品，一般用定量管计量，气样校正体积。

$$V_n = Vp/101.3kPa \times 293.2℃/(273.2℃+t)$$

式中，V_n 为气样校正体积，mL；V 为定量管体积，mL；p 为取样点的大气压力，kPa；t 为取样点温度，℃。

硫化氢质量分数低于 0.5% 的样品，一般用流量计计量，气样的校正体积：

$$V_n = V(p-p_v)/101.3kPa \times 293.2℃/(273.2℃+t)$$

式中，V_n 为气样校正体积，mL；V 为取样体积，mL；p 为取样点的大气压力，

kPa；t 为气体平均温度，℃；p_v 为温度 t 时水的饱和蒸气压，kPa。

结束采样后将定量管或流量计上的吸收器取下，如硫化氢含量高于 0.5% 的样品，加碘溶液 10～20mL（硫化氢含量高于 0.5% 的样品浓度为 5g/L，低于 0.5% 的样品需加 2.5g/L），再加盐酸溶液 10mL（浓度为 1:11），反应 2～3min 后，溶液转移至 250mL 碘量瓶中，用 0.02mol/L（硫化氢质量分数高于 0.5%）或 0.01mol/L（硫化氢质量分数低于 0.5%）的硫代硫酸钠标准溶液滴定，接近终点时，加入 1～2mL 淀粉指示剂，继续滴定至溶液蓝色消失。同时做空白试验。

质量浓度 $$\rho = 17.04c(V_1 - V_2)/V_n \times 10^{-3} \qquad (5\text{-}1)$$

体积分数 $$\varphi = 11.88c(V_1 - V_2)/V_n \qquad (5\text{-}2)$$

式中，V_1 为滴定空白时消耗的硫代硫酸钠标准溶液，mL；V_2 为滴定样品时消耗的硫代硫酸钠标准溶液，mL；c 为硫代硫酸钠标准溶液浓度，mol/L；V_n 为气样校正体积，mL；17.04 为 $1/2H_2S$ 摩尔质量，g/mol；11.88 为在 20℃ 和 101.3kPa 下 H_2S 气体的摩尔体积。

(2) 亚甲蓝法

用乙酸锌溶液吸收气样中的硫化氢，生成硫化锌。在 Fe^{3+} 和酸性介质中，N,N-二甲基对苯二胺与硫化锌反应，生成亚甲蓝。用分光光度计在波长 670nm 处测量溶液吸光度的方法测定生成的亚甲蓝，从而确定样品中硫化氢的含量。

(3) 硫化氢监测仪器

在作业现场，一般使用在线式和便携式的检测仪。

硫化氢气体检测仪主要由电化学传感器或光学传感器以及电子部件和显示部分组成。由传感器将环境中硫化氢气体转换成电信号，并以浓度（摩尔分数）显示出来。

5.6.5　HCl 气体的测定

目前测定空气中氯化氢广泛使用的方法有，硫氰酸汞比色法及离子选择性电极法等。硫氰酸汞比色法及离子选择性电极法均具有准确、灵敏、快速、简便等特点。

(1) 离子选择电极法

聚氯乙烯滤膜用硝酸处理后，使空气通过，氯化氢被滤膜后用碱溶液浸渍过的快速定性滤纸吸收。用水将氯化氢洗脱，以氯离子选择电极测定其溶液的电位值，可计算出空气中氯化氢的浓度。

空气采样器和滤料采样夹。100μg/L 的氯离子标准溶液。

在滤料采样夹中，前面安装一张聚氯乙烯滤膜，后面装一张经氢氧化钠浸渍的滤纸，采气 600L（流量 15L/min）。小心取下滤纸，向内对折吸附面，放在清洁纸袋中，再放入样品盒内保存待用（可放置 10d）。记录采样时的温度和大气压力。

取 7 个 50mL 烧杯，用 100μg/L 的氯离子标准溶液配制浓度梯度适当的标准溶液系列。各放 1 张浸渍滤纸和一根塑料套铁芯棒，置于磁力搅拌器上，搅拌 10min，加入 0.05g 氯化银粉末。充分摇匀，插入氯离子选择电极和双盐桥饱和甘汞电极，继续搅拌 3min，记录平衡电位值，绘制标准曲线。

采样后，取下后面被碱溶液浸渍的滤纸，置于 50mL 烧杯中，加 20mL 0.015mol/L

硝酸溶液,按绘制标准曲线中所述的操作步骤测量样品溶液的电位(mV)值,查标准曲线,得氯离子含量(µg/L)。

在每批样品测定的同时,取未经采样的浸渍滤纸,按样品测定的相同操作步骤作空白测量。

(2) 硫氰酸汞比色法

空气中氯化氢被碱液吸收后,在酸性溶液中与硫氰酸汞反应,置换出硫氰酸根,再与Fe^{3+}生成硫氰酸铁红色化合物,通过比色方法测定。

将联两个装 10mL 吸收液的气泡吸收管串联,采气 200L(流量 2.5L/min)。如果采样时间过长,吸收管水的体积减小,加水到 10mL。

准确称量基准氯化钾(105℃干燥 2h)0.2045g,水溶后,移入 1000mL 容量瓶中,定容,制成氯离子储备液(每 1.00mL 相当于含 0.1mg 氯化氢)。使用时稀释制备标准系列。

于系列标准比色管中各加入 2mL 硫酸铁铵溶液,混匀。加入 1mL 硫氰酸汞-乙醇溶液,混匀。在室温下放置 10～30min。用 20mm 比色皿,以水作参比,在波长 460nm 下测定各管溶液吸光度。以氯化氢含量(µg)为横坐标,吸光度为纵坐标,绘制标准曲线。

采样后,用少量水补充至采样前吸收液体积刻度。然后准确量取 5.00mL 样品溶液,按绘制标准曲线中所述的操作步骤,测定吸光度。

在每批样品测定的同时用未采样的吸收液,按相同的操作步骤作空白测定。

 【知识拓展】

气体传感器

气体传感器分为电学型气体传感器和光学型气体传感器。电学型气体传感器包括半导体型、电化学型、催化燃烧型、石英微天平型与声表面波型。

半导体型气体传感器主要根据半导体敏感材料与气体发生反应,导致敏感材料的电子发生得失,从而改变气敏材料的电学性能,通过检测其电学性能的变化即可准确地检测气体;电化学气体传感器是将待测气体在电极处氧化或还原形成电流,通过检测电流的大小即可确定气体浓度;催化燃烧型气体传感器是利用可燃气体催化燃烧产生热效应的原理实现响应,主要用于可燃性气体响应;石英微天平与声表面波型气体传感器属于频率型器件,即敏感材料与气体反应后的电学性能改变会使得整体器件的频率发生变化,具有抗干扰能力强、环境适应性强、无线无源、使用寿命长等优点,适合用于难以维护或需要长期工作的场合。

光学型气体传感器主要是红外气体传感器,是一种基于不同气体分子的近红外光谱选择吸收特性,利用气体浓度与吸收强度关系来检测气体组分并确定其浓度的气体传感装置。

气体传感器在应用领域经历了从工业气体的监测到环境气氛监测的过程。同时,气体传感器应用经历了从单个传感器的使用,到阵列化模组的使用,到基于物联网的智能器件的使用,气体传感器主要应用领域如下:

室外环境污染物监测:主要检测氮氧化物、二氧化硫、硫化氢等气体。主要采用电化学型气体传感器,该传感器具有灵敏度高,精度高等特点,但相对寿命较短、成本较高。

室内环境污染物监测:主要监测挥发性有机污染物(甲醛、苯等)。主要采用半导体气体传感器，该传感器具有成本低廉、响应迅速的特点。

　　密闭环境气氛监测：例如军事领域中潜艇、航天领域中航天器舱内环境的监测，主要监测氧气、二氧化碳、氮氧化物等。主要采用半导体气体传感器与红外光谱气体传感器。

　　易燃易爆气体的监测：如矿井坑道中对于甲烷气体的监测；新型氢能源领域（氢能源站、氢动力汽车等）对于氢气的监测。在该应用方向中，主要采用催化燃烧式气体传感器，该传感器具有选择性好、灵敏度高、响应迅速的特点。

 【习题与思考题】

5-1　气体分析有何特点？其分析结果如何表示？工业气体有哪几种？

5-2　吸收体积法、吸收滴定法、吸收重量法、吸收光度法及燃烧法的基本原理是什么？各举一例说明。

5-3　CO_2、O_2、C_nH_m、CO 分别采用什么吸收剂吸收？写出反应式。若某一混合气体同时含有以上四种组分，其吸收顺序应如何安排？为什么？

5-4　气体燃烧法有几种类型？各有什么特点？

5-5　简述奥氏气体分析仪的主要组成部分，并简述烟道气体的分析步骤。

5-6　试述大气中氮的氧化物污染的来源和 Saltzman 法测定二氧化氮的原理。

5-7　简述大气中二氧化硫的测定原理和过程。干扰有哪些？如何消除？

5-8　含有 CO_2、O_2、CO 的混合气体 98.7mL，依次用氢氧化钾、焦性没食子酸-氢氧化钾、氯化亚铜-氨水吸收液吸收后，其体积依次减少至 96.5mL、83.7mL、81.2mL，求以上各组分的体积分数？

5-9　在 20mL 的 H_2、CH_4 和 N_2 的混合气体，与 80mL 空气混合，燃烧后用碱液吸收 CO_2，体积减少至 68mL，再用焦性没食子酸碱性溶液吸收燃烧后气体中剩余的 O_2，此时体积减少至 67.2mL，求气体中各成分的体积分数。

5-10　含有 CO_2、O_2、CO、CH_4、H_2、N_2 等组分的混合气体 99.6mL，用吸收法吸收 CO_2、O_2、CO 后体积依次减少至 96.3mL、89.4mL、75.8mL；取剩余气体 25.0mL，加入过量的氧气进行燃烧，体积缩减了 12.0mL，生成 5.0mL CO_2，求气体中各组分的体积分数。

◆ 参考文献 ◆

[1] 张小康，张正兢. 工业分析 [M]. 北京：化学工业出版社，2006.

[2] 魏琴. 工业分析 [M]. 北京：科学技术出版社，2003.

[3] 李广超. 工业分析 [M]. 北京：化学工业出版社，2007.

[4] 梁红，周清. 工业分析 [M]. 北京：中国环境科学出版社，2010.

[5] 付云红. 工业分析 [M]. 北京：化学工业出版社，2009.

[6] 龙彦辉. 工业分析 [M]. 北京：化学工业出版社，2011.

[7] 张景柱. 工业分析化学 [M]. 北京：冶金工业出版社，2008.

[8] 邱德仁. 工业分析化学 [M]. 上海：复旦大学出版社，2003.

第6章　硅酸盐分析

6.1　概述

6.1.1　硅酸盐的组成和种类

6.1.1.1　硅酸盐的组成

硅是典型的亲氧元素，与氧结合形成硅氧四面体（SiO_4^{4-}），并由硅氧四面体与几乎所有元素以各种形式结合生成不同的硅酸盐。硅酸盐实际上可以认为是硅酸（$xSiO_2 \cdot yH_2O$）中的氢被铝、铁、钙、镁、钾、钠及其他金属取代所形成的盐。由于硅酸分子 $xSiO_2 \cdot yH_2O$ 中 x、y 的比例不同，而形成偏硅酸、正硅酸及多硅酸。因此，不同硅酸分子中的氢被金属取代后，就形成元素种类不同、含量也有很大差异的多种硅酸盐。硅酸盐约占地壳组成的 3/4，是构成地壳岩石、土壤和许多矿物的主要成分，在地质学、工业建设方面都有重要意义。

硅酸盐化学组成相当复杂，但其化学式可以看成是酸性二氧化硅和碱性金属氧化物相结合而成的化合物。因此，任何硅酸盐的化学式可写成"分解式"，即一系简单的氧化物的化学式形式。例如：

$$正长石（K_2Al_2Si_6O_{16}）：K_2O \cdot Al_2O_3 \cdot 6SiO_2$$
$$滑石（H_2Mg_3Si_4O_{12}）：3MgO \cdot 4SiO_2 \cdot H_2O$$
$$高岭土（H_4Al_2Si_2O_9）：Al_2O_3 \cdot 2SiO_2 \cdot 2H_2O$$

硅酸盐的化学式无论写成集合式还是分解式都不表示其分子，它们仅仅表示存在于巨大的硅酸盐分子内部的粒子的相对数目。

由于构成硅酸盐的基本结构单元是［SiO_4］四面体，硅位于四面体的中心，四个氧紧密地排列在四面体的四个顶点（铝也有同样的结构），其中 Si—O、Al—O 键的结合力相当强，所以硅酸一般难分解[1]。

6.1.1.2　硅酸盐的种类

硅酸盐按其溶解性分为可溶性硅酸盐和不溶性硅酸盐。常见的碱金属硅酸盐如硅酸钠和硅酸钾易溶于水，其他硅酸盐难溶于水。硅酸盐按其形成方式分为天然硅酸盐和人造硅酸盐。

（1）天然硅酸盐

天然硅酸盐包括硅酸盐岩石和硅酸盐矿物，是构成地壳岩石、土壤和许多矿物的主要成分。在已知的 2000 多种矿石中，硅酸盐矿石就达 800 多种。因二氧化硅是硅酸盐的主要组成部分，因此地质学上，通常根据二氧化硅的含量高低，将硅酸盐分为五种类型，即极酸性岩（$SiO_2 > 78\%$）、酸性岩（$65\% \sim 78\%$）、中性岩（$55\% \sim 65\%$）、基性岩（$38\% \sim 55\%$）、超基性岩（$SiO_2 < 38\%$）。

常见的天然硅酸盐有正长石［$K_2(AlSi_3O_8)_2$］、钠长石［$Na(AlSi_3O_8)$］、钙长石［$Ca(AlSi_3O_8)_2$］、滑石［$Mg_3Si_4O_{10}(OH)_2$］、白云母［$KAl_2(AlSi_3O_{10})(OH)_2$］、高岭土［$Al_2(Si_4O_{10})(OH)_2$］、石棉［$CaMg_3(Si_4O_{12})$］、石英（$SiO_2$）等。

（2）人造硅酸盐

人造硅酸盐是以天然硅酸盐为原料，经加工而制得的工业产品，例如水泥及制品、玻璃及制品、陶瓷及制品、水玻璃和耐火材料、分子筛等[2]。

① 水泥：水泥种类很多，按用途和性能可分为通用水泥、专用水泥和特性水泥；按所含水硬性矿物的不同可分为硅酸盐水泥、铝酸盐水泥和氟铝酸盐水泥等。硅酸盐水泥是以硅酸盐水泥熟料和适量的石膏及规定的混合材料制成的水硬性胶凝材料。硅酸盐水泥有三种，一种是由硅酸盐水泥熟料及少量石膏制成的，称为 Ⅰ 型硅酸盐水泥（代号为 P.Ⅰ），另一种是由硅酸盐水泥熟料、5% 以下混合材料及适量石膏制成的，称为 Ⅱ 型硅酸盐水泥（代号为 P.Ⅱ）；还有一种由硅酸盐水泥熟料、6% ～ 15% 的混合材料及适量石膏制成的水硬性胶凝材料，称为普通硅酸盐水泥（代号为 P.O）。根据掺和料不同，又可以分为矿渣硅酸盐水泥、火山灰质硅酸盐水泥、粉煤灰硅酸盐水泥、复合硅酸盐水泥等等[3]。

硅酸盐水泥熟料是由主要含 CaO、SiO_2、Al_2O_3、Fe_2O_3 的原料，按适当比例磨成细粉烧至部分熔融所得以硅酸钙为主要矿物成分的水硬性胶凝物质。硅酸盐水泥生产的主要工艺流程如下：

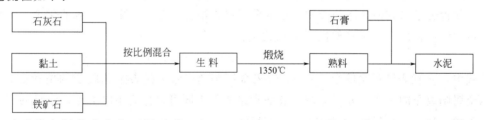

硅酸盐水泥的成分主要是硅酸三钙（$3CaO \cdot SiO_2$）、硅酸二钙（$2CaO \cdot SiO_2$）和铝酸三钙（$3CaO \cdot Al_2O_3$）和铁铝酸四钙（$4CaO \cdot Al_2O_3 \cdot Fe_2O_3$），其中硅酸三钙和硅酸二钙的含量约占 75%。

硅酸盐水泥熟料中的 CaO、SiO_2、Al_2O_3、Fe_2O_3 四种主要氧化物占总量的 95% 以上，它们的含量一般分别是：CaO 为 62% ～ 67%，SiO_2 为 20% ～ 24%，Al_2O_3 为 4% ～ 7%，Fe_2O_3 为 2.5% ～ 6%，还含有其他少量氧化物。

② 玻璃：玻璃是一种非晶态的固体材料，它是由熔融体通过一定方式冷却，因黏度逐渐增加而得到的具有固体力学性质和一定结构特征的材料。用于制造玻璃的主要原料有石英岩、硅砂、白云石、方解石、石灰石、菱镁石、重晶石等矿物以及纯碱、芒硝、硼酸和硼砂等化工原料，还有着色剂、氧化还原剂及乳浊剂等辅助原料。它的主要成分为二氧

化硅和其他氧化物,广泛用于建筑、日用、艺术、医疗、化学、电子、仪表、核工程等领域。

玻璃的种类很多,主要品种有普通玻璃、钢化玻璃、玻璃纤维、硼酸玻璃、光学玻璃、铅玻璃、石英玻璃和微晶玻璃等。普通硅酸盐玻璃的主要成分是 SiO_2、CaO、Al_2O_3、Fe_2O_3、MgO、K_2O、Na_2O、B_2O_3,有的还含有 PbO。另有混入了某些金属的氧化物或者盐类而显现出颜色的有色玻璃和通过物理或者化学的方法制得的钢化玻璃等[4]。

③ 陶瓷:陶瓷有普通陶瓷和特种陶瓷,普通陶瓷是以黏土为主要原料,与其他矿物经过破碎、混合、成型和烧制而成的制品。特种陶瓷是指具有某些特殊性能的陶瓷制品。陶瓷制品最基本的原料还是石英、黏土和长石三大类硅酸盐矿物,同时还使用一部分碱土金属的硅酸盐、硫酸盐和其他矿物原料,如石灰石、方解石等。

陶瓷的主要成分有 SiO_2、CaO、Al_2O_3、Fe_2O_3、MgO、K_2O、Na_2O、CaF_2、SO_3等。硅酸盐陶瓷元件用于电子和电气工程,保险丝中的电绝缘、断路器、自动调温器和照明技术。硅酸盐陶瓷材料提供热绝缘的能力也用于加热、环保、热工程应用等[5]。

④ 耐火材料:耐火材料是耐火温度不低于 1580℃并能在高温下经受结构应力和各种物理作用、化学作用和机械作用的无机非金属材料。大部分耐火材料是以天然矿石如硅石、菱镁矿、白云石等为原料制造的,耐火材料按其化学成分可分为酸性耐火材料、中性耐火材料和碱性耐火材料。耐火材料中二氧化硅含量越高,其耐酸性也越强。耐火材料主要也含上述一些氧化物[6]。

⑤ 分子筛:分子筛是人工合成的多孔穴的铝硅酸盐,是一种具有立方晶格的硅铝酸盐化合物。分子筛具有均匀的微孔结构,它的孔穴直径大小均匀,这些孔穴能把比其直径小的分子吸附到孔腔内部,并对极性分子和不饱和分子具有优先吸附能力,因而能把极性程度不同、饱和程度不同、分子大小不同及沸点不同的分子分离开来,即具有"筛分"分子的作用,故称分子筛。由于分子筛具有吸附能力高、热稳定性强等其他吸附剂所没有的优点,使得分子筛获得广泛的应用。目前分子筛在冶金、化工、电子、石油化工、天然气等工业中广泛使用[7]。分子筛的组成通式是:

$$Me_{x/n}\left[(AlO_2)_x(SiO_2)_y\right] \cdot mH_2O$$

式中,m 代表结晶水的个数;Me 代表金属阳离子;n 代表金属阳子的电荷数;x/n 表示金属阳离子的个数。分子筛按比表面和组成的不同可以分为不同类型,常见的有:

A 型:$Me_{12/n}\left[(AlO_2)_{12}(SiO_2)_{12}\right] \cdot 27H_2O$

X 型:$Me_{86/n}\left[(AlO_2)_{86}(SiO_2)_{106}\right] \cdot 264H_2O$

Y 型:$Me_{56/n}\left[(AlO_2)_{56}(SiO_2)_{136}\right] \cdot 250H_2O$

6.1.2 硅酸盐分析的项目与分析意义

(1) 硅酸盐分析的项目

由于硅酸盐矿物和岩石非常复杂,在硅酸盐工业中,应根据工业原料和工业产品的组成、生产过程控制等实际工作需要确定分析项目,一般测定项目为水分、烧失量、不溶物、SiO_2、CaO、Al_2O_3、Fe_2O_3、MgO、TiO_2、K_2O、Na_2O。依据物料组成的不同,有时还需要测定 MnO、P_2O_5、SO_3、B_2O_3、FeO、F、Cl、硫化物等。某些稀有元素如铷、铯、铌、钽等，以及贵金属和稀土元素，在有些情况下，也要进行测定[8]。

硅酸盐全分析的结果，要求各项的质量分数总和应在（100 ± 0.5）％范围内，一般不应超过 $\pm 1\%$。如果加和总结果远低于 100%，则表明有某种主要成分未被测定或存在较大偏差因素。反之，若加和总结果远高于 100%，则表明某种成分的测定结果存在较大偏高因素，应从主要成分的含量测定查找原因。也可能是在加和总结果时将某些成分的结果重复相加（如氟化钙的含量已包括在氧化钙和氟的结果中；不溶物的含量已包括在二氧化硅和氧化铝等结果中）[9]。

为了获得全分析的可靠数据，必须严格检查与合理处理分析数据。除内外检查和单项测定的误差控制外，常用计算全分析各组分百分含量总和的方法来检查各组分的分析质量。

根据硅酸盐岩石的组成，其全分析的测定项目和总量计算方法为：

$$总量 = SiO_2 + CaO + Al_2O_3 + Fe_2O_3 + FeO + MgO + TiO_2 +$$
$$K_2O + Na_2O + MnO + P_2O_5 + 烧失量$$

若需要测定化合水、二氧化碳、有机碳的含量，则不测烧失量，而将此三项组分的含量计入总量（具体结果表示及计算参看本章 6.10 节）。

（2）硅酸盐分析的意义

硅酸盐分析在国民经济建设中具有十分重要的意义。在地质学中，矿物的定名需要全分析结果，还且可根据岩石全分析结果了解岩石内部成分的含量变化、元素在地壳内部的迁移情况和变化规律、元素的集中和分散、岩浆的来源及可能出现的矿物，可以进行矿体岩相划分和对比，阐明岩石的成因，进行成矿规律的研究，指导地质普查勘探工作等。在工业建设方面，首先，许多岩石和矿物其本身就是工业上、国防上的重要材料和原料；其次，有许多元素如铍、硼、铷、铯、锆的提取主要来自于硅酸盐岩石；第三，工业生产过程中常常需要对原材料、中间产品、产品和废渣等进行与岩石全分析相类似的全分析，以指导、监控生产工艺过程（如冶金炉渣分析）及对产品质量进行鉴定[10]。

（3）硅酸盐分析的发展

①"经典法"时期　20 世纪 40 年代，只有"经典法"一种，它主要是以沉淀分离及重量法测定为基础的一种烦琐的分析方法，不仅耗时，而且条件苛刻。

② 快速分析时期　第二次世界大战后，由于分解试样的改进（如 HF），一些仪器的出现（如火焰光度计）和有机试剂的发展（如 EDTA），从而彻底改变了"经典法"的分析过程，进入了容量法和仪器分析相结合的快速分析时期，这些方法目前还十分普及。

③ 高速分析及在线分析时期　60 年代后，各种分析仪器迅速发展，且传感器和计算机的引入使分析检测和数据处理自动化，更加加快了分析速度，提高了精确度[11]。

由于目前条件的限制，工业生产中的硅酸盐分析仍以容量法和分光光度法为主，本章主要介绍一些较成熟的方法。

6.1.3　硅酸盐试样的分解

在硅酸盐分析中，试样的处理和分析溶液的制备非常重要，因为在多数情况下，硅酸盐分析采用的是系统分析,制备的试液要能够适合多种成分的测定,因而只能使用少数几种熔剂在铂器皿中熔融处理的经典分析法就不适用于现代分析技术的发展,下面就目前较常用的硅酸盐分析方法中试样处理方法——酸溶法、碱熔法和半熔法做一介绍[12]。

(1) 酸溶法

硅酸盐试样中,SiO_2 与碱金属氧化物含量比值越小,碱性越强,越易被酸溶解。系统分析中,HCl,HNO_3,H_2SO_4,H_3PO_4,HF 等都是常用的酸[13]。

① HCl 分解最简便,但只能分解水泥熟料和高炉矿渣等少数样品,且溶解后析出 H_2SiO_3,影响测定。为了改进分解效果,加入少量 HNO_3 提高分解能力(如水泥熟料中 SiO_2 的测定)。

② HNO_3 溶样,如果采用重量法测 SiO_2 时,在加热蒸发过程中,易形成难溶性碱式盐,极大地影响测定结果。

③ H_2SO_4 溶样,易形成碱土金属硫酸盐,在系统分析中干扰组分测定。

④ H_3PO_4 能溶解一些难溶于 HCl、H_2SO_4 的样品(如铁矿石、钛铁矿),但只能适用于单项测定,如水泥生料中的 Fe_2O_3 的测定、水泥中全硫的测定,而不适应于系统分析。

⑤ HF 是分解硅酸盐的最有效溶剂,大多数硅酸盐都能被 HF 分解,因为 HF 与 SiO_2 反应生成 H_2SiF_6 或具有挥发性的 SiF_4,同时能与铁、铝等形成稳定的易溶于水的配离子。

$$SiO_2 + 3H_2F_2(二聚) \rule[0.5ex]{1.5em}{0.4pt} H_2SiF_6 + 2H_2O$$

$$H_2SiF_6 \rule[0.5ex]{1.5em}{0.4pt} SiF_4\uparrow + H_2F_2$$

但用 HF 分解试样,一般在硫酸或高氯酸存在下进行,用于测定钾、钠,或测定除二氧化硅外的其他项目。因为 H_2SO_4、$HClO_4$ 的吸水性强,在反应中可以防止 SiF_4 的水解作用($3SiF_4 + 3H_2O \rule[0.5ex]{1.5em}{0.4pt} 2H_2SiF_6 + H_2SiO_3$);可使钛、锆、铌、钽等一些易挥发的金属氟化物转化为硫酸盐或高氯酸盐,以防挥发损失。还能有效地除去多余 HF(加热冒白烟)。但若试样中有碱土金属和铅等,因会形成难溶性硫酸盐,给后续分析造成麻烦,此时不能加 H_2SO_4,而只能改加 $HClO_4$。

用 HF 在 120~130℃温度下增压溶解,所得溶液可进行系统分析,用于测定 SiO_2、CaO、Al_2O_3、Fe_2O_3、MgO、TiO_2、K_2O、Na_2O、MgO、P_2O_5 等。

HF 分解试样后,必须加热除去过量的 HF,以免过量的 F^- 形成 AlF_6^{3-}、FeF_6^{3-}、TiF_6^{2-} 等高稳定性的配离子而影响这些离子的测定。

(2) 碱熔法

硅酸盐常用干法分解处理试样,碳酸钠、苛性碱常用于硅酸盐试样的熔融分解[14]。

① 无水 Na_2CO_3 是分解硅酸盐样品及其他矿石最常用的熔剂之一。碳酸钠熔融通常使用铂金坩埚,熔样温度 950~1000℃,熔融时间 30~40min。当硅酸盐与 Na_2CO_3 熔融时,硅酸盐便被分解为碱金属硅酸钠、铝酸钠、锰酸钠等的混合物。熔融物用酸处理时,则分解为相应的盐类并析出硅酸。

② 以 NaOH(KOH)作熔剂,用银坩埚熔样。熔融温度 650℃左右,熔融时间为

20～40min。

③ 过氧化钠熔融分解时由于对坩埚造成严重腐蚀，组成坩埚的物质会大量进入熔融物中，对分析有影响，因此，常用过氧化钠烧结法分解试样，一般烧结温度控制在 550℃左右，烧结 10～15min 即可分解。

若需在同一试样中测定钾和钠，可选用偏硼酸锂作熔剂。将 5 倍量的偏硼酸锂与试样混合，在铂坩埚中于 900～1000℃熔融 15min 可全部分解。

（3）半熔法

半熔法又称烧结法，以 Na_2CO_3 为熔剂，铂金坩埚半熔法熔样。它是在低于熔点的温度下，使试样与熔剂发生反应。和碱熔法比较，半熔法的温度较低，加热时间较长，但不易损坏坩埚。比较适于岩石、矿物、农作物、人体组织及各类环境、地质样品的消解。

6.2 硅酸盐系统分析与分析系统

硅酸盐分析是 19 世纪上半叶分析化学工作者最热门的研究课题。科学工作者经过前后 100 多年的努力，特别是 20 世纪 40 年代以后，由于试样分解方法的改进和新的分析方法与分析仪器的应用，已出现了多种分析系统，可粗略地分为"经典"分析系统和"快速"分析系统。

6.2.1 概述

（1）系统分析

在一份称样中测定一、二个项目称为单项分析。而系统分析则是在一份称样分解后通过分离或掩蔽的方法消除干扰后，再系统连贯地进行数个项目的依次测定。

（2）分析系统

分析系统是在系统分析中从试样分解、组分的分离到依次测定的程序安排。当一个样品需要测定多个组分时，建立一个科学的分析系统，然后进行多项目的系统分析，是十分必要的。因为这样可以减少试样用量，避免重复工作，加快分析速度，降低成本，提高准确度。一个科学、先进和适应的分析系统必须具备以下条件。

① 称样次数少。一次称样可测定项目较多，完成全分析所需称样次数少，不仅可减少称样、分解试样的操作，节省时间和试剂，还可以减少由于这些操作引入的误差。

② 尽可能避免分析过程的介质转换和引入的分离方法。这样可加快分析速度，又可减少由此引入的误差。

③ 所选的测定方法必须有好的精密度和准确度。这是保证分析结果可靠的基础，同时方法的选择性尽可能高，以减少分离手续。

④ 适应范围广。一是分析系统适用的试样类型多；二是分析系统中各测定项目所适用的含量范围较宽。

⑤ 称样、试样的分解、分液和测定等操作易与计算机联用，实现自动化。

6.2.2 硅酸盐分析系统

硅酸盐试样的系统分析，已有 100 多年的历史，通过 100 多年的发展至今已有多种分析系统，这些分析系统被粗略地分为经典分析系统和快速分析系统两大类。这里简要介绍几个代表性的分析系统。

(1) 经典分析系统

经典分析系统基本上是建立在沉淀分离和重量分析方法的基础上的一个系统，是定性分析化学中元素分组法的定量发展，是有关岩石全分析中问世最早、在一般情况下可获得准确分析结果的多元素分析流程。该系统如图 6-1 所示。

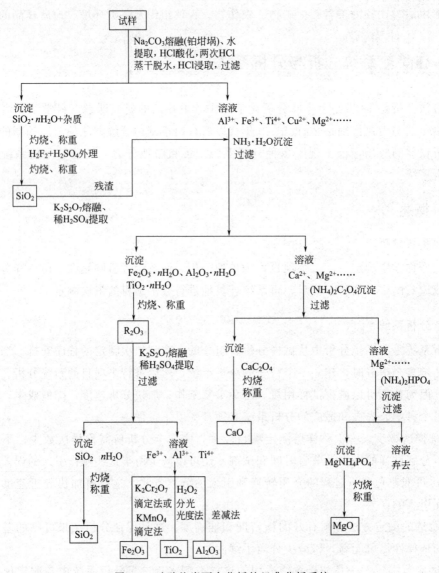

图 6-1 硅酸盐岩石全分析的经典分析系统

在图 6-1 分析系统中，通常称取 0.500～1.000g 试样于铂坩埚中，用 Na_2CO_3 在

950～1000℃熔融分解，熔块用水提取，盐酸酸化，蒸干后在 110℃ 烘约 1h，用 HCl 浸取，滤出沉淀；滤液重复蒸干、熔烘、酸浸、过滤，把两次滤得的沉淀置于铂坩埚中灼烧、称重。用 H_2F_2-H_2SO_4 驱硅，灼烧并称量残渣，失重部分即为 SiO_2 质量。残渣经 $K_2S_2O_7$ 熔融，稀盐酸提取后并入滤出 SiO_2 后的滤液。滤液用氨水两次沉淀铁、铝、钛等的氢氧化物，灼烧、称重，测得三氧化二物（R_2O_3）含量。再用 $K_2S_2O_7$ 熔融灼烧称重过 R_2O_3 的残渣，稀硫酸提取，溶液分别用重铬酸钾或高锰酸钾滴定法测定 Fe_2O_3 含量。用过氧化氢分光光度法测定 TiO_2 含量，用差减法计算 Al_2O_3 含量。酸提取时不溶性白色残渣，滤出，灼烧称重，于 R_2O_3 中减去此量并加入 SiO_2 含量中。

在分离氢氧化物沉淀后的滤液中，用草酸铵沉淀钙，并于 950～1000℃灼烧成氧化钙，用重量法测定钙含量；或将草酸钙沉淀溶于硫酸，用高锰酸钾滴定草酸，以求出氧化钙含量。

于分离草酸钙后的滤液中，在有过量氨水存在下加入磷酸氢二铵，使镁以磷酸铵镁形式沉淀，于 1000～1050℃灼烧成 $Mg_2P_2O_7$ 后称量，即可求得氧化镁的含量。

在经典分析系统中，一份称样只能测定上述六种成分，而氧化钾、氧化钠、五氧化磷、氧化锰等须另取试样测定，因此经典分析系统不属于一个完善的全分析系统。但是，由于其分析结果较准确，适用范围较广泛，在外检试样及仲裁分析中仍有应用。然而在采用经典分析系统时，除二氧化硅的分析过程保持不变外，其余项目常采用配位滴定法、分光光度法和原子吸收光谱法进行测定。因此经典分析系统已几乎全部被一些快速分析系统所代替。

（2）碱熔快速分析系统

碱熔快速分析系统如图 6-2 所示，它是以碳酸钠、过氧化钠或氢氧化钠（氢氧化钾）等碱性熔剂与试样混合，在高温下熔融分解，熔融物以热水提取后用盐酸（或硝酸）酸化，无需经过复杂的分离手续，可直接分液分别测定硅、铝、铁、钙、镁、锰、磷等元素，钾、钠则另取样用火焰光度法测定。

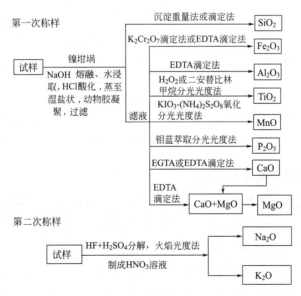

图 6-2　氢氧化钠熔融快速分析系统

上述碱熔快速分析系统列出两份称样测定 10 项的流程图。但实际工作中综合 13～16 项的测定，所以要绘出切实可行的网络图，以便实现程序化和最优化。

（3）酸溶快速分析系统

酸溶快速分析系统的特点是：试样在铂坩埚或聚四氟乙烯烧杯中用 HF 或 HF-$HClO_4$、HF-H_2SO_4 分解，驱除 HF，制成盐酸、硝酸或盐酸-硼酸溶液。溶液经氨水沉淀分离后，分别测定铁、铝、钙、镁、钛、磷、锰、钾、钠。和碱熔快速系统相类似，硅可用无火焰原子吸收光谱法、硅钼蓝分光光度法、氟硅酸钾滴定法测定，铝可用 EDTA 滴定、无火焰原子吸收光谱法、分光光度法；铁、钙、镁常用 EDTA 法、原子吸收分光光度法；锰多用分光光度法、原子吸收光谱法；钛和磷多用分光光度法，钠和钾多用火焰光度法、原子吸收光谱法测定[15]。

图 6-3 和图 6-4 是酸溶快速分析系统流程的两个实例。前者是 20 世纪 60 年代形成的快速分析系统。

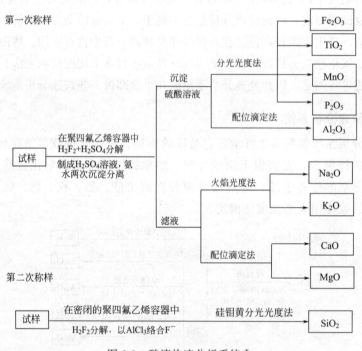

图 6-3　酸溶快速分析系统 I

（4）锂盐熔融分解快速分析系统

在热解石墨坩埚或用石墨粉作内衬的瓷坩埚中用偏硼酸锂、碳酸锂-硼酸酐（8+1）或四硼酸锂于 850～900℃熔融分解试样，熔块经盐酸提取后以 CTMAB 凝聚重量法测定硅。整分滤液，以 EDTA 滴定法测定铝，二安替比林甲烷分光光度法和磷钼蓝分光光度法分别测定钛和磷，原子吸收光谱法测定钛、锰、钙、镁、钾、钠。也有用盐酸溶解熔块后制成盐酸溶液，整分溶液，以分光光度法测定硅、钛、磷，原子吸收光度法测定铁、锰、钙、镁、钠。也有用 HNO_3-酒石酸提取熔块后，用笑气-乙炔焰原子吸收光谱法测定硅、

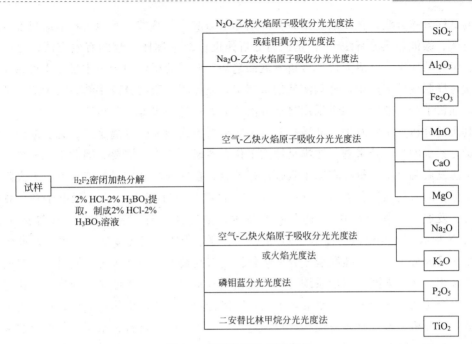

图 6-4 酸溶快速分析系统 II

铝、钛，用空气-乙炔焰原子吸收光谱法测定铁、钙、镁、锰、钾、钠。图 6-5 为锂硼酸盐溶液快速分析系统的一个实例。

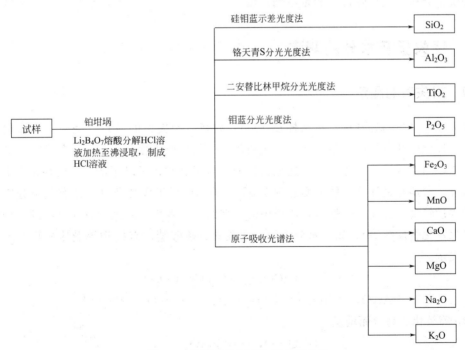

图 6-5 锂硼酸盐溶液快速分析系统

　　总之，硅酸盐岩石全分析的分析系统及其中项目的测定方法是在不断改进中得到了迅速的发展。

　　当前，硅酸盐岩石全分析的快速分析系统及各组分的测定方法，大致有如下特点。选用新的试样分解方法，锂硼酸盐熔融分解法和氢氟酸或氢氟酸与其他无机酸组成混合酸密闭分解法、微波加热分解法[16]，是提高分析速度、减少称样次数的有效方法；分取溶液进行各组分的测定，已成为快速分析发展的趋势。硅酸盐试样中十个主量元素可以在一次或二次称样制成的溶液中，分取溶液进行测定，避免了烦琐的分离手续，大大缩短了分析流程，加快了分析速度，如果采用自动分液装置，可进一步提高分析速度。

其次是分析方法的改进。硅酸盐岩石传统分析方法烦琐的分离手续、冗长的分析流程和测量元素少的缺点越来越无法满足地质工作者科研、工作的需要。因此由原来单纯的化学分析法发展到化学分析法和原子吸收法相结合，在保证测试质量的前提下，大大降低了分析工作者的劳动强度和缩短了分析时间。20 世纪 70 年代以后，由于微电子和计算机技术的飞跃发展，仪器分析法已成为主体技术，如等离子体发射光谱[17]、等离子体质谱[18]、X 射线荧光光谱法（简称 XRF 法）[19]、原子吸收分光光度法[20] 等测定硅酸盐岩石中主次量成分。目前，硅酸盐成分分析仪器具有高精度的加液系统，同时结合多通道自动加液系统、多元素同步测量系统、自动数据处理系统，可以大范围、准确、快速定量分析二十多个元素的含量，分析更准，更快，智能化程度更高，操作更简单，费用更少。在硅酸盐系统分析领域具有显著优势，特别适应于陶瓷、耐火材料、水泥、玻璃等非金属行业的定量分析。同时，分析系统取样量逐渐减少，20 世纪 60 年代硅酸盐系统分析一次取样量为 0.5~1g，随着分析方法的改进，近年来采用 0.1~0.2g 试样进行测定的半微量分析系统大量出现，不仅节约了试剂，降低了成本，减轻了劳动强度，减少了环境污染，同时也加快了分析速度，降低了测定不确定度。

6.3 烧失量及水分的测定

6.3.1 烧失量的测定

烧失量，又称灼烧减量，指试样在 1000℃ 灼烧后所失去的质量。烧失量主要包括化合水、二氧化碳和少量硫、氟、氯、有机质等，一般主要指化合水和二氧化碳。在硅酸盐全分析中，当亚铁、二氧化碳及上述相关组分含量很低时，可以用烧失量代替化合水等易挥发组分，参加总量计算，使平衡达到 100%。但当试样组成复杂且上述有关组分中某些组分的含量较高时，高温灼烧时，试样中的许多组分会发生一系列的反应（物理、分解反应、氧化及化合反应等）。如：水分挥发、碳酸盐、硫酸盐、有机物等受热分解产生气体逸出而失量。

$$CaCO_3 == CaO + CO_2 \uparrow$$
$$Al_2O_3 \cdot 2SiO_2 \cdot 2H_2O == Al_2O_3 \cdot 2SiO_2 + 2H_2O \uparrow$$

Fe、Mn 等氧化成高价而增量。

$$4FeO + O_2 == 2Fe_2O_3$$

所以烧失量实际上是样品中各种物理化学反应后在质量上的增加或减少的代数和。因此在样品较为复杂时，测定烧失量就没有意义。

烧失量与灼烧温度和灼烧时间有关。如结晶水在 100℃ 开始失去，800℃ 完全失去；碳酸盐 600℃ 开始分解，1000℃ 以上才完全分解。所以灼烧失量是一个条件参数，要严格控制灼烧温度和灼烧时间。正确的灼烧方法是在马弗炉中（不能用硅碳棒加热的）由室温加热至 950～1000℃后保温 0.5h 时。

测定时，称取约 1g 试样（记为 G，精确至 0.0001g），置于已灼烧至恒重的瓷坩埚中，将盖斜置于坩埚上，放在马弗炉内从低温开始逐渐升高温度，在 950～1000℃下灼烧 0.5h，直至恒重（记下灼烧后试样的质量 G_1），按式（6-1）计算烧失量：

$$烧失量 = \frac{G - G_1}{G} \times 100\%$$
(6-1)

烧失量的测定是为了进行配料计算和物料平衡计算时，将原料的化学组成折算为灼烧基的含量。它是配料计算中的一个重要参数[21]。

6.3.2　水分的测定

6.3.2.1　水分的存在形式

根据水分与岩石、矿物的结合状态，一般将水分区分为吸附水和化合水。

(1) 吸附水（H_2O^-）

又称吸着水、吸湿水、湿存水、非化合水等。存在于物质的表面或空隙中，形成很薄的膜，吸附的程度与物质的性质、粒度、温度有关。它不是物质的固有组成。

(2) 化合水（H_2O^+）

包括结构水和结晶水两部分。

① 结构水：是以化合状态的氢或氢氧基存在于物质的晶格中，结合非常牢固，需加热到 300～1300℃时，才会分解放出水分。如：

$$Ca(OH)_2 = CaO + H_2O\uparrow$$

② 结晶水：它是以水分子状态存在于物质的晶格中，如石膏（$CaSO_4 \cdot 2H_2O$）、蛋白石（$SiO_2 \cdot nH_2O$）等。它虽是矿物的固有组成，但与矿物的其他基本组分的结合力较差，在稍低的温度下（＜300℃）灼烧就可排出。

吸附水和化合水有时难以分开，在烘干吸附水分温度下，可能有化合水逸出。

6.3.2.2　吸附水的测定

吸附水一般以低温烘干法测定，烘干温度通常为 105～110℃，对含化合水及硫较多的试样，烘干温度应较低，一般为 60～80℃，烘干温度应在试验报告中注明，烘干时间一般为 1h。

由于吸附水并非矿物的固定组成部分，测定其目的是为了计算干燥基样品中其他组分的含量，因此在计算总量时，该水分不参与计算总量。对于易吸湿的试样，则应在同一时间称出各份分析试样，测定吸附水并加以扣除。

6.3.2.3　化合水的测定

化合水的测定有重量法、卡尔-费休容量法、气相色谱法和库仑法等。

（1）重量法

① 平菲耳特重量法，又称化合水双球管灼烧法。首先是 Brush 提出，随后由 Penfield 发展而成。此法已有 100 多年历史，至今仍广泛应用，原因是此法简单，对释出 H_2O^+ 不需要太高温度，无其他挥发物的样品可得准确结果。此法存在两方面问题：一是在玻璃管能承受的最高温度下（900℃），有些矿物不能完全释出 H_2O^+；二是其他挥发物干扰测定，如二氧化碳、硫、氟、氯等。针对这些问题，有不少人提出解决方法，形成很多改进的平菲耳特法。这些方法主要是加入熔剂降低释水温度及抑制硫、氟、氯等，常用 Na_2WO_4，PbO，$PbCrO_4$，CuO 配成不同比例的混合熔剂，有降低释水温度，抑制硫、氟、氯挥发等作用，但不能解决 CO_2 的干扰[22]。

② 管炉灼烧直接吸收重量法。管炉灼烧直接吸收重量法测定 H_2O^+ 是常用的准确测量方法，此法不受 CO_2 干扰，硫、氟、氯干扰可加入抑制熔剂或将水气通过净化剂除去[23]。

③ 试管灼烧直接吸收重量法。Harvey 曾提出一个测定 H_2O^+ 的吸收重量法，装置很简单，一个 $CaCl_2$ 吸收瓶直接联在灼烧样品的石英试管上，释出的 H_2O^+ 靠扩散被吸收瓶中 $CaCl_2$ 吸收。测一个样品时间长达 2 h，除 CO_2 外其他挥发物有干扰，已很少应用[24]。

（2）卡尔-费休容量法

卡尔-费休容量法是用 I_2、SO_2、吡啶和甲醇配成卡尔-费休试剂滴定水。样品经热解并收集释出的水进行滴定，终点可用目视或电化学法方法判断。原来的卡尔-费休试剂吸湿性强且不稳定，储存和滴定要隔绝空气中水分，需经常进行标定。将试剂分成两份可改善稳定性。针对吡啶有恶臭，提出了一些无吡啶的试剂。卡尔-费休法在我国应用较少，在试剂和滴定技术有很大改进的今天，应推广应用此法[25]。

（3）气相色谱法

气相色谱法测定化合水是在一种特制的气相色谱仪中进行的。该色谱仪配有灼烧试样用的高温炉，试样经高温炉灼烧释放出的水分，随载气带入气相色谱仪中进行分离和测定。本法操作简便、快速、干扰少[26]。

（4）库仑法

库仑法测定化合水，常用 $Pt\text{-}P_2O_5\text{-}H_2O$ 体系电量法。样品经高温灼烧释放出的水分，随载气流入一个安装涂有五氧化二磷的铂电极的电解池中，在直流电的作用下，发生如下的化学吸附和电解反应。

$$H_2O（气）+P_2O_5 \xrightarrow{\text{化学吸附}} P_2O_5 \cdot H_2O \xrightarrow{\text{电解}} P_2O_5+H_2（气）+O_2（气）$$

依法拉第定律，电解 9.01g 水需要 96500C 电量。根据电解电流积分计算值，可以确定样品中化合水含量。此法灵敏度高，但由于电解池小，它只适用于微量水分的测定[27]。

6.4 二氧化硅的测定

硅酸盐中 SiO_2 的含量较高，测定方法较多，在测定过程多选择化学分析法，即重量分析法和滴定分析法（容量分析法）；对微量测定则选择灵敏度高的仪器分析法。其中重量分析法和容量分析法中经典方法有二次盐酸蒸干脱水重量法，目前常采用动物胶快速重量法和氟硅酸钾容量法，对于微量组分的测定则常选择硅钼蓝分光光度法。

6.4.1　重量法

测定 SiO_2 的重量法分为氢氟酸挥发重量法和硅酸脱水灼烧重量法两类。

氢氟酸挥发重量法是将试样置于铂器皿中灼烧至恒重后，加 H_2F_2-H_2SO_4（或 HNO_3）处理，使样品中 SiO_2 转化为 SiF_4 逸出，再灼烧至恒重，差减计算 SiO_2 的含量，这种方法只适用于较纯的石英样品，没多大实用意义。

硅酸脱水灼烧重量法在经典和快速分析系统中都得到应用。其中两次盐酸蒸干脱水重量法是经典分析方法，曾被公认为是对高、中含量 SiO_2 的测定的最精确方法；而用动物胶（或聚环氧乙烷、聚乙烯醇、十六烷基三甲基溴化铵）凝聚硅酸胶体的快速重量法，则是快速分析系统中用于例行分析中的较常用方法。

硅酸为弱酸（$K_1 \approx 10^{-9}$），溶解度小，溶胶胶粒带负电，且亲水，由于同性相斥，且胶粒周围形成紧密的水化外壳，不易相互结合成大颗粒沉淀而形成稳定的胶体溶液。要使其沉淀，必须中和其负电荷，破坏其水化外壳，使其以较大的颗粒析出。

下面主要介绍二次盐酸蒸干脱水重量法、硅酸凝聚快速重量法和动物胶凝聚重量法。

(1) 二次盐酸蒸干脱水重量法[28]

二次盐酸蒸干脱水重量法是采用蒸干脱水以破坏水化外壳，加入盐酸强电解质以促使硅酸凝聚析出。

其过程是试样与碳酸钠或氢氧化钠熔融分解，用水提取，盐酸酸化，硅酸以水溶胶状态存在于溶液中。当加入浓盐酸时，一部分水溶胶转为水凝胶析出。为使其全部析出，将溶液蒸干脱水，并在 $105 \sim 110 \, ^\circ\!C$ 下烘干 $1 \sim 1.5h$。将蒸干破坏了胶体水化外壳而脱水的硅酸干渣，用浓盐酸润湿并放置 $5 \sim 10min$，使蒸干过程中形成的铁、铝、钛等碱式盐及氢氧化物与盐酸作用全部转化为可溶性盐，然后加热搅拌，煮沸，使可溶盐全部溶解，过滤，洗涤，将硅酸分离出来。此为盐酸蒸干脱水过程（进行一次蒸干脱水，只能回收 $97\% \sim 99\%$ 的 SiO_2，所以需要将分离硅酸后的滤液进行二次蒸干脱水，回收残余的 SiO_2）。将硅酸沉淀连同滤纸一起放入铂坩埚内，置高温炉内，逐步升温，使其干燥并使滤纸炭化、灰化，再升至 $1000 \, ^\circ\!C$ 灼烧 $1h$，取出冷却称量，便可求得 SiO_2 的含量。

在精确分析中，对二次脱水后的滤液还需进行三次蒸干脱水，或用分光光度法测定残余少于 $1mg$ 的 SiO_2。

蒸干脱水必须在酸性条件下进行，以免生成一些难溶性的硅酸盐和金属氧化物。一般用盐酸，用盐酸蒸干脱水时，硅酸沉淀完全的程度及其吸附包裹杂质的情况，与介质、酸度、碱金属氯化物的浓度、搅拌情况、烘干时间与温度以及过滤时洗涤方法等有关。一般经常搅拌，烘干时间和烘干温度要严格控制。温度低、时间短，脱水就不完全；但温度过高，时间过长，则氯化铝等会变为难溶性的氧化物而夹杂于硅酸盐沉淀中，结果偏高。

两次蒸干重量法，即使严格控制操作条件，也难免会含有少量杂质。为此，常需将灼烧至恒重的残渣用氢氟酸和硫酸加热处理，使二氧化硅呈四氟化硅挥发逸出后，再灼烧称重，以处理前后质量之差计为二氧化硅的净质量来计算结果。

本法关键在于脱水是否完全。脱水除在盐酸中进行外，还可以在硫酸或高氯酸中进行，在日常分析中，用高氯酸脱水最为方便，一次脱水便可。但在分析高含量硅（2%以上）且要求特别精确时，应进行二次脱水。此法费时，目前少用。

（2）硅酸凝聚快速重量法

硅酸凝聚快速重量法，使用最广的凝聚剂是动物胶〔简写为 R—CH（NH$_2$）—COOH〕。动物胶是一种富含氨基酸的蛋白质，在水中形成亲水性胶体。因为其中氨基酸的氨基和羧基并存，在不同的酸度下，它们或接受质子或放出质子，显示为两性电解质。pH＝4.7 时，其接受和放出质子的数目相等，动物胶粒子的总电荷为零，体系处于等电态；pH＜4.7 时，其中的氨基（—NH$_2$）与 H$^+$结合成—NH$_3^+$而带正电荷；pH＞4.7 时，其中羧基电离放出质子，成为—COO$^-$，使动物胶粒子带负电荷。其反应如下：

$$\text{pH}<4.7 \qquad R{\overset{\text{NH}_2}{\underset{\text{COOH}}{\big\langle}}} \;+\text{H}^+ \Longleftrightarrow R{\overset{\text{NH}_3^+}{\underset{\text{COOH}}{\big\langle}}}$$

$$\text{pH}>4.7 \qquad R{\overset{\text{NH}_2}{\underset{\text{COOH}}{\big\langle}}} \Longleftrightarrow R{\overset{\text{NH}_2}{\underset{\text{COO}^-}{\big\langle}}} \;+\text{H}^+$$

在酸性介质中，由于硅酸胶粒带负电荷，动物胶质点带正电荷，可以发生相互吸引并电性中和，使硅酸胶体凝聚。另外，由于动物胶是亲水性很强的胶体，它能从硅胶粒子上夺取水分，破坏其水化外壳，促使硅胶凝聚。这两方面的因素促使硅酸胶体加快凝聚。

用动物胶凝聚硅酸时，凝聚的完全程度与凝聚时溶液酸度、温度及动物胶的用量有关。由于试液的酸度越高，胶团水化程度越小，它们的聚合能力就越强，因此在加入动物胶之前应先把试液蒸发至湿盐状，然后加浓盐酸，并控制其酸度在 8mol/L 以上。动物胶凝聚时的温度一般应控制在 60~70℃，且加入动物胶并搅拌 100 次后，保温 10min。若温度过高，动物胶会部分分解，使凝聚能力降低。温度过低时，则动物胶夺取硅酸水分的能力减弱，也影响与硅酸碰撞的机会，使凝聚作用减缓，且温度过低会吸附较多的杂质。过滤时溶液温度应控制在 30~40℃，以降低水合二氧化硅的溶解度。动物胶加入量一般为每 0.5g 试样加入 2~10mL(10g/L) 为宜，量少沉淀不完全，量多过滤速度减慢，甚至使硅胶复溶。

在一般例行分析中，用动物胶凝聚重量法，只要严格控制操作条件，正确操作，对沉淀和滤液中的二氧化硅可不再进行校正。但是在精确分析中还需进行校正。另外，当试样中含氟、硼、钛、锆等元素时，将影响分析结果，应视具体情况和质量要求做出必要的处理。

硅酸凝聚重量法测定二氧化硅，其凝聚剂除动物胶外，还可以采用聚环氧乙烷（PEO）、十六烷基三甲基溴化铵（CTMAB）、聚乙烯醇等。

聚环氧乙烷（PEO）在酸性溶液中可与溶液中 H$^+$结合而形成带正电荷的阳离子。反应如下：

$$\left[\begin{array}{c} CH_2 \\ | \\ CH_2 \end{array}\!\!\!> O\right]_n + nHCl = \left[\begin{array}{c} CH_2 \\ | \\ CH_2 \end{array}\!\!\!> O{\rightarrow}H\right]_n^{n+} + nCl^-$$

因此，它可以如动物胶那样中和硅酸胶体的负电荷而使硅酸凝聚，且凝聚效果好。试液蒸发至 10～15mL 即可，不必蒸至湿盐状；加入凝聚剂后，搅拌，放置 3～5min 即可过滤，不必加热保温和较长时间的搅拌；酸度范围广，凝聚时盐酸浓度范围为 3～8mol/L 均可；回收率在 99％以上。

十六烷基三甲基溴化铵（CTMAB）是一种长链季铵盐，在酸性介质中，它的正电荷胶束 $CH_3-(CH_2)_{15}-N^+(CH_3)_3$ 与负电荷硅酸胶体电性中和而使硅胶凝聚。凝聚时酸度应控制为大于 8mol/L 的盐酸浓度，CTMAB 浓度为 0.2％～1％均可，并以 0.5％为佳。本法二氧化硅回收率可达 99％[29]。

PEO 或 CTMAB 凝聚硅酸，过滤后的滤液均可用于测定铁、铝、钛、锰、钙、镁、磷等。

此法操作时间大大缩短，准确度也较高，目前广泛使用。

（3）动物胶凝聚重量法[30]

称取 0.5g 试样置于盛有 4g 无水碳酸钠的铂坩埚中，搅匀后，上面再覆盖一层无水碳酸钠（约 2g），将坩埚置于高温炉中，从低温开始逐渐升温至 950℃，在此温度下，熔融 40～60min，取出冷却后，放入 250mL 烧杯中，加（1+1）盐酸溶液 30～50mL，加热至熔块完全溶解后，用 2％稀盐酸洗出坩埚，将烧杯放在水浴或低温电热板上蒸发至湿盐状，取下冷却，用玻璃棒小心压碎盐块，加入浓盐酸 20mL，搅拌均匀，置水浴上加热微沸 15min，加入新配制的动物胶溶液 10mL(10g/L)，充分搅拌 1min，并保温 10min，取下加入热水 20mL，搅拌使盐类溶解，用中速定量滤纸过滤，滤液用 250mL 容量瓶承接（供测铁、铝、钛、钙、镁等元素用），用 5％盐酸洗涤沉淀和烧杯各数次，并用擦子擦洗杯壁。然后用热水洗涤沉淀 8～10 次，将滤纸连同沉淀一起转入已恒重的瓷坩埚中，低温灰化后置高温炉内，于 950℃灼烧 1h，取出稍冷，放入干燥器中冷却 30min，称重，并反复灼烧至恒重。结果按式(6-2) 计算：

$$w(SiO_2) = \frac{G_1 - G_2}{G} \times 100\% \tag{6-2}$$

式中　G_1——坩埚和沉淀物的质量，g；

　　　G_2——坩埚的质量，g；

　　　G——试样量，g。

6.4.2　氟硅酸钾容量法

容量法中依据分离和滴定方法的不同分为硅钼酸喹啉法、氟硅酸钾法和氟硅酸钡法等。氟硅酸钾法确切地说是氟硅酸钾沉淀分离-酸碱滴定法，该法应用最广，在国家标准 GB/T 176—1996 中被列为代用法[31]。

（1）方法原理

是依据可溶性硅酸盐在有过量 K^+ 和 F^- 的强酸性溶液中，硅酸根能定量地形成

K_2SiF_6 沉淀，经过滤、洗涤、中和残余酸，再将获得的 K_2SiF_6 沉淀在沸水中水解释放出定量的 HF，然后以强碱标准溶液滴定水解产生的 HF。由消耗的碱量计算出 SiO_2 的含量。主要反应为：

$$SiO_3^{2-} + 2K^+ + 6F^- + 6H^+ =\!=\!= K_2SiF_6\downarrow + 3H_2O$$

$$K_2SiF_6 + 3H_2O =\!=\!= 2KF + H_2SiO_3 + 4HF$$

$$HF + NaOH =\!=\!= NaF + H_2O$$

氟硅酸钾法测定二氧化硅，首先必须保证可溶性硅酸的生成，即试样中的 SiO_2 全部转化为可溶性 H_2SiO_3。所以一般用碱熔或 HF 分解（水泥熟料可用 $HCl + HNO_3$ 分解）。

熔剂必须用 K_2CO_3 或 KOH，不用 Na_2CO_3 或 NaOH，特别是铝、钛含量高的样品。因 K_2SiF_6 的溶解度比 Na_2SiF_6 小；而 K_3AlF_6、K_2TiF_6 的溶解度比 Na_3AlF_6、Na_2TiF_6 等大。这样可防止生成溶解度小的 Na_3AlF_6 和 Na_2TiF_6 而影响二氧化硅的测定。

用 HF 分解，一般认为是除 Si 的好方法。但事实上，SiO_2 被 HF 溶解后，生成 SiF_4 能立即与过量的 HF 结合形成 H_2SiF_6。

$$SiO_2 + 2H_2F_2 =\!=\!= SiF_4 + 2H_2O$$

$$SiF_4 + H_2F_2 =\!=\!= H_2SiF_6$$

若将溶液加热，则 HF 和水逐渐蒸发，反应又将朝 SiF_4 的方向进行，所以用 HF 分解试样时，应在室温或水浴加热下进行，同时分解过程中保持过量的 HF 和一定体积的溶液，使 Si 不会变成 SiF_4 挥发。

K_2SiF_6 沉淀的生成与介质、酸度、氟化钾用量、氯化钾用量以及沉淀时的温度、体积等有关。

酸度一般控制在 3mol/L 的硝酸介质中，酸度太低，易形成其他氟化物沉淀干扰测定，酸度过高时，K_2SiF_6 的溶解度增大，沉淀不完全。且一般不用盐酸（HCl 能增加 K_2SiF_6 的溶解度）而用 HNO_3，因为 K_2SiF_6 在 HNO_3 中溶解度小，而 K_3AlF_6、K_2TiF_6 在 HNO_3 中的溶解度大，可减少铝、钛的干扰，便于分离。

过量 F^- 存在有利于六氟硅酸钾的生成，从而使 K_2SiF_6 沉淀完全，另外 Al^{3+}、Fe^{3+}、Ti^{4+} 等干扰离子也与 F^- 作用消耗 F^-，所以要有过量 F^- 存在，但量大时生成 AlF_6^{3-}、TiF_6^{2-} 的量也增多而干扰，因此 KF 的加入量适宜过量，F^- 的浓度大于 0.2mol/L 便可。

过量的 K^+ 有利于六氟硅酸钾沉淀完全，这也是本法的关键之一，为保证有过量的 K^+ 又不会使 F^- 浓度过大，加入 KCl，以降低 K_2SiF_6 的溶解度，使其沉淀完全，一般是边加氯化钾边搅拌并压碎其颗粒，使其溶解后再加直至溶液刚呈饱和状态，K^+ 的浓度大于 0.5mol/L 便可，如过多则 K_3AlF_6、K_2TiF_6 生成沉淀干扰。

沉淀时溶液的温度和体积也必须注意，温度一般在 30℃ 以下为宜，溶液体积 50mL 左右为宜。温度过高或体积过大，都会增加六氟硅酸钾的溶解量，使沉淀不完全，但体积过小，溶液中离子浓度过大，易生成其他氟化物沉淀，干扰测定。

K_2SiF_6 沉淀放置 10～20min 即可过滤。放置时间短，K_2SiF_6 沉淀不完全；放置时间长，由于杂质的吸附和共沉淀将使结果带来误差（特别是高铝试样）。

K$_2$SiF$_6$ 在水中的溶解度较大（$K_{sp} = 8.6 \times 10^{-7}$，在 17.5℃，100mL 可溶解 0.12g K$_2$SiF$_6$），所以沉淀过滤时，不能直接用水洗涤，一般用 5% KCl-50% 乙醇溶液洗涤 3～5 次（洗涤次数太多会使氟硅酸钾严重水解），以除去大部分游离的残余酸。因为 K$_2$SiF$_6$ 在乙醇中的溶解度比水中小，同时乙醇的存在还可加快游离酸被洗净的速度，将洗后的沉淀连同滤纸放回原烧杯中，用碱中和残余酸。

洗涤后的六氟硅酸钾沉淀中夹杂着一部分残余酸，残余酸采用中和法消除。这一步操作也十分关键，要快速、准确，以防氟硅酸钾提前水解。中和时，要将滤纸展开、捣烂，用塑料棒反复挤压滤纸，使其吸附的酸能进入溶液而被碱中和，最后还要用滤纸擦洗内壁，中和至溶液呈红色。中和后放置如有褪色，则不能再作为残余酸继续中和。

氟硅酸钾的水解过程是将沉淀溶解于热水中，使其水解。K$_2$SiF$_6$ 先离解为 SiF$_4$，然后迅速水解生成 HF。

$$K_2SiF_6 \Longrightarrow 2K^+ + SiF_6^{2-}$$

$$SiF_6^{2-} \Longrightarrow SiF_4 + 2F^-$$

$$SiF_4 + 3H_2O \Longrightarrow 2H_2F_2 + H_2SiO_3 - Q$$

因 SiF$_4$ 的水解为吸热反应，所以必须在热水中进行。水温越高，体积越大，越有利于水解反应进行。故实际操作中，用刚煮沸的水并使总体积在 200mL 以上。

上述水解反应不是一步完成的，是随着氢氧化钠标准溶液的不断滴入，氟硅酸钾不断水解，直到滴定到达终点时水解才趋于完全。故滴定速度不能太快，滴定过程中保持溶液温度为 70～80℃，终点温度也不低于 60℃。

氟硅酸钾水解还产生了硅酸，为了防止硅酸离解而被滴定，必须控制好滴定终点 pH 值在 7.5～8.0 之间。否则，当 pH＞8.5 时，将有部分硅酸被滴定。指示剂宜用中性红、酚红等[32]。

（2）测定法步骤[33]

称取 0.1g 试样于预先加有氢氧化钾的镍坩埚中，上面再覆盖一层氢氧化钾（约 2g），置于 400℃的马弗炉中，继续升温至 600～650℃，熔融 10～15min，取出稍冷，放入塑料烧杯中，用少量热水分数次注入坩埚中，将熔块浸出，洗净坩埚（总体积不超过 25mL），在不断搅拌下加入 15mL 浓硝酸、少许纸浆、2g 氯化钾和 5mL 氟化钾溶液（200g/L），充分搅拌使其溶解，冷至室温，放置 15min，用中速定性滤纸过滤（预先用 5% 氯化钾的溶液浸湿滤纸），用 5% 氯化钾溶液洗烧杯和沉淀 3～5 次，以洗去大部分游离酸和杂质。将沉淀和滤纸放入原塑料烧杯中，加入 5% 氯化钾乙醇溶液 10mL，酚酞指示剂 2 滴，用氢氧化钠溶液中和游离酸至溶液呈微红色，再加 100mL 中性沸水，立即用氢氧化钠标准溶液滴定至微红色，30s 内不褪色即为终点。按式（6-3）计算样品中二氧化硅的含量：

$$w(SiO_2) = \frac{cV \times 0.015}{G} \times 100\% \tag{6-3}$$

式中　c——氢氧化钠标准溶液的浓度，mol/L；

V——滴定时消耗氢氧化钠标准溶液的体积，mL；

G——试样质量，g。

6.4.3 硅钼蓝分光光度法

（1）方法原理

在 0.20～0.25mol/L 的酸度下，使硅酸和钼酸铵生成黄色硅钼酸。加入草硫混酸消除磷的干扰，用硫酸亚铁铵将硅钼黄还原成硅钼蓝，以分光光度法测定。

（2）测定步骤

用托盘天平称样品 0.1g（精确到 0.0001g）在铂坩埚中，加入过氧化钠 1g，混合均匀，覆盖过氧化钠 0.1g，然后放入 500℃的高温炉中 25～30min 取出，冷却。放置塑料烧杯中，用 100mL 热水提取，用水洗净坩埚中物质，并在沸水上水浴保温 30min，取下冷却。在晃动下将溶液倒入已经盛有 9mL 6mol/L HCl 的 250 mL 容量瓶中，坩埚中滴加 2～4 滴（1＋1）HCl 洗净，洗液倒入容量瓶中。用水稀释至刻度，摇匀。

移取 10.00mL 试液于 100mL 容量瓶中，加入 3mL 1mol/L HCl，用水稀释至 35mL 左右。加 10mL 无水乙醇，摇匀。取钼酸铵溶液 5mL，混合均匀，静置 15～20min，再取 9mL 9mol/L H_2SO_4，混合均匀，加入水 85mL，混合均匀。加 5mL 抗坏血酸溶液，加水稀释至 100mL，混合均匀。1h 后用分光光度计测试，参比为空白试剂，于波长 700nm 处测量吸光度。

按下式计算 SiO_2 含量：

$$w(\mathrm{SiO_2}) = \frac{(m_1 - m_0)V \times 10^{-6}}{mV_1} \times 100\%$$

式中，$w(\mathrm{SiO_2})$ 是 SiO_2 的质量分数，%；m_1 是校准曲线上样品溶液的 SiO_2 质量，μg；m_0 是从校准曲线上查得空白溶液中二氧化硅的质量，μg；V_1 是样品溶液分取体积，mL；V 是样品溶液总体积，mL；m 是样品的称取质量，g。当 SiO_2 含量低 5%时，硅钼蓝分光光度法测量最为精准[34]。

6.5 三氧化二铁含量的测定

随环境和条件的不同，铁在硅酸盐中含量一般较低，但变动范围较大，且有正二价和正三价两种价态。在许多情况下，既需测定试样中铁的总量，又需分别测定二价铁和三价铁的含量。正三价 Fe 的测定方法有很多，常用的有 EDTA 容量法，重铬酸钾容量法，磺基水杨酸光度法、原子吸收光谱法（AAS 法）和电感耦合等离子体原子发射光谱法（ICP-AES 法）等。总铁量只需测定前将 Fe(Ⅱ) 氧化为 Fe(Ⅲ)，结果也以 Fe_2O_3 表示。

6.5.1 EDTA 容量法

（1）方法原理

本法是基于 Fe^{3+} 与 EDTA 在酸性介质中能形成稳定配合物的反应，在 pH1.5～2 的酸性溶液中，以磺基水杨酸（Ssal）为指示剂，在 60～70℃的温度下，用 EDTA 直接滴定溶液中的 Fe^{3+}。终点由紫红色变成亮黄色或无色。据 EDTA 消耗的量计算试样中

Fe_2O_3 的含量。因为在该酸度条件下，Fe^{2+} 与 EDTA 不能形成稳定的配合物，因而不能被滴定，所以在测定总铁时，滴定前务必用 HNO_3 或 H_2O_2 将 Fe^{2+} 全部氧化为 Fe^{3+}。主要反应为：

$$Fe^{3+} + Ssal^{2-} \Longrightarrow Fe(Ssal)^+$$

无　　　　　紫红

$$Fe^{3+} + H_2Y^{2-} \Longrightarrow FeY^- + 2H^+$$

$$Fe(Ssal)^+ + H_2Y^{2-} \Longrightarrow FeY^- + Ssal^{2-} + 2H^+$$

紫红色　　　　　　黄色

溶液的酸度控制是本法的关键。应控制在 pH1.8～2.5 之间。当 pH<1 时，K_{FeSsal} 较小（<2.3），EDTA 不能与 Fe^{3+} 定量配位，使终点提前，结果偏低；当 pH>2.5 时，Ssal 与 Fe^{3+} 形成很稳定的 $[Fe(Ssal)_2]^-$ 和 $[Fe(Ssal)_3]^{3-}$ 配合物，使终点拖长，且 Fe^{3+} 易水解而使 Fe^{3+} 与 EDTA 络合能力减弱，甚至完全不配位，同时其他离子如 Al^{3+} 可与 EDTA 结合而引起干扰。所以单独测 Fe^{3+} 时，最佳 pH 范围为 1.7～2.2。但实际样品中必须考虑 Al^{3+}、Ti^{4+} 等其他共存离子的干扰，pH 值应严格控制在 1.6～1.8 之间，此时终点变色也最明显。

因磺基水杨酸铁与 EDTA 的反应速率较慢，滴定时应将溶液的温度加热至 60～70℃。温度低时，反应很慢，终点拖长。温度过高，Al^{3+} 等会干扰测定（Al^{3+} 与 EDTA 反应加快），且 Fe^{3+} 水解也加快。所以 EDTA 滴 Fe^{3+} 的关键在于控制酸度和温度。

滴定时溶液体积也应为 80～100mL，体积过小，溶液中 Al^{3+} 浓度相对增高，干扰增强，同时溶液的温度下降较快，对滴定不利。体积过大，Fe^{3+} 浓度相对太小，终点变化不敏锐。因为终点的颜色随 Fe^{3+} 量多少而异，若 Fe^{3+} 量较少，终点为无色；若 Fe^{3+} 较高，终点为亮黄色，原因是 FeY^- 为黄色，且 FeY^- 与 Cl^- 也形成黄色更深的混配合物，由此可知在盐酸介质中滴定比在硝酸介质中好。

滴定近终点时，要加强搅拌，缓慢滴定，最后要半滴半滴地加入 EDTA 溶液，并强烈摇动，直至无残余红色为止。如滴定过快，Fe_2O_3 结果偏高，同时造成下步测 Al_2O_3 的结果偏低，且磺基水杨酸指示剂的量也不宜多，否则与 Al^{3+} 配位，也会使 Al_2O_3 的结果偏低[35]。

EDTA 滴定法测定铁后的溶液还可以进一步用返滴定法或置换滴定法测定铝和钛，以实现铁、铝、钛的连续测定，下一节再介绍。

（2）测定步骤

移取分离二氧化硅后的滤液 25.00mL，放入 300mL 烧杯中，加水稀释至约 100mL，滴加磺基水杨酸指示剂 8 滴（100g/L），若溶液呈红色，则用氨水（1+1）调至溶液变黄色后，再用盐酸（1+1）调至溶液刚变紫红色；若溶液呈黄色，则直接用盐酸调至紫红色。将溶液加热至 70℃ 左右，用 0.01500mol/L EDTA 标准溶液缓慢滴定至无色或亮黄色（终点时溶液温度应不低于 50℃）。滴定后的溶液保留供测定氧化铝。按下式计算三氧化二铁的含量：

$$w(Fe_2O_3) = \frac{T_{Fe_2O_3}V}{G \times \dfrac{25}{250}} \times 100\% \tag{6-4}$$

式中　$T_{Fe_2O_3}$——EDTA 标准溶液对 Fe_2O_3 的滴定度，g/mL；

　　　V——滴定消耗 EDTA 标准溶液的体积，mL；

　　　G——试样的质量，g。

6.5.2　重铬酸钾容量法

(1) 氯化亚锡还原-重铬酸钾法

重铬酸钾容量法是测定硅酸盐试样中铁的经典方法，具有简便、快速、准确、稳定等特点，在实际工作中得到广泛的应用。本方法的原理是在热盐酸介质中，以 $SnCl_2$ 为还原剂，将 Fe^{3+} 还原为 Fe^{2+}，然后加入 $HgCl_2$ 除去过量的 $SnCl_2$，再在硫-磷混酸存在下，以二苯胺磺酸钠为指示剂，用 $K_2Cr_2O_7$ 标准溶液滴定 Fe^{2+}，终点由无色变为紫色。其反应为：

$$2Fe^{3+} + Sn^{2+} + 6Cl^- \Longrightarrow 2Fe^{2+} + SnCl_6^{2-}$$

$$SnCl_4^{2-} + 2HgCl_2 \Longrightarrow SnCl_6^{2-} + Hg_2Cl_2 \downarrow$$

$$6Fe^{2+} + Cr_2O_7^{2-} + 14H^+ \Longrightarrow 6Fe^{3+} + 2Cr^{3+} + 7H_2O$$

实际工作中必须确保三价铁迅速地全部被还原，为此，常将制备溶液加热到小体积时趁热滴加氯化亚锡溶液至黄色褪去。趁热加入氯化亚锡溶液，是因为 Sn^{2+} 还原 Fe^{3+} 的反应在室温下进行很慢，提高温度到近沸，可大大加快反应进程；浓缩至小体积，一方面提高了酸度，可防止 $SnCl_2$ 的水解（$SnCl_2$ 还原 Fe^{3+} 须在浓 HCl 中进行，否则 Fe^{3+} 还原不完全），同时可提高反应物浓度，有利于 Fe^{3+} 的还原和还原后颜色的观察。

但 $HgCl_2$ 除去过量的 $SnCl_2$ 必须在冷溶液中进行，并在加入 $HgCl_2$ 溶液后放置 3～5min 后滴定。因在热溶液中，$HgCl_2$ 可氧化 Fe^{2+}；加入 $HgCl_2$ 不放置或放置时间太短，Sn^{2+} 未除净；放置过久，已被还原的 Fe^{2+} 可被空气中氧所氧化。

在滴定前加入硫-磷混酸的目的是：硫酸的加入是保证滴定的酸度；加入磷酸的目的有两个，一是生成 $[Fe(HPO_4)_2]^-$ 配离子，降低 Fe^{3+}/Fe^{2+} 电对电位，有利于反应的进行，同时使终点突跃范围变宽，便于指示剂的选择；二是消除 Fe^{3+} 黄色对终点色变的影响。然而在磷酸介质中，Fe^{2+} 的稳定性较差，所以加硫-磷混酸后要尽快滴定[36]。

(2) 无汞盐-重铬酸钾容量法

因为 Hg^{2+} 剧毒，使用它污染环境，危害人体健康，近年来不用 $HgCl_2$ 来处理 $SnCl_2$ 了，通常在盐酸介质中，用 $SnCl_2$ 还原大量 Fe^{3+}，再用 $TiCl_3$ 继续还原 Fe^{3+} 至完全。过量的 $TiCl_3$ 用 Na_2WO_4 氧化或以铜盐为催化剂以空气中氧或重铬酸钾溶液将其氧化除去。然后加入硫-磷混酸，以二苯胺磺酸钠作指示剂，用重铬酸钾标准溶液滴定。

用 $TiCl_3$ 还原 Fe^{3+} 的终点指示剂，可用钨酸钠、酚藏红花、甲基橙、中性红、亚甲基蓝、硝基马钱子碱和硅钼酸等。其中以钨酸钠应用较多，当无色钨酸钠溶液转变为蓝色（钨蓝）时，表示 Fe^{3+} 已定量还原。用重铬酸钾溶液氧化过量的 $TiCl_3$ 至钨蓝消失，表明 $TiCl_3$ 正好已被氧化完全[37]。

6.5.3　磺基水杨酸分光光度法

在 pH 8.0～11.0 的氨性溶液中，三价铁与磺基水杨生成稳定的黄色络合物。其反应式：

$$Fe^{3+} + 3Sal^{2-} = [Fe(Sal)_3]^{3-}$$

式中 Sal^{2-} 为磺基水杨酸根离子。$[Fe(Sal)_3]^{3-}$ 的最大吸收波长 420nm，颜色强度与铁的含量成正比。Fe^{3+} 在不同的 pH 下可以与磺基水杨酸形成不同组成和颜色的几种络合物。在 pH 1.8～2.5 的溶液中，形成红紫色的络合物；在 pH 4.0～8.0 的溶液中，形成褐色的络合物；在 pH 8.0～11.5 的氨性溶液中，形成黄色的络合物；若 pH>12，则不能形成络合物而生成氢氧化铁沉淀[38]。

6.5.4　原子吸收分光光度法（AAS 法）

原子吸收分光光度法测定铁，简单快速，干扰少，在生产中得到广泛的应用。本法一般选用盐酸或高氯酸为介质，并控制其浓度在 10％以下，若它们的浓度过大，或选用硫酸或磷酸介质，则其浓度大于 3％时，都会引起铁的测定结果偏低。

根据具体仪器选择测定条件。由于铁是高熔点、低溅射的金属，应选用较高的灯电流，使铁空心阴极灯具有适当的发射强度。但铁又是多谱线元素，在吸收线附近存在单色器不能分离的邻近线，使测定的灵敏度降低，工作曲线发生弯曲。为此宜采用较小的光谱通带。同时，因铁的化合物较稳定，在低温火焰中原子化效率低，需要采用温度较高的空气-乙炔、空气-氢气富燃火焰，以提高测定的灵敏度。选用 248.3nm、344.1nm、372.0nm 锐线，以空气-乙炔激发，铁的灵敏度分别为 $0.08\mu g$、$5.0\mu g$、$1.0\mu g$。若采用笑气-乙炔火焰，其灵敏度较空气-乙炔激发可提高 2～3 倍[39]。

6.5.5　电感耦合等离子体原子发射光谱法

在电感耦合等离子体原子发射光谱法（ICP-AES）中，主要应用等离子体作为激光发射的光源，通过这种方式，能够对不同元素进行检测、分析，其主要原理如下：待检测样品通过载气进入雾化系统中，完全雾化之后，以气溶胶的形态导入等离子体中心通道中；等离子中心通道是一个具有高温和充满惰性气体的环境，在这种环境中，进入的样品将被完全蒸发，然后进行原子化、电离，最后被激发。如此一来，样品中含有的元素都会产生各自的特征谱线，然后通过对各个谱线进行定量分析，就能得出相应的结论。利用 ICP-AES 法达到对 Al_2O_3、Fe_2O_3、CaO、MgO、K_2O、Na_2O、MnO、TiO_2 多组分的快速测定的目的[40]。

6.6　氧化铝的测定

硅酸盐中铝的变化范围较大，其测定方法也很多，有重量法、滴定法、分光光度法、原子吸收分光光度法、等离子体发射光谱法、X 射线荧光分析法、交流示波极谱法等。重量法手续烦琐，已很少采用。分光光度法测定铝的方法很多，出现了许多新的显色剂和显色体系,特别是三苯甲烷类和荧光酮类显色剂显色体系的研究十分活跃,且效果良好。原子吸收分光光度法测定铝,由于在空气-乙炔焰中铝易生成难溶化合物,测定的灵敏度极低,而且共存离子的干扰严重,需用笑气-乙炔焰,从而限制了它的应用。在硅酸盐中铝的含量较高,多采用滴定分析法。

在滴定法中,其中 EDTA 滴定法是一种成熟快捷和准确的方法。但在弱酸性溶液中,水合铝离子 $[Al(H_2O)_6]^{3+}$ 易水解形成多核水化物:

$$[(H_2O)_3Al\text{-}(OH)_3\text{-}Al(H_2O)_3]^{3+}$$

多核水化物与 EDTA 反应慢,且当 pH>4 时,Al^{3+} 又开始水解成 $Al(OH)_3$ 沉淀;同时铝离子对二甲酚橙、铬黑 T 等指示剂有封闭作用,且 K_{AlY^-} 不是很大(=$10^{16.13}$),故采用 EDTA 直接滴定法测铝有一定的困难。所以一般铝的测定是在酸性溶液中加入过量的 EDTA,再用其他金属离子滴定过量 EDTA 的返滴定,或用氟化物置换的置换滴定。如铝含量很低,则可采用铬天青 S 分光光度法和电感耦合等离子发射光谱法。

6.6.1　EDTA 滴定法

6.6.1.1　返滴定法

在含有铝的酸性溶液中,加入已知过量的 EDTA 溶液,将溶液煮沸,调节溶液 pH 值至 4.5,再加热煮沸使铝与 EDTA 配位反应进行完全。然后选择适宜的指示剂,用其他金属的盐溶液返滴过量的 EDTA,从而得出铝的含量。

用锌盐返滴时,可选二甲酚橙或双硫腙作指示剂;用铜盐返滴时,可选用 PAN 或 PAR 作指示剂;用铅盐返滴时,可选二甲酚橙作指示剂。在水泥化学分析中常用 PAN 为指示剂的铜盐返滴法(但适用于氧化锰含量在 0.5% 以下的试样);而耐火材料、玻璃及其原料的分析中常用二甲酚橙为指示剂的锌盐返滴法。

返滴定剂的选择,在理论上,只要其金属离子与 EDTA 的配合物的稳定性小于铝与 EDTA 配合物的稳定性,又满足配位滴定的最低要求,就可用作返滴定剂。如 Mn^{2+}、La^{3+}、Ce^{3+} 等盐。但由于锰与 EDTA 的配位反应在 pH<5.4 不够完全,又无合适的指示剂,因而不适用;同时 La^{3+}、Ce^{3+} 等盐的价格又较贵,也很少采用。相反,钴、锌、镉、铅、铜等盐类,虽然其金属离子与 EDTA 形成的配合物的稳定性比铝与 EDTA 形成的配合物的稳定性稍大或接近,但由于 Al-EDTA 不活泼,不易被它们所取代,故常用作返滴定剂,特别是锌盐和铜盐应用较广。而铅盐由于其氟化物和硫酸盐的溶解度较小,对滴定终点的观察有一定影响。

返滴定的选择性较差,需预先分离铁、钛等干扰元素。因此,该法只适用于简单的硅酸盐中铝的测定[41]。

6.6.1.2　置换滴定法

(1) 方法原理

在向滴定铁后的溶液中,调节溶液 pH 值为 4 左右,往试液中加入过量的 EDTA(不需计量),加热煮沸使 Al^{3+} 及其他金属离子与 EDTA 配合完全,然后调 pH 5~5.5,过量的 EDTA 以 PAN 为指示剂,用铜盐标准溶液滴定,再加过量的氟化物(宜用 NH_4F)

置换 Al-EDTA 配合物中的 EDTA，然后再用铜盐标准溶液滴定释放出来的 EDTA，从而求得 Al 量。

Al^{3+} 与 EDTA 形成配合物的反应同时受到酸效应和水解效应的影响，且两种效应的影响结果是相反的。依据计算可知，在 pH4 左右形成配位离子的量最多，且能防止 Al^{3+} 水解。滴定时，pH 5～5.5 是 Cu 与 EDTA 配位的最佳 pH 值。

因 PAN 不溶于水，所以在滴定溶液中加适量乙醇以增加 PAN 的溶解度，使终点变化敏锐。

由于 TiO-EDTA 配合物也能被氟化物置换，定量地释放出 EDTA，若不掩蔽钛，则测得的结果为铝、钛合量（直接滴定、返滴定也一样）。为消除钛的干扰，一般是在加过量 EDTA 之前加入苦杏仁酸（β-羟基乙酸）溶液掩蔽 TiO^{2+}；或先测总量后再加苦杏仁酸夺取 TiO-EDTA 中的 TiO^{2+} 而释放出等量的 EDTA，然后用铜盐标准溶液滴定释放出来的 EDTA，求得 Ti 量，再用总量减去钛量即为铝量。

F^- 能与 Al^{3+} 形成配位数不同的稳定的配合物而干扰铝的测定，如溶液中 F^- 的量高于 2mg，铝的测定结果明显偏低，且终点不敏锐。一般对于氟含量高于 5% 的试样，要设法消除其干扰。同时氟化物的加入量不宜过多，因大量的氟化物也可置换 Fe-EDTA、TiO-EDTA 中的 EDTA，从而使结果产生误差。一般分析中，100mg 以内的 Al_2O_3，加 1g 氟化铵可以完全满足置换反应的要求[42]。

(2) 分析步骤

吸取分离二氧化硅后的滤液 25mL 于 250mL 锥形瓶中（或直接用 EDTA 滴定铁后的溶液），加入 EDTA 溶液（50g/L）5mL，用水稀至 50～70mL，加一小片刚果红试纸，用（1+1）氨水和（1+1）盐酸调至试纸刚刚变红，加 pH6 的乙酸-乙酸铵缓冲溶液 10mL，煮沸 5min，冷却，加二甲酚橙指示剂 2 滴，用乙酸锌标准溶液（0.01500mol/L）滴定至紫红色［不必记下读数，如果加入二甲酚橙溶液已呈紫色，说明 EDTA 的加入量不够，应补加适量的 EDTA，再用（1+1）盐酸调至黄色］。然后加入氟化钾溶液 10mL，摇匀，放在电热板上加热 5min，取下冷却至室温，补加二甲酚橙指示剂 2 滴，用乙酸锌标准溶液滴定至微紫色为终点。氧化铝的含量计算为：

$$w(Al_2O_3)=\frac{TV}{G}\times100\%-TiO_2\%\times0.6381$$

式中　T——乙酸锌标准溶液对氧化铝的滴定度，g/mL；

　　　V——消耗乙酸锌标准溶液的体积，mL；

　　　G——称样量，g；

　0.6381——二氧化硅换算成氧化铝的换算因子。

6.6.2　铬天青 S 分光光度法

低量 Al 常用分光光度法测定，分光光度法测定的显色剂很多，而铝与三苯甲烷类显色剂普遍存在显色反应，且大部分在 pH 值为 3.5～6.0 的酸度下显色。铝与铬天青 S（简写为 CAS）的显色反应是在 pH 值为 4.5～5.4 的酸度条件下（一般在 pH＝5.4 的六亚甲基四胺缓冲溶液中），生成 1:2 的紫红色配合物，反应迅速完成且可稳定 1h。在

pH＝5.4 时，有色配合物的最大吸收波长为 545nm，其摩尔吸光系数为 $4×10^4$L/(mol·cm)，该方法可以测定试样中低含量铝。

铬天青 S 又名铬天蓝 S，为红色粉末，易吸水，能溶于水和乙醇中，其结构式为：

$$\text{（结构式）}$$

铬天青 S 在水溶液中，随着溶液酸度的改变，其电离程度不同，存在形式也不同，而呈现出不同的颜色：

$$H_5R^+ \xrightarrow{OH^-} H_4R \xrightarrow{OH^-} H_3R^- \xrightarrow{OH^-} H_2R^{2-} \xrightarrow{OH^-} H_1R^{3-} \xrightarrow{OH^-} R^{4-}$$

　粉红色　　粉红色　　橙色　　红色　　黄色(中性)　蓝色(碱性)

所以本法要严格控制溶液的酸度，且一般在 pH3 附近加入铬天青 S，然后加入缓冲溶液调节 pH＝5.4，以避免铝离子水解给测定带来的影响。

缓冲溶液的种类和浓度对测定也有影响，为了加大缓冲能力，一般应用浓度较高的醋酸盐溶液，但是醋酸根能与铝离子配合而使吸光度下降，而六亚甲基四胺不与铝离子配合，因而用六亚甲基四胺作缓冲溶液所得到的吸光度比醋酸盐缓冲溶液的要高，但就色泽稳定性而言，醋酸盐缓冲溶液显色体系的稳定性要好一些。

氟的存在能与铝形成配合物干扰测定，应事先除去；三价铁的干扰可加抗坏血酸消除，但过多的抗坏血酸会破坏 Al-CAS 配合物；少量的钛（Ⅳ）、钼（Ⅳ）可加入磷酸盐掩蔽；碱金属、碱土金属的存在均不影响测定。但大量的中性盐可使结果偏低，可在制作标准曲线时加入相同数量的空白试样来消除其影响。

在 Al-CAS 体系中，引入阳离子或非离子表面活性剂，生成 Al-CAS-CPB 或 Al-CAS-CTMAB 等三元配合物，其灵敏度和稳定性都显著提高。如在 pH5.5～6.2 的微酸性溶液中，Al^{3+}-CAS-CTMAB 蓝色三元配合物，$\lambda_{max}＝620nm$，$\varepsilon_{620}＝1.3×10^5$L/(mol·cm)，配合物迅速生成，能稳定 4h 以上。

利用表面活性剂形成三元胶束配合物的反应可使原二元分析方法的条件大大改善，灵敏度也大有提高，目前已广泛使用[43]。

6.6.3　电感耦合等离子发射光谱法

该方法采用盐酸-硝酸-氢氟酸-高氯酸溶样，电感耦合等离子原子发射光谱（ICP-AES）测定硅酸盐中的三氧化二铝的含量。其检出限为 0.015％。ICP-AES 分析样品具有操作简便，检出限低，线性范围宽，重现性好等优点，能够实现一次溶矿多元素测定，节省了时间和成本。具体方法为：称取 0.1000g 硅酸盐试样于聚四氟乙烯坩埚中，加几滴水润湿，用滴管慢慢加两滴浓盐酸，待反应不剧烈后，加王水 5mL，氢氟酸 5mL，高氯酸 1mL。放置电热板（电热板温度控制在 220～250℃）上加热，直至蒸干，再用 10mL (1+1) 盐酸提取，再加水 3mL。从电热板上取下，放置室温，然后冲入 100mL 容量瓶中，稀释至刻度。用 ICP-AES 测定[44]。

6.7 氧化钙和氧化镁的测定

钙和镁均是碱土金属，在硅酸盐中常一起出现，也需同时测定，但在经典分析中将它们相互分离后，分别以重量法（或滴定法）测定，经典重量法目前已基本淘汰（分离 Si、Fe、Al 等后以 CaC_2O_4 重量法或再用 $KMnO_4$ 容量法测 Ca，分离后使 Mg 生成磷酸铵镁沉淀重量法测 Mg）。在快速分析系统中，常常在一份试液中控制不同条件分别测定其含量，如配位滴定法[45]、分光光度法、原子吸收分光光度法[46]、等离子体发射光谱法、X 射线荧光光谱法等。

目前多数采用 EDTA 配位滴定法测定，但钙、镁含量低时多用原子吸收分光光度法（火焰光度法干扰多，不易消除，分光光度法条件苛刻，难掌握）。

6.7.1 EDTA 配位滴定

在一定的条件下，Ca^{2+}、Mg^{2+} 能与 EDTA 形成稳定的 1:1 的配合物（Mg-EDTA 的 $K_稳 = 10^{8.89}$，Ca-EDTA 的 $K_稳 = 10^{10.59}$）。选择适宜的酸度条件和适当的指示剂，可用 EDTA 标准溶液滴定 Ca^{2+}、Mg^{2+}。

EDTA 滴定钙时最高允许酸度为 pH>7.5，滴定镁时最高允许酸度为 pH>9.5，实际工作中，常常控制在 pH=10 时滴定钙和镁的合量；于 pH>12.5 时滴定钙。测钙时控制 pH>12.5 是为了使 Mg^{2+} 生成难离解的 $Mg(OH)_2$，以消除 Mg^{2+} 对测定 Ca^{2+} 的影响。

配位滴定钙、镁的指示剂很多。滴定钙时，可以用紫脲酸铵、钙试剂、钙黄绿素、酸性铬蓝 K、安替比林甲烷、铬黑 T(EBT)、偶氮胂Ⅲ、双偶氮钯、百里酚酞配合剂等。对钙来说，钙黄绿素和酸性铬蓝 K 应用较多。对镁来说，铬黑 T 和酸性铬蓝 K 用得较多。

钙黄绿素是一荧光指示剂，在 pH>12 时，指示剂本身无荧光，但与 Ca^{2+}、Mg^{2+}、Sr^{2+}、Ba^{2+}、Al^{3+} 等形成配合物时呈现黄绿色荧光。对 Ca^{2+} 特别灵敏，是滴定钙的一种良好指示剂。

酸性铬蓝 K 是一种酸碱指示剂，在酸性溶液中呈玫瑰红色，在碱性溶液中呈蓝色。它在碱性溶液中能与 Ca^{2+}、Mg^{2+} 形成玫瑰色的配合物，既能用作测钙的指示剂，又能作测镁的指示剂。为了使终点变化敏锐，常加入萘酚绿 B 作为补色剂。酸性铬蓝 K 与萘酚绿 B 用量之比一般为 1:2 左右，但要根据试剂质量，通过试验来确定。

在实际选择指示剂时，还要根据钙、镁含量来选，因 EBT 对 Mg 灵敏，K-B 指示剂对 Ca^{2+} 灵敏，所以测定时当 Mg 低时用 EBT；当 Ca 低时用 K-B 指示剂。

EDTA 配位滴定钙、镁，一般有两种方式，即分别滴定法和连续滴定法，实际工作中往往采用分别滴定法。

① 分别滴定（差减法）法　即在一份试液中，在 pH10 左右的氨-氯化铵缓冲溶液中，以 K-B 为指示剂，用 EDTA 滴定 Ca^{2+}、Mg^{2+} 总量；在另一份试液中，用 KOH 溶液调节溶液的 pH 值为 12.5~13，使 Mg^{2+} 沉淀，用 EDTA 滴定 Ca^{2+}，差量即为镁量。

② 连续滴定法　即在同一份试液中，先将 pH 调到 12.5～13，用 EDTA 滴定钙，再将溶液酸化，再调至 pH＝10，继续用 EDTA 滴定镁。

EDTA 滴定钙、镁的干扰有两类，一类是钙和镁的相互干扰；另一类是其他元素对钙镁测定的干扰。

其他主要干扰元素为 Ti、Al 等，含量低时，一般可加三乙醇胺、酒石酸钾钠及氟化物掩蔽；量大时必须加以分离。

EDTA 滴定钙、镁的主要干扰是相互干扰，特别是低钙高镁或含量相差悬殊时相互的干扰。因为在测 Ca^{2+} 时，大量 $Mg(OH)_2\downarrow$ 会吸附 Ca^{2+} 和指示剂，妨碍终点观察。为避免此现象，可加糊精、明胶、聚乙烯醇等保护胶，减轻 $Mg(OH)_2$ 的吸附作用，或改用 EGTA 等其他滴定剂。

在大量镁存在下滴定钙，可在滴定前加入糊精、蔗糖、甘油或聚乙烯醇等作为氢氧化镁胶体的保护剂，使调节酸度时所生成的氢氧化镁保持在胶体状态而不致凝聚析出沉淀，以减少氢氧化镁沉淀吸附钙的影响。这些保护胶中，糊精效果最好，应用最广。

氨羧配位剂中，除 EDTA 外，其他许多配位剂均能与钙、镁离子形成稳定的配合物，特别是 1,2-二胺环己烷四乙酸（简写为 CyDTA 或 DCTA）或 EGTA，利用它们与钙、镁离子形成配合物的稳定常数的差异，可以很好地解决钙、镁相互干扰的问题。

对于大量镁存在下钙的滴定，可以采用如下方法：控制 pH≈7.8 的条件，直接用 EGTA 滴定混合液中的钙。由于 Mg-EGTA 的形成常数小，而不干扰测定。

对于大量钙存在下镁的测定，可以采用如下两种方法：一是基于 Mg-CyDTA 的形成常数较大（11.02），在 pH＝10 时，加入草酸掩蔽钙离子，然后以 CyDTA 直接滴定镁。二是基于 Ca-EGTA 的稳定性大于 Mg-EGTA 的稳定性，于 pH＝12.5 时用 EGTA 滴定钙，并加过量 EGTA 掩蔽钙。然后于 pH＝10 时用 EDTA 或 CyTA 滴定镁。另一种方法是基于 Ca^{2+}、Ba^{2+}、Mg^{2+} 与 EGTA 生成配合物的稳定常数的差别，于混合溶液中加入多于 Ca^{2+} 量（按化学计量）的 Ba-EGTA 溶液和硫酸钠溶液，反应结果生成 Ca-EGTA 和硫酸钡沉淀（不需过滤），然后按常法用 EDTA 滴定镁。本法可允许 150 倍的钙存在。

6.7.2　原子吸收分光光度法

原子吸收分光光度法测定钙和镁，是一种较为理想的分析方法，其最大特点是操作简便、选择性、灵敏度高。对微量的 Ca、Mg 的测定最适合。

钙的测定是在盐酸或高氯酸介质中（不宜用硝酸、硫酸和磷酸，因为它们将与钙、镁生成难熔盐类而影响原子化），加入氯化锶或氯化镧释放剂，用空气-乙炔火焰，于 422.7nm 波长下测定。

镁的测定的介质与钙的测定相同，只是盐酸的最大允许浓度为 10%，实际工作中可以控制与测钙完全相同的化学条件。在 285.2nm 波长下测定。

原子吸收分光光度法测定钙、镁时，铁、铝、锆等金属元素以及磷酸盐、硫酸盐和其他一些阴离子均可能与钙、镁生成难挥发的化合物，妨碍钙、镁的原子化，所以在溶液中加入前述释放剂和 EDTA 或 8-羟基喹啉等保护剂。

6.7.3　偶氮氯膦Ⅰ光度法

称取 0.5000g 试样于 300mL 聚四氯乙烯烧杯中，加 20mL 盐酸，10mL 氢氟酸，10mL 高氯酸，在电热板上加热溶解，蒸至湿盐状，冷却，加 1g 氯化钠，5g 六亚甲基四胺，搅拌，加 50mL 热水，0.5g 铜试剂，移到 250mL 容量瓶中，用水稀至刻度，摇匀，干过滤（弃去最初的滤液）。吸取母液 2mL 于 50mL 容量瓶中，加 20mL 水，加 2mL 三乙醇胺（1+2）、2mL 缓冲溶液、6mL 0.06% 偶氮氯膦Ⅰ溶液，以水稀释至刻度，摇匀。以试剂空白为参比，用 1~2cm 比色皿，于 590nm 处测其吸光度 A_1，然后加入 1.5mL EGTA-Pb 溶液使钙络合物颜色消退，摇匀后再测吸光度 A_2（相当于 Mg 量），根据两次吸光度之差（A_1-A_2），用标样进行换算。

6.8　氧化钾、氧化钠的测定

钾和钠的测定方法很多，有重量法、滴定法、火焰光度法、原子吸收分光光度法、等离子体发射光谱法、X 射线荧光法等。目前广泛采用火焰光度法，当然也可用原子吸收分光光度法。

6.8.1　火焰光度法

(1) 方法原理

火焰光度法测定钾和钠是基于这两个元素的谱线少，激发电位低，可以利用火焰来加以激发，在火焰光度计上钾和钠原子被火焰热能（空气-乙炔焰温度 1840℃；空气-煤气焰温度 2225℃）激发后将发射出具有固定波长的特征辐射。钾的火焰为紫色，波长为 766.5nm；钠的火焰为黄色，波长为 589nm，可分别用钾（765~770nm）和钠（558~590nm）的滤光片将激发后的辐射线分离出来，而后射入硒光电池或光电管上，由于光电效应产生生光电流，借检流计测出光电流的强弱，由于光电流的强弱即特征辐射的强度，与样品中钾、钠的含量有关，可用标准比较法或标准曲线法确定试样中 K_2O、Na_2O 的含量。

介质与酸度的选择，体系中一定量的 Cl^-、SO_4^{2-}、ClO_4^-、NO_3^- 均对结果无影响，即可在一定的盐酸、硫酸、高氯酸、硝酸等介质中进行，但在硝酸介质中测定结果较稳定，重现性较好。因此常在 0.5% 的硝酸溶液中进行测定。试样分解以氢氟酸和硫磷混酸使用最广，但试样分解后一定要加热除氟，转为硝酸介质并尽快测定，以防腐蚀，引起结果偏高。

由于自吸现象，K、Na 相互有干扰，所以应按试样中 K、Na 的量配制相应标准溶液抵消相互的影响。另外，加入易电离的铯盐，也可以减少它们之间的相互影响。

干扰元素的影响程度，与滤光片的质量有关。使用性能良好的滤光片，大量的铁、铝、钙、镁对测定无干扰；但滤光片性能差时，或铁、钙、镁含量太高时，需有碳酸铵沉淀分离铁、钙、镁后再测定，另外加入一定量的硫酸铝可以消除钙的影响（铝能抑制钙的发射）。

（2）分析步骤

① 钾标准溶液的配制　称取 1.9086g 在 105℃烘 2h 的光谱纯氯化钾，加数滴盐酸，加水溶解后转入 1000mL 容量瓶中，用水稀释至刻度，摇匀。此溶液含钾为 1mg/L。

② 钠标准溶液的配制　称取 2.5419g 在 105℃烘 2h 的光谱纯氯化钠，加数滴盐酸，加水溶解后转入 1000mL 容量瓶中，用水稀释至刻度，摇匀。此溶液含钠为 1mg/L。

③ 钾、钠混合标准溶液　分别准确吸取 25mL 钾标准溶液和钠标准溶液于 250mL 容量瓶中，用水稀释至刻度，摇匀。此溶液含钾、钠各为 $100\mu g/mL$。

④ 仪器工作条件　条件如下。

元素	波长/nm	狭缝	增益	燃烧器高度/mm	燃烧器角度/(°)	空气流量/(L/min)	乙炔流量/(L/min)
钾	766.5	0.1	蓝区	10	90	4.0	1.0
钠	589.0	0.1	蓝区	10	90	4.0	1.0

⑤ 钾、钠标准系列的配制　准确吸取钾、钠混合标准溶液 0mL、1.0mL、2.0mL、4.0mL、6.0mL、8.0mL、10.0mL，置于一系列 100mL 容量瓶中，加 2mL 盐酸，用水稀释至刻度，摇匀。此溶液含钾、钠为 $0\mu g/mL$、$1.0\mu g/mL$、$2.0\mu g/mL$、$4.0\mu g/mL$、$6.0\mu g/mL$、$8.0\mu g/mL$、$10.0\mu g/mL$。

⑥ 样品分析　称取 0.1000～0.5000g 样品置于聚四氟乙烯烧杯中，用水润湿，加 10mL 王水、10mL 浓氢氟酸，加热溶解，蒸发至近干，取下稍冷，再加入 5mL 浓硝酸、5mL 浓氢氟酸、1～2mL 浓高氯酸，继续加热至白烟冒尽。取下稍冷，加入 2mL 浓盐酸，用水洗杯壁，加热使残渣溶解，转入 50mL 石英容量瓶中，用水稀释至刻度，摇匀。分取一定量溶液，在选定的仪器工作条件下以试剂空白调零点，与相应的标准系列同时测定。按如下方法计算氧化钾和氧化钠的含量。

$$w(\text{K}_2\text{O 或 Na}_2\text{O}) = \frac{m_1 \times V \times V_2 \times a \times 10^{-6}}{m \times V_1} \times 100\%$$

式中　m_1——从工作曲线上查得钾或钠的量，$\mu g/mL$；

　　　　V——制备样品溶液总体积，mL；

　　　　V_1——分取样品溶液的体积，mL；

　　　　V_2——测定溶液的体积，mL；

　　　　m——称样质量，g；

　　　　a——钾换算成氧化钾的系数（1.2045）或钠换算成氧化钠的系数（1.3479）。

6.8.2　原子吸收分光光度法

原子吸收分光光度法测定钾和钠是一种选择性较好、灵敏度高、简便快速的分析方法。方法是于浓度小于 0.6mol/L 的盐酸、硝酸或高氯酸介质中，用空气-乙炔火焰激发，分别选择 766.5nm 线作为钾的分析线，589.0nm 作为钠的分析线，测量相应的吸光度，氧化钾和氧化钠的浓度小于 $5\mu g/mL$ 时，线性关系良好。

由于钾、钠易电离，在火焰中钾、钠基态原子的电离将导致它们的吸收值降低，这一现象对钾更为明显，但可以通过适当提高燃烧器的高度或加入氯化锂至锂的浓度达到

$2\mu g/mL$ 来消除。

原子吸收分光光度法测钾和钠，一般选用其次灵敏线，即钾（$\lambda = 404.4nm$），钠（$\lambda = 330.2nm$）进行测定。所以其灵敏度低于火焰光度法，但精密度高，只是钾、钠含量低时，增加试样量便可。

6.9 二氧化钛的测定

硅酸盐中需要测定的其他项目很多，在此只介绍二氧化钛的测定。钛的测定方法很多，有重量法、滴定法、分光光度法、电化学分析法等。滴定法通常用苦杏仁酸置换-铜盐标准溶液返滴定或 EDTA 配位滴定法连续测定铁、铝、钛；分光光度法主要有过氧化氢分光光度法、钛铁试剂分光光度法、铬变酸分光光度法、二安替比林甲烷分光光度法等。因硅酸盐样品中钛的含量较低，通常采用分光光度分析法。下面主要介绍两种滴定法（EDTA 配位滴定法和硫酸铁铵滴定法）和三种分光光度法 [过氧化氢分光光度法、二安替比林甲烷（DAPM）分光光度法和钛铁试剂（试钛灵）分光光度法]。

6.9.1 滴定法

(1) EDTA 配位滴定法

① 苦杏仁酸置换-铜盐返滴定　EDTA 配位滴定法主要用于 Fe、Al、Ti 的连续测定，常采用苦杏仁酸置换法即在连续测定 Fe、Al 后的溶液中，立即加入苦杏仁酸，加热煮沸 1min，使原来 TiO^{2+}-EDTA 配合的 EDTA 释放出来，冷却后补加少量乙醇及 1 至 2 滴 PAN 指示剂，继续用铜标准溶液滴定至亮紫色。此法可在一份试液中连续测定 Fe、Al、Ti，很方便。

② 过氧化氢配位-铋盐溶液返滴定法　在滴定完 Fe 的溶液中，加入适量过氧化氢溶液，使之与 TiO^{2+} 生成 $[TiO(H_2O_2)]^{2+}$ 黄色配合物，然后再加入过量 EDTA，使之生成更稳定的三元配合物 $[TiO(H_2O_2)Y]^{2-}$。剩余的 EDTA 以半二甲酚橙（SXO）为指示剂，用铋盐溶液返滴定，从而求得二氧化钛含量。

(2) 硫酸铁铵滴定法

在 HCl-H_2SO_4 介质中，加 $(NH_4)_2SO_4$ 作保护剂，在隔绝空气的条件下用金属 Al 将 Ti（Ⅳ）还原为 Ti（Ⅲ），再以 SCN^- 为指示剂，用 $NH_4Fe(SO_4)_2$ 标准溶液滴定。该法适用于 TiO_2 含量＞2%的样品。

6.9.2 分光光度法

6.9.2.1 过氧化氢分光光度法

在酸性条件下，四价钛（TiO^{2+}）与 H_2O_2 生成 1∶1 的黄色配合物：

$$TiO^{2+} + H_2O_2 \Longrightarrow [TiO(H_2O_2)]^{2+}$$

其 $lgK = 4.0$，最大吸收波长为 405nm，ε_{405} 为 740L/(mol·cm)。

显色反应可在 H_2SO_4、HNO_3、$HClO_4$ 中进行，不能在 HCl 中进行，因 $FeCl_3$ 有黄色且 HCl 浓度大时形成 $[TiCl_6]^{2-}$ 使显色液褪色。一般控制在 H_2SO_4 浓度（体积分数）为 5%～6% 中显色。酸度过低，TiO^{2+} 易水解（$TiO^{2+}+2H_2O \Longrightarrow TiO(OH)_2\downarrow+2H^+$），酸度过大，$H_2O_2$ 易分解。显色反应速率和配离子的稳定性受温度的影响。温度太低，显色较慢，但稳定时间长；温度高时，显色快，但稳定时间短，通常在 20～25℃ 显色。显色剂用量应过量。量少，显色不完全；量多，则易分解产生气泡，妨碍吸光度的测定；一般是在 50mL 显色体系中，加 3% 的过氧化氢 2～3mL 为宜。

6.9.2.2 二安替比林甲烷（DAPM）分光光度法

(1) 方法原理

二安替比林甲烷是由安替比林和甲醛去一分子水缩合而成。其结构式分别为：

安替比林　　　　　　　　　　DAPM

DAPM 是极弱的碱，试剂为白色结晶，微溶于水，易溶于稀酸及氯仿、乙醇等有机溶剂中，在稀酸溶液中，溶液逐渐变黄，但速度较慢，在浓酸溶液中，溶液很快变黄，不能使用，因此一般用 2mol/L 盐酸溶液配制 10g/L 的 DAPM 溶液。溶液在阳光照射下，会加速变质速度，所以 DAPM 溶液应放置在棕色试剂瓶中。

在不同酸度下，DAPM（或 DAM）能与多种金属离子形成配合物，并能被氯仿萃取，其配合物结构为：

在 HCl 或 H_2SO_4 介质中，DAPM 与 TiO^{2+} 形成极为稳定的组成为 1：3 的黄色配合物：

$$TiO^{2+}+3DAPM+2H^+ \Longrightarrow [Ti(DAPM)_3]^{4+}+H_2O$$

于 390～400nm 处测定其吸光度，表观摩尔吸光系数为 $1.47\times10^4 L\cdot mol^{-1}\cdot cm^{-1}$。

显色宜在 HCl 或 H_2SO_4 介质中进行，一般在 0.5～4mol/L HCl 介质中（因硫酸也会降低吸光度，$HClO_4$ 与试剂生成白色沉淀）；酸度过大，DAPM 质子化，DAPM 的有效浓度降低，显色不完全。酸度过低，则钛易水解聚合，使反应不完全，甚至不显色。

温度一般在 18～35℃ 之间，温度过低，反应速率更慢；温度过高，DAPM 发生分解且本身颜色加深。

显色速度慢是本法的最大缺点，速度慢的原因可能是由于聚合钛解聚速度慢所致：

$$Ti_xO_y^{4x-2y} \xrightarrow{H^+} TiO^{2+} \xrightarrow{H^+} Ti^{4+}$$

提高酸度，可使解聚速度变快，但 DAPM 又会质子化；提高温度和加大 DAPM 浓度可使反应速率加快，但 DAPM 变质速度加快，灵敏度、色泽及稳定性均显著降低。因此还没找到合适的能提高反应速率的方法。

此法不仅操作简单，易于掌握，重现性好，灵敏度高（较 H_2O_2 法灵敏），而且有较高的选择性，适用范围广，实际工作中广泛采用。

（2）分析步骤

① 二氧化钛标准溶液的配制（含二氧化钛为 $100\mu g/mL$）　准确称取经 $1000℃$ 灼烧过的光谱纯二氧化钛 $0.1g$，置于铂坩埚内，加焦硫酸钾 $1g$，在 $850℃$ 熔融 $20min$，取出冷却，将坩埚放入烧杯中，用水提取完后转入 $1000mL$ 容量瓶中，用水稀释至刻度，摇匀。

② 标准曲线的绘制　吸取标准二氧化钛溶液 $0\mu g$、$5\mu g$、$10\mu g$、$20\mu g$、$30\mu g$、$40\mu g$、$50\mu g$ 于 $50mL$ 容量瓶中，用水稀释至 $20mL$，加入抗坏血酸少许，摇匀，放置 $5min$ 后加入二安替比林甲烷溶液（$10g/L$，$1g$ 二安替比林甲烷溶于 $100mL$ $2mol/L$ 的盐酸中）$20mL$，用水稀释至刻度，摇匀。$40min$ 后用适当的比色皿于波长 $420nm$ 处，以试剂空白为参比测定吸光度，绘制标准曲线。

③ 样品分析　吸取分离二氧化硅后的滤液 $10mL$ 于 $50mL$ 容量瓶中，用水稀释至约 $20mL$，以下手续同标准曲线的绘制。二氧化钛的含量计算为：

$$w(TiO_2) = \frac{C \times 10^{-6}}{G} \times 100\%$$

式中　C——从标准曲线上查得二氧化钛的质量，μg；

　　　G——分取样品质量，g。

6.9.2.3　钛铁试剂（试钛灵）分光光度法

钛铁试剂又名试钛灵，化学名为 1,2-羟基苯-3,5-二磺酸钠，也称邻苯二酚紫。在 $pH=4.7\sim4.9$ 时，Ti(Ⅳ) 与钛铁试剂形成黄色的络合物，$\lambda_{max}=410nm$。显色完全需 $30\sim40min$，可稳定 $4h$ 以上。Fe(Ⅲ) 与钛铁试剂反应形成蓝色络合物，但不影响钛的测定，也可先加抗坏血酸掩蔽。铜、钒、钼、铬等也会形成有色络合物，但在硅酸盐中含量甚微；铝、钙等形成无色络合物，会消耗显色剂。

6.10 全分析结果的表示和计算

6.10.1　分析结果的表示及对结果的要求

对硅酸盐岩石进行全分析后，应写出分析报告，报告中各组分的测定结果的表示形式，应按该组分的实际存在状态表示，即以氧化物的形式表示。当然，有些组分如硫，根据其在矿物中结合状态不同，应分别表示为硫化物硫（S）、黄铁矿硫（FeS_2）和硫酸盐硫（SO_3）等。试样中的铁，也有不同状态，应根据其状态分别表示为全铁[TFe_4 或 $Fe_2O_3(T)$]、三氧化二铁（Fe_2O_3）、氧化亚铁（FeO）、黄铁矿铁（FeS_2）、金属铁（Fe）等。

分析结果的表示方法，一般以百分含量表示。对含量很低的稀有元素，可以用 $\mu g/g$、

ng/g 表示；含量极少，以"痕量"表示；测不出来时，用"—"表示；对可能存在而未测定的项目，用"未测定"表示。

全分析结果各组分百分含量的总和，一般规定在 99.3%～101.2%之间，在测定质量要求高的样品时，则总和应控制在 99.5%～100.75%之间。当然，如果有不能合理相加的组分存在或缺少某些组分时，则不受此限制。除总和满足要求以外，在各组分的测定中，对各组分的测定结果都有允许误差的要求，每项测定结果不能超出规定的允许误差。

6.10.2 分析结果的审查与校正

为了提供可靠的全分析报告，就必须严格检查与合理处理分析数据。除内外检查和单项测定的误差控制外，常用计算分析各组分百分含量总和的办法来检查各组分的分析质量。借此并检查是否存在"漏测"组分，检查一些组分的结果表示形式是否符合其在矿物中的实际存在状态。

(1) 总量产生偏差的原因

在全分析结果计算中，若各组分百分含量的总和产生了不在规定范围内的显著的偏差，则可能有以下原因。

① 存在系统或偶然误差。这可能是方法本身、仪器试剂以及操作人员等因素引起。

② 存在主要成分的漏测，使总量计算结果偏低。当试样中存在较大量的常规分析项目而又未先做光谱半定量全分析时，很容易出现漏测情况。

③ 干扰元素的存在使结果产生偏差。这种情况相当复杂，不同元素对不同项目的不同方法的干扰情况是不同的。

④ 结果计算不合理使结果出现偏差。这主要表现在两个方面，一方面是结果表示形式不符合实际存在状态而引起偏高或偏低；另一方面是结果计算时，未作卤-氧或硫-氧当量校正或校正不正确。

(2) 总量产生偏差的处理方法

造成总量偏低或偏高的以上四个方面的原因，可分别采用不同的方法检查和处理。

分析工作本身的系统误差或偶然误差，要以采用内外检查分析的方法来检查，查明后有针对性地进行处理。为防止漏测，要以通过光谱半定量分析来检查和发现漏测项目，然后对漏测项目进行补测，所以在硅酸盐全分析之前，最好对试样进行光谱全分析。对于干扰元素的影响，针对测定结果所得知元素及含量情况，对各组分的测定方法逐个进行分析，查清干扰情况后，采用掩蔽或分离办法消除干扰，或改用其他方法重新测定。而对结果计算中的问题，重点要注意亚铁、氟、氯、硫的含量及其结果表示形式。如果它们的含量较高，则烧失量不宜参与总量计算，应该以 H_2O^+、CO_2、氟、氯、硫的结果代替烧失量结果。同时要检查亚铁、硫的结果表示形式，不正确的部分加以改进，并注意进行卤-氧、硫-氧当量校正。

6.10.3 全分析总量的计算

硅酸盐组成不同，全分析的测定项目和总量计算方法也不同。

（1）硅酸盐岩石

$$总量＝SiO_2＋Al_2O_3＋Fe_2O_3＋FeO＋TiO_2＋MnO＋CaO＋$$
$$MgO＋K_2O＋Na_2O＋P_2O_5＋烧失量$$

如果需要测定 BaO、F^-、Cl^- 及硫酸盐硫（SO_3），则将此四项组分的量计入总量（均以质量分数计），并以相应的氧当量校正。

如果需要测定 H_2O^+、CO_2、有机碳的含量，则不测烧失量，而将此三组分的含量计入总量。

（2）含碳酸盐的岩石

$$总量＝SiO_2＋Al_2O_3＋Fe_2O_3＋FeO＋TiO_2＋MnO＋CaO＋MgO＋P_2O_5＋烧失量$$

如果总量与100％相差较远，则可根据光谱半定量全析结果和送样单位的要求，增测 K_2O、Na_2O、BaO、SO_2 等组分，并计入总量。

如需测定 CO_2、有机碳，则可不测烧失量而测定 H_2O^+，并将此三项组分计入总量。

（3）含磷酸盐岩石

总量计算基本上同硅酸盐岩石，但根据岩石的组成情况，有时需要测定 V_2O_5 和 RE_2O_3 等，测得结果计入总量。有时需要测定氟、氯，测得结果也计入总量，但此时对烧失量和总量应考虑到有关校正。

（4）含硫化合物矿石

① 含黄铁矿、不含磁铁矿的岩石

$$总量＝SiO_2＋Fe_2O_3＋酸溶性 FeO＋FeS_2＋Al_2O_3＋MnO＋TiO_2＋CaO＋$$
$$MgO＋(F－F×0.421)＋(烧失量－S＋S×0.372)$$

根据总量的情况，必要时可增测 BaO、SO_2、P_2O_5、K_2O、Na_2O 等组分，并计入总量。

② 含磁黄铁矿、黄铁矿而不含其他硫化物的岩石

总量计算基本同上，但总量中应减去相应的 Fe_7S_8 中的硫氧当量，即减去

$$\left(硫化物 S％－FeS_2％×\frac{2S}{FeS_2}\right)×\frac{7O}{8S}＝(硫化物 S％－FeS_2％×0.535)×0.437$$

③ 有硫化物、碳酸盐、硫酸盐共存的岩石

$$总量＝SiO_2＋Fe_2O_3＋酸溶性 FeO＋FeS_2＋Al_2O_3＋MnO＋TiO_2＋CaO＋$$
$$MgO＋P_2O_5＋K_2O＋Na_2O＋CO_2＋C＋H_2O^+＋硫酸盐 SO_3＋$$
$$硫化物 S＋F－F×0.421$$

根据光谱半定量结果，有时需增测 BaO、Cu、Pb、Zn 等组分，并计入总量。若从黄铁矿 Fe 和 Cu、Pb、Zn 等的含量和总硫化物含量推算出有磁黄铁矿存在，则应计算出磁黄铁矿硫量，并从酸溶性 FeO 量中减去相应的磁黄铁矿的硫氧当量，即减去 $Fe_7S_8％×0.437$。

（5）氟、氯、硫的氧当量校正

各种岩石中的氟、氯、硫是以阴离子形式与金属离子形成盐，但在计算各组分的测定

结果时，金属离子是以氧化物的形式表示，氟、氯、硫又另以单质形式表示。此时氧化物中的氧量有一部分便是额外加入的，故应在总量计算中加以校正，这就是所谓的氧当量校正。

因为在岩石试样中氟和氯是呈一价状态存在，即两个氟或氯才相当一个氧。这样：

$$氟\text{-}氧当量=\frac{O}{2F}=\frac{15.9994}{2\times18.9984}=0.4211$$

$$氯\text{-}氧当量=\frac{O}{2Cl}=\frac{15.9994}{2\times35.453}=0.2256$$

即全分析结果中有 1% 的氟时，应该从总量中减去 0.42%；有 1% 的氯时，应该从总量中减去 0.23%。

由于硫在岩石中与金属离子结合形成化合物的情况比较复杂，硫氧当量的计算与校正应视具体情况而定。

当试样中只含黄铁矿而其他金属硫化物的含量低至可以忽略不计时，若铁的分析结果以 Fe_2O_3% 表示，硫以 S% 表示，则由 $2FeS_2$ 相当于 Fe_2O_3，则：

$$硫\text{-}氧当量=\frac{3O}{4S}=\frac{3\times15.9994}{4\times32.064}=0.372$$

若铁的分析结果以 FeO% 表示，硫以 S% 表示，则由 FeS_2 相当于 FeO，则：

$$硫\text{-}氧当量=\frac{O}{2S}=\frac{15.9994}{2\times32.064}=0.2495$$

如果试样中只含磁黄铁矿时，当以 Fe_2O_3% 表示铁的含量，以 S% 表示硫的含量，由 $2Fe_7S_8$ 相当于 $7Fe_2O_3$，则：

$$硫\text{-}氧当量=\frac{21O}{16S}=\frac{21\times15.9994}{16\times32.064}=0.655$$

若磁黄铁矿中铁以 FeO% 表示，则：

$$硫\text{-}氧当量=\frac{7O}{8S}=\frac{7\times15.9994}{8\times32.064}=0.437$$

如果试样中同时存在着黄铁矿和磁黄铁矿及其他金属硫化物时，则必须先分别测定黄铁矿和磁黄铁矿中的硫，再进行校正。

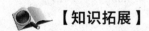

【知识拓展】

港珠澳大桥

2018 年底，经过 6 年筹备、9 年建设，全长 55 公里的港珠澳大桥建成通车。这一超级工程集桥梁、隧道和人工岛于一体，其建设难度之大，被誉为桥梁界的"珠穆朗玛峰"。它的建成，不仅标志着中国从桥梁大国走向桥梁强国，也意味着粤港澳大湾区建设正式驶入快车道。港珠澳大桥是"一国两制"框架下、粤港澳三地首次合作共建的超大型跨海通道，设计使用寿命 120 年，总投资约 1200 亿元人民币，于 2018 年 10 月开通运营。

大桥主体工程由粤、港、澳三方共同组建的港珠澳大桥管理局负责建设、运营、管理和维护，三地口岸及连接线由各自政府分别建设和运营。主体工程实行桥、岛、隧组合，总长约 29.6 公里，穿越伶仃航道和铜鼓西航道段约 6.7 公里为隧道，东、西两端各设置一个海中人工岛（蓝海豚岛和白海豚岛），犹如"伶仃双贝"熠熠生辉；其余路段约 22.9 公里为桥梁，分别设有寓意三地同心的"中国结"青州桥、人与自然和谐相处的"海豚塔"江海桥，以及扬帆起航的"风帆塔"九洲桥三座通航斜拉桥。

珠澳口岸人工岛总面积 208.87 公顷，分为三个区域，分别为珠海公路口岸管理区 107.33 公顷、澳门口岸管理区 71.61 公顷、大桥管理区 29.93 公顷，口岸由各自独立管辖。13.4 公里的珠海连接线衔接珠海公路口岸与西部沿海高速公路月环至南屏支线延长线，将大桥纳入国家高速公路网络；澳门连接线从澳门口岸以桥梁方式接入澳门填海新区。

港珠澳大桥创造了中国建设史上三项之最（里程最长、投资最多、施工难度最大），是世界最长的跨海大桥。大桥的总设计师林鸣说，"桥的价值在于承载，人的价值在于担当"。混凝土是筑就大桥之基的工程材料。澳门大学混凝土专家李宗津教授团队研发的"水泥水化纳米颗粒改善水凝胶混凝土增韧外加剂"，使混凝土的抗弯强度提高近 4 倍，使大桥更"长寿"。大桥使用水泥约 198 万吨，其中约 65.7% 是由润丰水泥供应的"润丰牌"高性能硅酸盐水泥。习总书记评价：港珠澳大桥是国家工程、国之重器，彰显了逢山开路、遇水架桥的中国奋斗精神，自主创新、勇创世界一流的民族志气，是中国实力的集中展示，是圆梦桥、同心桥、自信桥、复兴桥，坚定了中国特色社会主义的"四个自信"。这一切，凝聚了所有大桥建设者的汗水和智慧，也将见证粤港澳大湾区建设的如火如荼、日新月异。

 【习题与思考题】

6-1 组成硅酸盐岩石矿物的主要元素有哪些？硅酸盐全分析通常测定哪些项目？

6-2 何谓系统分析和分析系统？一个好的分析系统必须具备哪些条件？硅酸盐经典分析系统与快速分析系统各有什么特点？

6-3 硅酸盐中二氧化硅的测定方法有哪些？其测定原理是什么？各有何特点？

6-4 试述动物胶快速重量法测定二氧化硅的原理是什么？本法加动物胶之前将试液蒸至湿盐状的作用是什么？动物胶为何能使硅酸沉淀？

6-5 氟硅酸钾容量法常用分解试样的溶（熔）剂是什么？为什么？应如何控制氟硅酸钾沉淀和水解滴定的条件？最后滴定时，溶液的温度为什么不能低于 70℃？本法的主要干扰元素有哪些？

6-6 简述硅酸盐中铁、铝、钛的连续测定方法，如单独测定铝，应如何测定？

6-7 硅酸盐中铁的测定方法有哪些？在 EDTA 法中溶液酸度是多少？如何控制？

6-8 简述铬天青 S 分光光度法测定铝的原理，方法的优缺点是什么？

6-9 铁（Ⅲ）与磺基水杨酸形成配合物的反应随酸度变化而变化的情况如何？磺基水杨酸分光光度法测定常选择什么介质与酸度？干扰情况如何？

6-10 在钛的测定中，H_2O_2 分光光度法和 DAPM 分光光度法的显色介质各是什么？为何选择这样的介质？两种方法各有什么优缺点？

6-11 在钙、镁离子共存时，用 EDTA 配位滴定法测定其含量，如何克服相互之间的干扰？当大量镁存在时，如何测定钙？

6-12 原子吸收分光光度法测定铁、钙、镁时介质及仪器条件应如何选择？

6-13 水泥试样的烧失量是否为试样中挥发性物质的含量，为什么？其大小主要与什么因素有关？

6-14 火焰光度法测定钾、钠时，常用什么介质？为什么？火焰光度计的分光系统和检测系统是什么？分析结果的计算常用什么方法？

6-15 pH＝7.8±0.2 条件下，直接用 EGTA 滴定 Ca^{2+}，即使有大量的 Mg^{2+} 存在，亦不干扰钙的测定，这是为什么？试通过计算加以说明。

◆ 参考文献 ◆

[1] 中国硅酸盐学会，中国建筑工业出版社，武汉理工大学. 硅酸盐辞典，第二版 [M]. 北京：中国建筑工业出版社，1984.

[2] 廖立兵，汪灵，董发勤，彭同江，白志民. 我国矿物材料研究进展（2000-2010）[J]. 矿物岩石地球化学通报，2012，31（04）：323-339.

[3] 段晓峰. 硅酸盐水泥生产工艺（水泥专业试用）[M]. 成都：四川教育出版社，1988.

[4] 吴哲，田英良，沈雪红. 高强度铝硅酸盐玻璃及其化学钢化方法，2009.

[5] 张燮，罗明标. 工业分析化学 [M]. 北京：化学工业出版社，2013.

[6] 天津大学. 硅酸盐工学 [M]. 北京：中国工业出版社，1961.

[7] 张铨昌. 沸石分子筛的合成与应用 [J]. 硅酸盐学报，1992（06）：54-60.

[8] 刘雪华. 硅酸盐分析 [M]. 北京：职业教育出版社，1989.

[9] 王宏. 对硅酸盐岩石全分析结果的表示方法和计算的讨论 [J]. 中国石油和化工标准与质量，2012（10）：37-37.

[10] 柯以侃. 化工，石油产品及硅酸盐分析 [J]. 分析试验室，1994.

[11] 熊金平. 硅酸盐分析进展 [J]. 自然科学（全文版）：00034-00035.

[12] 郑荣希. 矿物分析试料的分解方法 [J]. 云南冶金，1974（04）：45-58.

[13] 凌进中. 硅酸盐岩石的分解方法 [J]. 岩矿测试，1988（04）：65-71.

[14] 郑森芳. 岩石矿物试样的分解 [J]. 分析化学，1975（06）：71-75.

[15] 吕学勤，钱惠芬. 岩石矿物中硅酸盐的系统分析方法 [J]. 科协论坛（下半月），2009，000（006）：97.

[16] 赵元飞，彭玉玲. 论岩石矿物中硅酸盐的系统分析方法研究 [J]. 科技与企业，2012，000（013）：363-364.

[17] Hiroshi Uchida，盛兴土，陈小暑. 感耦等离子体发射光谱法测定硅酸盐岩石中少量和微量元素 [J]. 地质地球化学，1981，000（010）：39-40.

[18] 储著银. 激光探针等离子体质谱测定 NIST 硅酸盐玻璃标样中痕量元素 [J]. 质谱学报，2003，024（003）：389-393.

[19] 李国会，卜维. X射线荧光光谱法测定硅酸盐中硫等 20 个主，次，痕量元素 [J]. 光谱学与光谱分析，1994，014（001）：105-110.

[20] 李光富，皮惠阶. 原子吸收分光光度法在硅酸盐样品系统分析中的应用 [J]. 中国电瓷，1982（06）：26-35.

[21] 何利娟，张志荣. 石英砂中 SiO_2，Fe_2O_3 的测定 [J]. 中国搪瓷，2000，02：25-27.

[22] 杨翼华. 岩石矿物中化合水的测定 [J]. 岩石测试，1998，17（3）：211-215.

[23] 《岩石矿物分析》编写组. 岩石矿物分析. 第一分册 [M]. 北京：地质出版社，1991.

[24] 谢先烈. 硅酸盐、橄榄岩中化合水的测定——棉球吸收法. 全国岩石矿物中易挥发元素及阴离子分析会议论文集. 承德：1983，13.

[25]　徐德辅，吴兰菁 . 不含吡啶的改进卡尔·费休试剂测定化肥水份含量 [J]. 分析测试学报，1983（04）：49-53.

[26]　杨翼华，朱永昌 . 气相色谱法测定岩矿中 H_2O 和 CO_2 [J]. 资源调查与环境，1986（03）：73-82.

[27]　李林渊，张捷 . 绝对电量法测定岩石矿物中湿存水与化合水 [J]. 地质实验室，1989，5（1）：18-20.

[28]　木会提 . 重量法测定石英石中高含量的二氧化硅 [J]. 新疆有色金属，2008，31（5）：58-59.

[29]　孙怀文，孙本良 . 十六烷基三甲基溴化铵凝聚重量法测定硅酸盐中二氧化硅 [J]. 理化检验：化学分册（5）：231-231.

[30]　张冶 . 动物胶凝聚重量法对硅酸盐岩石中二氧化硅的测定影响因素探讨 [J]. 中国化工贸易，2015，000（012）：146-146.

[31]　GB/T 176—1996，水泥化学分析方法，1996 年实施 .

[32]　张景明，刘进之，王淑仙 . 氟硅酸钾法快速测定二氧化硅的探讨 [J]. 硅酸盐学报，1963（03）：47-55.

[33]　赵建生 . 硅酸盐中二氧化硅的快速容量法测定 [J]. 理化检验通讯（化学分册），1974（3）.

[34]　翟庆洲，金永哲，邵长路，等 . 硅钼蓝光度法测定沸石分子筛中的硅 [J]. 光谱实验室，1998（3）：82-84.

[35]　谢振键 . EDTA 容量法测定硅酸盐中三氧化二铁含量的测量不确定度评定 [J]. 化工管理，2015，000（036）：118-119.

[36]　张连祥 . 重铬酸钾容量法测定铁矿石中全铁含量 [J]. 科技创新与应用，2014，000（006）：33-33.

[37]　马玲娥 . 铁矿石中全铁含量测定方法的改进——无汞盐重铬酸钾容量法 [J]. 科学时代，2013，000（003）：1-3.

[38]　杨玉琼 . 磺基水杨酸分光光度法测定三氧化二铁 [J]. 磷肥与复肥，2013，05（5）：75-75.

[39]　王立铭，王亚鹏 . 硅酸盐水泥中三氧化二铁的测定 [J]. 辽宁建材，2002，000（001）：45-45.

[40]　刘浩 . 电感耦合等离子体发射光谱法测定硅酸盐常量元素的方法研究 [D]. 吉林大学 .

[41]　向靖 . 硅酸盐中二氧化硅是否分离对返滴定法检测三氧化二铝结果的影响 [J]. 广东化工，2016，043（011）：78-79.

[42]　张晓梅 . 氟盐置换 EDTA 滴定法测定三氧化二铝 [J]. 新疆有色金属，2020（4）.

[43]　张惠君 . 铬天青 S 光度法直读测定硅酸盐中三氧化二铝 [J]. 科技经济市场，2006（03）：139-140.

[44]　韩文娟，白建军，耿海燕，等 . 电感耦合等离子发射光谱法测定硅酸盐中的三氧化二铝 [J]. 新疆有色金属，2019，042（002）：39-40.

[45]　张建珍 . EDTA 连续络合滴定法——测定铁矿石中氧化钙和氧化镁 [J]. 冶金分析，2011.

[46]　海冰，徐修平，彭立夫 . 火焰原子吸收光谱法测定钛精矿中氧化钙和氧化镁的含量 [J]. 现代矿业，2016，v. 32；No. 564（04）：259-260.

第7章　钢铁分析

7.1　概述

纯金属及合金经冶炼加工制成的材料称为金属材料。金属材料通常分为黑色金属材料和有色金属材料两大类。黑色金属材料是指铁、铬、锰及它们的合金，通常称为钢铁材料。常用钢铁材料有钢、生铁、铁合金、铸铁及各种合金（高温合金、精密合金等）。其中生铁是由铁矿石与焦炭及其他辅助材料（如 $CaCO_3$）混合，在高炉、转炉、电炉等各种冶金炉中经高温冶炼变成的，生铁再与其他辅助材料配合进一步冶炼则得到钢。在冶炼钢的过程中加入一定量的 Ni、Cr、Mo、W、V、Ti 等金属则得到各种用途不同的合金钢。

钢铁分析的概念有两种含义，广义的钢铁分析包括钢铁的原材料分析、生产过程的控制分析和产品、副产品及废渣分析等；狭义的钢铁分析是指钢铁中硅、锰、磷、碳、硫五元素分析和铁合金、合金钢中主要合金元素的分析。本章主要介绍狭义的钢铁分析的一些基本内容。

7.1.1　钢铁的分类

钢铁的分类是依据钢铁中除基体元素铁以外，杂质的化学成分的种类和数量不同而区分的，一般分为生铁、铁合金、工业纯铁（即碳素钢）和合金钢。

（1）生铁

生铁是指含碳量高于 2% 的铁碳合金，一般含碳 2.5%～4%。又根据生铁中碳的存在形式不同，生铁可分为白口铁和灰口铁。其中碳以化合态形式存在，剖面呈暗白色，称为白口铁。白口铁性脆且硬，难加工，主要用于炼钢，也称炼钢生铁，一般含硅量较低（<1.75%），含硫量较高（<0.07%）。灰口铁是指碳以游离态石墨形式存在，剖面呈灰色。灰口铁硬度小，流动性大，便于加工，主要用于铸造，所以也称铸造生铁。铸造生铁用于铸造各种生铁、铸铁件，俗称翻砂铁，一般含硅量较高（可达 3.75%），含硫量稍低（<0.06%）。

（2）铁合金

铁合金是含有炼钢时所需的各种合金元素的特种生铁，用作炼钢时的脱氧剂或合金元素添加剂。铁合金主要是以所含的合金元素来分，如硅铁、铬铁、钼铁、钨铁、钛铁、硅锰合金、稀土合金等。用量最大的是硅铁、锰铁和铬铁。

(3) 铸铁

铸铁也是一种含碳量高于 2% 的铁碳合金，是用铸造生铁原料经重熔调配成分再浇注而成的机件，一般称为铸铁件。

(4) 钢

钢是指含碳量低于 2% 的铁碳合金。其成分除铁、碳外，还有少量硅、锰、硫、磷等杂质元素，合金钢还含有镍、铬、钼、钨、钒、钛、铜等合金元素。钢的分类方法很多，按化学成分可分为碳素钢和合金钢。碳素钢按含碳量又可分为工业纯铁（碳 ≤ 0.04%）、低碳钢（碳在 0.04% ~ 0.25%）、中碳钢（碳在 0.25% ~ 0.60%）、高碳钢（碳 > 0.6%）；合金钢按合金元素总量可分为普通低合金钢（合金元素总量 < 3%）、低合金钢（合金元素总量 3% ~ 5%）、中合金钢（合金元素总量 5% ~ 10%）、高合金钢（合金元素总量 > 10%）；按品质（即硫、磷含量）分为普通钢亦称品质钢（硫、磷 ≤ 0.04%）、优质钢（硫 ≤ 0.04%，磷 ≤ 0.035%）、特殊质量钢（硫、磷 ≤ 0.025%）。还可以按冶炼方法、金相组织、用途等来进行分类。

7.1.2　钢铁中主要元素的存在形式及影响

(1) 碳

碳在钢铁中以游离碳和化合碳两种形式存在。游离碳以铁、碳固溶体存在，游离碳一般不与酸作用；化合碳即铁和合金元素的碳化物（如 Fe_3C、Mn_3C、MoC、TiC 等），化合碳一般能溶于酸，此性质是分离与测定化合碳和游离碳的依据。

碳是决定钢铁性能的重要元素之一，一般含碳量高，硬度和强度大，但塑性和韧性低，熔点也低。含碳量低则硬度强度低，但延性和韧性增强，熔点提高。

(2) 硫

硫主要是由原料引入，它在钢铁中主要以 FeS、MnS 的形式存在，夹杂于钢铁晶柱之间。FeS 熔点低，当加热压制钢铁时，因 FeS 熔融使钢铁晶柱失去连接作用而破裂。这就是硫使钢铁产生"热脆性"的原因。所以硫是有害元素，一般规定其含量小于 0.04%。特殊优质钢中含硫量应小于 0.02%。

(3) 磷

磷也是由原料引入的，在钢铁中它以固溶体、磷化物（Fe_2P、Fe_3P）及磷酸盐类夹杂物状态存在，磷化铁硬度大，以致钢铁难于加工，并使钢铁产生"冷脆性"，所以磷在钢铁中也是有害元素，但含磷量稍高能增加流动性而便于铸造，在某些特殊情况下有意加磷，如利用磷的冷脆性，在冶炼炮弹钢时加入磷，提高其爆炸能力。

(4) 硅

硅主要以固溶体、$FeSi$、$MnSi$、$FeMnSi$ 的形式存在，有时也有少量硅酸盐夹杂物，

如 $2FeO \cdot SiO_2$、$2MnO \cdot SiO_2$，在高碳硅钢中有一部分以 SiC 状态存在。硅能增强钢的硬度、强度和弹性，且能提高钢的抗氧化能力及耐酸性，还能使碳游离为石墨状，使钢铁富于流动性，易于铸造。含硅 $12\%\sim14\%$ 的铁合金称为硅铁，含硅 12%、锰 20% 的铁合金称为硅锰铁，它们主要用作炼钢的脱氧剂。硅也是铸造铝合金和锻铝合金的重要元素，这类材料广泛用于机械制造工业中。

（5）锰

锰在钢中主要以 MnC、MnS、FeMnSi 和固溶体状态存在。锰能增强钢的硬度，降低延展性。高锰钢（$0.8\%\sim14\%$Mn）具有良好的弹性和耐磨性，用于制造弹簧、齿轮、铁路道岔、磨机的钢球、钢棒等。

上述五元素称钢铁的五大基本元素，是影响其质量的主要成分，是钢铁生产的控制项目。当然还有铬、钒、铜、钨、钼、镍等许多合金元素，本章主要介绍五大基体元素和几个合金元素的分析。

7.1.3　钢铁分析的特点及分析内容

（1）分析的特点

样品的制备及分解相对比较简单。因钢铁中各组分的存在形式主要是以固溶体、游离金属、碳化物、氮化物、氧化物、硫化物、硅化物、硼化物和少量其他杂质，且分布较均匀（但有偏析现象），一般均可溶于酸或混酸（$B_{不溶}$、$Al_{不溶}$ 除外）。

样品中各成分的分析目前大部分可采用分光光度法进行测定（碳、硫一般不用，某些成分采用容量法），还有多元素连续自动分析仪，为系统分析创造了有利条件。所以在全分析中大都采用系统分析方法，即简便经济，又快速准确。

（2）分析内容

钢铁分析的内容（项目）由分析对象和分析目的来确定。一般分为全分析、重点成分分析和情况不明材料分析三种。

① 全分析（常称系统分析）　目的是鉴定材料的品种牌号是否符合规定。进行全分析要按国家标准或部颁标准中该种牌号材料的所有化学成分的项目进行全部分析，报告其结果。

② 重点成分分析　在某些情况下，只需进行一个或数个成分的分析，便可达到分析目的，此时选择重点成分分析。多用于发生混料要加以区别这样一些特殊情况，如生产电机用的转轴，按工艺要求需 40Cr，结果与 45 钢发生混料，此时只需测定 Cr 含量，即可区别。

③ 情况不明材料分析　如因材料管理混乱，不同品号的材料混在一起。对于这种情况，一般先要做定性分析（采用火花分析或看谱分析）确定材料的成分，然后再按需要进行定量分析。

以上各种情况的分析内容虽然不一样，但都是鉴别材料，判定好坏，指导生产。作为一个分析工作者，不仅要掌握分析化验的方法，而且应深入生产实际，了解生产的工艺过程、材料的性能、材料在生产中的作用，把分析结果与生产过程联系起来，以便及时发现问题及时解决。

7.2　钢铁试样的采集、制备和分解

试样的采集、制备与分解，在第 1、2 章已作了详细介绍，钢铁试样的采集、制备和分解同样要满足相关基本要求。但由于钢铁具有与前述物料不同之处，如既要对正在高炉内熔炼的铁、钢水采样，又要对炼制的成品采样，无论是采样方法还是采样工具都有其特殊性；试样的制备和分解更具特点。同时，要根据不同的目的和要求进行不同的分析，如熔炼分析（是指在钢浇铸过程中采样取锭，制成分析试样并对其各种组分及含量进行分析），就必须采用熔炼分析取样方法；而成品分析（是指在经过加工的成品钢铁材料上采取试样然后对其进行分析），则要用成品分析采样方法；不同的分析有不同的采样方法。因此，本节对钢铁试样的采集、制备和分解做简单介绍。

7.2.1　采样、制样的一般原则

① 用于钢铁的化学熔炼分析和成品分析的试样，必须在钢铁液或钢铁材料具有代表性的部位采样。试样应均匀一致，能确保试样对母体材料的代表性，且具有足够的数量，以满足全部分析要求。

② 化学分析用试样样屑，可用钻取、刨取、车取或某些工具机械制取，样屑应粉碎并混合均匀。制取样屑时，不能用水、油或其他润滑剂，并应去除表面氧化铁皮和脏物。成品钢材还应去除脱碳层、渗透层、涂层、镀层金属或其他外来物质。试样制取过程中，应避免引入杂质，为了消除可能混入的杂质，必须用磁铁清除不洁物。

③ 当用钻头采取试样样屑时，对熔炼分析或小断面钢材分析，钻头直径应适中。对小断面钢材，可用直径 $\phi \leqslant 6mm$ 的钻头在断面中心至侧垂线的中点打孔取样，也可以从钢材的整个断面或半个断面上切削取样；对大断面钢材成品分析，用钻头直径 $\phi \leqslant 12mm$ 的钻头，在沿钢块轴线方向断面中心点到外表面的垂线中点位置钻取；对薄卷板钢材，在垂直轧制方向切取宽度大于 50mm 的整幅卷板作送检样，经酸洗等处理表面后，沿试样长度方向对折数次，用 $\phi > 6mm$ 的钻头钻取，或用适当机械切削制取分析试样。钻头钻速要适当，钻屑不致氧化发蓝，钻屑厚度均匀且不连续。

④ 供仪器分析用的试样样块，使用前要根据分析仪器的要求，适当地予以磨平或抛光。

7.2.2　试样的采集与制备

(1) 常用采样工具

钢制长柄勺（容积约 200mL）；铸模 70mm×40mm×30mm（砂模或钢制模）；取样枪。

(2) 采样方法

在出铁口取样时，用长柄取样勺白取铁水，预热取样勺后，重新白取铁水，浇入砂

模内，凝固后作为送检样。如高炉容积较大，为使结果更可靠，可把一次出铁分为初、中、末三个阶段，按上述方法在每个阶段的中期各取一次作为送检样。

在铁水包或混铁车中取样时，应在铁水装至 1/2 时取一个样或在装入铁水的初、中、末期各阶段的中间各取一个样作为送检样。

在铸铁机生产商品铸铁时取样，考虑到从炉前到铸铁厂的过程中铁水成分的变化，应从铁水包倒入铸铁机的中间时刻取样，这样可避免从炉前到铸铁厂的过程中铁水成分的变化。

从炼钢炉内的钢水中取样，一般是用取样勺从炉内白出钢水，清除表面的渣子之后浇入金属铸模中，凝固后作为送检样。为了防止钢水和空气接触时，钢中易氧化元素含量发生变化，有的采用浸入式铸模或取样枪在炉内取送检样。

从成品生铁块中取样时，一般是随机地从一批铁块中取 3 个以上的铁块作为送检样。当一批的总量超过 30t 时，每超过 10t 增加一个铁块。每批的送检样由 3～7 个组成。当铁块可以分为两半时，分开后只用其中一半制备分析试样。

钢坯一般不取送检样，其化学成分由钢水包中取样分析所决定。因为钢锭会带有各种缺陷（沉淀、收缩口、偏析、非金属夹杂物及裂痕）。如轧钢厂要对钢坯原料进行分析时，钢坯的送检样可以从原料钢锭 1/5 高度的位置沿垂直于轧制的方向切取钢坯整个断面的钢材。

钢材制品，一般不分析，如要分析取样，可用切割的方法，但要多取一些，便于制样。取样量一般为分析用量的 5～6 倍。

（3）制样方法

成品钢铁试样的制备方法随送检材料的形状、大小、性质等不同而不同，制备方法一般有钻取法、刨取法、车取法、捣碎法、压延法以及锯、锉取法等，取其碎屑便可。对于硬度大的钢样，如钨钢，在制样前应先退火，降低钢的表面硬度，再制样。退火方法一般是将它放在 750～870℃ 的高温炉中加热 15～30min，然后慢慢冷却。

① 捣碎法　先将送检样用砂轮机打光表面，放于破碎器内破碎，再放于有弹簧锤的破碎器内捣碎到全部通过 100 号筛。本法适用于白口铁、淬火钢及铁合金等硬、脆性材料。

② 钻取法　钻取是一般化验室最常用的制样方法。本法适用于碳素钢、合金钢、铸造生铁、球铁等非脆性铁合金。而对灰口铸铁，由于在制样过程中灰口铁中的石墨碳易发生变化，要防止在制样过程中高温氧化。因此首先清除送检样表面的砂粒等杂质后，用 $\phi20～25mm$ 的钻头在中央垂直钻孔（钻头转速 80～150r/min），表面层的钻屑弃去。继续钻进 25mm 深，制成 50～100g 试样。选取 5g 粗大的钻屑供测定碳用，其余的用钢研钵轻轻捣碎磨至粒度过 20 号筛（0.84mm），供分析其他元素用。

③ 车取法　适用于接近圆形、方形的棒、管、线状非火焰切割的试样。

④ 刨取法　本法适用于各种型钢的轧材的仲裁分析用试样的制备，特别适用于薄片状试样。先将薄片叠好夹固，然后刨取。

⑤ 压延剪碎法　贵金属在取样制成小型锭样并经洗涤干燥后，在特制的小型压延机上压成薄片，然后将薄片剪碎。

　　有些物料，由于种种原因不能用上述方法制样时，可采用锯、抢、锉、剪的办法取样，常常称为少损取样法。根据试样特点，选用合适材质的锯条、抢刀或锉刀，一般选用经过表面硬化处理的低碳钢锯条。

　　不管采用上述哪种方法制得的试样，都要用磁铁清除可能引入的杂质。

7.2.3　试样的分解

　　钢铁分析主要采用酸分解法，常用的酸有盐酸、硝酸、硫酸、磷酸、高氯酸，这些酸有的可用单一酸，也可用它们的混合酸。有时针对某些试样，还需加入双氧水、氢氟酸等，单一的酸有时分解不完全，混酸的使用可以取长补短，还可产生新的溶解能力，使试样加速分解并分解完全；对某些难溶试样，则可用碱熔法分解。当然，对于不同类型的钢铁试样有不同的分解方法。

　　生铁和碳素钢：常用稀硝酸 [(1+1)～(1+5)] 分解。

　　合金钢和铁合金：情况较复杂，不同对象用不同的方法。硅钢、含镍钢、钨铁、硅铁、硼铁、硅钙合金、稀土硅铁、硅锰铁合金等可在塑料器皿中，先用浓硝酸分解，待剧烈反应停止后再加氢氟酸继续分解；或者用过氧化钠（或过氧化钠和碳酸钠组成的混合熔剂）于高温炉中熔融分解，然后以酸提取。铬铁、高铬钢、耐热钢、不锈钢应在塑料器皿中用浓盐酸加过氧化氢分解，不用硝酸分解以防生成氧化膜而钝化。高碳锰铁、含钨铸铁，由于含有较高的不被酸所分解的游离碳，因此用硝酸加氢氟酸在塑料器皿中分解，并用脱脂棉过滤除去游离碳。高碳铬铁宜用过氧化钠熔融分解后，用酸提取。钛铁宜用硫酸 (1+1) 溶解，并冒白烟 1min，冷却后盐酸 (1+1) 溶解盐类。

　　高温炉燃烧法将钢铁中碳和硫转变为二氧化碳和二氧化硫，也是钢铁中碳和硫含量测定的常用分解方法。

　　在选用钢铁试样的分解方法时，首先要考虑钢铁本身的组分与结构；其次，在分解试样时还必须注意不让被测组分逸出，如测磷时，不能用非氧化性酸溶样，否则使磷成为 PH_3 逸出，只能采用氧化性酸溶样，磷将成为正磷酸或亚磷酸留于溶液中；还要注意分解剂对后面的测定不造成干扰，如果有干扰，要设法消除。如分光光度法测磷时用硝酸溶样，反应产物之一氮氧化物干扰测定，必须加热驱尽或者用尿素或氨基磺酸加以破坏；氟离子常干扰测定，在用氢氟酸溶样后，以硫酸或高氯酸冒烟，以驱除多余的氢氟酸或加硼酸使氟配合成无害的 BF_4^- 配离子。

7.3　总碳的测定

　　碳的测定方法很多，有燃烧-气体容积法、非水滴定法、吸收重量法、电导法、库仑法、红外吸收光谱法、结晶定碳法、真空冷凝法等。燃烧-气体容积法是目前国内外普遍采用的标准方法，此法准确度高，应用较广，适合于测定含碳量在 0.1%～5% 的钢铁试样。

　　一般钢样只测总碳量，而对生铁试样，还要区分游离碳和化合碳。化合碳量由总碳量减去游离碳量而得。而游离碳不与稀 HNO_3 反应，所以可用稀 HNO_3 分解试样，将游离碳分离，再用测总碳方法测定游离碳的含量。

7.3.1 燃烧-气体容积法

燃烧-气体容积法自 1939 年应用以来，由于操作迅速、手续简单、结果准确度高，因而迄今仍广泛应用，国内外仍推荐为标准方法，所用设备见图 7-1。但缺点是分析人员要有熟练的操作技巧，分析时间较长，对低碳的测定误差较大。

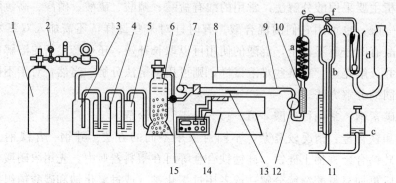

图 7-1　燃烧-气体容积法定碳装置

1—氧气瓶；2—氧气表；3—缓冲瓶；4,5—洗气瓶；6—干燥塔；7—玻璃磨口塞；8—管式炉；9—瓷管；10—除硫管；11—容量定碳仪（包括：蛇形冷凝管 a、量气管 b、水准瓶 c、吸收器 d、小活塞 e、三通活塞 f）；12—球形干燥管；13—瓷舟；14—温度自动控制系统；15—供氧活塞

（1）测定原理

将钢铁试样置于 $1150 \sim 1250 ℃$ 的高温炉内，通氧气燃烧，钢中的所有碳和硫均氧化为 CO_2 和 SO_2，其反应为：

$$C + O_2 = CO_2$$
$$4Fe_3C + 13O_2 = 4CO_2 \uparrow + 6Fe_2O_3$$
$$Mn_3C + 3O_2 = CO_2 \uparrow + Mn_3O_4$$
$$4FeS + 7O_2 = 2Fe_2O_3 + 4SO_2 \uparrow$$
$$3MnS + 5O_2 = Mn_3O_4 + 3SO_2 \uparrow$$

燃烧产生的混合气体，除去 SO_2 后，收集于量气管中，然后以 KOH 溶液吸收 CO_2，吸收前后体积之差为 CO_2 的体积，由此可算出钢铁中碳的含量。

（2）测定条件

本法中试样的分解采用燃烧法，分解温度足够高，一般碳素钢、生铁、低合金钢等在 $1150 \sim 1250 ℃$；难分解试样如高合金钢（高铬钢等）在 $1250 \sim 1300 ℃$。温度高，热电偶与瓷管黏结而易损坏热电偶；温度低燃烧不完全，分析结果偏低。

高温条件可以采用三种方式进行：一是采用高温管式炉，它是以硅碳棒作为发热元件，加热一瓷管，调节电流电压，以控制瓷管内的温度，最高可达 $1350 ℃$。管式高温炉又分为卧式和立式，一般常用卧式，管式高温炉是应用最广的一种高温设备，但升温时间较长，为了保温，在工作时间内需连续供电，耗电量大。二是高频炉（又称高频感应加热器），它是利用电子管自激振荡产生高频磁场。金属试样在高频磁场作用下产生涡流而发热，在富氧条件下，1min 便可由室温升至 1400～1600℃，它使用方便，升温快，温度高、节能，但设备复杂，使用高压电，应注意安全。另一种是电弧炉，是我国首创的一种定碳定硫的燃烧炉。它是将试样置于两电极间（交流电压 36～45V），在富氧条件下，利用电弧炉的电极与试样的虚联，产生瞬间短路，发出温度很高的弧光，使助熔剂和试样着火，由试样本身剧烈燃烧所放出的热，使试样熔融并使碳转化为二氧化碳，温度可达 1500℃左右。此法设备简单，操作方便，升温快，节能。

为了降低试样的燃烧温度，促进碳化物的转化，在实际分析时可减少试样量或加入助熔剂，且保持炉温恒定。

助熔剂与试样在高温下生成易熔合金（低熔点），它在氧气中氧化时释放出大量的热，使温度局部升高，促进试样燃烧。助熔剂一般为纯 Sn、Al、Fe、Cu、氧化铜及五氧化二钒等，纯锡最好，常用。

气体容积法是通过测量二氧化碳的体积来求碳的含量，因此在测量过程中应避免产生温差对结果的影响。温差是指测量过程中冷凝管、量气管和吸收管三者之间的温度差异，这种差异对气体体积变化十分敏感。温差可能是因定碳仪放置地点及位置不当，造成环境温度不一致；或者因混合气体没有得到充分冷却而产生；也可能是在对大批样品进行连续分析时，量气管保温水套里水量有限，使量气管的温度不断上升，而吸收器中由于吸收液量大，热容量也大，其温度升高比量气管慢而产生温差。为减小温差，简便的方法是选择定碳仪安放地点及位置，使定碳仪远离高温炉，改善定碳仪室的通风条件；冷凝管应通回流冷却水确保混合气体的冷却，特别是炉前分析时因通氧速度快，更要注意混合气体的冷却。

富氧系指要有充足的氧气，且供氧速度是保证结果准确的关键，供氧方式是"前大氧，后控气"，前者是指进入燃烧炉的氧气流量要大，后者是指进入测量系统的混合气体的流量要加以控制。但通氧速度一般是先慢后快，最后赶尽管路中残余的二氧化碳。实际通氧速度一般为钢铁 0.5～0.7L/min，生铁 0.7～1L/min。

通入燃烧炉的氧气首先要净化：先通入含 4%KMnO$_4$＋40%KOH 混合液除还原性物质，再通入碱石灰或无水 CaCl$_2$ 除 CO$_2$，最后通入浓 H$_2$SO$_4$ 除水分后得到纯净干燥的氧气。

经燃烧、除尘并冷却后的二氧化碳、二氧化硫和氧气在进入二氧化碳测量装置前必须除去 SO$_2$。因燃烧生成的 SO$_2$ 亦能被 KOH 溶液吸收干扰测定：

$$SO_2 + 2KOH \xrightarrow{\hspace{1cm}} K_2SO_3 + H_2O$$

除 SO$_2$ 常有如下方法：

① 用脱硫剂（活性 MnO$_2$）吸收 SO$_2$。

$$MnO_2 + SO_2 \xrightarrow{\hspace{1cm}} MnSO_4$$

② 用偏钒酸银固体吸收 SO$_2$。

$$2AgVO_3 + 3SO_2 + O_2 \xrightarrow{\hspace{1cm}} Ag_2SO_4 + 2VOSO_4（硫酸钒酰）$$

③ 用淀粉水溶液吸收 SO$_2$，I$_2$ 标准溶液滴定。

④ 在 C、S 联合测定中是用淀粉水溶液吸收、碘标准溶液滴定的方法除 S，同时测定 S。

(3) 结果计算

气体容积法定碳是采用一种专门设计的仪器来测量试样中碳的含量（如天津第一玻璃仪器厂制造的 CS71 型 C、S 联合测定仪），这种仪器测出的结果实际上是二氧化碳的体积，为了把它换算成碳的百分含量，分别按下列方法计算：

当量气管上的标尺刻度以 mL 表示时，其结果计算公式为：

$$w(C) = \frac{AVf}{G} \times 100\% \tag{7-1}$$

式中　　A——温度 16℃，气压 101.3kPa，每毫升二氧化碳中含碳质量，g（当用酸性水溶液作封闭液时，$A=0.0005000$g；当用氯化钠酸性水溶液作封闭液时，$A=0.0005022$g）；

　　　　V——CO_2 的实际体积，即吸收前后混合气体体积之差，mL；

　　　　f——温度、压力校正系数（$f=V'/V$），即将实际测量条件下的体积 V 校正为特殊状态下（即 101.3kPa、16℃）的体积 V'，不同封闭液其值不同；

　　　　G——试样质量，g。

当标尺刻度直接表示含碳量时（例如上海产的定碳仪把 25mL 体积刻成含碳量为 1.250%；沈阳产的定碳仪把 30mL 体积刻成含碳量为 1.500%），其结果计算式为：

$$w(C) = \frac{20AXf}{G} \times 100\% \tag{7-2}$$

式中　　X——标尺读数（含碳量）；

　　　　20——标尺读数（含碳量）换算成二氧化碳气体体积（mL）的系数（即 25/1.250 或 30/1.500）。

下面讨论计算式中 A 和 f 值的由来。

钢铁定碳仪量气管上的刻度，通常是在 101.3kPa 和 16℃ 时按每毫升 CO_2 相当 0.0005000g 碳（0.050%）刻制的。即在此条件下，每 mL 干燥 CO_2 气体中含碳的质量为 0.0005000g。为什么在此条件下，$A=0.0005000$ 呢？

已知 1mol CO_2 在标准状态下的体积为 22260mL（为真实气体），而 16℃ 时，饱和水蒸气压力为 1.813kPa，现设 1mol CO_2 气体在 16℃、101.3kPa 下，在水面上所点的体积为 V'，根据气态方程：

$$V' = 22260 \times \frac{101.3}{101.3-1.813} \times \frac{273+16}{273} = 23994 \text{mL}$$

碳的相对原子质量为 12，因此 12g 碳生成二氧化碳体积为 23994mL，故单位体积 CO_2 在 16℃，101.3kPa 下含碳的质量为：

$$\frac{12}{23994} = 0.0005000(\text{g})$$

所以 $A=0.0005000$g。

校正系数 f 如何计算呢？因为测量气体体积是在水面上测量的，求二氧化碳气体体积时必须扣除该状态下的饱和水蒸气体积。

设 V' 为 16℃、101.3kPa 下二氧化碳的体积，测定时的温度、压力和体积分别为 $t℃$、$P\text{kPa}$、$V\text{mL}$，此时饱和水蒸气压为 $b\text{kPa}$。由于测定时的温度、压力与量气管刻度时的温度、压力不相同，需要加以校正，即将读出的数值乘以温度压力校正系数 f。f 值可从温度压力校正表中查出，也可由气态方程式算出。由气态方程 $\dfrac{P-b}{t+273.2}\times V=\dfrac{101.3-1.813}{16+273}\times V'$，得

$$f=\frac{V'}{V}=\frac{P-b}{t+273}\times\frac{16+273}{101.3-1.813}=2.905\times\frac{P-b}{t+273} \tag{7-3}$$

例如，在 17℃、101kPa 时测得的气体体积为 V_{17} mL，17℃时的饱和水蒸气压为 1.933kPa，16℃时饱和水蒸气压为 1.813kPa，16℃、101.3kPa 下气体的体积为 V_{16}，则校正系数为：

$$f=\frac{V'}{V}=\frac{P-b}{t+273}\times\frac{16+273}{101.3-1.813}=2.905\times\frac{P-b}{t+273}=2.905\times\frac{101.3-1.933}{17+273}=0.996$$

（4）分析步骤

转动三通活塞，使量气管通大气，固定水准瓶位置，使量气管内的酸性氯化钠溶液水平面在零点。转动三通活塞，使吸收器通大气，并使吸收器中的两液面平衡，画上标线。

将炉温升至 1200～1300℃，检查管路及活塞是否漏气，装置是否正常。转动三通活塞使量气管与大气接通，提升水准瓶使量气管内充满酸性溶液，水准瓶置于高位。

称取试样（含碳 1.5% 以下称取 0.5000～2.000g，含碳 1.5% 以上称取 0.2000～0.5000g）平铺于瓷舟中，覆盖适量助熔剂（约 0.2g），启开玻璃磨口塞，将瓷舟放入瓷管内，用长钩推至高温处，立即塞紧磨口塞。预热 1min，转动三通活塞使冷凝管和量气管相通，并以 2L/min 的速度通入氧气，将水准瓶缓慢下移，待试样燃烧完毕，将水准瓶立即收到标尺的零点位置。当酸性氯化钠溶液液面下降到接近标尺零点时，迅速打开胶塞，停止通氧。液面对准零点，转动三通活塞使量气管与吸收器相通，将水准瓶置于高位，将量气管内的气体全部压入吸收器，再降下水准瓶，调节吸收器内液面对准预先标记的标线，此时水准瓶与量气管的液面平衡，读取量气管上的刻度、温度和大气压（高碳试样应进行两次吸收）。转动三通活塞，使量气管与大气相通，提升水准瓶使量气管内充满溶液，水准瓶放至高处，随即关闭三通活塞即可进行下一试样的分析。

7.3.2　燃烧-非水滴定法

非水滴定法是发展较晚的一种定碳方法，方法具有快速简便、准确，不需要特殊玻璃器皿，分析范围较宽的特点，特别适合于低碳量的测定。

（1）方法原理

试样在 1150～1300℃ 的高温氧气炉中燃烧，生成的气体经过除硫管除去二氧化硫，导入乙醇-乙醇胺非水有机溶剂中，以增强二氧化碳在非水溶液中的酸度，非水溶剂乙醇胺吸收二氧化碳后生成 2-羟基乙基胺甲酸，以百里酚酞-甲基红为指示剂，用乙醇钾标准溶液滴定至溶液呈稳定的蓝色时为终点。根据乙醇钾标准溶液消耗的体积，计算碳的含量。其化学反应为：

$$C_2H_5OH+KOH =\!\!= C_2H_5OK+H_2O$$
$$CO_2+NH_2C_2H_4OH =\!\!= HOC_2H_4NHCOOH$$

$$HOC_2H_4NHCOOH + C_2H_5OK \Longrightarrow C_2H_5OCOOK + NH_2C_2H_4OH$$

实验在非水溶剂中进行中和滴定的原因是：因为碳酸为二元弱酸，在水中电离倾向非常小，如果在水中直接滴定，不仅滴定曲线的突跃范围狭小，滴定曲线平坦，而且难选择指示剂；当酸愈弱时（$K_a < 10^{-7}$），盐的水解效应非常显著，较难获得终点，甚至无法直接滴定，所以以非水体系作为滴定介质。在非水介质中为什么可以实现中和滴定呢？根据酸碱质子理论，酸或碱的强度主要决定于物质的本质（即给出或接受质子的能力）和反应介质的性质（即溶剂的性质），而介质影响很显著。因为酸的强度决定于酸给出质子的能力和溶剂分子接受质子的能力；碱的强度决定于碱从溶剂分子中夺取质子的能力和溶剂分子给出质子的能力。当二氧化碳进入甲醇或乙醇介质后，由于甲醇或乙醇给出质子的能力比水小，反过来说明 CH_3O^- 或 $C_2H_5O^-$ 接受质子的能力比水中 OH^- 强，故二氧化碳在醇中酸性增强（提高了给质子能力）；同样的道理，醇钾在醇中的碱性比氢氧化钾在水中的碱性强。这两种增强，使醇钾滴定二氧化碳时的突跃比在水中大，便可选择合适的指示剂来指示滴定终点。还有一个原因是醇的极性比水小，根据相似相溶原理可知，二氧化碳在醇中的溶解度比在水中大，所以加入非极性溶剂如丙酮可增大其溶解度，改善滴定终点。

（2）滴定体系

目前采用的非水滴定体系有甲醇-丙酮-氢氧化钾体系和乙醇-乙醇胺-氢氧化钾体系。前者体系稳定、长期放置不浑浊、终点敏锐、操作方便，但对二氧化碳的吸收和保留性能较差，甲醇有毒，需要密封使用。后者无毒性，有机胺的存在能增强对二氧化碳的吸收能力，但终点不太敏锐，不适于低碳的分析。

7.3.3 电导法

电导法是利用溶液的电导能力来进行定量分析的一种方法。电导定碳是电导分析的具体应用。其原理是在特定的电导池中，装入一定量的能够吸收二氧化碳的电解质溶液，试样经高温燃烧产生的二氧化碳导入电导池后，溶液的电导率即发生变化。由于电导率的改变与导入的二氧化碳的量成正比，从而可从记录仪上得出碳的含量。吸收液主要有如下三种。

① 氢氧化钠吸收液　反应为

$$CO_2 + 2OH^- \Longrightarrow CO_3^{2-} + H_2O$$

溶液每增加一个 CO_3^{2-} 就减少两个 OH^-，因此上述反应的结果，使溶液的电导率下降。氢氧化钠吸收液吸收能力强，也没有沉淀产生，但由于反应中 OH^- 减少的同时增加了 CO_3^{2-}，电导率变化不大，灵敏度不是太高，所以用于含碳量较高的测定。

② 氢氧化钡吸收液　氢氧化钡吸收二氧化碳生成了碳酸钡，降低了溶液中 OH^- 和 Ba^{2+} 浓度，没有离子浓度的增加，因而溶液的电导率大大降低，所以氢氧化钡吸收液具有较高的灵敏度。但由于氢氧化钡只是中强度的碱，吸收能力不太强，因而只适用于低含碳量的测定。同时碳酸钡沉淀易污染电极和吸收杯，给测定带来不便。

③ 高氯酸钡吸收液　反应为

$$Ba^{2+} + CO_2 + H_2O \Longrightarrow BaCO_3 \downarrow + 2H^+$$

由上反应可知，溶液中每减少一个 Ba^{2+}，增加了 $2H^+$，溶液的电导率大幅度增加，因而灵敏度较高，且吸收液较稳定，不易受空气中二氧化碳的干扰，但对二氧化碳的吸收能力很弱，需采用强化吸收装置和很小的氧气流量，应用不太广泛。

影响电导分析主要有以下三个因素：一是温度，温度每增加 1℃，电导率增加 2％ 左右。所以要对电导池进行恒温，最简便方法是将电导池置于回流的冷却水中；二是吸收液浓度，电导分析只适用于稀溶液，因而电导定碳的吸收液都是低浓度的溶液。浓度过高会降低测定灵敏度，增大误差，还可能使电导率与碳含量失去线性关系，浓度太稀则吸收不完全；三是电导分析对溶剂纯度要求很高，否则产生严重干扰。

7.3.4　燃烧-库仑法

库仑法是在电解分析法的基础上发展起来的，但不是称量电解析出物，而是测量电解过程中所消耗的电量来进行定量分析，所以也叫电量分析法。

试样在通氧的高频炉或电阻炉内燃烧，将生成的二氧化碳混合气体导入已调好固定 pH 值的（A 态）高氯酸钡吸收液中，由于二氧化碳的反应，使溶液 pH 值改变（A′态），然后用电解的办法电解生成的 H^+，使溶液 pH 值回复到 A 态。根据法拉第电解定律，通过电路设计，使每个电解脉冲具有恒定电量，从而实现数显浓度直读、自动定碳的目的。主要反应为：

$$Ba(ClO_4)_2 + CO_2 + H_2O \longrightarrow BaCO_3 \downarrow + 2HClO_4$$

电解
$$2H^+ + 2e^- \longrightarrow H_2 \uparrow （阴极反应：吸收杯）$$

$$2H_2O \longrightarrow 2e^- \longrightarrow 2H^+ + \frac{1}{2}O_2 \uparrow （阳极反应：副杯）$$

$$2H^+ + BaCO_3 \longrightarrow Ba^{2+} + H_2O + CO_2 \uparrow$$

整个过程可以用如下图示表示：

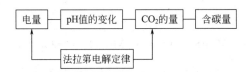

库仑定碳仪电量的计算，是以计数电解脉冲的方式进行的。每个脉冲的电量为 $8 \times 10^{-3}C$，相当于 $0.5 \times 10^{-6}g$ 碳，其计算方法为：

由
$$W = \frac{E}{F} \times Q$$

式中　E——碳的"单元摩尔质量"；

　　　F——法拉第常数，即 $96500C$；

　　　Q——电解脉冲的电量，即 $8 \times 10^{-3}C$。

因为
$$C \longrightarrow CO_2 \longrightarrow 2H^+$$

所以
$$E = \frac{12}{2} = 6$$

将已知数值代入上式，得含碳量为：

$$W = \frac{6}{96500} \times 8 \times 10^{-3} = 0.5 \times 10^{-6}g$$

该法适用于含碳量低于 0.2% 的钢铁及各种物料中碳的测定。如日本国际电器公司产的 VK-1C 型库仑定碳仪的流程示意图如下：

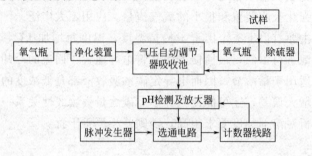

7.4 硫的测定

测定硫的方法很多，有用于测定高硫试样的经典硫酸钡重量法，有高温燃烧法（其中又分碘量法、中和法、分光光度法）和还原蒸馏比色法（H_2S 分光光度法）等，其中高温燃烧-碘量法是标准方法，应用很广。此外，还有电导法、微库仑法以及近年来较为普及的红外吸收法等，另外碳硫联合测定仪近年来也正在普及。

7.4.1 高温燃烧-碘量法

(1) 原理

钢铁试样在 1250~1300℃ 高温下通氧燃烧，使 S 转化为 SO_2。燃烧后的混合气体通过除去粉尘后进入吸收杯，被含淀粉的水溶液所吸收生成亚硫酸，然后用碘酸钾标准溶液滴定至浅蓝色为终点，用同类型标样按同样的操作求得碘酸钾标准溶液对硫的滴定度，再根据碘酸钾标准溶液滴定试样所消耗的体积，便可计算钢铁试样中硫的含量。主要反应为：

$$3MnS + 5O_2 \xrightarrow{\quad} Mn_3O_4 + 3SO_2 \uparrow$$

$$3FeS + 5O_2 \xrightarrow{\quad} Fe_3O_4 + 3SO_2 \uparrow$$

$$SO_2 + H_2O \xrightarrow{\quad} H_2SO_3$$

$$3H_2SO_3 + IO_3^- \xrightarrow{\quad} 3H_2SO_4 + I^-$$

$$IO_3^- + 5I^- + 6H^+ \xrightarrow{\quad} 3I_2 + 3H_2O$$

方程式也可这样写：

$$IO_3^- + 5I^- + 6H^+ \xrightarrow{\quad} 3I_2 + 3H_2O$$

$$I_2 + SO_3^{2-} + H_2O \xrightarrow{\quad} 2I^- + SO_4^{2-} + 2H^+$$

方法也可用碘标准溶液滴定，但碘酸钾标准溶液较碘标准溶液稳定，不易挥发分解，灵敏度高，因此适用于微量硫的测定。燃烧碘量法所用设备与燃烧-气体容积法所用设备大同小异，只要去掉其除硫和测 CO_2 体积部分的装置，其装置如图 7-2 所示。

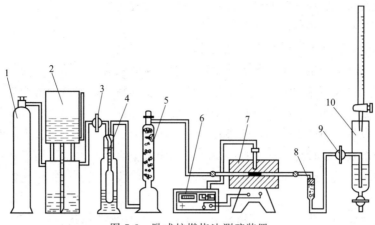

图 7-2　卧式炉燃烧法测硫装置

1—氧气瓶；2—贮气筒；3—第一道活塞；4—洗气瓶；5—干燥塔；6—温控仪；

7—卧式高温炉；8—除尘管；9—第二道活塞；10—吸收杯

（2）结果计算

$$w(C) = \frac{TV}{G} \times 100\%$$ 　　　　　　　　　　　　　（7-4）

式中　T——碘酸钾标准溶液对硫的滴定度，g/mL；

　　　V——滴定试样所消耗碘酸钾标准溶液的体积，mL；

　　　G——试样质量，g。

本法测硫的结果计算为何要用滴定度计算结果呢？是否可以直接用标准溶液的浓度（或理论值）来计算呢？显然不能用理论值求结果。因为本法的最大缺点是硫的转化率和回收率都小于100%。一方面在燃烧过程中二氧化硫的发生率通常小于等于90%，有的甚至只有60%～70%。另一方面由于二氧化硫是极性分子（而二氧化碳为非极性分子），在管路中易被粉尘所吸附；同时二氧化硫还易转化为三氧化硫，且水溶液吸收不完全，生成的亚硫酸又不稳定，即二氧化硫的回收率也低于100%。所以用理论值计算结果显然偏低。为了防止结果偏低，采用滴定度进行计算，同时采取许多不同于定碳的测定条件并严格控制。

（3）测定条件

硫的燃烧氧化温度更高。因硫在钢铁中的存在形态较碳稳定，必须提高燃烧温度才能使硫化物分解和氧化，所以定硫温度一般总是高于定碳温度。一般规定铸铁、普通钢、低合金钢炉温为1250～1350℃，高合金钢和耐热钢为1300～1350℃。

还要保持一定的高温持续时间。高温持续时间对硫的充分氧化起决定性作用，因燃烧反应发生在气-固两相之间，生成物又是熔点较高的四氧化三铁熔渣，高温持续时间短，硫来不及充分氧化和分离时，熔渣便凝固，迫使反应停止。之所以电弧炉硫的转化率低于管式炉和高频炉，就是这个缘故。

适当的预热可提高硫的转化率。一般预热0.5～1min，预热过久则因氧化铁的催化作用使二氧化硫转化为三氧化硫，使结果偏低。

加入优良的助熔剂可提高硫的转化率。

采用"前大氧、后控气"的供氧方式,可提高试样的燃烧速度和温度,有利于硫的充分氧化,同时有利于二氧化硫的吸收。

测定过程中要尽量消除粉尘对二氧化硫的吸附,提高其回收率。因二氧化硫易被粉尘吸附,而燃烧过程中产生大量的各类粉尘,特别是氧化铁和氧化锡粉尘的吸附性很强。所以最好采用管式炉或高频炉燃烧,不采用电弧炉;要尽量清除管路中的粉尘,同时采用优良的助熔剂。分析工作者提出了钨粒、钼粉、五氧化二钒、三氧化钼、三氧化钨等新型助熔剂。锡粒为较早使用的助熔剂,效果较好,但产生大量的二氧化锡粉尘对测定不利;五氧化二钒的助熔效果较理想,产生粉尘少,硫的回收率高,所以也可用五氧化二钒;若用三氧化钼与锡粒共同助熔,可有效地消除定硫过程中的吸附现象,三氧化钼已被称为反吸附剂。

避免二氧化硫的氧化和逸出,提高其回收率。二氧化硫在氧化铁的催化下可接触氧化,温度越高氧化率越低,所以适当提高燃烧温度;控制氧气流速和滴定速度,以防二氧化硫的逸出。

(4) 分析步骤

将炉温升至测定所需要的温度(生铁、碳钢及低合金钢样,1250~1300℃;中、高合金及高温合金、精密合金,1300℃以上)。

准备好淀粉吸收液(含硫量小于0.01%的用低硫吸收杯,加入20mL淀粉吸收液;硫大于0.01%的用高硫吸收杯,加入60mL淀粉吸收液)。通氧(流速为1500~2000mL/min),用碘酸钾标准溶液滴定至浅蓝色不褪,作为终点颜色,关闭氧气。

称取试样1g(高、低硫适当增减),于瓷舟底部,加入适量助熔剂,启开燃烧管进口的橡皮塞,将瓷舟放入燃烧管内,用长钩推至高温处,立即塞紧橡皮塞,预热0.5~1.5min,随即通氧,燃烧后的混合气体导入吸收杯中,使淀粉吸收液蓝色消退,立即用碘酸钾标准溶液滴定并使液面保持蓝色,当吸收液褪色缓慢时,滴定速度也相应减慢,直至吸收液的颜色与原来的终点颜色相同,间歇通氧后,颜色不变即为终点。关闭氧气,打开橡皮塞,用长钩拉出瓷舟,读出滴定管所消耗碘酸钾标准溶液的体积。

7.4.2 高温燃烧-酸碱法

燃烧原理与前法相同,硫转化为二氧化硫后用含有少量过氧化氢的水溶液吸收二氧化硫,使生成的亚硫酸立即被氧化为硫酸,然后用氢氧化钠标准溶液滴定。此法不存在碘量法中二氧化硫不稳定逃逸或接触氧化的缺陷,因而对滴定速度没有要求,适合于碳硫联合测定,且终点十分敏锐。

高温燃烧酸碱法虽有许多优点,但因氢氧化钠溶液易吸收空气中二氧化碳而使浓度易变,因而改用硼酸钠滴定法可克服酸碱滴定法的缺点,同时保留其优点。该法是采用含有0.2%硫酸钾和4%过氧化氢的水溶液吸收二氧化硫,生成的硫酸以亚甲基蓝-甲基红为指示剂,用硼酸钠标准溶液滴定。终点变化敏锐。

7.4.3 碳、硫联合测定

高温燃烧法定碳和高温燃烧法定硫都是先将钢铁中碳和硫转化为二氧化碳和二氧化硫

后再测定。因此，在实际工作中，往往利用一个试样同时测定碳和硫的含量，称为碳和硫的联合测定。其测定原理是，试样在高温通氧燃烧后生成二氧化碳和二氧化硫，而二氧化碳在二氧化硫的吸收液中（如淀粉水溶液或过氧化氢水溶液）不被吸收，所以，二氧化碳不干扰硫的测定，且二氧化硫被吸收后，二氧化碳气体可用于测定碳。

碳硫联合测定的方法，目前应用最为普通的有以下几种。

（1）燃烧碘量法定硫-气体容积法定碳

天津玻璃仪器厂生产的 CS71 型碳硫联合测定仪就属此种；国产 TP-CS3D 型碳硫联测分析仪，由电弧燃烧炉和气体吸收滴定装置等组成，样品在电弧燃烧炉中于 1800℃ 温度下燃烧，碳、硫分别生成二氧化碳和二氧化硫，二氧化硫用水吸收后生成亚硫酸，然后以淀粉为指示剂用碘标准溶液滴定；将二氧化碳用氢氧化钾溶液吸收，吸收前后的体积之差即为二氧化碳的体积，由量气管读数并计算结果。

（2）燃烧碘量法定硫-非水滴定法定碳

国产 TP-CSA 型碳硫联合测定分析仪，由电弧燃烧炉和气体吸收滴定装置等组成，样品在电弧燃烧炉中于 1800℃ 温度下燃烧，碳、硫分别生成二氧化碳和二氧化硫，二氧化硫用水吸收后生成亚硫酸，然后以淀粉为指示剂用碘标准溶液滴定；将二氧化碳导入乙醇-乙醇胺介质中，然后以百里酚酞-甲基红为指示剂，用乙醇钾标准溶液滴定。

（3）高频引燃-红外碳硫分析仪

国产 RCS-8800 型高频红外碳硫分析仪，试样经高频炉加热，通氧燃烧，使碳、硫分别转化为二氧化碳和二氧化硫，并随氧气流经红外池时产生红外吸收。根据它们各自特定波长的红外吸收与其浓度的关系，经微机运算处理，测定试样中碳、硫含量。另外还有美国 LECO 公司生产的 CS600 型碳硫红外分析仪等。

7.5 磷的测定

钢铁中磷的测定方法有多种，一般都是使磷转化为磷酸，再与钼酸铵作用生成磷钼酸。在此基础上，可用重量法（沉淀形式为 $MgNH_4PO_4 \cdot 6H_2O$）、酸碱滴定法、磷钒钼酸分光光度法、磷钼蓝分光光度法等进行测定。其中磷钼蓝分光光度法适用于钢铁、有色金属及矿物中微量磷的测定，该法已列为标准方法。

7.5.1 概述

（1）重量法

重量法有磷钼酸铵法和磷酸铵镁法。前者是在强酸性溶液中，正磷酸与过量钼酸铵形成磷钼酸铵沉淀，于 110℃ 左右干燥后称量或于 400~500℃ 灼烧至恒重。前者称量形式为 $(NH_4)_3P(Mo_3O_{10})_4$，后者称量形式为 $P_2O_5 \cdot 24MoO_3$。磷酸铵镁法是在氨性溶液中，正磷酸生成 $MgNH_4PO_4 \cdot 6H_2O$ 沉淀，然后灼烧成 $Mg_2P_2O_7$ 称量。还有 8-羟基喹啉、二安替比林甲烷等有机沉淀剂也可用于重量法测磷，重量法主要用于测定高磷试样。

（2）容量法

容量法有磷钼酸铵-酸碱滴定法、磷钼酸喹啉-酸碱滴定法、配位滴定等。磷钼酸铵-酸碱滴定法是在 NH_4^+ 存在下，以磷钼酸铵形式沉淀磷，沉淀经洗涤后溶于已知过量的氢氧化钠标准溶液，剩余的氢氧化钠以酚酞为指示剂，以硝酸标准溶液滴定。此法很早就用于铁和铁矿石中磷的测定，并沿用至今；磷钼酸喹啉-酸碱滴定法与上法类似，只是以磷钼酸喹啉形式沉淀磷，剩余的氢氧化钠以酚酞-百里酚蓝为指示剂，用盐酸标准溶液滴定。该法反应完全，干扰少，广泛用于常量磷的测定，如磷肥中有效磷的测定。

（3）分光光度法

分光光度法有磷钼杂多酸法、磷钒钼杂多酸法、磷钼杂多蓝法、三元杂多蓝法、离子配合物法等。这些分光光度法都是以杂多酸的形成为基础，杂多酸通常是指由两种或两种以上的简单分子的酸组成一类复杂的多元酸的总称。它是一类特殊的配合物，"多"是指形成的多元酸分子中有两个或更多的酸酐，"杂"是指这些酸酐种类不同。杂多酸的结构比较复杂，分析中应用最多的是以磷、锗、砷作中心原子，与常见的 MoO_4^{2-}（或 $Mo_2O_7^{2-}$）、WO_4^{2-}（或 $W_2O_7^{2-}$）、VO_3^-（或 $V_2O_6^{2-}$）形成 12-杂多酸。如：

硅钼杂多酸 $H_4[Si(Mo_3O_{10})_4]$ 或 $H_8[Si(Mo_2O_7)_6]$

磷钼杂多酸 $H_7[P(Mo_2O_7)_6]$

砷钼杂多酸 $H_7[As(Mo_2O_7)_6]$

中心原子的化合价不同，杂多酸中结合的氢原子数也不同，但不论何种中心原子，杂多酸的一般式为 $H_{8-n}MX_4$ 或 $H_{12-n}MX_6$，式中 M 为中心原子，n 为中心原子的化合价，X 为配位体。但随着溶液的酸度、温度、配位酸酐的数量等不同，杂多酸的组成可能不同，其中中心原子和配位酸酐的比例不一定都是 1：12，可能是 1：11、1：10、…、1：6 等。不同组成的杂多酸，性质是有所差异，所以在应用杂多酸做定量分析时，为了获得准确的结果，生成杂多酸的条件要严格控制。

杂多酸一般都是强酸，比它的原酸酸性要强得多，它在酸性或中性溶液中稳定，pH 值过高或过低均能破坏杂多酸，不同杂多酸的形成酸度是不同的。

杂多酸在氧化还原能力上，杂多酸与原来简单的酸比较，被还原的能力增强。如钼酸铵中钼的电极电位为 0.5V，当形成磷钼杂多酸和硅钼杂多酸时，它们的电极电位分别提高到 0.63V 和 0.59V，这样原来钼酸铵中的钼不易被还原剂还原，而磷钼、硅钼杂多酸中的六价钼就比较容易被还原剂还原，其还原产物为蓝色，一般称钼杂多蓝。常用的还原剂有 $NaF\text{-}SnCl_2$、铋盐-抗坏血酸，还原剂不同，分析方法不同。

许多低元醇、醛、酮、酸和酯等均是杂多酸的良好溶剂，因此，可利用某些有机溶剂将被测元素形成的杂多酸进行分离和富集，而用于低磷含量试样的测定。

在测定磷时，分解试样不能直接用盐酸或硫酸等还原性酸，否则可能有部分磷呈磷化氢逸出损失而使结果偏低。因此必须用具有氧化性的酸如硝酸或盐酸-过氧化氢等。在处理过程中确保磷化物破坏完全，磷呈正磷酸状态，防止聚合态磷酸存在。

7.5.2　NaF-SnCl₂ 还原-磷钼蓝分光光度法

(1) 测定原理

钢铁中的金属磷化物，经 HNO_3 等氧化性酸分解后，磷转化为 H_3PO_4 和 H_3PO_3（亚磷酸），用 $KMnO_4$ 氧化碳化物和 H_3PO_3，使磷全部转化为正磷酸，

$$3Fe_3P+41HNO_3 \Longrightarrow 9Fe(NO_3)_3+3H_3PO_4+14NO\uparrow+16H_2O$$
$$Fe_3P+13HNO_3 \Longrightarrow 3Fe(NO_3)_3+H_3PO_3+4NO\uparrow+5H_2O$$
$$5H_3PO_3+2KMnO_4+6HNO_3 \Longrightarrow 5H_3PO_4+2KNO_3+2Mn(NO_3)_2+3H_2O$$

过量的高锰酸钾用亚硝酸钠还原。在适当的条件下，加入 $(NH_4)_2MoO_4$ 使之与 H_3PO_4 作用生成磷钼杂多酸（磷钼黄），再以 NaF-SnCl₂ 溶液将杂多酸还原为磷钼杂多蓝，在 660nm 处测定，

$$H_3PO_4+12H_2MoO_4 \Longrightarrow H_3[P(Mo_3O_{10})_4]+12H_2O$$

或：

$$H_3PO_4+12(NH_4)_2MoO_4+24HNO_3 \Longrightarrow H_7[P(Mo_2O_7)_6]+24NH_4NO_3+12H_2O$$

"钼蓝"的结构复杂，一般认为是按如下反应所得：

$$H_7[P(Mo_2O_7)_6]+2SnCl_2+4HCl \longrightarrow H_7[P(Mo_2O_7)_5(Mo_2O_5)]+2SnCl_4+2H_2O$$

有人认为"钼蓝"为 $H_3PO_4 \cdot 10MoO_3 \cdot Mo_2O_5$，也有人认为是 $H_3PO_4 \cdot 8MoO_3 \cdot 2Mo_2O_5$。

(2) 磷钼杂多酸的生成条件

酸度在 $0.7 \sim 1.4mol/L$ HNO_3 溶液中是磷钼杂多酸的最佳生成酸度（一般为 $1.2mol/L$）。酸度太低，导致硅钼杂多酸的生成，干扰磷的测定；酸度较大，测定灵敏度降低，而在强酸及碱性溶液中，磷钼杂多酸被破坏，正因为如此，磷钼酸在碱性溶液中则被分解成为磷酸根和钼酸根离子，分析上利用这一性质拟定了根据氢氧化钠的消耗量计算含磷量的磷钼酸铵酸碱容量法。

$$H_3PO_4+HMo_2O_6^+ \underset{H^+(高酸度)}{\overset{OH^-}{\rightleftharpoons}} [PO_4(MoO_3)_{12}]^{3-} \underset{H^+}{\overset{OH^-}{\rightleftharpoons}} [PO_4(MoO_3)_{11}]^{3-} \underset{H^+}{\overset{OH^-}{\rightleftharpoons}}$$

$$[(PO_4)_2(MoO_3)_5]^{6-} \underset{H^+}{\overset{OH^-}{\rightleftharpoons}} HPO_4^{2-}+MoO_4^{2-}$$

在常温下杂多酸的生成速度慢，加热可提高反应速率。实际工作中是加热煮沸除去氮的氧化物后，立即加入过量 $(NH_4)_2MoO_4$（即在热溶液中进行），但不能煮沸。

(3) 磷钼杂多酸的还原及影响

还原 P-Mo 黄的还原剂有 $SnCl_2$、维生素 C、硫酸肼、硫脲。还原剂不同，还原条件就不同。目前应用较多的是 NaF-SnCl₂、Bi 盐-维生素 C、维生素 C-SnCl₂ 三种，尤以 NaF-SnCl₂ 居多。还原机理目前不十分清楚，影响还原的因素如下。

① 酸度　还原的适宜酸度在 $0.8 \sim 1.1mol/L$ HNO_3 中，酸度低于 $0.7mol/L$，过量的 $(NH_4)_2MoO_4$ 亦被还原干扰。酸度在 $1.1 \sim 1.6mol/L$，杂多酸只有部分被还原；酸度高于 $1.6mol/L$，无蓝色产生。故本法选用还原酸度为 $0.8mol/L$。在生成磷钼杂多酸

（0.7～1.4mol/L HNO₃）后立即降低酸度有利于还原及色泽稳定。故加入（NH₄）₂MoO₄后立即加入大量 NaF-SnCl₂ 溶液（0.8mol/L HNO₃）。

② 温度　对还原影响大，温度不同，吸光度不同，温度降低，吸光度降低显著，实际工作中是在 90℃左右加入还原剂，即加入（NH₄）₂MoO₄后立即加 NaF-SnCl₂，随即用流水冷却。

③ NaF-SnCl₂ 的影响　SnCl₂ 用量应使杂多酸定量还原为钼蓝而不过量太多，若 SnCl₂ 太多，杂多蓝可进一步还原为低价钼，且过量的 MoO_4^{2-} 亦被还原，致使结果偏高，SnCl₂ 太少，颜色亦不稳定，所以 SnCl₂ 应准确加入；NaF 的作用是与 Sn^{4+} 结合，增加 SnCl₂ 的还原能力。与 Fe^{3+} 结合，抑制 Fe^{3+} 与 SnCl₂ 的反应，与 Si、W、Nb、Ti、Zr 等形成配合物消除干扰。所以 NaF 必须足量，但不能过量太多，否则破坏磷钼蓝。

④ 氮氧化物的存在　使杂多蓝破坏，显色液褪色严重，它还可与高锰酸钾作用，故应除去。可加热煮沸或加尿素除去。氧化亚磷酸所剩余的高锰酸钾要用亚硝酸钠除去，过量的亚硝酸钠用尿素除去。因为：

$$MnO_4^- + 5NO_2 + H_2O \rule[0.5ex]{1.5em}{0.4pt} Mn^{2+} + 5NO_3^- + 2H^+$$

$$4KMnO_4 + 4HNO_3 \rule[0.5ex]{1.5em}{0.4pt} 4MnO_2 + 3O_2 + 4KNO_3 + 2H_2O$$

$$MnO_2 + NO_2^- + 2H^+ \rule[0.5ex]{1.5em}{0.4pt} Mn^{2+} + NO_3^- + H_2O$$

$$2HNO_2 + CO(NH_2)_2 \rule[0.5ex]{1.5em}{0.4pt} CO_2 + 2N_2 + 3H_2O$$

（4）不同形态磷钼蓝的转化

实际工作中，尽管条件控制得如何好，往往还会遇到显色液由纯蓝变为天蓝的转变过程，使色泽不稳。原因复杂，有研究发现，磷钼蓝存在着不稳定型向稳定型转变的两种状态，这种转变与温度有关。

无 Fe^{3+} 时，以纯蓝形式存在，且稳定、灵敏度低。有 Fe^{3+} 时，纯蓝型不稳定，在放置过程中会逐渐转化为灵敏度较高的天蓝型，其转化速度随温度升高而加快，在 55～70℃只需 2～3min，Fe^{3+} 是否参加反应，尚无定论。

通常以天蓝型为测定形式，在 Fe^{3+} 存在下，加入 NaF-SnCl₂ 后，在 55℃左右放置 3～5min，使不稳定型转化为稳定的天蓝型，再迅速流水冷却，可稳定 3h 以上。

（5）干扰及消除

硅、砷与磷相似，也能生成硅钼、砷钼杂多酸，并被还原为相应的钼蓝而干扰测定。但一般钢样中不含砷，可不考虑，特殊钢中含砷高时可采用萃取分光光度法分离。但硅和磷在钢铁中是同时存在的，要消除硅对测定磷的干扰，可采用控制酸度在 0.8mol/L HNO₃ 以上，单分子硅酸发生聚合，形成硅钼杂多酸速度很慢或不能生成；也可加入酒石酸或酒石酸钾钠与 MoO_4^{2-} 生成极稳定的配合物，大大降低钼离子浓度，以致不生成硅钼杂多酸。

Fe^{3+} 作为基体会消耗大量的 Sn^{2+} 而干扰，加入氟化钠可消除，酒石酸起类似作用。

（6）分析步骤

准确称取 0.1g 左右试样置于 125mL 高型烧杯中，加 10mL 硝酸（2+3），加热溶解后，滴加 5 滴 40g/L 高锰酸钾溶液，再加热至有棕色沉淀析出，滴加 100g/L 亚硝酸钠溶液至沉淀恰好溶解，加热驱除氮的氧化物，趁热立即加入 5mL 钼酸铵-酒石酸钾钠混合溶液（取 200g/L 钼酸铵和 200g/L 酒石酸钾钠溶液各一份相混合），摇匀 5s 后，立即加入 40mL 氟化钠-氯化亚锡溶液（100mL 24g/L 的氟化钠溶液中含有 0.4g 氯化亚锡），摇匀，流水冷却，转入 50mL 容量瓶中，用水定容。立即以蒸馏水作为参比溶液，用 2cm 比色皿，在 660nm 波长处测定其吸光度（显色一个测定一个），然后在工作曲线上查出试样中磷的含量。

7.6　硅的测定

钢铁中硅的含量一般小于 1%，硅钢中硅可高达 4%，目前钢中硅的测定方法较多，有重量法、K_2SiF_6 容量法、分光光度法，对含量很低的钢铁中硅常用硅钼蓝分光光度法。

7.6.1　概述

① 重量法　在第 6 章已有介绍，除此以外，还有三元离子缔合物重量法，如在强酸性溶液中，硅钼酸阴离子能与某些有机碱如喹啉、8-羟基喹啉等形成难溶性离子缔合物沉淀，反应一般可在室温或温热条件下进行。所得沉淀无需灼烧，仅在 110~150℃ 干燥即可称重。该沉淀的分子量大，对硅的换算系数小，适用于微量硅的测定，但这类方法易受磷、砷、锗、钒等离子的干扰，因它们易形成杂多酸离子。

② 容量法　除氟硅酸钾法外，还有其他容量法。如硅钼酸-喹啉沉淀溶于已知过量氢氧化钠标准溶液中，剩余的氢氧化钠用盐酸标准溶液滴定，根据氢氧化钠和盐酸的消耗量可求得硅的含量；硅钼酸 $[H_4Si(Mo_3O_{10})_4]$ 可在硫酸溶液中用锡（Ⅱ）或在草酸溶液中用铁（Ⅱ）还原，用电位滴定法测定。

③ 置换反应法　它是将硅酸加到含有六氟钛酸和过氧化氢的混合溶液中，或形成氟硅酸并定量释放出钛，而形成钛与过氧化氢的黄色配合物，以此间接分光光度法测定硅。

④ 分光光度法　分光光度法有三元离子缔合物分光光度法、硅钼黄分光光度法和硅钼蓝分光光度法。三种分光光度法的共同点是首先都是硅酸和钼酸盐在酸性条件下形成硅钼杂多酸。生成杂多酸不用还原剂还原就进行测定则称硅钼黄法；若用还原剂还原则称为硅钼蓝法；若硅钼酸阴离子与某些染料阳离子（如结晶紫、罗丹明 B、丁基罗丹明 B 等）形成离子缔合物后再进行测定则称为三元离子缔合物分光光度法。

硅钼蓝分光光度法与磷钼蓝分光光度法相似，在硅的测定中，占主要地位。其中又以草酸-硫酸亚铁铵还原硅钼蓝分光光度法最为常用，方法灵敏度高。

7.6.2　草酸-硫酸亚铁铵硅钼蓝分光光度法

（1）方法原理

试样用稀酸分解，使硅成为可溶性硅酸，在弱酸性溶液中，硅酸与钼酸铵作用生成硅钼杂多酸（硅钼黄），然后在草酸存在下，用硫酸亚铁铵还原为硅钼杂多蓝，于 660nm 进行光度分析。其反应为：

$$3FeSi+16HNO_3 \longrightarrow 3Fe(NO_3)_3+3H_4SiO_4+2H_2O+7NO\uparrow$$

$$H_4SiO_4+12H_2MoO_4 \longrightarrow H_8[Si(Mo_2O_7)_6]+10H_2O$$

$$H_8[Si(Mo_2O_7)_6]+4FeSO_4+2H_2SO_4 \longrightarrow$$
$$H_8[Mo_2O_5\text{-}Si\text{-}(Mo_2O_7)_5]+2Fe_2(SO_4)_3+2H_2O$$

（2）单分子硅酸生成条件

必须保持硅在溶液中以单分子硅酸存在，此为本法的关键一步。只有单分子硅酸才能与 MoO_4^{2-} 结合成硅钼杂多酸。硅酸在溶液中还可以发生聚合，其聚合程度与溶液中硅的浓度、酸度有关，当溶液中硅酸的浓度、酸度越高时，单分子硅酸聚合成多分子硅酸便越容易。为使硅酸以单分子硅酸存在，通常用稀酸分解试样，且不宜长时间煮沸，试样溶完冷却后立即稀释。但稀酸难分解碳化物，所以分解试样时用 $KMnO_4$ 氧化碳化物，过量的 $KMnO_4$ 用 $NaNO_2$ 还原。

（3）硅钼杂多酸的生成及条件

硅钼杂多酸存在 α 型和 β 型两种同分异构体，二者形成条件不同。在固定的 MoO_4^{2-} 浓度下，两者的形成条件和性质如下：

	α 型	β 型
形成酸度	pH＝2.3～3.9	pH＝1.0～1.8
稳定性	稳定	不稳定，易转化为 α 型
光学性质	$\varepsilon_{314}^{17000}$	$\varepsilon_{321}^{21000}$
还原后性质	λ_{max}＝635nm，750nm	λ_{max}＝810nm

虽然 β 型硅钼杂多酸没有 α 型硅钼杂多酸稳定，但在光度分析法中一般采用 β 型显色，因为在可见光区 β 型灵敏度高，其次 β 型形成酸度为 pH 1.5 左右，此时大量基体铁离子不会沉淀，有利于杂多酸的形成。而 α 型的形成酸度为 pH 3 左右，此时有大量铁沉淀析出，妨碍硅钼杂多酸的形成。为保证 β 型硅钼杂多酸的形成，必须严格控制酸度和温度。

酸度控制对硅钼杂多酸的形成起着决定性的作用，酸度过大过小均使结果偏低，酸的适应范围又随温度的增加而增加，但随硅含量的增高而缩小，在沸水浴上加热，其适宜的酸度范围为 0.08～0.6mol/L HNO_3（pH0.7～1.3），而在室温下则为 0.08～0.4mol/L。且在此酸度下，100mL 溶液中含硅量不应大于 4mg。一般认为当加入硅钼杂多酸后有少量的 $Fe_2(MoO_4)_3$ 沉淀产生，表明酸度适当，适宜高磷钼酸生成。

温度既影响硅钼酸的形成，又影响 α、β 两种变体之间的平衡。沸水浴上加热 30s，便生成 β 型。实际工作中常在加入钼酸根后，沸水浴上加热 30s（65～70℃），促进 β 型硅钼酸的形成。

（4）硅钼杂多酸的还原及还原条件

硅钼杂多酸的还原主要考虑三个因素：一是还原要完全，生色稳定；二是过量的 MoO_4^{2-} 不被还原；三是要消除磷、砷的干扰。为此采用在 $H_2C_2O_4$ 存在下用硫酸亚铁铵还原（因体系酸度不是太高，不宜用 $SnCl_2$）。其中 $H_2C_2O_4$ 起了如下三个方面的作用。

① 能破坏磷、砷杂多酸而消除对测定硅的干扰，因 $H_2C_2O_4$ 为有机酸，既能破坏磷、

砷钼杂多酸，又能破坏硅钼杂多酸，但破坏速度不同，因为磷、砷为正五价，硅为正四价，磷、砷电负性比硅强，同阴离子 MoO_4^{2-} 结合的能力就比硅弱，所以只需在加入 MoO_4^{2-} 和还原剂 Fe^{2+} 的时间间隔中控制加入草酸的时间，即在磷、砷钼杂多酸刚好被草酸破坏，而硅钼杂多酸还来不及破坏时，加入还原剂亚铁离子，便可消除磷、砷的干扰。

② 草酸的加入提高了还原酸度，溶解了 $Fe_2(MoO_4)_3$ 沉淀，加 $H_2C_2O_4$ 后还原酸度提高达 $4mol/L$，此时磷、砷杂多酸被分解，而硅钼杂多酸较稳定。同时浅黄色的 $Fe_2(MoO_4)_3$ 沉淀也溶解了，有利于光度分析。

③ 草酸的加入提高了 Fe^{2+} 的还原能力，因 $C_2O_4^{2-}$ 与 Fe^{3+} 的配合，降低了 Fe^{3+}/Fe^{2+} 的电对电位。

（5）分析步骤

准确称取 $0.1g$ 左右试样（准确至 $0.0002g$）置于小烧杯中，加 $10mL$ 硝酸（$1+3$），微热至试样完全溶解。滴加 $40g/L$ 高锰酸钾溶液至析出褐色的水合二氧化锰沉淀，煮沸 $1min$，滴加 $100g/L$ 亚硝酸钠溶液使沉淀溶解，再煮沸 $2min$，驱尽氮的氧化物，冷却后移入 $50mL$ 容量瓶中，用水定容。

准确移取 $10.00mL$ 上述溶液两份，分别置于 $100mL$ 容量瓶中，用作显色溶液和参比溶液。

显色液：加 $50mL$ 水和 $50g/L$ 钼酸铵 $5mL$，混匀后放置 $10min$。再加 $40g/L$ 草酸铵 $10mL$，待钼酸铁溶解后，立即加入 $60g/L$ 硫酸亚铁铵 $5mL$，定容至 $100mL$。

参比液：加入 $50mL$ 水、$40g/L$ 草酸铵 $10mL$、$50g/L$ 钼酸铵 $5mL$ 和 $60g/L$ 硫酸亚铁铵 $5mL$ 后，用水定容。

将显色溶液和参比溶液分别注入比色皿中，在 $660nm$ 波长处测定试样溶液的吸光度，再从标准曲线上查得硅的含量。

7.7　锰的测定

钢铁中锰根据其含量的不同，分别采用不同的方法。常用 $KMnO_4$ 分光光度法和氧化还原容量法，分光光度法是利用 MnO_4^- 的紫红色进行测定，采用的氧化剂有 KIO_4 和 $(NH_4)_2S_2O_8$ 等，此法灵敏度不高，适用于锰含量较低的测定，一般用氧化还原容量法。

7.7.1　概述

（1）容量法

容量法中主要是氧化还原容量法，还有配位滴定法、电流滴定、电位滴定等电化学分析法等。在氧化还原容量法中，主要是将二价锰氧化为七价锰，再将七价锰还原为二价锰。所用的氧化剂有过硫酸铵、铋酸钠、高碘酸钾等。而最常用的又是过硫酸铵。

过硫酸铵氧化容量法，已有近一个世纪的历史，方法完善，应用很广泛，适应于含锰量在 $0.5\%\sim2.50\%$ 的钢铁试样。反应需在适量磷酸及催化剂，如银、铜等离子存在下加热进行，过量的氧化剂可加热分解直接除去，不要过滤，其缺点是不能用理论值计算结果。

铋酸钠氧化容量法是利用铋酸钠为氧化剂，在硝酸或硫酸溶液中，将二价锰氧化为七价锰，在滤去过量的铋酸钠后，以亚铁标准溶液滴定。此法准确，反应可在室温下迅速完成，不要引入磷酸，但对分析条件要求较严，操作较繁（过量的铋酸钠必须在滴定前过滤除去）。

高碘酸钾氧化容量法反应也要在适量磷酸存在下加热进行，反应属自动催化过程。过量的高碘酸钾及还原产物碘酸钾均干扰测定，需加入汞盐以 $Hg(IO_4)_2$、$Hg(IO_3)_2$ 沉淀过滤除去。但效果不太好，且操作不方便。

以上三种氧化剂，无论哪种氧化剂对二价锰的氧化都不是特效的。在相应条件下，某些金属离子特别是铬（Ⅲ）、钒（Ⅳ）、铈（Ⅱ）等也被氧化，因而对锰的测定产生干扰。所以要选择合适的还原剂或滴定方式，以提高方法的选择性。

可供选择的还原剂有硫酸亚铁铵、亚砷酸钠-亚硝酸钠等。以硫酸亚铁铵作还原剂，选择性较差，过量的过硫酸铵、铬（Ⅵ）、钒（Ⅴ）、铈（Ⅳ）等均能被还原而干扰测定。硝酸亚汞作还原剂与高锰酸的反应，在室温下反应很快，且不受铬（Ⅲ）、钒（Ⅵ）、铈（Ⅱ）等的干扰。但汞有毒性，难以普及，所以普遍采用亚砷酸钠-亚硝酸钠作还原滴定剂。

亚砷酸钠对于高锰酸的还原选择性很高。且过量的过硫酸铵、铬（Ⅵ）、钒（Ⅴ）、铈（Ⅳ）等均不被还原，对测定不产生影响。但不按化学计量进行，反应结束时，锰的平均氧化数为 +3.3。反应开始速度快，近终点时反应速率慢，且溶液呈黄绿色，终点不便观察。而亚硝酸钠与高锰酸钾的反应，能定量进行，但作用缓慢，且本身不稳定，不能单独使用。因而采用亚砷酸钠-亚硝酸钠混合滴定剂，可扬长避短，互相补充。亚砷酸钠反应快，亚硝酸钠定量反应，且终点由紫色变为无色，终点易判断。但缺点还是不能用理论值求结果，只能用滴定度求结果。

（2）分光光度法

分光光度法有高锰酸分光光度法、高锰酸-四苯胂法、甲醛肟法和水杨醛肟法、吡啶偶氮化合物（如 PAN、PAR）法等。

高锰酸分光光度法是在适当的酸性溶液中，用氧化剂将锰（Ⅱ）氧化为高锰酸后，以高锰酸特有的紫红色进行光度分析。方法灵敏度不高，但选择性较好，操作简便，一直是工业分析中分光光度法测锰的主要方法。

7.7.2 $(NH_4)_2S_2O_8$ 氧化-$NaNO_2$-Na_3AsO_3 容量法

（1）方法原理

试样以氧化性混酸溶解，以 $AgNO_3$ 为催化剂，用 $(NH_4)_2S_2O_8$ 将 Mn^{2+} 氧化至 MnO_4^-，加热煮沸破坏过量的 $(NH_4)_2S_2O_8$，加 $NaCl$ 除去 Ag^+，再用 $NaNO_2$-Na_3AsO_3 标准溶液滴定至红色消失为终点，其主要反应为：

$$MnS+H_2SO_4 \Longrightarrow MnSO_4+H_2S\uparrow$$
$$3Mn+8HNO_3 \Longrightarrow 3Mn(NO_3)_2+2NO\uparrow+4H_2O$$
$$3Mn_3C+28HNO_3 \Longrightarrow 9Mn(NO_3)_2+10NO\uparrow+14H_2O+3CO_2\uparrow$$

$$2Mn(NO_3)_2+5(NH_4)_2S_2O_8+H_2O \xrightarrow{Ag^+} 2HMnO_4+5(NH_4)_2SO_4+4HNO_3+5H_2SO_4$$
$$2HMnO_4+5Na_3AsO_3+4HNO_3 = 5Na_3AsO_4+2Mn(NO_3)_2+3H_2O$$
$$2HMnO_4+5NaNO_2+4HNO_3 = 5NaNO_3+2Mn(NO_3)_2+3H_2O$$

破坏氧化剂和催化剂的反应为:

$$2(NH_4)_2S_2O_8+2H_2O \xrightarrow{加热} 2(NH_4)_2SO_4+2H_2SO_4+O_2\uparrow$$
$$NaCl+AgNO_3 = NaNO_3+AgCl\downarrow$$

(2) 锰的氧化过程及条件

氧化必须在酸性溶液中进行,酸度过高过低均影响锰的氧化作用。酸度一般为 $2\sim 4mol/L$,酸度过高,氧化不完全或完全不氧化,酸度过小,可析出 MnO_2 沉淀。

氧化反应还要在加热煮沸条件下进行,温度低,反应不易进行或氧化不完全,煮沸时间不够,氧化也不完全。

$(NH_4)_2S_2O_8$ 必须过量,用量约为锰量的 1000 倍,一般 $2.5\sim 3g$,但过量的过硫酸铵必须煮沸除去,且煮沸时间要严格控制,若煮沸时间不足,锰氧化不完全,同时过剩的氧化剂会与滴定剂反应,且又氧化滴定后的 Mn^{2+}。如煮沸时间过长,则高锰酸会部分分解为低价,使结果偏低。实践证明,加热煮沸至溶液中不连续产生大气泡为止。

$AgNO_3$ 用量一般以 Mn^{2+} 的 1.5 倍为宜,氧化后,Ag^+ 必须用 Cl^- 除去,这样如果有少量残余的氧化剂也不会干扰。否则在滴定过程中会连续起催化氧化作用。但加氯化钠时要在冷溶液中进行,加入量也要控制,一般按化学计量加入。氯化银沉淀后需立即滴定,以防 Cl^- 在热的酸溶液中还原高锰酸,使分析结果偏低。

$$2HMnO_4+14HCl = 2MnCl_2+8H_2O+5Cl_2$$

如氯化钠量不足,则硝酸银会连续起催化作用,促使滴定过程中被还原的二价锰继续氧化,且产生的氯化银会很快结团沉淀,难以判断终点。

反应需在 H_3PO_4 存在下进行,作用是:与 Fe^{3+} 结合成无色 $[Fe(PO_4)_2]^{3-}$ 配离子,消除 Fe^{3+} 颜色的干扰;增加 $HMnO_4$ 的稳定性,防止其分解和 MnO_2 的生成,扩大锰的氧化范围。因为在用过硫酸铵氧化时常有 Mn^{2+} 变成 Mn^{3+},而 Mn^{3+} 能歧化为 Mn^{2+} 和 Mn^{4+},Mn^{4+} 又生成 MnO_2 沉淀,从而使锰氧化不完全,而 H_3PO_4 可与 Mn^{3+} 形成 $[Mn(PO_4)_2]^{3-}$ 而稳定,此配合物在 Ag^+ 催化和强氧化剂作用下易于氧化为 MnO_4^-,故消除了不溶性 MnO_2 的形成和 $HMnO_4$ 的分解,实验证明有 H_3PO_4 时允许 $1mg/L$ 锰(无 H_3PO_4 允许 $0.02mg/L$),故扩大了测定范围。

溶解过程中,氮的氧化物必须除尽,否则:

$$2NO+HNO_3+H_2O = 3HNO_2$$

HNO_2 将 MnO_4^- 还原使结果偏低。

(3) MnO_4^- 的滴定过程及条件

滴定酸度宜大于氧化酸度($>4mol/L$),所以在滴定前适当增加 H_2SO_4 用量,终点清晰。

滴定速度是本法的关键。滴定速度不能过快,否则结果偏高。因为在酸性溶液中

NaNO$_2$ 易形成 HNO$_2$，HNO$_2$ 与 HMnO$_4$ 反应速率较慢且易挥发；Na$_3$AsO$_3$ 近终点时反应速率也很慢，另外，滴定过快，易过量，特别是临近终点时，滴定速度应更慢。所以开始每分钟不能超过 5～6mL，近终点时每两滴之间不得少于 2～3s。

(4) 干扰及消除

主要干扰为 Cr、Co、W、V 等。

铬的干扰：$w(Cr) < 2\%$，干扰较小，注意终点由紫红→淡黄（Cr^{4+}）；当 $w(Cr) > 2\%$ 时，终点为橙黄，不易判断，必须将铬分离。其分离方法有两种：一是挥铬法（飞铬法），即在试样溶解后，加入固体氯化钠（或浓盐酸）使铬生成氯化铬酰（CrO$_2$Cl$_2$）挥发除去。这一步通常称为"飞铬"或"挥铬"。反应为

$$H_2Cr_2O_7 + 4HClO_4 + 4NaCl \Longrightarrow 2CrO_2Cl_2 \uparrow + 4NaClO_4 + 3H_2O$$

二是用 ZnO 分离，在微酸性溶液中加氧化锌使溶液的 pH 值增至 5.2 时，可使铬、铁、铝、钒、铜、钼、钨、钛等元素完全沉淀，而锰、镍、钴则留在溶液中，借此将铬分离。

当钨含量 $>4\%$ 时，溶样时生成黄色 H$_2$WO$_4$↓，干扰观察，可用 H$_3$PO$_4$ 溶样生成 H$_3$PO$_4$·12WO$_3$ 配合物消除干扰。

大量 Co^{3+} 呈粉红色影响观察，所以要分离，方法是取已经用氧化锌分离其他干扰元素后滤液，用氧化剂把锰氧化为二氧化锰沉淀，过滤分离再在亚硝酸钠存在下将其溶解在硝酸中，然后再滴定。

(5) 分析步骤

准确称取适量试样（含锰 0.1%～1% 称 0.5g；1%～2.5% 称 0.25g）置于 300mL 锥形瓶中，加入 30mL 硫磷混酸（于 700mL 水中，在搅拌下慢慢加入 150mL 硫酸，稍冷后加入 150mL 磷酸，冷却摇匀）（高合金钢、精密合金等可先用 15mL 适宜比例的 HCl-HNO$_3$ 混酸溶解），加热至完全溶解后，滴加 HNO$_3$ 破坏碳化物至无反应。继续加热，驱尽氮氧化物。取下放置 1～2min，加 50mL 水、10mL AgNO$_3$ 溶液（5g/L）和 10mL 过硫酸铵（200g/L），低温加热 30s，放置 2min，冷至室温，加 10mL 硫酸-氯化钠混合液（2:3 的硫酸溶液中含氯化钠 4g/L），摇匀，立即用亚硝酸钠-亚砷酸钠标准溶液 [4g 三氧化二砷溶于 20mL 100g/L 的氢氧化钠中，用水稀释至约 500mL，用硫酸（1+1）中和至酸性并过量 5mL，滴加 300g/L 无水碳酸钠至 pH8.5～9，再加 2g 亚硝酸钠，搅拌使全部溶解，用水稀释至 1L，摇匀，放置一周后使用]，滴定至紫红色刚好消失为终点。用下式计算试样中锰的含量。

$$w(Mn) = \frac{T_{Mn}V}{G} \times 100\%$$

式中　T_{Mn}——亚硝酸钠-亚砷酸钠标准溶液对锰的滴定度，g/mL；

　　　　V——滴定样品消耗亚硝酸钠-亚砷酸钠标准溶液的体积，mL；

　　　　G——样品的质量，g。

7.7.3　高碘酸钠（钾）分光光度法

(1) 方法原理

试样经酸分解后，在硫酸、磷酸介质中，用高碘酸钠（钾）将二价锰氧化至七价锰，

在 530nm 波长处测定吸光度，在标准曲线上查得锰的含量。其主要氧化反应为：

$$2Mn^{2+} + 5IO_4^- + 3H_2O \Longrightarrow 2MnO_4^- + 5IO_3^- + 6H^+$$

在高酸度下，以高碘酸钾作氧化剂，所得高锰酸比用过硫酸铵作氧化剂更稳定，且不需另加催化剂，能自动催化（有人认为是生成三价锰配合物的原因），也可在室温下完成二价锰的定量氧化，但氧化速度不及过硫酸铵快。该法适用于生铁、铁粉、碳钢、合金钢中锰量的测定，测定范围为 $0.01\% \sim 2.0\%$。

（2）分析步骤

称取一定量试样（$0.1 \sim 0.5g$）置于 150mL 锥形瓶中，加入 15mL 硝酸（1+4），低温加热溶解，加 10mL 磷酸-高氯酸混合酸（3+1），加热蒸发至冒高氯酸烟（含铬试样需将铬氧化），稍冷，加 10mL 硫酸（1+1），用水稀释至约 40mL，加 10mL 高碘酸钠（钾）溶液（50g/L），加热至沸并保持 $2 \sim 3min$，冷却至室温，移入 100mL 容量瓶中，用水稀释至刻度，摇匀。

将上述显色液移入比色皿中，向剩余的显色液中，边摇动边滴加亚硝酸钠溶液（10g/L）至紫红色刚好褪去，将此溶液作参比溶液，在 530nm 波长处测定吸光度。锰含量由标准曲线上查得或由标钢按同样方法比较计算求得。

7.8 钢中合金元素的测定

钢铁中的合金元素很多，常见的合金元素有铬、镍、钼、钒、钛、铝、铜、钨、铌等。本节简要介绍几种合金元素的测定原理和方法。

7.8.1 铬的测定

7.8.1.1 铬在钢中的存在形态及含量

铬是钢中最为常见的合金元素之一，它的存在能增强钢的力学性能，增加钢淬火后的变形能力，增加钢的硬度、弹性、抗磁力和抗张力，增强钢的耐蚀性和耐热性等。当铬含量在 $12.5\% \sim 18\%$ 铬钢或含铬 $0.6\% \sim 1.75\%$、镍 $1.25\% \sim 4.0\%$ 的镍铬钢称为不锈钢，不锈钢具有优良的抗蚀性和抗氧化能力。

铬在钢中的存在形态较复杂，与铁生成固溶体、与碳生成碳化物（Cr_4C、Cr_3C_2、Cr_3C 等）、硅化物（Cr_3Si、$CrSi$、$CrSi_2$ 等）、氮化物（CrN、Cr_2N 等）及氧化物（Cr_2O_3）等形态。其中碳化物和氮化物较稳定。

普碳钢中铬含量小于 0.3%，一般铬钢含铬 $0.5\% \sim 2\%$，镍铬钢含铬 $1\% \sim 4\%$，高速工具钢含铬 5%，不锈钢含铬最高达 18%。钢铁试样中高含量铬常用滴定法测定，低含量常用分光光度法。

7.8.1.2 铬的测定方法综述

铬的容量法主要采用氧化还原容量法，它是在酸性溶液中，利用氧化剂在一定条件下将三价铬氧化至六价铬，然后以还原剂标准溶液滴定，求得试样中铬的含量。常用的氧化剂有过硫酸铵、高氯酸及高锰酸钾等。氧化后一般均以硫酸亚铁铵为滴定剂进行滴定。

过硫酸铵作氧化剂,需要硝酸银作催化剂并加热,能将铬定量氧化,过量的过硫酸铵容易除去,测定结果可根据滴定时标准溶液的用量进行理论计算,准确度高,国内外均作为标准方法广泛应用。

高氯酸作氧化剂是借助热浓高氯酸的氧化性将三价铬氧化为六价铬,其反应为:

$$14Cr^{3+} + 6ClO_4^- + 25H_2O \longrightarrow 7H_2Cr_2O_7 + 3Cl_2 + 36H^+$$

此氧化要通过加热至高氯酸冒烟,才能使铬氧化,加热冒烟的程度是本法的关键。冒烟时间过长,部分高价铬可能挥发逸出,冒烟时间短,铬的氧化不完全,均使结果偏低。一般认为冒烟程度控制在白烟刚至瓶口时最好,但加热温度不宜过高,应控制在中温程度较好。高氯酸氧化的主要缺点是铬的氧化不完全,铬含量越低,氧化率越低,这是测定结果重现性差的主要原因:造成铬氧化不完全的根源,多数人认为是存在一些不利于铬氧化的副反应。

高氯酸在高温时发生分解反应:

$$HClO_4 \longrightarrow HCl + 2O_2 \uparrow$$

产生的氯离子将发生以下几种反应:

$$7Cl^- + ClO_4^- + 8H^+ \longrightarrow 4Cl_2 \uparrow + 4H_2O$$

结果使铬氧化受阻,降低了铬的氧化速度;

$$6Cl^- + Cr_2O_7^{2-} + 14H^+ \longrightarrow 2Cr^{3+} + 3Cl_2 \uparrow + 7H_2O$$

反应使铬的测定结果偏低,且结果不稳定;

$$2Cl^- + CrO_4^{2-} + 4H^+ \longrightarrow CrO_2Cl_2 \uparrow + 2H_2O$$

反应使铬成氯化铬酰挥发,而导致铬的损失。且重铬酸根在酸性介质中是不稳定的,将发生下列反应:

$$2Cr_2O_7^{2-} + 16H^+ \longrightarrow 4Cr^{3+} + 3O_2 \uparrow + 8H_2O$$

分解速度与溶液酸的强度和温度有关,酸度越高,温度越高,分解速度越快。

另外,高氯酸冒烟时,溶液中的金属离子也有可能损失,铬是其中之一。还有其他一些未探明的原因。

高锰酸钾是强氧化剂之一,但其氧化能力较过硫酸铵弱,其氧化反应如下:

$$10Cr^{3+} + 6MnO_4^- + 11H_2O \longrightarrow 5Cr_2O_7^{2-} + 6Mn^{2+} + 22H^+$$

在氧化中,高锰酸钾的量必须过量,否则氧化不完全,但过量的高锰酸钾妨碍滴定,必须除去。

三种氧化剂中,过硫酸铵氧化最为普遍。

铬的分光光度法有三类:第一类是基于六价铬先将显色剂氧化,然后再与氧化的显色剂配合生成有色配合物,如二苯偕肼分光光度法;第二类是基于三价铬与显色剂直接进行显色反应,如 Cr^{3+}-CAS,Cr^{3+}-XO 等;第三类是铬的三元配合物,包括三价铬和六价铬均有很灵敏的多元配合物显色体系。

7.8.1.3 过硫酸铵氧化-亚铁还原容量法

(1) 方法原理

试样以硫磷混酸溶解,用硝酸分解碳化物,以硝酸银为催化剂,用过硫酸铵把三价铬氧化成六价后，用苯代邻氨基苯甲酸为指示剂，用硫酸亚铁铵标准溶液进行滴定，根据标准溶液的用量计算试样中铬的含量。低价铬氧化的同时，低价锰也被氧化出现七价锰的紫红色（紫红色出现表示三价铬已氧化完全）而干扰测定，因此在滴定前需加亚硝酸钠还原七价锰，过量的亚硝酸钠用尿素破坏。其主要反应为：

$$Cr_2(SO_4)_3 + 2(NH_4)_2S_2O_8 + 8H_2O \xrightarrow{AgNO_3} 2H_2CrO_4 + 3(NH_4)_2SO_4 + 6H_2SO_4$$

$$2H_2CrO_4 + 6(NH_4)Fe(SO_4)_2 + 6H_2SO_4 \longequal$$

$$Cr_2(SO_4)_3 + 3Fe_2(SO_4)_3 + 6(NH_4)_2SO_4 + 8H_2O$$

消除高锰酸的干扰及破坏过量的亚硝酸钠的反应为：

$$2HMnO_4 + 5NaNO_2 + 2H_2SO_4 \longequal 2MnSO_4 + 5NaNO_3 + 3H_2O$$

$$2NaNO_2 + (NH_2)_2CO + 2H_2SO_4 \longequal CO_2\uparrow + N_2\uparrow + Na_2SO_4 + 3H_2O$$

（2）测定条件

氧化时溶液酸度对铬的氧化很重要，硫酸浓度大，铬氧化迟缓；硫酸浓度小，锰易析出二氧化锰，一般在含 H^+ 浓度为 $2\sim2.5\text{mol/L}$ 的酸性溶液中进行；滴定（还原）时的酸度宜大于氧化时的酸度，一般认为在 $2.5\sim3\text{mol/L}$ 硫酸溶液中进行。

硝酸银的用量也要足量，否则氧化不完全。一般每 10mg 铬需要 2.5mg 硝酸银，否则氧化不完全。反应后可加入氯化钠使银离子沉淀，以免继续起催化作用。过硫酸铵用量一般为 $2\sim2.5\text{g}$，约为铬量的 1000 倍，过量的过硫酸铵也应煮沸除去，否则可能氧化滴定剂亚铁离子或可能氧化被还原的三价铬。

氧化时应在加热煮沸的条件下进行，因加热可加速三价铬的氧化，加热煮沸的时间与温度应严格控制，温度过高，过硫酸铵分解速度过快；煮沸时间过长，铬酸也分解，一般煮沸至溶液呈高锰酸的紫红色后，再继续煮沸约 5min 至冒大气泡即可判断三价铬已氧化完全，并且过量的过硫酸铵也已除干净。因 MnO_4^-/Mn^{2+} 电对的标准电极电位 $E^\ominus = 1.5\text{V}$，比 $Cr_2O_7^{2-}/2Cr^{3+}$ 电对的标准电极电位 $E^\ominus = 1.33\text{V}$ 高，二价锰在三价铬氧化以后才氧化。

在滴定溶液中应有磷酸存在，使溶液中三价铁离子浓度减小，Fe^{3+}/Fe^{2+} 电对的电极电位降低，增强二价铁的还原能力。另外滴定时的滴定速度不宜过快，因氧化还原反应速率一般较慢。

（3）干扰及消除

本法主要干扰元素为锰、钒、钨。钨的干扰是由于生成钨酸（H_2WO_4）沉淀，吸附及影响终点的变化，可加入磷酸配合消除干扰。

锰与钒的干扰，当用硝酸银为催化剂，用过硫酸铵氧化时，锰和钒均被氧化，且氧化的先后顺序为钒、铬、锰。而用亚铁标准溶液滴定时，被还原的顺序为锰、铬、钒。所以锰、钒均干扰铬的测定。

锰的干扰可用亚硝酸钠还原高锰酸，过量的亚硝酸钠可用尿素分解（如前所述）；也可加入氯化钠或盐酸并煮沸，将高锰酸还原为二价锰；也可采用锰、铬连续测定的方法，即在同一份溶液中，先用亚硝酸钠-亚砷酸钠滴定高锰酸，然后用亚铁滴定六价铬。

钒干扰的消除，可采用校正法，即先用亚铁标准溶液滴定铬和钒的合量，然后用其他方法测得钒的含量，最后在结果中减去校正值（即钒的含量乘以 $1\% \sim 0.34\%$）即得铬的含量；也可采用高锰酸钾返滴定法。先加入过量的亚铁标准溶液将铬还原，再以高锰酸钾标准溶液滴定过量亚铁。这样钒不会干扰。因为亚铁还原铬时，五价钒同时被还原成四价：

$$Cr_2O_7^{2-} + 6Fe^{2+} + 14H^+ \longrightarrow 2Cr^{3+} + 6Fe^{3+} + 7H_2O$$

$$2VO_4^{3-} + 2Fe^{2+} + 6H^+ \longrightarrow 2VO^{2+} + 2Fe^{3+} + 3H_2O$$

而用高锰酸钾标准溶液返滴定过量的亚铁时，四价钒（VO^{2+}）又被氧化成 H_3VO_4，而三价铬在低温条件下，不被高锰酸钾氧化。

$$5VO^{2+} + MnO_4^- + 11H_2O \longrightarrow 5VO_4^{3-} + Mn^{2+} + 22H^+$$

上述两个氧化和还原反应所消耗的亚铁和高锰酸钾的量是等量的，因此钒无影响。第三种办法是采用铬、钒连续测定，即利用低温下钒可被高锰酸钾氧化而铬不被氧化的特性，先用亚铁滴定钒，然后再滴定铬、钒总量。

7.8.1.4 二苯偕肼分光光度法

(1) 方法原理

试样以硝酸溶解后，用硫磷混酸冒烟以分解碳化物并驱尽硝酸，然后用过硫酸铵-硝酸银将三价铬氧化为六价铬，用亚硝酸钠还原高锰酸，用 EDTA 掩蔽铁，在弱酸性溶液中，六价铬将二苯偕肼氧化为二苯偶氮羰酰肼，自身被还原为二价或三价，二价、三价铬与二苯偶氮羰酰肼作用形成紫红色配合物。在 540nm 处，其吸光度与铬量在一定范围内符合比耳定律，从标准曲线上查得铬含量。有关反应式为：

Cr(Ⅵ) 将二苯偕肼氧化为二苯基偶氮碳酰肼，本身还原为正二价和正三价。

Cr(Ⅲ) 与二苯基偶氮碳酰肼反应生成紫红色配合物（二价铬有类似反应）：

反应酸度一般在 $0.012 \sim 0.15 mol/L$ 硫酸中进行，酸度低，铬显色慢；酸度高，色泽不稳定，在硫酸溶液中颜色可稳定约 1h。

(2) 分析步骤

称取 0.1g 试样于 200mL 锥形瓶中，加入硫磷混酸 10mL（150mL 浓硫酸注入 700mL 水中，冷取后加入浓磷酸 150mL，摇匀），加热溶解，加硝酸溶液（3+5）3mL，煮沸驱尽氮的氧化物（如有碳化物仍未分解，则应加热冒硫酸烟），冷却后加水约至 50mL，加入硝酸银溶液（1%）2mL、过硫酸铵溶液（15%）8mL，煮沸使铬、锰氧化，继续煮沸 4～6min，使过硫酸铵分解完全，冷却后移入 100mL 容量瓶中，以水稀释至刻度，摇匀。

吸取试液 10mL 于 50mL 容量瓶中，加水约 30mL、磷酸溶液（1＋1）4mL、尿素 0.5g，滴加亚硝酸钠溶液（1%）使锰还原，放置 1～2min 后，加入二苯偕肼溶液（0.5%）2mL，加水稀释至刻度，摇匀。于分光光度计上，以水作参比，在 540nm 波长处，测定吸光度。铬的含量从标准曲线上查得或用相似标样换算求得。

7.8.2 镍的测定

镍在钢中主要以固溶体和碳化物存在，它是钢中一个重要的合金元素，能提高钢的强度、韧性、耐热性、防腐抗酸性和导磁性，增加钢的硬度等。但镍是钢的残余元素之一，普通钢要求镍在 0.25% 以下，结构钢、弹簧钢等要求镍在 0.5% 以下，不起合金元素作用。含镍量大于 0.5% 的钢称镍钢，耐热钢中镍含量大于 20%。

由于镍在钢中不形成稳定的化合物，所以多数镍钢都溶解于酸中，与盐酸、硫酸反应慢，而与硝酸反应快，但易被浓硝酸钝化。

镍的测定方法很多，有重量法、容量法和分光光度法。重量法中可作为镍的沉淀剂较多，有丁二酮肟、环己酮肟、氢氧化物等。但丁二酮肟重量法的灵敏度及选择性均高，应用十分广泛。容量法中主要是配位滴定法，如以氯化铵-氨水体系沉淀分离铁等，在 pH10 时，用紫脲酸铵为指示剂，用 EDTA 滴定。分光光度法是最常用的测定方法，用于分光光度法测镍的试剂也很多，但应用最为理想的还是丁二酮肟。采用差示分光光度法还可以测高含量镍。微量镍的测定还是需要萃取分离以提高灵敏度。从目前镍的各种测定方法来看，丁二酮肟还是测定镍的有效试剂，且高、中、低含量的镍均可用丁二酮肟与其反应分别采用重量法、容量法和分光光度法进行测定。

7.8.2.1 丁二酮肟重量法

在 pH7.5～10.2 的氨性或醋酸盐溶液中，二价镍离子与丁二酮肟定量地反应生成酒红色的丁二酮肟镍晶型沉淀，沉淀经过滤、洗涤，再在 120℃烘干至恒重，以丁二酮肟镍形式称量（换算因子为 0.2032）或于 800～825℃灼烧至恒重以氧化镍形式称量（换算因子为 0.7858）。其主要反应为：

$$Ni^{2+}+2 \begin{array}{l} H_3C-C=NOH \\ | \\ H_3C-C=NOH \end{array} \Longrightarrow \left[\begin{array}{l} H_3C-C=NOH \\ | \\ H_3C-C=NO \end{array} \right]_2 Ni\downarrow +2H^+$$

由于丁二酮肟在水溶液中随 pH 值的不同而存在以下平衡关系：

$$C_4H_8N_2O_2 \underset{H^+}{\overset{OH^-}{\rightleftharpoons}} [C_4H_7N_2O_2]^- \underset{H^+}{\overset{OH^-}{\rightleftharpoons}} [C_4H_6N_2O_2]^{2-}$$

因沉淀反应是 Ni^{2+} 与 $[C_4H_7N_2O_2]^-$ 的反应，显然 pH 值低时，$[C_4H_7N_2O_2]^-$ 转变为 $C_4H_8N_2O_2$，使沉淀溶解度增大；pH 值增高时，$[C_4H_7N_2O_2]^-$ 转变为 $[C_4H_6N_2O_2]^{2-}$，也使沉淀溶解度增大，此时，由于溶液中氨的浓度较高，Ni^{2+} 与氨生成 $[Ni(NH_3)_4]^{2+}$，使沉淀反应向左移动，也增大了沉淀的溶解度。所以沉淀反应在 pH7.5～10.2，且适当过量氨存在的条件下反应。

温度一般在 75～80℃下进行，因在室温下铜易发生共沉淀，但温度过高，沉淀的溶解度增大，且乙醇（配丁二酮肟的溶剂）易挥发，将会析出沉淀试剂，影响测定结果。

丁二酮肟镍沉淀较蓬松，在沉淀、过滤、洗涤和转移过程中有"爬壁"现象，这是此法的最大缺点，所以在沉淀时镍的量通常不能超过 70mg。

此法中的干扰元素主要是铁、锰、铬、钼、铝等，它们在 pH7.5 以上生成相应的氢氧化物沉淀，干扰测定，因此在调至氨性前加入酒石酸或柠檬酸盐使其配合消除干扰。

7.8.2.2 丁二酮肟镍分光光度法

(1) 方法原理

试样用酸分解，在碱性（或氨性）介质中，当有氧化剂存在时，镍被氧化成四价，四价镍与丁二酮肟形成可溶性酒红色配合物，配合物颜色深浅在一定范围内与镍的含量成正比，借此进行光度测定，在标准曲线上查得镍的含量。其主要反应为：

$$Ni^{2+} + S_2O_8^{2-} = Ni^{4+} + 2SO_4^{2-}$$
$$Ni^{4+} + 3D^{2-} \rightleftharpoons NiD_3^{2-}$$

上式中，D^{2-} 表示丁二酮肟的阴离子。其组成主要取决于显色时溶液 pH 值和反应的介质。反应必须在碱性介质中进行，常用氢氧化钠或氨水。因为丁二酮肟溶于碱性介质，但配合物组成取决于介质的 pH 值：当在 pH<11 的氨性介质中，其组成比为 Ni^{4+}：丁二酮肟=1:2；$\lambda_{max}=400nm$，配合物稳定性差，放置后逐渐转变为另一配合物，最大吸收波长红移（$\lambda_{max}=440nm$），转变速度随溶液 pH 值的升高及试剂过量程度而加快。这是碘氧化法稳定性差的根本原因。当在 pH>12 的强碱性溶液中（氢氧化钠）时，其组成比为 Ni^{4+}：丁二酮肟=1:3；$\lambda_{max}=460\sim470nm$，配合物稳定性好。所以最好在 pH>12 的强碱性介质中进行显色，但随着氢氧化钠浓度的增加，镍的显色速度减慢。

反应必须有氧化剂存在，否则镍与试剂作用生成沉淀，同时氧化剂要先于丁二酮肟加入。目前常用的氧化剂有过硫酸铵、碘。

用碘作氧化剂需在氨性溶液中进行，它显色速度快，不受铬的干扰；缺点是显色液稳定性差，须在 3～10min 内测定。而用过硫酸铵作氧化剂时，需在强碱性介质中，它显色后色泽稳定，在 30℃ 以下数小时不变，但显色速度随氢氧化钠浓度的增加逐渐减慢，且受铬的干扰，当有铬存在时须放置 30min 显色才稳定。

氧化剂和显色剂一般应过量，以加快显色速度并确保显色完全，测定波长一般在 530nm 下进行。

(2) 分析步骤（过硫酸铵氧化法）

称取试样 0.25g 于 250mL 锥形瓶中，加高氯酸 6mL，滴加浓硝酸 1mL，加热溶解，继续加热冒高氯酸烟至瓶口。取下冷却，加水溶解盐类。移入 100mL 容量瓶中，用水稀释至刻度，摇匀。

分取 10mL 试液两份，分别置于 100mL 容量瓶中。

显色溶液：加 30％酒石酸钾钠溶液 10mL、10％氢氧化钠溶液 10mL、3％过硫酸铵溶液 10mL、丁二酮肟溶液 10mL，用水稀释至刻度，摇匀。

空白溶液：加 30％酒石酸钾钠溶液 10mL、10％氢氧化钠溶液 15mL、3％过硫酸铵溶液 10mL，用水稀释至刻度。

20min 后，选用适当的比色皿，于 530nm 波长处，以空白溶液为参比，测定吸光度。

(3) 分析步骤 (碘氧化法)

称取试样 0.025g 于 100mL 锥形瓶中, 加高氯酸 2mL, 滴加 5～10 滴浓硝酸, 加热溶解试样。继续加热冒高氯酸烟至瓶口, 取下放置约 30s, 加水 20mL, 流水冷却至室温后, 加 25% 柠檬酸铵 20mL, 摇匀, 加 0.1mol/L 碘溶液 5mL, 加 0.1% (1g 丁二酮肟溶于 500mL 氨水中, 再加水 500mL) 丁二酮肟溶液 20mL, 以水稀释至刻度, 摇匀。

选用适当的比色皿, 于 530nm 波长处, 以水为空白, 测定吸光度。

7.8.3　钒的测定

钒在钢中以固溶体和碳化物形式存在, 如 V_4C_3、V_4C_2、V_2C 等。它在钢中的主要作用是细化钢的组织和晶粒, 提高晶粒粗化温度, 从而降低钢的过热敏感性, 提高钢的强度特别是高温强度, 提高钢的韧性和耐磨性能。一般中、低合金钢中, 钒的含量在 0.2%～0.3%, 通常不超过 0.5%; 高速工具钢可达 0.5%～2.5%, 甚至高达 4%。

由于钒在钢铁中生成稳定的碳化物, 不易被盐酸或硫酸所溶解, 只在热的酸中用氧化剂如硝酸或双氧水才能破坏, 甚至要采用高氯酸冒烟, 或硫磷混合酸在有氧化剂硝酸存在下冒烟才能使试样很好地溶解。注意冒烟时间不要过长, 否则钒生成难溶硫酸盐析出, 使结果偏低。

当用高氯酸冒烟时, 钒被氧化至五价:

$$V_2C_4 + 6HClO_4 =\!=\!= 2H_3VO_4 + 3Cl_2\uparrow + 4CO_2\uparrow + 4O_2\uparrow$$
$$2V + 6HClO_4 =\!=\!= 2H_3VO_4 + 3Cl_2\uparrow + 8O_2\uparrow$$

因此, 含钒的钢样常以热的硫酸或硫磷混合酸溶解, 加硝酸破坏碳化物, 或以王水溶解, 溶解的钒呈钒酰离子 (VO^{2+}) 形态存在于溶液中, 四价钒溶液通常呈蓝色。

7.8.3.1　钒的测定方法综述

钒的测定可分为容量法和分光光度法两大类。

① 容量法　容量法主要采用氧化还原容量法, 它是基于四价钒 (VO^{2+}) 可氧化为五价的 VO_3^- (或 VO_2^+), 然后用还原剂亚铁标准溶液滴定。这种方法简便快速, 准确度较高, 可测定钒含量在 0.1% 以上的各类钢铁试样。

② 分光光度法　在钒的光度分析中, 由于所用的显色剂的不同而有多种方法: 一是采用杂多酸分光光度法, 该方法是利用钒 (Ⅴ) 易形成杂多酸的性质, 根据其形成的杂多酸或其还原产物而进行光度测定, 如钒 (Ⅴ) 与磷酸盐及钨酸盐形成黄色的磷钨钒杂多酸, 在 375nm 波长处具有最大吸收, 借此进行钒的测定; 二是利用钒 (Ⅴ) 的氧化能力, 将某些有机试剂从无色或浅色的还原型氧化为深色型, 如在酸性溶液中, 钒 (Ⅴ) 能氧化二苯胺磺酸钠为紫红色, 在 530nm 处有最大吸收, 可用于钒的测定; 第三是利用钒 (Ⅴ) 或钒 (Ⅳ) 与有机试剂形成有色配合物, 这是目前分光光度法测定钒的主要方法。

7.8.3.2　高锰酸钾氧化-亚铁容量法

(1) 测定原理

试样用氧化性酸分解, 在室温下用高锰酸钾将四价钒氧化为五价, 然后用硫酸亚铁铵标准溶液滴定，其主要反应为：

$$3V+10HNO_3 = 3VO(NO_3)_2+4NO\uparrow+5H_2O\uparrow$$

$$V_2C_4+12HNO_3 = 2VO(NO_3)_2+8NO\uparrow+CO_2\uparrow+6H_2O$$

$$2VO(NO_3)_2+2H_2SO_4 = (VO)_2(SO_4)_2+4HNO_3$$

四价钒在室温下用高锰酸钾氧化为钒酸：

$$5(VO)_2(SO_4)_2+2KMnO_4+22H_2O = 10H_3VO_4+K_2SO_4+7H_2SO_4+2MnSO_4$$

过量的高锰酸根用亚硝酸钠还原：

$$5NO_2^-+2MnO_4^-+6H^+ = 5NO_3^-+2Mn^{2+}+3H_2O$$

过量的亚硝酸钠又用尿素破坏：

$$2HNO_2+(NH_2)_2CO = CO_2\uparrow+3H_2O+2N_2\uparrow$$

以 N-苯代邻氨基苯甲酸为指示剂，以硫酸亚铁铵标准溶液滴定：

$$2H_3VO_4+2(NH_4)_2Fe(SO_4)_2+3H_2SO_4 = (VO)_2(SO_4)_2+Fe_2(SO_4)_3+2(NH_4)_2SO_4+6H_2O$$

（2）钒（Ⅳ）的氧化

试样分解后，钒主要以钒（Ⅳ）形式存在于溶液中，因此，在滴定前，必须加入氧化剂把 VO^{2+} 定量氧化为五价。常用的氧化剂有过硫酸铵、高氯酸和高锰酸钾。过硫酸铵在酸性溶液中，有硝酸银作催化剂时，加热可同时氧化三价铬和四价钒，但没有硝酸银作催化剂时，只选择性地氧化四价钒而不氧化三价铬；浓热的高氯酸可同时将低价钒和铬氧化为高价；在钢铁分析中最常用和最方便的氧化剂是高锰酸钾。

高锰酸钾是很强的氧化剂，在热溶液中，可以定量地氧化低价钒和铬，但在冷溶液中，只能定量时氧化四价钒，而对三价铬的氧化速度却很慢。因此可在室温下用高锰酸钾选择性地氧化钒而不氧化铬，以定量测定钒。

氧化应在酸性溶液中进行，适宜酸度为 $3\%\sim8\%$ 硫酸（体积分数）；温度应低于 $34℃$，否则三价铬有被氧化的可能，而使结果偏高；氧化时要放置一定时间，以保证氧化完全，因氧化速度较慢，试样、标样氧化放置时间也要保持一致，否则结果不稳定；高锰酸钾的加入量也要严格控制，加至出现微红色不消退为止。若量过多，三价铬可能被氧化，同时过量的高锰酸钾与亚铁标准溶液作用而使结果偏高，因此，过量的高锰酸钾必须以亚硝酸钠还原除去。但 $E_{NO_3^-/NO_2^-}^{\ominus}=0.94V$，故过量的亚硝酸钠又会还原已氧化的五价钒，所以必须在用亚硝酸钠还原过量的高锰酸钾前加入尿素，以破坏过量的亚硝酸钠。

（3）钒（Ⅴ）的还原

还原五价钒应在较强的酸性溶液中进行，其适宜的酸度为 $6\sim8.8mol/L$。其反应为：

$$VO_2^++2H^++e = VO^{2+}+H_2O$$

此反应的电极电势随随溶液的酸度增加而增加。

N-苯代邻氨基苯甲酸指示剂的标准还原电位为 $0.89V$，比钒酸还原为 VO^{2+} 的标准电位（$1.00V$）要低。所以此指示剂可被钒酸氧化而成紫红色的氧化型。亚铁标准溶液滴定时，电位高的钒酸先被还原，电位低的指示剂后被还原。滴定终点由紫红色变为黄绿色（即三价铁和三价铬离子的混合色）。滴定快到终点时要缓慢滴定并充分摇动，使其充分作用，以免过量。

（4）干扰及其消除

主要干扰是铬、锰、铈。铬的干扰显而易见，为了得到准确的结果，特别是分析高铬低钒样品时，必须采取一些措施：在高锰酸钾氧化钒之前，加入少量亚铁溶液，还原高价铬；在滴定前加入少量亚砷酸钠溶液，使铬选择性地还原，随后必须补加亚硝酸钠 1～2滴。因为过量的高锰酸钾被尿素-亚硝酸钠还原后，溶液中锰呈二价，少量铬呈六价状态。用亚砷酸钠还原铬时，产生了诱导反应，二价锰被氧化为三价，使钒的结果偏高，但当补加亚硝酸钠使三价锰还原后，则能得到准确结果；试样溶解后，加高氯酸冒烟，使铬全部氧化，然后分次加入盐酸或氯化钠将铬以氯化铬酰挥发除去。

当铈含量大于 0.02% 时使钒结果偏高，且随着铈量的增加结果升高，因此当用高锰酸钾氧化钒铈后，先用 1+1 的盐酸还原铈，再用亚砷酸钠还原铬，最后用亚硝酸钠还原由于诱导反应而氧化的三价锰，这样含量高达 1.2% 的铈也不影响钒的测定结果。

7.8.3.3　5-Br-PADAP-H_2O_2 直接分光光度法

（1）方法原理

5-Br-PADAP-H_2O_2 为 2-(2-吡啶偶氮)类有机试剂，带葡萄酒红色的固体。熔点为151～152℃，微溶于水，易溶于乙醇、丙酮等有机溶剂。结构式为：

试剂分子中含有四个具有孤对电子的氮原子，故可在酸性介质中发生质子化，随着溶液 pH 值的升高，质子化的氢与酚羟基上的氢逐步离解。试剂在酸性、中性和弱碱性溶液中能与许多过渡金属离子形成有色配合物。由于试剂分子中酚羟基上的氧、吡啶环上的氮以及偶氮基中靠近酚羟基的氮原子参与成键，使生成的配合物具有若干个五元环，分子内张力最小，因此生成的螯合物非常稳定。

分子中由于引入了两个强吸电子基的助色团—N(C_2H_3)$_2$ 和—Br，这两个助色团的孤电子对都进入了试剂分子的共轭体系，分子外层电子流动性大为增强，致使外层电子激发能降低，试剂颜色加深，最大吸收峰红移。

该法是用硫硝混酸将试样溶解后，以过硫酸铵将低价钒氧化为高价钒（V），在酸性溶液中，有过氧化氢存在下，钒（V）与 5-Br-PADAP 及 H_2O_2 迅速形成稳定的有色三元配合物。该配合物不被 EDTA、柠檬酸根所破坏，且将三价铁全部掩蔽，可不经分离直接进行分光光度法测定钢铁中钒，操作简便，且具有很高的灵敏度和选择性。

酸度对配合物显色有一定影响，实验发现，在过氧化氢存在下，钒（V）与 5-Br-PADAP 配合物在 pH 为 0.5～2.0 之间，吸光度值最大且平稳。pH>2 时，吸光度急剧下降。可见，三元配合物可在更强的酸性介质中进行显色反应，有利于提高选择性。

基体元素铁对测定有干扰，大量的氟离子可掩蔽一定三价铁，但对配合物的吸光度有一定程度降低，同时大量氟离子的存在对比色皿造成腐蚀。如果在显色前加入 EDTA-柠檬酸三铵溶液，铁（Ⅲ）和钒（V）同时被掩蔽。但当钒（V）-5-Br-PADAP-H_2O_2 一旦形成后，则非常稳定，不被 EDTA-柠檬酸三铵所破坏，既不能掩蔽钒，又消除了铁的干扰，同时可消除大量氟离子存在带来的影响，而且提高了测定的灵敏度。钴（Ⅱ、

Ⅲ）严重干扰，但在 0.3％的邻菲啰啉溶液 2mL 存在下，显色后立即测定，可消除 50μg 钴的影响，但放置时间增长，吸光度逐渐增大。

（2）操作步骤

称取试样 0.2g 溶于预热的硫硝混酸（50mL 浓硫酸和 8mL 浓硝酸溶于水中，用水稀释至 1L，摇匀）40mL 的 150mL 锥形瓶中，加过硫酸铵溶液（15％）5mL，煮沸 1.5min。取下滴加过氧化氢溶液（3％）2～3 滴，冷却，移入 100mL 容量瓶中，加水稀释至刻度，摇匀（此溶液可同时测硅、锰、磷及其他合金元素）。生铁则干过滤。

吸取试液 5mL，滴加过氧化氢溶液（10％）3 滴，准确加入 5-Br-PADAP 溶液（0.04％乙醇溶液）5mL。3～5min 后，加入 0.025mol/L 的 EDTA-柠檬酸三铵溶液（5％）10mL，摇匀，在分光光度计上于 605nm 波长处，以不含钒的钢样同样操作作为空白参比，测定吸光度，在工作曲线上查得试样中钒的含量。

7.8.4 钼的测定

钼是有益的合金元素，在钢中主要以碳化物（Mo_2C、MoC）和固溶体的形态存在，钼加入钢中可提高钢的弹性强度，而不减弱其可塑性和韧性，同时能使钢在高温下有足够的强度，并改善钢的冷脆性和耐蚀性。

在一般钢材中，钼的含量在 0.01％以下，在耐热钢和工具钢中钼的含量为 0.15％～0.70％，一般的结构钢钼含量在 1％以下，而在不锈耐酸钢及某些高速钢、耐热钢中也有高达 6％甚至 6％以上，钼铁中钼含量在 55％以上。

钼的碳化物不溶于非氧化性的酸，而易溶于氧化性的酸如硝酸、高氯酸等。

$$3MoC+10HNO_3 \Longrightarrow 3H_2MoO_4+3CO_2\uparrow+10NO\uparrow+2H_2O$$

$$MoC+2HClO_4 \Longrightarrow H_2MoO_4+CO_2\uparrow+Cl_2\uparrow+O_2\uparrow$$

故含钼钢样可用硫酸或硫磷混酸溶解，加硝酸破坏碳化物，也可用硝酸或王水溶解。

7.8.4.1 钼的测定方法综述

测定钢铁中的钼主要有重量法和分光光度法。重量法主要用于含钼量在 1％以上钢铁试样。重量法常以三氧化钼的形式称量，所用的沉淀剂主要有 α-安息香肟、8-羟基喹啉、硫代乙酰胺等。

（1）α-安息香肟重量法

α-安息香肟的结构式为：

它对钼有较高的选择性，干扰离子较少，而且可用比较简便的方法加以掩蔽或分离，因此目前仍是一个较好的沉淀钼的沉淀剂。此法是在低温（10℃以下）下的酸性溶液中，六价钼与沉淀剂作用生成白色沉淀。

$$H_2MoO_4+3C_{14}H_{13}O_2N \Longrightarrow Mo(C_{14}H_{11}O_2N)_3\downarrow+4H_2O$$

将沉淀过滤、洗涤，于 500～550℃灼烧成三氧化钼，进行称量和计算。

（2）*N*-邻甲苯甲酰-*N*-邻甲苯羟胺（OTOTHA）法

本法是在 0.5～2mol/L 硫酸或 1～4mol/L 盐酸中，试剂与 MoO_2^{2+} 反应生成 1：2 的螯合物沉淀。其结构式为：

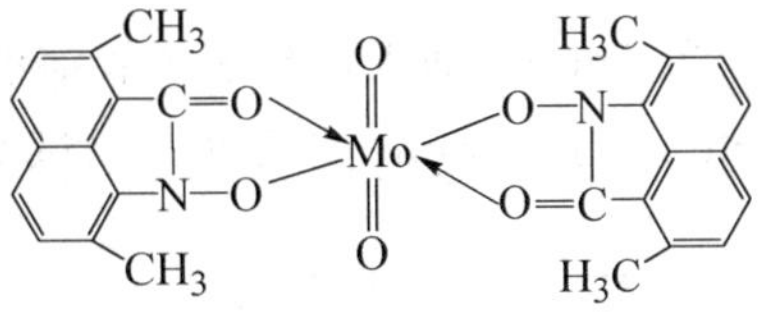

此沉淀经过滤后，于 110℃干燥，然后称量并计算钼量。该方法有良好的选择性，可用于钢铁中钼的直接快速重量法测定。

（3）分光光度法

分光光度法是目前测定钢中钼最常用的方法，方法操作简单，干扰元素少，准确度较高。具体测定方法有直接光度法、萃取光度法及形成三元配合物光度法等。

直接光度法：本法是选用合适的掩蔽剂及显色剂直接与钼（Ⅵ）或钼（Ⅴ）形成有色配合物，测其吸光度。如苯芴酮法、PAR 法、邻苯三酚红法和硫氰酸盐法等。目前国内应用最多的是硫氰酸盐法，该法简单快速，但干扰元素较多，如果操作正确，也可得出满意的结果。

萃取光度法：本法比直接光度法选择性好，干扰元素少，可用于微量钼的测定。其测定方法较多，有硫氰酸盐-乙酸丁酯萃取光度法和甲苯-3,4-二硫酚-四氯化碳萃取光度法等。

三元配合物光度法：此类方法使测定的选择性、灵敏度和准确度大大提高。如 $[MoO(SCN)_5]^{2-}$ 体系中，含有一定量的动物胶等保护胶体时，它与孔雀绿等碱性三苯甲烷染料形成的离子缔合物不以沉淀析出，并使溶液产生明显的颜色变化，可直接在水相中快速测定微量钼，表观摩尔吸光系数可达 $3.5 \times 10^5 L/(mol \cdot cm)$，可用于钢中钼的测定。

7.8.4.2　钼（Ⅵ）-SCN⁻-罗丹明 B 分光光度法

（1）方法原理

试样经硫酸和浓硝酸溶解后，加热至冒白烟。用氢氧化钠中和，以抗坏血酸还原掩蔽铁（Ⅲ）、硫脲掩蔽铜（Ⅱ）。在硫酸介质中，有阿拉伯树脂胶存在下，钼（Ⅵ）与 SCN⁻、罗丹明 B 形成有色缔合物，借此测定吸光度。本法是目前分光光度法测定钼较灵敏的方法。

该法显色反应介质以硫酸为佳，硫酸浓度为 0.18～0.72mol/L 时，吸光度基本不变。此法选用 1mL 9mol/L 的硫酸来控制显色酸度。保护胶可用平平加、明胶和阿拉伯树脂，但三者均使最大吸收波长紫移，灵敏度提高，然而只有阿拉伯树脂胶对灵敏度提高最大，提高近 200%，增敏效果非常好，同时阿拉伯树脂胶对体系有增稳和增溶作用。

（2）分析步骤

称取适量试样于小烧杯中，加入硫酸溶液（1+3）10mL、浓硝酸 1mL、加热至试样完全溶解。赶尽氮的氧化物，加热至冒白烟。冷却，用氢氧化钠溶液中和，稀释至一定体积，使试液含钼约为 $1\mu g/mL$。

分取试液 1.0mL 于 25mL 容量瓶中，用少量蒸馏水稀释，加入抗坏血酸溶液（2%）2.5mL、酒石酸钠溶液（10%）1mL、硫脲溶液（2%）1mL、硫酸溶液（9mol/L）1mL、硫酸氰钾溶液（25%）2mL，放置 5min，加入阿拉伯树胶溶液（1%）2mL、罗丹明 B 溶液（0.1%）1mL，摇匀。放置 30min，于 588nm 波长处，以试剂空白为参比，测定吸光度，在标准曲线上查得其含量。

7.8.5 钨的测定

钨在冶金工业中主要用来制造特殊钢，它是高速合金钢及耐热合金钢中不可缺少的合金元素。钨在钢中主要以简单碳化物（WC、W_2C、W_3C）或者与碳化铁形成复式碳化物（$Fe_2C \cdot WC$、$Fe_3C \cdot 3WC$ 或 $3W_2C \cdot 2FeC$）以及钨化铁 Fe_2W 形式存在。部分钨在钢中以固溶体形式存在。钨在钢中的含量差别很大，从 0.3%～20% 不等。低合金钢中，一般含钨 0.4%～1.2%；切削工具钢中为 8.5%～18%。

钨在钢中的作用主要是提高钢的抗张强度和屈服点，特别是提高钢的高温强度，使钢在高温时仍保持它的硬度和切削性能。因此钨是模具钢、合金工具钢、高速钢、硬质合金钢及耐热不起皮钢的不可缺少的合金元素。钨还用于制造永久磁铁以及电灯钨丝等。

含钨钢通常先用盐酸（1+1）或硫酸（1+4）溶解，当用盐酸或硫酸处理时，金属钨及其碳化物以黑色粉末沉于容器底部，须加硝酸使之破坏，转变为黄色的钨酸（H_2WO_4）沉淀。

$$W + 2HNO_3 \Longrightarrow H_2WO_4\downarrow + 2NO\uparrow$$
$$3WC + 10HNO_3 \Longrightarrow 3H_2WO_4\downarrow + 10NO\uparrow + 3CO_2\uparrow + 2H_2O$$

硝酸应逐滴加入，否则铁、铬、钒、钼、钛、硅及磷等元素夹杂在钨酸中。

当在磷酸存在时（如用硫磷混酸溶样），磷酸可与钨酸配合而使钨存在于溶液中。

$$H_3PO_4 + 12H_2WO_4 \Longrightarrow H_3PO_4 \cdot 12WO_3 + 12H_2O$$
$$或 H_3PO_4 + 12H_2WO_4 + nH_2O \Longrightarrow H_7[P(W_2O_7)_6] \cdot nH_2O$$

所以，当用重量法测定钨时，常用盐酸和硝酸溶解；当用分光光度法测定钨时，常用硫磷混酸溶解，用硝酸分解碳化物。

7.8.5.1 钨的测定方法综述

测钨的方法有重量法、容量法和分光光度法。

（1）重量法

含钨量高的钨钢或钨铁中钨的测定，可采用重量法测定，常用的重量法有辛可宁（或盐酸奎宁）-矿物酸法、8-羟基喹啉法。前者是用盐酸和硝酸处理含钨试样并蒸发至糖浆状，再加盐酸处理，则钨呈钨酸析出：

$$3WC + 10HNO_3 \Longrightarrow 3H_2WO_4\downarrow + 10NO\uparrow + 3CO_2\uparrow + 2H_2O$$

加辛可宁（或盐酸奎宁）使钨酸完全沉淀。

$$H_2WO_4 \cdot 2H_2O + C_{19}H_{22}N_2OHCl \cdot 2H_2O \Longrightarrow C_{19}H_{22}N_2OWO_3\downarrow + HCl + 4H_2O$$

过滤洗涤，在800℃灼烧成钨酸酐称量。

$$H_2WO_4 \Longrightarrow WO_3 + H_2O$$
$$C_{19}H_{22}N_2OWO_3 + 24O_2 \Longrightarrow WO_3 + 19CO_2\uparrow + N_2\uparrow + 11H_2O$$

8-羟基喹啉法是试样用酸溶解后，在草酸介质中用氯化钠-氢氧化钠分离铁、锰、铬、稀土、钴、镍等，钼用盐酸羟胺还原为低价并使之与EDTA配合。在pH4.5～5.5的条件下，以8-羟基喹啉沉淀钨，然后于750～800℃灼烧，以WO₃形式称重，或于120℃下烘干，以8-羟基喹啉钨称量。

（2）容量法

容量法目前主要是配合滴定法，但这是一种间接测定的方法，这是向含钨的溶液中加入过量的铅标准溶液，使之形成钨酸铅沉淀，然后以二甲酚橙为指示剂，用EDTA滴定过量的铅。本法终点较明显，但干扰元素较多，不适于复杂样品中钨的测定。

（3）分光光度法

分光光度法是目前应用最广泛的一种方法。它也分为直接光度法、萃取光度法和三元配合物光度法三种。

直接光度法：直接光度法中最常用的是硫氰酸盐法，该法是在盐酸溶液中用三氯化钛将钨还原为五价钨后，再与硫氰酸盐生成黄色配合物，其显色反应为：

$$H_2WO_4 + TiCl_3 + 6NH_4SCN + 6HCl \Longrightarrow$$
$$NH_4SCN \cdot W(SCN)_5 + TiCl_4 + 5NH_4Cl + 4H_2O$$
$$H_2WO_4 + TiCl_3 + 5NH_4SCN + HCl \Longrightarrow$$
$$H_2[WO(SCN)_5] + TiCl_4 + 5NH_4Cl + 3H_2O$$

此法适用于测定低含量钨，其标准曲线稳定性好，快速而简便，但钒、铌对测定有干扰。

萃取光度法：测钨的萃取光度法，常用的有甲苯-3,4-二硫酚-四氯化碳萃取光度法，该法是在酸性介质中，用甲苯-3,4-二硫酚（简称二硫酚）与钨（Ⅴ）形成绿色配合物，能被四氯化碳所萃取。最大吸收峰为640nm，此法能连续测定钨和钼，而铌、钽不干扰测定。

三元配合物光度法：三元配合物光度法测定钨也比较普遍，现有钨（Ⅴ）-硫氰酸盐-氯化四苯𬭸盐三元配合物、钨（Ⅵ）-邻苯三酚红-十六烷基三甲基溴化铵三元配合物等。

7.8.5.2　对苯二酚直接光度法

对苯二酚光度法不是测定钢中钨的常用方法之一。本法的优点是无须分离共存干扰元素，而直接进行分光光度法测定，所以操作简便，分析速度快，但灵敏度较低，测定范围宽（1%～20%），既适用于炉前快速分析，又可满足炉后日常检验需要，因使用浓硫酸介质，操作很方便和安全。

试样经硫磷混酸于低温下溶解后，用浓硝酸破坏碳化物，并蒸发至冒硫酸烟，以除尽氮的氧化物。铁（Ⅲ）和钼（Ⅵ）与对苯二酚生成有色配合物，用氯化亚锡还原三价铁和六价钼，在硫酸介质中，钨（Ⅵ）（磷钨杂多酸）与对苯二酚形成橙红色配合物，于500nm波长处进行吸光度测定。钒、铬、镍本身的颜色有一定影响，可用试液作空白参比，予以消除，氯离子和硝酸根本不能存在。

分析步骤：称取 0.25g 试样于 100mL 烧杯中，加入 15mL 硫磷混酸（120mL 浓硫酸小心加入 480mL 水中，再加浓磷酸 400mL，混匀），加热溶解后，滴加浓硝酸氧化并蒸发至冒白烟，以驱尽硝酸。冷却后加 10～15mL 水，摇匀后再次冷却。加二氯化锡溶液（20%，取 100g 二氯化锡溶于 100mL 浓盐酸中，以水稀释至 500mL）5mL，摇匀。移入 50mL 容量瓶中，加水至刻度，取两份 2～5mL 的试液分别置于 50mL 干燥的锥形瓶中。一份加入对苯二酚溶液（10% 的浓硫酸溶液）20mL；另一份加浓硫酸20mL，作为空白参比液。冷却，待溶液中气泡消失后，对照空白对比液，于 500nm 波长处测定吸光度。

7.8.6　钴的测定

钴是钢中贵重的合金元素之一，它主要以固溶体形式存在，一般都是特意加入的，含量从万分之几到百分之几十不等。钴加入高速钢中，可提高钢的回火硬度及红硬性，特别是提高高温硬度，因而提高了高速钢刃具的切削性能。但含钴量太高，则增加钢的脆性，因此高速钢中含钴量均不超过 10%。用于原子能和某些专业的钢种，含钴量要求低于 0.01% 以下，磁钢中含钴量可由百分之几到 30%，某些精密合金含钴量可高达 40% 以上。由此可见，钴在钢中含量范围较大。

钴易溶于稀硝酸和王水中，在热的盐酸中溶解也较快。因此，一般低合金钢可用稀硝酸、浓盐硝混合酸溶解，或用硫磷混合酸溶解，滴加硝酸氧化蒸发至冒三氧化硫白烟；难溶试样可采用王水溶解，再蒸发至冒三氧化硫白烟。

7.8.6.1　钴的测定方法综述

钴的分析方法也有重量法、容量法和分光光度法等。重量法操作烦琐，干扰元素较多，无实用价值。

（1）容量法

容量法测钴主要有铁氰化钾电位滴定法和 EDTA 配位滴定法，铁氰化钾电位滴定法是在含有硫酸铵的氨性溶液中，钴（Ⅱ）形成 $[Co(NH_3)_6]^{2+}$，氧化电势大大降低，可被铁氰化钾定量氧化为钴（Ⅲ），形成稳定的 $[Co(NH_3)_6]^{3+}$。由于无适当的目视指示剂，故采用电位滴定，这是测定高含量钴的常用方法。

（2）EDTA 配位滴定法

二价钴可在 pH4～10 时用 EDTA 进行滴定，分直接法和返滴定法两种，因钴与 ED-TA 的颜色较深，采用荧光指示剂较好，并且 EDTA 法干扰元素较多。

（3）分光光度法

分光光度法测钴的方法很多，显色剂上百种，特别是近几十年来，化学工作者合成了各种新的显色剂，特别是吡啶偶氮类、噻唑偶氮类显色剂的合成，其中高灵敏度、高选择性的测钴试剂相继问世，使钴的光度分析面貌一新。

7. 8. 6. 2　5-Cl-PADAB 光度法

(1) 方法原理

5-Cl-PADAB 的学名为 4-[(5-氯-2-吡啶) 偶氮]-1,3-二氨基苯，其结构式为：

测定时，试样经硝酸或王水溶解后，经硫酸冒烟，在磷酸盐缓冲溶液中（pH7～8）使铁和铬生成磷酸盐沉淀，防止与 5-Cl-PADAB 作用，此时钴（Ⅱ）与 5-Cl-PADAB 生成组成比为 1：2 的红色配合物，用磷酸酸化，沉淀消失，以此进行钴的光度测定。配合物结构式为：

此法简便、快速，灵敏度高、选择性和再现性也很好，适用于含钴量在 0.01％～0.10％范围内的合金钢分析。

溶液的酸度对配合物的生成有很大影响，溶液的酸度过高，由于试剂质子化，不能与钴（Ⅱ）发生反应，这时主要是由于试剂的氨基质子化的结果，产生类似醌式结构。但当钴与试剂生成红色配合物后，增加酸度，颜色由红色变成深紫红色，分别在 530nm 和 570nm 处出现两个吸收峰。有人认为这也是由于酸化后配合物偶氮基对位两个氨基质子化的结果。pH＞10，溶液的吸光度又略有下降，所以适宜的 pH 值为 4～10。

酸度的调节采用磷酸盐缓冲溶液，它既便于控制溶液的 pH 值为 7，又能使铁（Ⅲ）、铬（Ⅲ）生成磷酸盐，防止与 5-Cl-PADAB 生成有色配合物干扰，当钴（Ⅱ）与 5-Cl-PADAB 生成红色配合物后，再加磷酸酸化，磷酸铁、磷酸铬可溶解，但形成的红色配合物不被破坏。

调节溶液的酸度不能用氨水，而只能用氢氧化钠溶液，否则钴（Ⅱ）易形成氨配合离子使结果偏低。

(2) 分析步骤

称取试样 0.1g 置于 100mL 两用容量瓶中，加硝酸（1＋3）或盐硝混酸（3 份盐酸＋1 份硝酸＋2 份水混合）10mL，加热溶解，加硫磷混合酸（300mL 浓硫酸注入 400mL 水中冷却，再加入 300mL 浓磷酸混合）5mL。蒸至刚冒烟，稍冷加水约 20mL，加热溶解盐类，冷却，用水稀释至刻度，摇匀。

吸取含钴量不大于 10μg 的试液于 25mL 容量瓶中，滴加 6mol/L 氢氧化钠溶液至大量铁沉淀，加 pH7～7.2 的磷酸盐缓冲溶液 5mL，加 5-Cl-PADAB 溶液 1mL，水浴加热 5min，冷却，加磷酸（2＋3）10mL，以水稀释至刻度，摇匀，放置 2min 后，于 570nm 处，以合适的比色皿，以试剂空白为参比，测量吸光度。

7.8.7 铌的测定

铌是一种稀有金属元素，它作为合金元素加入钢中，在钢中形成铌化物的能力很强，除了微量固溶体外，主要以金属化合物 Fe_3Nb 和碳化物 NbC 等状态存在。在普通钢中加入千分之几到万分之几的铌，可使得钢的强度大大提高，还能使钢具有极好的抗氢性能，并能降低钢的碱脆性。在高铬耐热不锈钢中加入铌，可避免铬生成碳化铬在晶间析出，提高了不锈钢的抗蚀能力和高温强度。

所有的铌化物对稀酸都是稳定的，所以用酸分解试样时，铌极易水解成铌酸（$Nb_2O_5 \cdot nH_2O$）析出沉淀。铌可溶于氢氟酸和硝酸、盐酸的混合酸，使铌和氟离子形成配合物而溶解。铌极易水解，但在酒石酸盐、柠檬酸盐、草酸盐或氢氟酸存在下，铌能形成可溶性的配合物。

当用酸分解试样时，铌作为不溶物而与某些成分分离，不溶物经灼烧变为铌的氧化物，然后与焦硫酸钾熔融，用酒石酸溶液浸取。

铌的测定方法目前应用较多的是分光光度法，由于使用的显色剂不同，因此又有不同的分光光度法，其中以二甲酚橙、氯代磺酚 S 等应用较多。下面介绍二甲酚橙分光光度法。

（1）方法原理

二甲酚橙属于磺酞染料类化合物（简写为 XO），为紫红色晶体，潮解性强，易溶于水，它在不同的 pH 值条件下呈现不同的颜色：pH<6.3，呈亮黄色；pH>6.3，呈紫红色。XO 能与多种金属离子形成红色配合物，与该试剂本身在 pH>6.3 时所呈现的颜色相近，所以显色反应必须在酸性溶液中进行，且要注意消除干扰。

试样用含有氢氟酸的混合酸溶解，加硫酸铝配合过量的氟离子，加抗坏血酸还原三价铁，以二甲酚橙为显色剂，与铌作用生成橘红色配合物，于 520nm 测定吸光度。

酸度在 0.2mol/L 盐酸介质中显色较为有利，酸度较小，选择性较差，且铌易水解；酸度增大，铌-XO 配合物吸光度降低，且受酸类的影响，盐酸比硫酸影响小。

必须加入 HF 防止铌的水解，使铌与氟离子作用生成可溶性的铌氟配合物（H_2NbF_7），但过量的氟离子会阻止铌的显色，所以需加入铝盐或铍盐与氟离子配合予以消除。所以氢氟酸的加入量要控制适当。

温度对显色反应速度影响很大，用氯化铝作过量氟的掩蔽剂时，12℃时需 1.5h 达到稳定，30℃时需 15min 达到稳定。用硫酸铍作过量氟的掩蔽剂时，12℃时 10min 达到稳定，30℃时只需 2min。因此炉前分析以硫酸铍作为过量氟的掩蔽剂较为方便，但加氯化铝，配合物的稳定性要好些。实际操作是将试液在热水浴上（60～70℃）加热 5min，然后放置冷却至室温，再显色。

本法适宜于含铌 0.01%～0.1% 的样品。

（2）测定步骤

称取试样 0.2～0.5g 于锥形瓶中，加盐硝混酸（浓盐酸＋浓硝酸＋水＝2＋1＋1）10mL 加热至试样完全溶解。加硫酸溶液（1＋1）10mL 蒸发至冒白烟，冷却后，加水约

30mL 溶解盐类，加氢氟酸溶液（1+50）5mL 煮沸，立即流水冷却后，移入 100mL 容量瓶中，加水稀释至刻度，摇匀。

吸取试液 5mL 两份于 50mL 量瓶中，依下法显色。

① 显色液：加抗坏血酸溶液（5%）5mL、二甲酚橙溶液（0.3%）2mL、加水约 20mL，加硫酸铝溶液（2.5%）3mL（或 1% 硫酸铍溶液 10mL），在 40～50℃ 水浴中加热 5min。冷却后用水稀释至刻度，摇匀。

② 空白液：加抗坏血酸溶液（5%）5mL、EDTA 溶液（0.02mol/L）5mL、二甲酚橙溶液（0.3%）2mL，以水稀释至刻度，摇匀。

于 530nm 波长处，用 1～3cm 比色皿，测定吸光度。

7.8.8　硼的测定

在钢中加入微量硼，能显著改善钢的性能，它能使钢的淬火性显著增强，提高钢的机械强度，增加硬度和抗张力，使钢的焊接性能得到改善。

钢中硼的含量，一般在 0.001%～0.008% 之间，耐热钢中含硼量在 0.03%～0.15% 之间，由于硼吸收中子的能力很强，所以原子反应堆中常使用含硼 0.1%～4.5% 的高硼低碳钢。

硼在钢中主要以固溶体存在，还可形成氮化硼、氧化硼及铁碳硼等硼化物。关于钢中硼的形态，尚无统一的划分。金属学上分为有效硼和无效硼；金相学上分为固溶硼和硼化物；化学分析中分为酸溶硼、酸不溶硼，两者的合量称为全硼。

固溶硼和铁碳硼一般能够溶于稀酸（2.5mol/L 硫酸），而其他硼化物微溶于稀酸。这种酸溶硼和酸不溶硼实际上也没有严格的区分，它与酸的种类、浓度、温度等条件有关。

在硼的测定中，已经有许多溶解试样的方法，如硫酸加-氧化氢、硫酸-过氧化氢-氢氟酸、硫酸-磷酸、硫酸-磷酸-氟化氢铵、硫酸-硝酸等，应用这些溶剂溶样后测得的硼量即为"全硼"。有的为了获得"全硼"，还需要进行回渣处理，即用碳酸钠或碳酸钾熔融残渣，然后将溶液合并与主液或单独测定"酸不溶硼"。

目前钢铁分析中，一般规定以单独 2.5mol/L 硫酸低温溶解作为"酸溶硼"的测定条件，同时据实验得知固溶硼对提高钢的淬透性有效，所以按上述规定条件测定的"酸溶硼"将接近"有效硼"，因而对生产工艺有一定参考价值。

7.8.8.1　硼的测定方法综述

测定硼的化学分析方法有重量法、容量法和分光光度法等。

（1）容量法

容量法测定硼，一般采用酸碱滴定法，但硼酸为一多元弱酸，不能用碱直接滴定，通常需加入甘油、甘露醇等多羟基化合物，与硼酸生成一种较强的配合酸，因而可被碱定量滴定，其反应为：

$$2H_3BO_3 + C_6H_{14}O_6 = C_6H_8(OH)_2(BO_3H)_2 + 4H_2O$$
$$H_3BO_3 + C_3H_5(OH)_3 = C_3H_5(OH)BO_3H + 2H_2O$$

该方法适应于大量硼的测定，可测定至 0.05％含量。

（2）分光光度法

微量硼的测定通常采用分光光度法。分光光度法测硼，大体分为碱性染料萃取法、蒸干显色法、浓硫酸显色法以及水相中直接显色法四种类型。

① 碱性染料萃取法：是利用硼与负电性配位体形成的配阴离子，与碱性染料阳离子组成离子缔合物，以有机溶剂萃取进行光度测定。

② 蒸干显色法：是将试液与显色剂一起蒸发至干涸，形成有色配合物，然后用有机溶剂溶解有色配合物进行光度测定。如姜黄素、桑色素等显色剂常用这种方式，此法操作条件要求较严，所以尽量避免采用这种方法。

③ 浓硫酸显色法：是利用浓硫酸的脱水作用，使硼以三价阳离子的形式出现，然后与显色剂形成配合物。能与之显色的试剂很多，如胭脂红、二蒽醌亚胺和 HPTA。此法虽在浓硫酸中操作不便，但具有很好的选择性，可不经任何分离直接测定一些试样中的硼。

④ 水溶液显色法：是最直接显色的方式，但大多灵敏度较低，干扰因素多，因而没有普及。

7.8.8.2 亚甲基蓝-二氯乙烷萃取分光光度法

（1）方法原理

试样经硫酸溶液及少量过氧化氢于沸水浴中加热溶解，再滴加过氧化氢，加热分解过氧化氢。硼酸与氢氟酸在硫酸介质中生成氟硼配体（BF_4^-），它与亚甲基蓝形成可被 1,2-二氯乙烷所萃取的亚甲基蓝-氟硼配体离子的蓝色配合物，借此于 660nm 波长测定其吸光度。主要反应为：

$$2FeB + 2H_2SO_4 + 6H_2O \rightleftharpoons 2H_3BO_3 + 2FeSO_4 + 5H_2$$

$$H_3BO_3 + 3HF \rightleftharpoons HBF_3OH + 2H_2O$$

$$HBF_3OH + HF \rightleftharpoons H(BF_4) + H_2O$$

亚甲基蓝与 BF_4^- 以 1：1 的关系反应，生成蓝色配合物，其结构式为：

$$\left[\begin{array}{c} H_3C \\ H_3C \end{array} N - - N \begin{array}{c} CH_3 \\ CH_3 \end{array} \right]^+ \quad BF_3$$

由上反应可知，在水溶液中硼酸与氢氟酸的反应分两步进行，第一步反应很快，而第二步反应较慢，又因为只有 BF_4^- 可以与碱性染料生成可被萃取的离子缔合物，而 BF_3OH^- 却不能被萃取，因此如何把 BF_3OH^- 转化为 BF_4^- 是关键的问题。而酸度、介质、氢氟酸的浓度及温度等对上述转化影响很大。

溶液的酸度对萃取反应有一定影响，酸度升高，亚甲基蓝本身萃取率增加，空白值增大，而离子缔合物萃取率降低。因此三元配合物的生成适宜在 0.3mol/L 硫酸中进行。

不同的酸对萃取也有影响，因盐酸、硝酸、高氯酸都可与亚甲基蓝生成易被萃取的离子缔合物，使空白值增大，故一般不用，因此常用硫酸、磷酸及硫磷混酸。

由于 BF_4^- 的生成，要求 HF 的浓度加大，溶液酸度升高，而对于缔合物的萃取，则要求 HF 浓度不宜过大，适当控制溶液酸度，因此在实际工作中，通常在尽可能少的试液中加入 HF，促使 BF_4^- 定量生成，而在萃取时适当稀释溶液，以降低 HF 浓度及酸度。

萃取宜在低温或室温下进行。

本法是选择性很高的方法，钢中一般共存元素不干扰测定，主要干扰元素是 Ta 和 Nb，它们都与 F^- 生成 TaF_6^-、NbF_6^-，同样可与亚甲基蓝缔合而萃取入二氯乙烷中，Ta 的干扰更严重。一般可用水解法消除干扰，即钢样以焦硫酸钾熔融，制出试液，加水稀释，使铌、钽水解沉淀分离。

溶液中不能有氧化剂或还原剂存在，因为亚甲基蓝是一个氧化还原指示剂。在以硫酸或硫磷混酸溶样时，有此金属呈低价状态，必须氧化成高价，所以一般在萃取前加入高锰酸钾溶液氧化，过量的高锰酸钾溶液加入硫酸亚铁溶液还原。亚铁不干扰硼的测定。

（2）分析步骤

称取 0.1g 试样（0.003%～0.001% 称取 0.2g）于 125mL 容量瓶中，加 2.5mol/L 硫酸溶液 5mL、过氧化氢溶液（30%）0.5mL，于沸水浴中加热溶解。待试样完全溶解后，滴加过氧化氢（30%）0.5mL。继续加热，赶尽过量的过氧化氢。取下流水冷却，加水 15mL、氢氟酸溶液（1+7）5mL，加盖后沸水浴中加热 5min。取下冷却后，加水 20mL、亚甲基蓝溶液（0.001mol/L）10mL、二氯乙烷（分析纯）25mL，摇动 1～2min 后，倾出水相。将有机相倾入预先加有 1g 固体氯化钠的干燥的 50mL 烧杯中，于分光光度计上，以不含硼的钢同样处理为参比液，在波长 660nm 处，用适当比色皿，测定吸光度。

7.9 仪器分析方法

7.9.1 碳硫分析

碳和硫是钢铁中常规分析中的重要元素，对钢铁性能影响极大，在钢铁生产及产品检验中，均需对硫碳进行快速准确地分析。

燃烧气体容量法是测定碳的经典分析方法，而燃烧碘量法和燃烧碘酸钾法是测定硫的经典方法。这些方法虽然结果准确、设备简单，但速度慢，灵敏度低，不能适应炉前快速分析。炉前分析一般采用光电直读光谱仪对各种元素分析，但碳和硫的分析线都在真空紫外区，所以需真空型光谱仪。碳硫也可用 X 荧光光谱仪进行分析，但是对碳的分析灵敏度不够高。后来利用红外吸收原理设计的碳、硫分析仪器，具有高灵敏度、高精度、分析简便快速等特点。目前红外碳硫分析仪器，有测定单一碳硫的 IR-412、IR-432，有碳硫联合测定的 CS-244 型、CS-344 型及换代产品 CS-444 等。

Leco 公司产品 CS-444 型红外分析仪是较典型的测定金属及非金属碳、硫含量的仪器，由高频感应炉、测量装置和控制台组成。

（1）感应炉

组成部件有高频发生器、感应线圈、自动上料器、坩埚升降杯、石英燃烧管及炉头清扫机构等。高频振荡器频率达 18MHz，输出功率达 2.2kW，工作时能显示栅流、屏流数据，无论感应炉加热线圈周围及振荡器四周都加有屏蔽层，防止对人造成不良影响。

盛有样品的瓷坩埚由自动上料器送入炉内，关闭炉子后开始分析；分析结束，下降退出炉内。

清扫机构的作用是清除燃烧管上面的渣屑，由转动手把带动钢丝刷轮清除。炉内金属网过滤器可以阻挡大粒尘埃，需定期拆下用超声波清洗器清洗。用专门的氧枪清理杆清理氧枪，防止堵塞，保持炉内清洁。

（2）测量装置

碳、硫红外测量池，电子天平，气体压力和流量控制系统组成测量装置。红外测量池具有专一性，所以分别由 CO_2 红外检测器、SO_2 红外检测器来测定碳、硫。

（3）控制台

通过计算机控制仪器运行，显示操作、校正、报警等，给出碳、硫含量。

（4）操作

分析流程见图 7-3。氧气由高压瓶减压，经碱石棉和 $Mg(ClO_4)_2$ 除 CO_2 和 H_2O，再经玻璃棉过滤器进入系统，不合格净化气经三通阀排放。清洗气流不经炉子，由清洗电磁阀控制直接到测量系统进行清洗。由氧气阀控制的分析气流进入感应炉，带出样品氧化产生的 CO、CO_2 和 SO_2，经金属过滤网过滤尘粒，经 $Mg(ClO_4)_2$ 和玻璃网过滤器净化，进入 SO_2 红外检测器测硫，经催化剂管，SO_2 转化为 SO_3，CO 转化为 CO_2，再经 SO_3 吸收管除去 SO_3，剩下的 CO_2 由 CO_2 红外检测器测定含碳量。

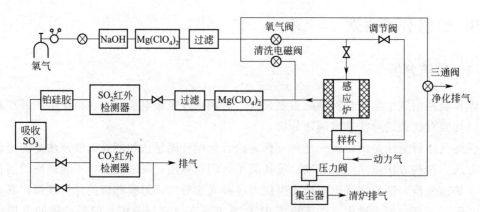

图 7-3　CS-444 气体分析流程

（5）试样及坩埚预处理

测定碳硫的试样与通常化学法测定的钢铁样品一样。瓷坩埚需置马弗炉中灼烧至 1000～1100℃，保温 1～4h，自然冷却后放干燥器内保存。

7.9.2　电感耦合等离子体发射光谱（ICP）

电感耦合等离子体（ICP）是由高频电流经感应线圈产生高频电磁场，使工作气体形成等离子体（一般指电离度超过 0.1%），并呈现火焰状放电（等离子体焰炬），达到 10000K 的高温，是一个具有良好的蒸发-原子化-激发-电离性能的光谱光源。原子发射光谱（AES）分析法是金属分析中常用的手段。因为 ICP 光源具有优异的分析性能，所有 ICP-AES 分析法分析特性也极为优秀，可同时测定大量元素，使 ICP-AES 法成为目前元素分析最为有效的手段。ICP-AES 法具有较高的蒸发、原子化和激发能力，抗干扰能力强，线性范围很宽，元素浓度与测量信号一般呈简单的线性关系，无论测低浓度成分还是高浓度成分，均可同时测定。ICP-AES 法精度高，检测限很低，无论固、液、气态样品均可直接测定。

随着 ICP 仪器功能的不断完善，性能不断提高，具有全谱特性的中阶梯光栅固体检测器仪器的出现，ICP-AES 法已成为钢铁及其合金分析的常规和最为重要的手段之一。

（1）原理

利用等离子体激发光源，使试样蒸发汽化，离解或分解为原子状态，进一步电离成离子状态，原子及离子在光源中激发发光。光源发射的光由分光系统分解为按波长排列的光谱，然后用检测器检测光谱。对试样依据光谱波长和发射光强度分别进行定性、定量分析。

工作方式如图 7-4 所示。待测试样经喷雾器形成气溶胶，进入石英炬管等离子体中心通道，再经光源加热激发，辐射出的光经光栅衍射分光，步进电机转动光栅，元素的特征谱线通过出口狭缝到达光电倍增管，将光强转变为光电流信号，通过计算机系统进行数据处理，得出分析结果。

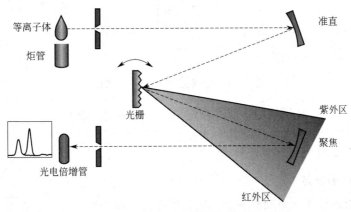

图 7-4　ICP 工作原理

（2）样品处理

试样前处理的常见方法有稀释法、高压分解法、熔融分解法、湿分解等。稀释法是用高纯去离子水或者无机酸（HNO_3）稀释至合适的浓度进行测试；高压分解法可以提高难分解体系的分解，具有分解效率高、污染小、操作简单的特点；微波消解法可用 HNO_3、HNO_3/H_2O_2、$HNO_3/H_2O_2/HF$ 微波消解，优点是元素损失小、快速；熔融分解法可以分为碱金属熔法、酸熔法、还原熔法等；湿分解法是用单一酸（HF，HNO_3，HCl 等）

或者混酸（$HNO_3/HClO_4/HF$、$HNO_3/H_2SO_4/HClO_4$、HNO_3/HCl）等处理样品。

一般情况下，ICP-AES测试的都是液体样品，因此测试时需要将样品溶解在特定的溶剂中（一般就是水溶液）；测试的样品必须保证澄清；溶液样品中不能含有对仪器有损坏的成分（如 HF 和强碱等）。

（3）定性和定量分析

定性分析是通过特征谱线的位置（波长）进行定性。由于每个元素的特征发射谱线不一样，通过几条特征谱线是否存在就可以确定样品中是否存在该元素。定性分析时，所给出的谱图如图 7-5 所示，实际上就是全波长范围内的原子发射光谱图（线状谱图）。

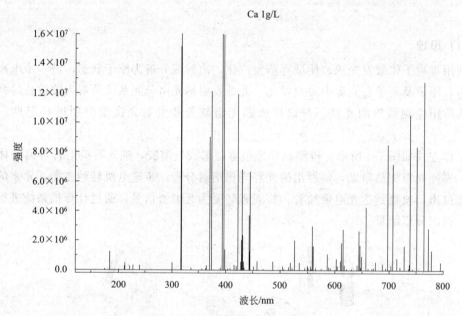

图 7-5　ICP-AES 定性分析的谱图

定量分析是通过特征谱线的强度进行定量，一般采用标准曲线法。

7.9.3　ICP-MS 分析

（1）ICP-MS 的特点

① 对绝大多数金属元素和部分非金属元素均能进行分析测定，分析速度快；
② 能快速获取元素的同位素信息；
③ 多数元素的检出限很低，适于痕量分析和多元素同时分析；
④ 线性范围宽；
⑤ 适合分析其他方法难测定的元素如稀土元素和贵金属等；
⑥ 能与色谱分析联用进行元素形态研究。

与其他分析技术相比，ICP-MS 具有最高的灵敏度、最低的检测限、最好的抗干扰能力、最宽的动态线性范围，干扰最少、分析精密度高、分析速度快、可进行多元素同时测定以及可提供精确的同位素信息等分析特性。可以同时分析元素周期表上几乎所有的元素。虽然仪器较其他分析仪器昂贵，但其运行成本低，样品前处理简单，ICP-MS 的性价比很高，其他仪器无法相比。

（2）ICP-MS 原理

在 ICP-MS 中，ICP 作为质谱的高温离子源（8000K），样品在通道中进行蒸发、解离、原子化、电离等过程。离子通过样品锥接口和离子传输系统进入高真空的 MS 部分，MS 部分为四极快速扫描质谱仪，通过高速顺序扫描分离测定所有离子，扫描元素质量数范围从 6~260，并通过高速双通道分离后的离子进行检测（图 7-6）。

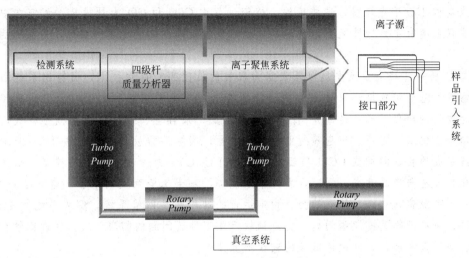

图 7-6 ICP-MS 工作原理

样品通过离子源离子化，形成离子流，通过接口进入真空系统，在离子镜中，负离子、中性粒子以及光子被拦截，而正离子正常通过，并且达到聚焦的效果。在分析器中，仪器通过改变分析器参数的设置，仅使我们感兴趣的核质比的元素离子顺利通过并且进入检测器，在检测器中对进入的离子个数进行计数，最终得到元素的含量。

ICP-MS 的进样系统和离子源与 ICP-AES 的进样系统以及光源是基本一致的。只是在大部分原子转化成离子之后，会将离子按照荷质比分离。

 【知识拓展】

碳达峰、碳中和与绿色钢铁冶金

为了应对全球气候变化和环境污染带来的挑战，实现我国经济的可持续发展，2020年中国首次向全球宣布，二氧化碳排放要力争于 2030 年前达到峰值，努力争取在 2060年前实现碳中和。

所谓碳达峰，是指某个地区或行业年度二氧化碳排放量达到历史最高值，然后经历平台期进入持续下降的过程，是二氧化碳排放量由增转降的历史拐点。而碳中和则是指某个地区在一定时间内（一般指一年）人为活动直接和间接排放的二氧化碳，与其通过植树造林等吸收的二氧化碳相互抵消，实现二氧化碳"净零排放"。

2018 年，我国粗钢产量 9.28 亿吨，约占全球粗钢产量的 52%，已连续 20 余年保持全球粗钢产量第一。作为能源消耗高密集型行业，钢铁行业是制造业 31 个门类中碳排放量的大户，占全国碳排放量约 16%，因此，钢铁行业绿色低碳发展对实现碳达峰、碳中和目标至关重要。

传统高炉流程占据炼铁主导地位，所用原料为烧结矿（+球团）、焦炭、喷吹煤（+氧气），其中烧结矿和焦炭为主原料，但烧结和炼焦工序环境负荷高，而且炼焦需要优质焦煤，面临资源日趋匮乏问题。一般而言，传统高炉工艺生产 1 吨生铁需要消耗 350 千克焦炭和 150 千克煤粉，造成炼铁、炼钢过程中 CO_2 和 CO 大量排放。如何在中国以高炉流程占绝对主力的情况下，实现高炉流程节能减排、健康发展的目标，是面临的重要任务。

高炉-转炉流程应重点发展以氢代焦为代表的低碳高炉炼铁技术，而特钢系统则应以发展富氢气基竖炉直接还原技术为主。特别指出，基于碳捕集和利用（CCU）思想，利用冶金废气制造化工产品是高炉-转炉流程最彻底、最合理、最可持续的减排方式，应当汇聚冶金、化工、能源、信息等行业的技术力量，实施碳排放趋零的钢铁-化工-能源一体化网络集成项目，即神威 CCU 项目（SCENWI CCU），加紧冶金废气的捕集、输送、处理和化工工艺与产品开发。同时，发挥中国优势，基于工业互联网平台，建设冶金-化工-能源三大系统密切结合、协同管控、稳定运行的智能制造网络系统，解决系统的复杂性、动态性、波动性等关键瓶颈问题，支持钢铁行业碳排放问题的彻底解决，促进钢铁行业可持续、高质量发展，开发绿色低碳的钢铁冶炼技术。

 【习题与思考题】

7-1　燃烧-气体容积法测定碳的原理是什么？在测定过程中应注意哪些关键问题？

7-2　气体容积法定碳仪标尺刻度的原理是什么？校正系数的含义是什么？如何计算？

7-3　燃烧-碘量法测定钢铁中硫时，其结果为何要用标样标定的滴定度计算而不按碘酸钾或碘标准溶液直接求结果？

7-4　为何可用燃烧-非水酸碱滴定法测定钢铁中的碳？在水溶液中为何不能测定。

7-5　归纳钼蓝法测定磷和硅的原理、各自所加试剂的作用及两种方法的异同。相互干扰如何消除？

7-6　试述燃烧-库仑法测定钢铁中碳的方法原理。

7-7　称取钢样 1.000g，在 16℃、101.3kPa 下测得二氧化碳的体积为 5.00mL，计算试样中碳的百分含量。

7-8　称取钢样 0.75g，在 17℃，99.99kPa 时，量气管读数为 2.14%（试样 1.000g），求温度压力校正系数 f 及含碳百分含量。

7-9　硅钼蓝法测定硅中，显色液和参比液分别如何配制？说明理由。

7-10　亚硝酸钠-亚砷酸钠容量法测定锰，影响测定结果的关键因素是什么？为什么？如何控制？

7-11　银盐-过硫酸铵氧化亚铁滴定法测定钢中铬的原理是什么？主要干扰元素是哪些？

如何消除其干扰？

7-12 怎样判断试样中三价铬已全部被氧化？为什么？

7-13 试述二苯偕肼分光光度法测铬的原理？

7-14 丁二酮肟重量法和分光光度法测定镍的原理分别是什么？丁二酮肟分光光度法为何要有氧化剂存在？有哪两种氧化剂？各自条件和优缺点是什么？

7-15 试拟定容量法连续测定钢铁中锰、铬、钒的一个方案。

7-16 试述高锰酸钾氧化-亚铁滴定法测定钒的原理和测定条件。

7-17 试述 5-Br-PADAP-H_2O_2 直接光度法测定钒的原理。

第8章　有色金属及合金的分析

8.1　概述

(1) 有色金属及其分类

铁、铬、锰及其合金称为黑色金属，我们通常称为钢铁。除钢铁以外的其他金属称为有色金属。有色金属包括纯金属及其各种合金，它的种类很多，按其密度、在地壳中贮量和分布等情况，把有色金属分为轻金属（密度小于 $4.5\mathrm{g/cm^3}$）、重金属、贵金属、半金属（如硅、硒、碲、砷等）、稀有金属等（见表 8-1）。有色金属也可按其生产方式和用途分类，一般分为冶炼产品、加工产品、铸造产品、轴承合金、硬质合金、中间合金、印刷合金、焊料、金属粉末等。还可以按其主要组成元素来分，如铜及铜合金、铝及铝合金等。我国通常所指的有色金属包括铜、铅、锌、铝、锡、锑、镍、钨、钼、汞十种金属。

表 8-1　有色金属分类一览表

类　别	元　素	类　别		元　素
轻金属	铝、镁、钾、钠、钙、锶、钡等	稀有金属	难熔金属	钨、铌、锆、钼
重金属	铜、镍、铅、锡、锌、锑、钴、镉、汞、铋等		稀有分散金属	镓、铟、铊、锗等
贵金属	金、银、铂、铱、钌、铑、钯		稀土金属	钪、钇、镧系
半金属	硅、硒、碲、砷等		稀有放射性金属	镭、锕系

有色金属具有与钢铁不同的特性，因此，有色金属及合金也是国民经济各部门必不可少的材料，它在国民经济中占有重要的地位和作用。如金 银、铂既是很重要的工业材料，也是国家经济实力的一个重要标志，我国有色金属产量连续 6 年来位居世界第一，2007年 10 种有色金属产量达 2360.52 万吨，黄金产量也引领全球，2007 年产量超过 280 吨；与黑色金属比较，有色金属具有密度小、高电导率、高耐热性、抗蚀性、耐磨性等优越性能。所以有色金属及其合金是十分重要的一类材料。

(2) 有色金属及合金分析简介

有色金属种类很多，本章介绍铜及铜合金、铝及铝合金等常用有色金属及其合金的化学分析方法。对这些材料的分析通常以常量元素为主，且属于常规分析项目，除测定主成分外，常常还要测定某些合金成分和杂质成分。采用的分析方法很多，也有相应的国标及部颁标准，但总的要求是分析方法要成熟简单、方便易行、准确稳定的特点。目前采用的方法还是以容量法（配位滴定和氧化还原滴定）和分光光度法为主。

8.2　铝及铝合金的分析

铝是银白色金属，相对密度小（2.7），熔点也低（657℃），塑性好，导电导热性很高，抗蚀性强，但强度低。纯铝有高纯铝（纯度达 99.98%～99.99%）和工业纯铝（纯度 98.0%～99.7%）两类，前者用于科研，后者用于一般工业和配制合金。

纯铝中加入适量的铜、镁、锰、锌、硅等元素，便得到强度较高的铝合金。铝合金通常分为铸造铝合金和变形铝合金。

铸造铝合金分为简单的铝合金（Al-Si）、特殊铝合金（如铝硅镁 Al-Si-Mg）、铝硅铜（Al-Si-Cu）、铝铜铸造合金（Al-Cu）、铝镁铸造合金（Al-Mg）、铝锌铸造合金（Al-Zn）等。

变形铝合金通常分为铝（L）、硬铝（LY）、防锈铝（LF）、线铝、锻铝（LD）、超硬铝（LC）、特殊铝（LT）和耐热铝等。

铝及铝合金经常分析的元素有铝、铁、铜、镁、锌、硅、锰等，其他微量元素一般很少分析。

因铝的表面易钝化，钝化后不溶于硫酸和硝酸。因此铝及铝合金试样常先用氢氧化钠溶液溶解到不溶时，再加硝酸溶解；或先用盐酸溶解到不溶时，再加硝酸溶解。常用的分解方法有 $NaOH + HNO_3$、$NaOH + H_2O_2$、$HCl + HNO_3$、$HCl + H_2O_2$、$HClO_4 + HNO_3$ 等，且在实际工作中往往先加前者，溶解至不溶时再加后者。

用 $NaOH + HNO_3$ 溶解试样时，先用 20%～30%NaOH 溶解到不溶时，再加入硝酸，其反应为：

$$2NaOH + 2Al + 6H_2O \Longrightarrow 2Na[Al(OH)_4] + 3H_2 \uparrow$$

$$2NaOH + Si + H_2O \Longrightarrow Na_2SiO_3 + 2H_2 \uparrow$$

$$Fe + 4HNO_3 \Longrightarrow Fe(NO_3)_3 + NO + 2H_2O$$

$$3Cu + 8HNO_3 \Longrightarrow 3Cu(NO_3)_2 + 2NO + 4H_2O$$

$$Mn + 4HNO_3 \Longrightarrow Mn(NO_3)_2 + 2NO_2 + 2H_2O$$

8.2.1　铝合金中铜的测定

8.2.1.1　双环己酮草酰双腙分光光度法

(1) 方法原理

试样以氢氧化钠或盐酸溶解，经酸化后，用柠檬酸铵掩蔽铁、铝等元素，在 pH = 8.5～9.5 的酸度下，二价铜离子与双环己酮草酰双腙（BCO）生成 1:2 的蓝色水溶性配合物 [λ_{max} 为 595～600nm，ε 为 1.6×10^4 L/(mol·cm)]，铜在 0.2～4μg/mL 范围内遵守比耳定律。以此进行铜的光度测定，测定范围为铜 0.1%～10.0%。

经红外光谱测定发现，BCO 试剂本身在水溶液中存在酮式和烯醇式等互变异构平衡。在 pH<3 的酸溶液中以酮式存在，在 pH7.0～10.0 以烯醇式Ⅰ存在，在 pH>10.0 以烯醇式Ⅱ存在。其互变异构平衡表示如下：

pH<3　酮式结构

pH=7~10　烯醇式Ⅰ

pH>10　烯醇式Ⅱ

只有烯醇式Ⅰ才能与二价铜离子作用生成配合物。因此显色反应的适宜酸度应在 pH=7.0~10.0 之间。在 pH>11.0，试剂又开始分解，另外，显色酸度还受共存元素、缓冲体系等不同因素的影响，在柠檬酸铵-氢氧化钠-硼酸钠缓冲介质中，显色的最适宜酸度为 pH=8.5~9.5。实验中用中性红指示剂指示，滴加氢氧化钠至指示剂变黄，再加硼酸钠缓冲溶液。

温度对显色速度及稳定性也有一定影响：温度升高，显色速度加快，但稳定性降低，反之亦然。一般在 10~25℃ 显色为宜。

(2) 分析步骤

称取一定量试样置于 250mL 烧杯中，盖上表面皿。加入 20mL 水，缓慢加入 30mL 盐酸并缓慢加热至完全溶解。滴加 1mL 过氧化氢，煮沸，蒸发至糊状。加入 50mL 热水，加热溶解盐类，冷却。移入（如需要可过滤）适当的容量瓶中（按含量高低移入 100~500mL 容量瓶中）。以水稀释至刻度，摇匀。

按含量高低不同移取 5~10mL 于 100mL 烧杯中，加水 10mL，按含量高低不同加入柠檬酸溶液（500g/L）2~3mL（含量低加 3mL），加 10mL 乙醛溶液（2+5）。用滴管滴加氨水，调节试液至 pH=9.3±0.2（用酸度计检查），记录滴加氨水的体积（mL）。弃去此预试验的溶液。

同样按含量高低不同移取试样于 100mL 烧杯中，加水 10mL，按含量高低不同加入柠檬酸溶液（500g/L）2~3mL（含量低加 3mL），摇匀。按上记录的体积（mL）加入氨水，加入 10mL 乙醛溶液（2+5）和 10mL 双环己酮草酰双腙溶液（2.5g/L），冷却至约 20℃，以水稀释至刻度，混匀。放置 30min。

将部分试液移入比色皿中，以随同试样所做的空白试验溶液为参比，于分光光度计上波长为 600nm 处测量其吸光度，从标准曲线上查得其含量。

8.2.1.2　新亚铜灵分光光度法

(1) 方法原理

在 pH=3~7 的酸性条件下，一价铜离子与新亚铜灵试剂形成 1:2 的正一价黄色配合阳离子，此配合物不溶于水，可被三氯甲烷萃取，于 460nm 波长下测定，铝和铝合金中一般共存元素均不干扰测定。因显色剂的选择性很高，试剂是在邻菲啰啉的 2,9 位置上引入了二个甲基，产生了空间位阻，使试剂中的配位原子氮不能接近亚铁离子，因而亚铁离子不会生成稳定的配合物，故试剂可在大量铁存在下测定铜。配合物结构式为：

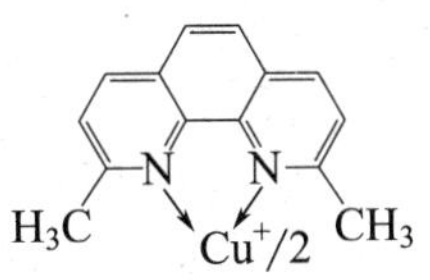

萃取酸度控制很重要，pH＜4.5 时萃取不完全，pH＞8 时显色不稳定，在铝及铝合金中测定铜，酸度应调节在 pH3～4 为宜。试样用氢氧化钠溶解后，硝酸酸化稀释，取出一定溶液，在柠檬酸存在下，以盐酸羟胺还原铜至一价后，加入新亚铜灵，在 pH3～4 之间与铜生成不溶性黄色配合物，再改变酸度至 pH5～7，用氯仿萃取后在有机相中进行光度测定。

用有机溶剂萃取操作烦琐，且有机试剂对人体有害，污染环境。下面具体的测定步骤是用新亚铜灵在水相中直接测定铜的分光光度法，操作简便、快速、分析结果准确可靠。常用于铝合金中铜的测定。

（2）分析步骤

称取 0.1～0.5g 试样于 100mL 容量瓶中，加氢氧化钠溶液（40％）5mL、水 5mL，加热待试样分解后，滴加过氧化氢溶液（30％）数滴，加热至无小气泡，稍冷，加入硝酸溶液（1+1）20mL，使溶液酸化，加热使盐类溶解。加入尿素少许，使氧化氮分解，冷却，以水稀释至刻度，摇匀。

分取 10mL 试液置于 50mL 容量瓶中，加柠檬酸铵溶液（50％）2mL、盐酸羟胺溶液（10％）5mL，摇匀，滴加氨水至刚果红试纸呈紫色（pH 值约为 4），加入新亚铜灵溶液（0.1％）5mL，加水稀释至刻度，摇匀。在分光光度计上，以试剂空白为参比，于 456nm 波长处测定吸光度。铜的含量从标准曲线上查得或用相似标样比较计算求得。

8.2.2　铝合金中镁的测定

铝及铝合金中镁的测定方法很多，有滴定法、光度法等。滴定法主要是利用 DDTC 沉淀分离铁、镍、铜、锰等干扰元素，加三乙醇胺掩蔽铁、铝等，在 pH10 的条件下，再用 EGTA 掩蔽钙，铬黑 T 为指示剂，用 EDTA 滴定。

分光光度法有铬变酸 2R 分光光度法、偶氮氯膦Ⅰ分光光度法、兴多偶氮氯膦Ⅰ分光光度法等。

8.2.2.1　铬变酸 2R 分光光度法

（1）方法原理

试样溶解后，在 pH＝10.9 的氨性溶液中，丙酮存在下，铬变酸 2R 与镁离子生成棕红色配合物，在 570nm 波长下测定吸光度，借此进行光度分析。

溶液的 pH 值对显色反应影响很大，具体表现在三个方面：第一个原因是酸度不同，试剂本身呈现不同的颜色，强酸性呈橙色→酸性中呈红色→碱性中呈紫色。原因是溶液酸度的变化显色剂存在下列平衡：

即当溶液中碱性增强时，分子中羟基发生电离即—OH变成了—O^-，此时氧原子上增加了一对电子，大大加强了羟基给电子能力，以致引起最大吸收峰红移，导致颜色加深。而在强酸介质中，偶氮基上的氮原子结合了氢离子，以致氮原子上的一对自由电子对消失了，使试剂分子的吸收峰紫移，颜色变浅。第二个原因是在不同的pH值条件下，铬变酸2R可与不同的金属阳离子发生显色反应。铬变酸2R与金属离子发生显色反应与该金属离子的水解反应十分相似，在酸性条件下水解的金属离子易在酸性条件下与铬变酸2R反应；在中性介质中，可与近中性介质中易水解的金属离子发生显色反应；在碱性介质中才能与碱土金属起反应。第三个原因是铬变酸2R与镁离子的反应是两个羟基氧与镁离子作用，其配合物的颜色深浅受pH值的影响，经实验证明在pH11，配合物吸光度高，且色泽稳定。

显色剂在显色条件下，本身呈紫色，所以参比液颜色较深，如果控制不好，参比液吸光度由于用量的增加而显著增大，造成显色液吸光度与被测离子浓度不呈线性关系，所以必须严格控制显色剂的用量，同时用褪色参比消除其干扰，即在显色液中加入EDTA，使镁-铬变酸2R配合物褪色后的溶液作参比液。

配合物在丙酮或乙醇介质中稳定性和灵敏度均有提高，据实验显示溶液中含有40%的乙醇或丙酮为最好，实际工作中加入丙酮溶液。

大量的铁、铝、铬等离子均干扰测定，故在pH6.5左右用DDTC分离大量的铁、铝等离子，再加三乙醇胺掩蔽少量的三价铁和铝等。

(2) 分析步骤

称取0.25g试样于300mL烧杯中，加盐酸溶液（1+1）10mL及过氧化氢溶液（30%）数滴溶解后，煮沸分解过量的过氧化氢，冷却后用滤纸滤于200mL容量瓶中，并以盐酸冲洗滤纸数次，稀释至刻度，摇匀。

显色液：分取5mL试液于50mL容量瓶中，加三乙醇胺溶液（3+7）10mL，加混合显色液（pH10.9的缓冲液100mL，0.1%的铬变酸2R溶液50mL，丙酮100mL，混匀后备用）25mL。用水稀释至刻度，摇匀。

空白液：取纯铝与试样相同处理，各种试剂加入量同试样一样，在分光光度计上，于570nm波长下，用合适的比色皿，以空白液作参比，测定吸光度。

镁含量从标准曲线上查得或带标样计算求得。

8.2.2.2 兴多偶氮氯膦Ⅰ分光光度法

试样溶解后，用三乙醇胺掩蔽铁、邻菲啰啉掩蔽锌、镍、铜，酒石酸钾钠掩蔽钙、稀土、钛等，在 pH9.15～9.75 的碱性缓冲溶液中，镁离子与兴多偶氮氯膦Ⅰ作用，生成紫红色的配合物，其最大吸收峰在 580nm，表观摩尔吸光系数为 $2.7×10^4$ L/(mol・cm)。

用三乙醇胺掩蔽铁、铝，邻菲啰啉掩蔽镍、锌、锰等，EGTA-Pb 掩蔽稀土，可不经分离，直接测定铝及铝合金中镁。

兴多偶氮氯膦Ⅰ是在偶氮氯膦Ⅰ的基础上合成的。偶氮氯膦Ⅰ是变色酸单偶氮衍生物，在此基础上引入了具有掩蔽作用的分析功能团——兴多（即甲胺二乙酸）。它与镁离子的配合发生在羟基、膦酸基和偶氮基上，形成两个多元环。

偶氮氯膦Ⅰ、兴多偶氮氯膦Ⅰ的结构式以及兴多偶氮氯膦Ⅰ与镁离子的配合物的结构式分别如下所示：

偶氮氯膦Ⅰ

兴多偶氮氯膦Ⅰ

兴多偶氮氯膦Ⅰ-镁离子配合物

兴多偶氮氯膦Ⅰ与镁离子反应的灵敏度比偶氮氯膦Ⅰ要高，酸度及铵盐影响小，线性关系较宽，配合物稳定，放置时间、温度、溶剂等无明显影响。

8.2.2.3　偶氮氯膦Ⅰ分光光度法测镁分析步骤

称取试样 0.1000g 置于 100mL 锥形瓶，加入盐酸 (1+1)5mL，待剧烈作用停止后加热至微沸，冷却，移入 200mL 容量瓶中，加水至刻度，摇匀。

另取纯铝 0.1g，按同样方法溶解后稀释至 200mL，作为试剂空白。

将上述两溶液分别用干滤纸过滤，滤液接收于干燥的锥形瓶中。分取滤液各 5mL，分别置于 50mL 容量瓶中，各加三乙醇胺溶液 (3+7)5mL、邻菲啰啉溶液 (0.4% 的 50% 乙醇溶液)5mL、EGTA-Pb 溶液 2mL、硼砂缓冲溶液（硼砂 21g 溶于水中，加氢氧化钠 4g 溶于水中，将两液混合后加水至 1000mL)5mL，摇匀，准确加入偶氮氯膦Ⅰ试剂溶液 (0.025%)5mL，加水至刻度，摇匀。将溶液倒入比色皿中，在剩余溶液中加 EDTA 溶液 (0.05mol/L) 2 滴，摇匀，倒入另一比色皿中作为参比液，在 580nm 波长处分别测定试样溶液吸光度及试剂空白溶液吸光度 A 和 B。从 A 值中减去 B 值后在标准曲线上查得试样的镁含量。

注：EGTA-Pb 溶液 (0.005mol/L) 的配制：取乙二醇二乙醚四乙酸（EGTA)1.9g，加水 200mL，加热，滴加氢氧化钠溶液 (10%) 至恰好溶解，调节酸度至 pH5～6。另取氯化铅 1.53g，加水 300mL，加热溶解后与 EGTA 溶液混合，冷却，稀释至 1000mL。

此法适用于测定含镁 0.1%～1% 的试样。

8.2.3 铝合金中硅的测定

铝合金中硅的含量因型号不同而不同，因而高含量硅用重量法测定，低含量硅用硅钼蓝分光光度法测定。

(1) 重量法

试样用氢氧化钠和过氧化氢溶解后，在酸性溶液中用硫酸（高氯酸）使硅变成脱水硅酸沉淀，过滤、洗涤、灼烧成二氧化硅称量。

(2) 分光光度法

硅含量低于 1% 的试样用氢氧化钠溶解后，用硝酸酸化，硅酸转变为正硅酸，在弱酸性溶液中与钼酸铵作用生成硅钼杂多酸，然后加入草酸提高酸度，破坏磷、砷等元素的干扰，再用亚铁将硅钼杂多酸还原为硅钼杂多蓝进行光度测定。

上述两种方法在硅酸盐分析中已详细介绍，值得注意的是，用于铝合金的分析时，试样的分解最好用氢氧化钠，因硅在铝合金中有多种状态，如固溶体、二元或三元硅化物，当硅含量＞11.7% 时还有单晶（初晶）硅出现。其中有些相态不溶于酸，有些与酸作用引起硅的挥发：

$$Mg_2Si + 4H^+ \Longrightarrow SiH_4 \uparrow + 2Mg^{2+}$$

而在氢氧化钠及双氧水作用下，各种状态硅均能转化成硅酸盐。试样应在银、镍或塑料器皿中进行分解，分解后必须酸化，酸化前不能接触玻璃器皿，以免腐蚀玻璃带入硅。

8.2.4 铝合金中稀土总量的测定

稀土元素现在已被广泛用作钢铁及有色金属中的合金成分。一些铸造铝合金中均含有 0.01%～1.0% 的稀土元素。稀土元素主要是指原子序数为 57～71 的 15 个镧系元素，以及与镧系元素在化学性质上相近的钪和钇。

8.2.4.1 偶氮胂Ⅲ光度法

试样用氢氧化钠和过氧化氢分解后，用盐酸酸化，稀土元素与偶氮胂Ⅲ在强酸性溶液中（pH2.5～3.5）反应生成稳定的蓝色配合物，最大吸收峰为 660nm，摩尔吸光系数在 $(4.5～7.1) \times 10^4 L/(mol \cdot cm)$ 之间，但选择性比较差，所以在具体应用于合金中稀土元素的测定时，还要采用一定的分离及掩蔽手段。

对稀土含量在 0.1% 以上的试样，由于显色时取样量少，干扰元素的共存量也相应减少，因此可不分离，仅采用掩蔽法即可直接进行显色和测定；如试样含稀土 0.1%～1%，则可取 5mg 试样进行显色，在这种情况下共存的镁、镍、锌、锡等元素的量都没达到干扰测定的程度，而铝、铜、铁则可分别用磺基水杨酸、硫脲及抗坏血酸掩蔽；但稀土含量在 0.1% 以下的试样，则需要进行分离。较简便的分离方法是用氢氧化钠溶样后加入三乙醇胺及 EDTA 溶液，使铝、铜、镍、铁、钙等元素大部分留在溶液中，而稀土与镁能定量沉淀而析出。被沉淀吸附带下的少量铜、铝等元素可用掩蔽法消除其干扰。

偶氮胂Ⅲ的结构式为：

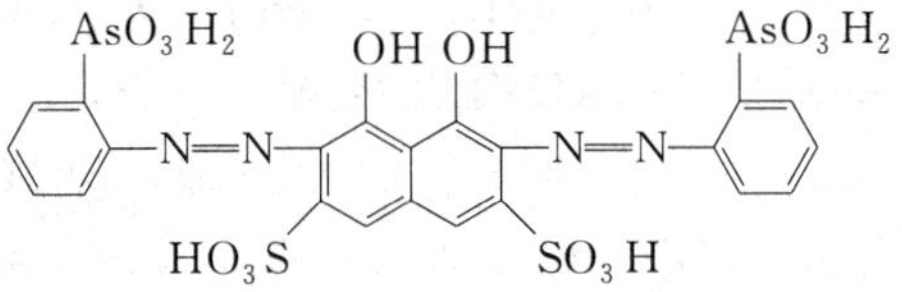

偶氮胂Ⅲ在 pH＜5 时呈玫瑰红色，在 pH＞5 时由紫色向紫蓝色过渡，最大吸收波长向长波方向移动，导致试剂空白增大，以致无法测定。当 pH＜2.5 时，配合物的稳定性下降，因此偶氮胂Ⅲ分光光度法测定稀土总量，一般控制在 pH＝2.8 为宜。

它与金属离子的配合物具有如下结构：

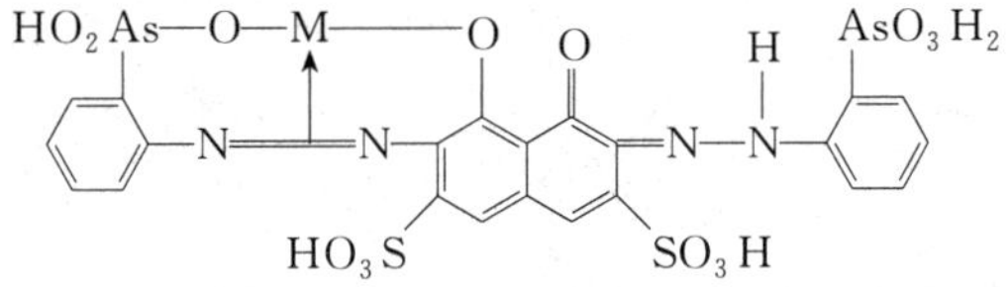

8.2.4.2 偶氮氯膦-mA 分光光度法

(1) 方法原理

用偶氮胂Ⅲ分光光度法测定铝合金中小于 0.1％的稀土总量时需要经过沉淀分离手续，不方便。而用偶氮氯膦-mA 测定稀土总量较为理想，该试剂在 pH0.7～1.8 的酸度条件下与稀土生成蓝紫色配合物，最大吸收波长为 660nm，对各种稀土元素的摩尔吸光系数较为接近，且灵敏度较高（摩尔吸光系数达 $8.2×10^4$），选择性好，实验选用 pH1.0 的酸性条件，铝、铁可用草酸掩蔽，铜可用硫脲掩蔽，而其他共存的元素都不干扰测定，故可不经分离而直接测定。

偶氮氯膦-mA 的结构式为：

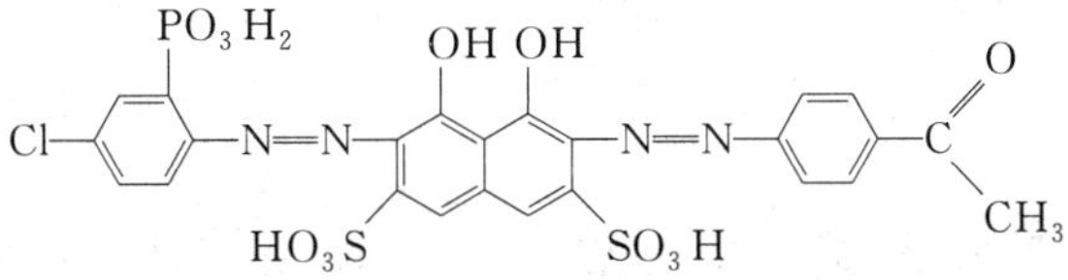

它与金属离子的反应跟偶氮胂Ⅲ与金属离子的反应类似。

(2) 分析步骤

称取试样 0.4000g，置于盛有氢氧化钠 4g 和水 10mL 的银质烧杯中，加热，待分解完毕后滴加过氧化氢（30％）并蒸发至近浆状，使硅化物等氧化完全。冷却，加水稀释至约 50mL，小心倾入已盛有热硝酸（1＋1）34mL 的 250mL 锥形瓶中（倾倒溶液时应注意勿使碱性溶液沿烧杯壁流下，应使溶液直接倾入硝酸中，以免碱性溶液腐蚀玻璃而影响硅的测定结果）。用水冲洗银烧杯，若在烧杯底部发现有褐色沉淀黏着，可用稀硫酸（1＋1）1～2 滴擦洗。洗液并入锥形瓶中，加入少许氨基磺酸或脲，使氮的氧化物分解。用流水使溶液冷却，并移入 200mL 容量瓶中，用水稀释至刻度，摇匀。另取纯铝按同样方法溶解并稀释至 200mL，作为试剂空白。

分取试样溶液及试剂空白溶液各 5mL，分别置于 250mL 容量瓶中，加入草酸-草酸铵溶液（草酸 3g 溶于 50mL 水中，加取草酸铵 1.2g 溶于 40mL 水中，将两溶液混合后加水至 100mL）5mL，摇匀。室温低于 10℃ 时宜放置 3～5min。加入偶氮氯膦-mA 溶液（0.05%）2mL，加水至刻度，摇匀。用适当的比色皿，以试剂空白为参比溶液，在 660nm 波长测定吸光度。在相应标准曲线上查得试样中含稀土的总量。

8.2.4.3　其他显色剂分光光度法

除以上两种显色剂用于稀土的测定外，还有偶氮氯膦Ⅲ分光光度法和磺胺偶氮氯膦分光光度法等。偶氮氯膦Ⅲ的结构式为：

$$Cl-\bigcirc\begin{smallmatrix}PO_3H_2\end{smallmatrix}-N=N-\bigcirc\begin{smallmatrix}OH\ OH\end{smallmatrix}-N=N-\bigcirc\begin{smallmatrix}PO_3H_2\end{smallmatrix}-Cl$$

与偶氮胂Ⅲ比较，是膦酸基代替了砷酸基，且在偶氮对位苯环上的氢被氯所取代，因此试剂有着更强的成盐性：能与稀土在强酸性溶液中形成稳定的蓝绿色配合物，且灵敏度更高 $[\varepsilon=(5.5～8.4)\times10^4]$，配合物最大吸收在 675nm。所形成的配合物不被 EDTA 破坏，可在 EDTA 和其他掩蔽剂存在下，不经分离共存元素，直接测定稀土。其配合物可在 pH1.1～1.5 的酸性介质中用正丁醇萃取光度法测定。

磺胺偶氮氯膦分光光度法在较强的酸性介质中（pH1），能与稀土形成稳定的配合物，最大吸收波长为 670nm，选择性好，灵敏度高。在草酸存在下（掩蔽大量基体铁和一定量钛等），许多金属离子不干扰测定，可不经分离直接测定稀土总量，操作简便，显色酸度范围也较宽，配合物稳定。磺胺偶氮氯膦结构式为：

$$Cl-\bigcirc\begin{smallmatrix}PO_3H_2\end{smallmatrix}-N=N-\bigcirc\begin{smallmatrix}OH\ OH\end{smallmatrix}-N=N-\bigcirc-SO_2NH_2$$

8.3　铜及铜合金的分析

纯铜一般是由电解制得的，所以又称电解铜，也叫紫铜（颜色呈紫色）。铜的含量在 98%～99.99%。影响较大的杂质元素主要有铅、铋、氧、硫，另外还有铝、锌、银、镉、镍、铁、锡等。纯铜的主要特点是导电、导热性能强，它主要用于电器工业。

铜的合金种类很多，常见的有以铜和锌为主要成分的各种黄铜，如普通黄铜、铅黄铜等；以铜和锡或其他元素为主要成分的各种青铜，如锡青铜、铝青铜、铅青铜、磷青铜等；以铜和镍为主要成分的白铜等。

铜和铜合金的品种不同，其分析项目也不同。纯铜的分析项目有铜、铁、锰、镍、镉、铅、锌、铋、锑、锡、磷、硫等元素，铜常以恒电流电解重量法测定其纯度，其他杂项可用仪器分析方法测定，而纯度不太高的纯铜中各种杂项的分析可用化学分析方法测定；铜合金如黄铜的分析项目有铜、铅、锌、锰、锡、镍、铝、锑、铋、硅、磷、砷等元素含量的测定，其中铜常以碘量法或配位滴定法测定，其他合金元素及杂质元素视含量高低，可分别采用滴定法或分光光度法测定。

铜及合金试样一般都不溶于盐酸，只溶于硝酸、硫酸、王水或盐酸-过氧化氢中。为了把试样的分解方法与分析方法结合起来综合考虑，通常采用硝酸或盐酸-过氧化氢分解。当用硝酸分解时，由于硝酸浓度不同及金属的还原能力不同会产生 NO_2、NO、N_2O、NH_3 等，且有少数金属如铝、铬等产生钝化而难以溶于硝酸中；当用盐酸-过氧化氢分解时，因铜等不活泼金属元素先被氧化为氧化物而后溶于盐酸中：

$$Cu + H_2O_2 \Longrightarrow CuO + H_2O$$
$$CuO + 2HCl \Longrightarrow CuCl_2 + H_2O$$

8.3.1　铜及铜合金中铜的测定

纯铜中含铜量 $98\% \sim 99.99\%$。而铜合金中铜是主要成分，一般含铜均在 $50\% \sim 98\%$ 之间。故常用电解重量法、碘量法及 EDTA 法测定其含量。这里只介绍恒电流电解重量法（控制电位电解重量法在此不讨论）。

(1) 方法原理

试样用硫酸-硝酸混合酸溶解，在硫酸-硝酸酸性介质中，以网状铂金电极作阴极，螺旋状铂金电极作阳极，在两电极间加以适当的电压，在两电极上便发生氧化还原反应，阴极上析出铜，阳极上析出氧：

阴极　　　　　　　　　　$Cu^{2+} + 2e^- \longrightarrow Cu$

阳极　　　　　　　　　　$4OH^- - 4e^- \longrightarrow 2H_2O + O_2$

电解完后，将阴极烘干称重求得铜的含量。

电解要在硫酸-硝酸混合酸中进行。若单独在硫酸中进行，阴极上将产生大量氢气，使铜的沉积很疏松，且电解时间长。但加入硝酸或硝酸盐（去极化剂）可避免上述现象，因为发生如下反应：

$$NO_3^- + 10H^+ + 8e^- \longrightarrow NH_4^+ + 3H_2O$$

如试样含锡、锑、铅，则要在硝酸中电解，可避免生成硫酸铅沉淀，锡、锑也形成偏锡酸和偏锑酸沉淀，可过滤分离，如要使锡不沉淀，可加入氟化氢生成 $\left[SnF_6\right]^{2-}$ 配离子，但在硝酸溶液中电解一定要防止亚硝酸的产生，在上述去极化反应中也不一定得到 8 个电子，因此也可能发生如下反应：

$$NO_3^- + 2H^+ + 2e^- \longrightarrow NO_2^- + H_2O$$

产生的亚硝酸可使析出的铜重新溶解，致使电解不能进行，所以也需在电解开始前加适量尿素使产生的亚硝酸分解。

$$2HNO_2 + (NH_2)_2CO \longrightarrow 2N_2\uparrow + CO_2\uparrow + 3H_2O$$

电解快完成时也要加入少量尿素破坏因少量硝酸在阴极上被还原而产生少量的亚硝酸根。

少量硫酸的存在可使铜层光亮致密，不易受氧化。但切忌氯化物的存在，因电解析出氯气对铂电极产生腐蚀。一般在 $0.2mol/L$ 硝酸中进行，酸度过高，铜电解不完全，且电解时间增长，酸度过低，铜电解太快，附着力差，易被氧化变黑。

分解电压一般在 2.0～2.5V 之间，外加电压高，由于氢的析出易形成多孔的附着力差的铜；电流密度一般控制在 1.5～3.0A/100cm² 之间，并在室温下不断搅拌。

(2) 分析步骤

称取当天制备的试样钻屑 0.5000g，再放上已洗净、烘干并在干燥器中冷至室温的铂网阴极，称取试样及电极的总质量，并记下所用的砝码。将铂电极置于干燥器中存放。试样置于 300mL 高形烧杯中，加入混合酸（于 750mL 水中加入浓硫酸 300mL，冷却，加入浓硝酸 210mL，冷至室温，加水至总体积为 1500mL）50 mL，盖好表面皿，在 80℃左右的温度条件下加热至试样溶解完毕。加热至微沸 1～2min，驱除氧化氮，冷却，加入3％过氧化氢 5mL，以水冲洗表面皿并稀释至约 120 mL，使溶液恰好能浸没铂网电极。

在电解仪上装好已称质量的网状阴极和阳极，然后将溶液放上，用两个半片表面皿盖好烧杯，接上电源，调节电流密度至 0.3A，进行电解。电解至溶液中铜（Ⅱ）离子蓝色褪去（约需 15h，一般在傍晚开始电解至第二天早上取下），用水冲洗表面皿及烧杯内壁，继续电解约 30min。在不切断电流的情况下，一边取下电解烧杯，一边用水冲洗电极，洗液接收在原烧杯中。将洗净的镀有铜的铂网阴极置于乙醇中，如浸渍并用电吹风吹干后置于干燥器中冷却至室温。用原来称试样时所用的砝码称取其质量。

将电解铜后的试样溶液移入 250mL 容量瓶中，加水至刻度，摇匀。于另一 250mL 容量瓶中加入混合酸 50mL，加水至刻度，作为试剂空白。测定其残余铜如下：

移取试样溶液 5mL，置于 50mL 容量瓶中，加热煮沸约 1min，冷却，加入柠檬酸铵溶液（50％）2mL，中性红指示剂 1 滴，滴加氢氧化钠溶液（10％）至指示剂恰好呈黄色并过量 1mL，加入硼酸钠缓冲溶液 5mL，摇匀，加入 BCO 溶液（0.2％，称取试剂 0.5g溶于 125mL 乙醇中，加水稀释至 250mL）5mL，加水至刻度，摇匀。于另一 50mL 容量瓶中，移入试剂空白溶液 5mL，加入柠檬酸铵 2mL，按上法调节酸度并显色后作为参比溶液，用适当比色皿，在 610nm 波长处测定吸光度，在标准曲线上查得其含铜量。

$$杂质 = \frac{(W_1 - W_2) \times 100\%}{S}$$

式中　W_1——试样及铂网阴极的总质量，g；

　　　W_2——镀铜的铂网阴极的总质量，g；

　　　S——试样的质量，g。

$$Cu\% = 100\% - 杂质\% + 残留铜\%$$

8.3.2　铜合金中锡的测定

锡的测定方法较多，铜合金中锡的测定常采用次磷酸还原-碘酸钾滴定法、槲皮素分光光度法、茜素紫萃取光度法和 PV-CTMAB 分光光度法等。

8.3.2.1　次磷酸还原-碘酸钾滴定法

滴定法是用盐酸和过氧化氢溶液溶解试样，然后以氯化汞作催化剂，用次磷酸或次磷酸钠溶液作还原剂，在隔绝空气的条件下（以防空气氧化二价锡），将四价锡还原为二价，再以淀粉作指示剂，用碘酸钾标准溶液滴定二价锡。在还原过程中大量铜被还原为一价，给测定带来影响，因此在滴定前加入硫氰酸铵使其生成白色硫氰酸亚铜沉淀；如有大量砷也将被还原为单质状态的黑色沉淀而影响终点观察。其他合金元素对测定无干扰，此法适应于黄铜、锡黄铜、铁黄铜等中锡的测定。

8.3.2.2　槲皮素分光光度法

试样用盐酸和过氧化氢分解，在 $0.1\sim0.3mol/L$ 盐酸溶液中，四价锡与槲皮素形成 $1:2$ 黄色配合物，最大吸收波长为 $450nm$，用于锡青铜中锡的测定。因四价锡容易水解，须用乙醇保护，保持乙醇与水的体积比为 $1:1$，试样中铜用硫脲掩蔽。其配合物结构为：

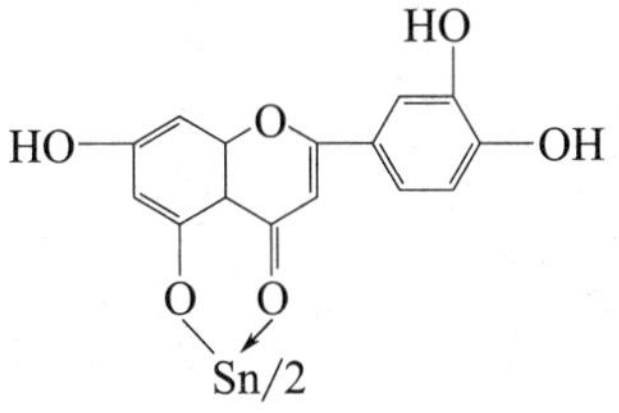

8.3.2.3　茜素紫萃取光度法

在微酸性溶液中，锡（Ⅳ）与茜素紫反应生成 $1:2$ 的紫红色配合物，可用异戊醇萃取后于 $570nm$ 进行吸光度测定，此配合物在 $500nm$ 处吸光度最大，但在 $500nm$ 波长处测定吸光度时，溶液的酸度有严重影响，酸度范围极窄。而在 $575nm$ 波长处测定，虽然灵敏度降低了，但酸度的影响显著减小，在 $0.05\sim0.2mol/L$ 酸度范围内，吸光度基本稳定，所以方法采用 $0.15mol/L$ 酸度条件，在 $570nm$ 波长下测定。在此条件下，显色要经 $15min$ 以后才能完全，但经异戊醇萃取后，色泽可稳定 $1h$ 以上。其配合物结构为：

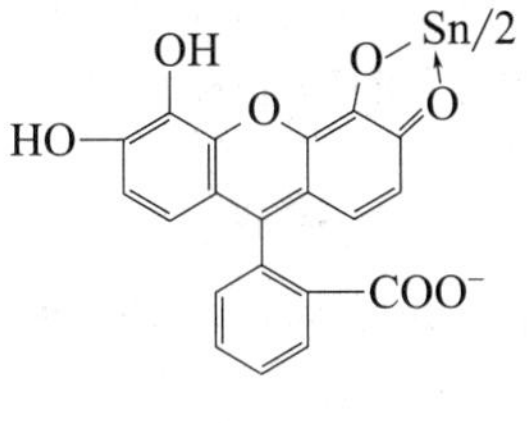

8.3.2.4　PV-CTMAB 分光光度法

（1）方法原理

在 $pH=3.5\sim4$ 的酸性溶液中，锡（Ⅳ）、邻苯二酚紫（PV）和溴代十六烷基三甲基铵（CTMAB）形成 $1:2:4$ 的橙红色配合物，最大吸收峰在 $662nm$，摩尔吸光系数达 9.56×10^{4}，$0\sim50\mu g/50mL$ 范围内服从比耳定律。三元配合物的形成可在硫酸、盐酸或硝酸介质中进行，但以 $0.25\sim0.50mol/L$ 硫酸介质最佳。此法较原二元体系的两个显著特点是灵敏度高和选择性好。灵敏度提高近 50%，最大吸收波长红移达 $107nm$。

为防止锡的水解，需加入柠檬酸或酒石酸。在硫酸-柠檬酸或硫酸-酒石酸中显色，不但酸度范围较宽而且灵敏度也高。

配合物显色速度较慢，通常需 $20min$，所以有人提出在加热至 $70℃$ 左右下显色，然后流水冷却至室温，显色便可完成。

本法的主要干扰元素为钼、钨、锑等，但就一般的有色金属合金特别是铜合金中是不存在钼和钨，而锑在大多数合金中为杂质元素，其共存量不大于 0.2mg 时不干扰测定。大量铜用硫脲掩蔽，铁以抗坏血酸掩蔽，考虑到铅的存在，采用硝酸-酒石酸介质中显色。该法已广泛用于铜合金、铝合金、锌合金、铅合金、钢铁及纯镍中锡的测定。邻苯二酚紫（PV）与锡（Ⅳ）生成配合物的结构式为：

（2）分析步骤（含锡＜0.5%试样）

称取试样 0.1000g，置于 100mL 锥形瓶中，加入盐酸 1mL 及过氧化氢 1mL，试样溶完后煮沸 30s，冷却，加入酒石酸溶液（20%）25mL 及硝酸（1+1）20mL，摇匀使盐类溶解，加水至刻度，摇匀。

按同样手续作试剂空白一份。

分取试样溶液及试剂空白溶液各 5mL，分别置于 50mL 容量瓶中，各加入抗坏血酸溶液（1%）1mL，加水至约 40mL，加热至近沸，准确加入 PV-CTMAB 混合溶液（0.04%PV 溶液 100mL 及 0.1% CTMAB 溶液 40mL 混合后加水稀释至 200mL）5mL，在冷水中迅速冷却至室温，加水至刻度，摇匀。倒入一定体积于适当的比色皿中，于留下的溶液中加入氟化铵溶液（30%）3～5 滴并摇动溶液，使锡的色泽褪去后倒入一比色皿中作为参比溶液，在 660nm 波长处测量试样溶液和试剂空白溶液吸光度。从试样的吸光度中减去试剂的吸光度后在相应的标准曲线上查得试样的含锡量。

（3）分析步骤（含锡 0.5%～1.5%的试样）

称取试样 0.1000g，置于 100mL 锥形瓶中，加入盐酸 1mL 及过氧化氢 1mL，试样溶完后煮沸 30s，冷却，加入酒石酸溶液（20%）50mL 及硝酸（1+1）40mL，摇匀使盐类溶解，加水至刻度，摇匀。

按同样手续作试剂空白一份。

分取试样溶液及试剂空白液各 5mL，分别置于 100mL 容量瓶中，各加入抗坏血酸溶液（1%）1mL，加水至约 80mL，加热至近沸，准确加入 PV-CTMAB 混合溶液（0.04%PV 溶液 100mL 及 0.1% CTMAB 溶液 40mL 混合后加水稀释至 200mL）10mL，在冷水中迅速冷却至室温，加水至刻度，摇匀。倒入一定体积于适当的比色皿中，于留下的溶液中加入氟化铵溶液（30%）3～5 滴并摇动溶液，使锡的色泽褪去后倒入一比色皿中作为参比溶液，在 660nm 波长处测量试样溶液和试剂空白溶液的吸光度。从试样的吸光度中减去试剂的吸光度后在相应的标准曲线上查得试样的含锡量。

8.3.3 铜合金中锑的测定

锑在铜合金中是有害杂质，使铜的导电性降低，使铜合金在热态和冷态压力加工时易遭碎裂，同时抗腐蚀性也下降，一般允许在 0.003％以下，一些特殊铜合金如锑镍青铜，含锑高达 8％。

8.3.3.1 碘化钾分光光度法

锑含量在 5％以上可用碘化钾分光光度法，即三价锑与碘离子在酸性溶液中形成黄色配合离子 $[SbI_4]^-$，于 420nm 可直接用于锑的光度测定。但铜（Ⅱ）、铁（Ⅲ）及锑（Ⅴ）也能与碘离子反应析出游离碘而干扰测定。故常加入抗坏血酸使游离碘还原成无色的碘离子，铜还要加硫脲掩蔽。

8.3.3.2 孔雀绿分光光度法

锑含量在 5％以下，可用孔雀绿分光光度法。在 1.5～2.5mol/L 的盐酸溶液中，五价锑是以 $[SbCl_6]^-$ 配阴离子形式存在，此时与孔雀绿阳离子形成翠绿色离子缔合物而易被苯等有机溶剂萃取，在 610nm 波长下具有最大吸收。

孔雀绿只能与五价锑的氯化物配阴离子配合，所以加入孔雀绿之前必须先将锑全部氧化为锑（Ⅴ）。氧化剂可用硫酸铈，一般用廉价的亚硝酸钠作氧化剂。试样分解后，溶液中可能有正三价和正四价的锑，而四价锑不能直接被氧化为五价，所以必须先加入氯化亚锡溶液使锑全部还原为三价，然后再加亚硝酸钠进行氧化。

酸度对锑的氧化影响也很大，在 10mol/L 酸度下氧化最完全，所以可先在 10mol/L 盐酸溶液中进行还原和氧化，然后将溶液稀释至 2mol/L 左右，迅速显色并萃取（因锑在酸度小于 6mol/L 的溶液中易水解，所以整个显色操作要快）。干扰元素主要是一些易形成金属氯化物配阴离子的元素如金、钛等。配合物结构式为：

$$\left[(CH_3)_2N \underset{}{\overset{O}{\bigcirc\!\!\!\bigcirc\!\!\!\bigcirc}} N(CH_3)_2 \right] SbCl_6$$

8.3.3.3 水杨基荧光酮-CTMAB 分光光度法

(1) 方法原理

水杨基荧光酮（SAF）属三羟基荧光酮类试剂，三羟基荧光酮类试剂的典型代表是苯基荧光酮。荧光酮母体及水杨基荧光酮的结构分别为：

荧光酮母体　　　　　　水杨基荧光酮

此类试剂含发色团（醌基）和助色团（羟基），且具有刚性、平面和共轭大 π 键结构，容易吸收到可见光、紫外并受激产生荧光。在适当表面活性剂存在下，使试剂的水溶性增大（苯基荧光酮类试剂难溶于水，常配成酸化的乙醇溶液），吸收峰红移，摩尔吸光系数增大，荧光强度显著增大，配位反应可在更高酸度下进行，选择性提高，且与高价金属离子（Ⅳ～Ⅵ）形成高次（1∶4）配合物，分析灵敏度也有提高。此类试剂有些以邻二羟基与金属离子配位，有些（如 SAF、DBPF）则以邻羟醌基与金属离子配位。

SAF-CTMAB 分光光度法测定铜合金中锑，试样经酒石酸和硝酸微热溶解，于 0.15～2.25mol/L 的硫酸介质中，锑与显色剂 SAF 及表面活性剂 CTMAB 立即形成稳定的紫红色的三元配合物，在 514nm 波长处测定吸光度，从标准曲线上查得锑的含量。

该法在硫酸介质中灵敏度较高，不能在盐酸和硝酸介质反应中，如果在盐酸介质中，易形成 $[SbCl_6]^-$，会降低锑与 SAF 和 CTMAB 配合物的形成；而在硝酸介质中，显色剂被氧化而破坏，均使灵敏度降低。

由于锑易水解，用硝酸溶样时必须加酒石酸，以使锑保存在溶液中，否则结果偏低。含锑量很低的试样不要用硝酸分解，因试样要全部（50mg）用于显色，这样会导致硝酸根过多。

在 0.2mol/L 的硫酸条件下，碱金属、碱土金属、稀土金属、大量的镍、铜、锰、银、锌、镉、铅等不干扰锑的测定。钨（Ⅵ）、钼（Ⅵ）、钛（Ⅳ）、锡（Ⅳ）、铁（Ⅲ）等有干扰。钛和钨的干扰，可用二氧化锰共沉淀将锑与钛、钨分离，再进行锑的测定。锡是铜合金的组分，干扰严重，采用次亚磷酸钠（1～1.5g）将锡（Ⅳ）还原为锡（Ⅱ），可消除多达 $600\mu g$ 锡的干扰。

（2）分析步骤（不含锡的铜合金）

称取 0.1000g 试样，加入 0.1g 酒石酸固体，滴加几滴浓硝酸微热使试样溶完，再加硫酸溶液（1+1）5mL，转入 50mL 容量瓶中，稀释至刻度，摇匀。

分取 5mL 试液于 25mL 容量瓶中，加显色剂 SAF（1.0mmol/L，0.084g SAF 用适量的乙醇及 5mL 5mol/L 盐酸溶解，移入 250mL 棕色容量瓶中，以乙醇稀释至刻度，摇匀）2mL，表面活性剂 CTMAB 溶液（1.0×10^{-2}mol/L）2mL。稀释至刻度，摇匀。放置 10～15min，在分光光度计上，于波长 514nm 处，以试剂空白为参比，测量吸光度。从标准曲线上查得锑的含量。

（3）分析步骤（含锡的铜合金）

称取 0.1000g 试样按上述方法溶样，稀释。分取 5mL 试液于 25mL 容量瓶中，加次亚磷酸钠溶液（20%）5mL，摇匀。再加显色剂 SAF（1.0mmol/L，0.084g SAF 用适量的乙醇及 5mL 5mol/L 盐酸溶解，移入 250mL 棕色容量瓶中，以乙醇稀释至刻度，摇匀）2mL，表面活性剂 CTMAB 溶液（1.0×10^{-2}mol/L）2mL。稀释至刻度，摇匀。以不加次亚磷酸钠的试剂空白作参比，立即在分光光度计上，于波长 514nm 处，测量吸光度。从标准曲线上查得锑的含量。

8.3.4 铜合金中铝的测定

铜合金中铝的测定有配位滴定法、分光光度法，分光光度法中又有不同的显色剂，因显色剂不同分析方法又不同。其中铬天青 S（简称 CAS）分光光度法是一种常用的方法，下面重点介绍铬天青 S 分光光度法。

(1) 方法原理

试样用盐酸和过氧化氢分解（或电解铜后的溶液），加入一定的掩蔽剂掩蔽铜、铁等干扰离子，在pH5.7左右的缓冲溶液中，铝离子与CAS形成1∶2的橙红色配合物，在545nm处有最大吸光度，其摩尔吸光系数可达5.0×10^4L/(mol·cm)。

铬天青S属三苯甲烷类染料，其结构式如下：

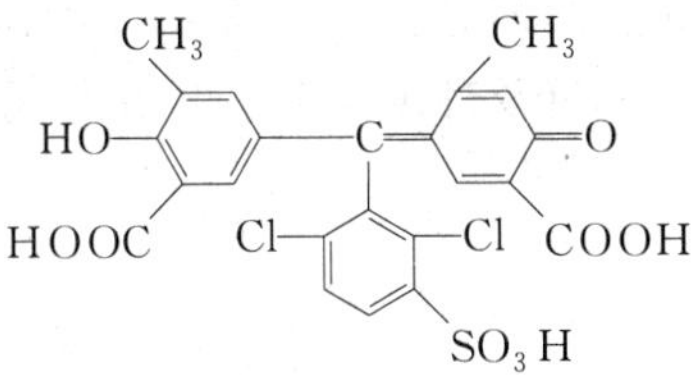

铬天青S在水溶液中，由于磺酸根的电离，主要以H_3CAS^-形式存在，但在强酸性溶液中，磺酸根电离受到抑制，醌氧质子化，也可以H_4CAS和H_5CAS^+的形式存在。

铬天青S与铝反应结构式为在pH<3时，生成1∶1的配合物；在pH4～6时，生成1∶2和1∶3的两种配合物，其中1∶3的配合物最大吸收峰在585nm处，两者的等吸收点在567nm处。

测定时pH值的控制相当重要，因铝离子在水溶液中的状态是极其复杂的，当碱性增加时，它可以逐级水解生成铝羟基配合物，碱性过高时可生成$[AlO_2]^-$，吸光度显著下降。同时pH值对铝-铬天青S配合物的吸光度影响很大，不同pH值有不同吸光度。所以用铬天青S测铝时，一般在pH3附近加入铬天青S，然后加入缓冲溶液调pH5.5，以避免铝水解对测定带来的影响。其金属离子配合物结构式为：

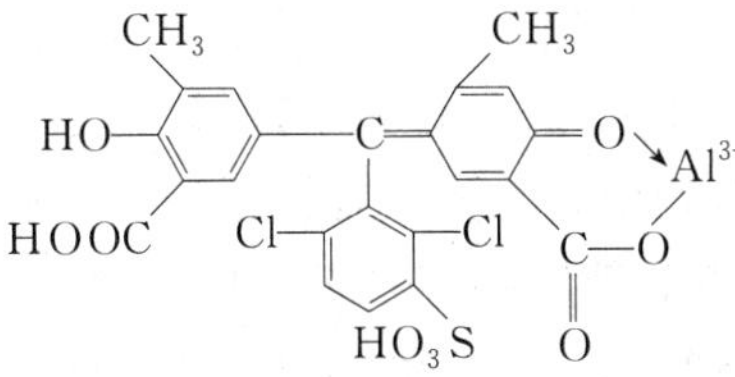

缓冲溶液的浓度和种类对测定也有影响，为了加大缓冲能力，一般应用较高浓度的乙酸溶液，但是乙酸根与铝离子配合，灵敏度降低，而六亚甲基四胺由于不与铝配合，灵敏度高，但色泽的稳定性不如乙酸缓冲溶液。

铁的干扰用抗坏血酸消除，铜的干扰用硫脲掩蔽。

(2) 分析步骤

称取试样0.1000g置于100mL锥形瓶中，加盐酸（1+1）1mL及过氧化氢（30%）1mL，低温加热溶待试样溶解后，煮沸至无小泡发生，冷却，移入100mL容量瓶中，以水稀释至刻度，摇匀。

吸取上述试样溶液5mL两份，分别置于100mL容量瓶中。

显色溶液：加甲基橙指示剂1滴，滴加氨水（1+4）至恰呈黄色，滴加盐酸（1+1）至复呈红色，并过量8滴，加硫脲-抗坏血酸混合溶液[0.1g抗坏血酸溶于硫脲溶液（5%）40mL中，加水稀释至100mL]10mL，以水稀释至70mL，摇匀，加铬天青S溶液（0.05%）5mL及六亚甲基四胺溶液（30%）10mL，以水稀释至刻度摇匀。

239

空白溶液：加氟化铵溶液 5 滴，其他操作同显色溶液。

在波长 550nm 处，用合适的比色皿，以空白溶液作参比，测定吸光度，从标准曲线上查得铝的含量。

8.3.5 铜合金中铜、锡、铅、锌的连续测定

铜合金中铜、锡、铅、锌的连续测定，过去都是采用氰化钾作掩蔽剂进行有关分析，效果较好，但氰化钾有剧毒，对健康及环境不利。现在都是采用无氰分析，现以氨荒基乙酸代替氰化钾为例加以介绍。

(1) 试样的分解

试样用盐酸和过氧化氢分解，使铜、锡、铅、锌等全部进入溶液，然后分取试液进行测定。

(2) 铜的测定

铜的测定采用硫脲释放-EDTA 滴定法。吸取试液加入已知过量的 EDTA 溶液，与铜、锡、铅、锌等全部配合，过量的 EDTA 在 pH5～6 的条件下，以二甲酚橙为指示剂，用铅标准溶液滴定至红色。然后加硫脲、抗坏血酸、邻菲啰啉联合解蔽剂，使硫脲夺取 Cu-EDTA 中的 Cu，释放等量的 EDTA，继续用铅标准溶液滴定求得铜含量。

硫脲、抗坏血酸、邻菲啰啉三元联合解蔽剂中，硫脲是主配合剂，邻菲啰啉是辅助配合剂，抗坏血酸是还原剂。一般认为：硫脲掩蔽铜是先将二价铜还原为一价铜，然后再与一价铜形成配合物。但它只有在较高酸度下才能将二价铜还原为一价铜，在 pH5～6 的条件下，还原能力极弱，几乎失去对二价铜的掩蔽作用（不能还原二价铜），即无法破坏 Cu-EDTA 配合物。借助于抗坏血酸作还原剂，将二价铜还原为一价铜，硫脲立即与一价铜作用。另外，Cu-EDTA 配合物中，二价铜是被饱和配位体包围，电子转移较慢，抗坏血酸难以还原。而在辅助配合剂邻菲啰啉存在下，使铜被非饱和配位体环绕，电子比较容易转移，所以邻菲啰啉-铜配合物中的二价铜易被抗坏血酸还原为一价铜。整个过程可以归纳为三步。

首先，辅助配合剂邻菲啰啉将少量二价铜从 Cu-EDTA 夺取出来形成新配合物；然后，新配合物中二价铜被抗坏血酸还原为一价铜；最后，硫脲立即与一价铜作用形成稳定的配合物。此时邻菲啰啉游离出来，重新回到第一步，使 Cu-EDTA 进一步分解，如此反复进行，从而使 Cu-EDTA 配合物中的 EDTA 能在 pH5～6 的条件下完全释放出来。

抗坏血酸和邻菲啰啉的加入量，决定 Cu-EDTA 配合物中的 EDTA 能否完全释放。一般铜合金中，加硫脲 2～3g、5% 的抗坏血酸 10mL、邻菲啰啉（0.1%）10 滴。若加入量的比例不当，EDTA 释放不完全，终点变化迟缓且不稳定。

(3) 铅的测定

铅的测定是分取一定量试液，首先用硫脲掩蔽铜，再加抗坏血酸掩蔽铁，然后用酒石酸钾钠掩蔽锡（Ⅳ）、钛（Ⅳ）、铝等，用六亚甲基四胺调节溶液 pH5～6 后，用亚铁氰化钾掩蔽锌，以二甲酚橙作指示剂，用 EDTA 标准溶液滴定至亮黄色为终点。

在实验中，硫脲必须首先加入，以免二价铜与亚铁氰化钾作用形成棕色沉淀 $[Cu_2Fe(CN)_6]$，

影响终点观察；酒石酸钾钠除掩蔽锡（Ⅳ）、钛（Ⅳ）、铝等外，还能防止二价铅的损失，因可能有二价铅随［$Cu_2Fe(CN)_6$］沉淀一起共沉淀。酒石酸钾钠可与二价铅作用不产生共沉淀现象而留在溶液中。

（4）锌的测定

分取试液，加入氟化钾掩蔽锡、铝、铁等，加硫脲掩蔽铜，用六亚甲基四胺调节溶液pH5～6，加入氨荒乙酸或氨荒丙酸掩蔽铅、镉、钴、镍等金属离子，以二甲酚橙为指示剂，用 EDTA 标准溶液滴定至由红色变为黄色为终点。

掩蔽锡等离子此时只能用氟化钾，而不能用酒石酸钾钠，因酒石酸钾钠也能与锌配合。氟化钾的加入量决定掩蔽效果的好坏，在溶液中加 4g KF 可掩蔽 10g 铁、铝等，且0.2g 氨荒乙酸可将溶液中铅掩蔽。若加入 2g KF 则难以掩蔽。

氨荒乙酸又称二硫代氨基甲酸乙酸，简称 TCA，其结构式为：

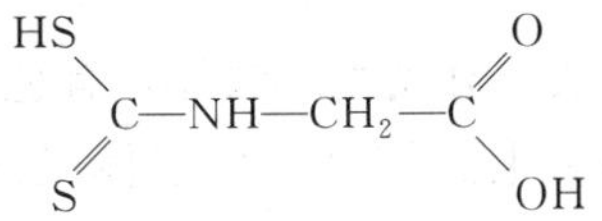

与金属离子形成内配盐：

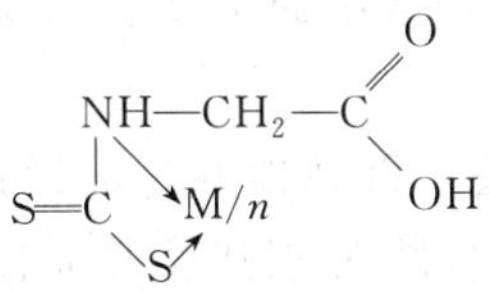

在 pH3.0～5.0 的酸性条件下，氨荒乙酸能掩蔽铅、镍、钴、镉等离子，只要加入5％的 TCA 溶液 5mL 便可，或在足量 KF 时，加入 0.2g TCA 即可（溶液中出现明显的黄色浑浊便可）。也可用氨荒丙酸代替氨荒乙酸掩蔽铅等，氨荒丙酸又称二硫代氨基甲酸丙酸（简称 β-DTCPA），其结构式为：

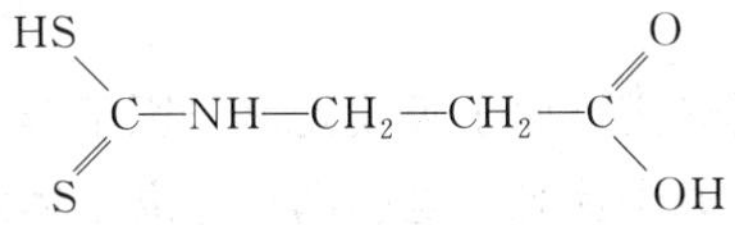

氨荒丙酸与铅所形成的配合物比氨荒乙酸与铅形成的配合物更为稳定，而与锌的配合物又比氨荒乙酸与锌的配合物稳定性弱，因此，不但能利用 β-DTCPA 掩蔽铅滴定锌，而且可在一条件下置换铅-EDTA 配合物中的 EDTA 而间接测定铅。采用 β-DTCPA 掩蔽铅终点颜色变化比 TCA 的要明显，在 pH5.0～6.0 的酸度下掩蔽铅、镉、汞和少量镍、钴等，而滴定锌、锰或稀土元素；在 pH2.0～3.0 掩蔽铋、铟、铊而滴定铝、镓、钍。用量一般在 0.1～0.15g 之间，量少掩蔽不完全，量多会影响滴定终点的颜色变化。

掩蔽剂的加入顺序十分重要，应按氟化钾→硫脲→TCA 的顺序加入。即应在酸性中先加入氟化钾掩蔽铁、铝、锡等离子后才能加入硫脲掩蔽铜，以防止三价铁被硫脲还原为二价铁而逃离掩蔽。硫脲掩蔽铜后，需调节 pH5.0～6.0，才能加入 TCA 掩蔽铅、镉等离子，否则掩蔽不完全，且 TCA 与铜反应使溶液颜色加深，影响滴定。

（5）锡的测定

锡的测定采用氟化物释放-EDTA 滴定法。吸取试液用硫脲掩蔽铜，加入过量的 EDTA

使之与锡、铜、铁、锌等配合，用六亚甲基四胺作缓冲剂，调 pH5.0～6.0，以二甲酚橙为指示剂，用铅标准溶液回滴过量的 EDTA，然后加氟化铵置换锡-EDTA 中的 EDTA，再用铅标准溶液滴定，求得锡的含量。

测定过程中一定要控制好酸度，应控制 pH<1.0，否则形成四价锡的氢氧化物沉淀。但 pH 值不能太小，否则四价锡与 EDTA 反应不完全，且锡-EDTA 配合物不稳定。

释放剂宜用氟化铵，而不用氟化钠，因氟化钠可使铁（Ⅲ）-EDTA 部分分解放出 ED-TA。

铝-EDTA、钛-EDTA 也可被氟破坏，但铜合金中铝、钛含量较少或不含，因此可不考虑。

8.4 仪器分析方法

除了传统的了容量法、重量法、分光光度法外，有色金属及合金越来越趋于使用各种仪器分析方法。目前使用较多的有电感耦合等离子体发射光谱法（ICP）、电弧直读发射光谱法等，这些大型分析测试仪器逐步淘汰了传统的检测方法。

有色金属的仪器分析方法很多，常用的主要有 X-射线荧光法、原子光谱法、扫描隧道法等。

X-射线荧光法是无损分析方法，再现性好，灵敏度高，能够进行表面与微量分析、动态分析。从仪器类型可分成波长色散 X-射线荧光光谱仪与能量色散两种，波长色散 X-射线荧光光谱仪一般用于定量分析，能量色散 X-射线荧光光谱仪一般用于原位分析，可同时定性测定金属元素种类。

扫描隧道法是对于材料表面的原子进行分析，分析表面电子与能级结构，一般用于合金表面与催化过程的研究。扫描隧道法不仅能用于超痕量分析，还可以用于研究高温下的物理与化学反应过程。

原子光谱法包括原子发射光谱、原子吸收光谱与原子荧光光谱，是目前主要的金属及合金分析仪器，有原子吸收、原子荧光、电感耦合等离子体发射光谱、ICP/MS，以及各种直读光谱仪。

光电直读光谱仪采用的是原子发射光谱分析法，具有操作简单、分析快速、结果准确、精度高、检出限低、选择性好等特点，并被广泛应用于钢铁和有色冶金行业炉前快速分析，也成为分析各种常见固体金属材料的一种普及的标准分析方法。

8.4.1 直读光谱法

8.4.1.1 原理

电火花的高温将样品中各元素从固态直接气化后被激发，发射出各元素的特征谱线，而样品中元素的含量与元素的发射光谱谱线强度成正比。光栅分光后，成为按波长排列的光谱。元素的特征光谱线通过出射狭缝，被检测器（光电倍增管）检测，转变为电信号，经计算机处理，最后得出分析结果（图 8-1）。

直读光谱仪一般由光源系统（含激发室、光源部分），光学系统，检测及转换系统，

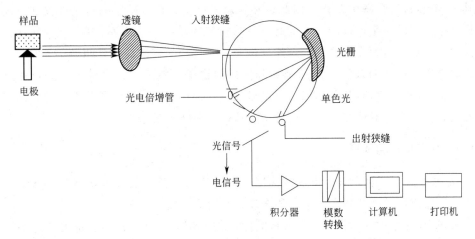

图 8-1　光电直读光谱仪工作原理

数据控制和处理系统，Ar 气冲洗系统等组成。

　　光电直读光谱分析所选用的元素波长大部分位于真空紫外区和近紫外区，非真空型的光电光谱仪的工作波长范围在近紫外区和可见光区，真空光电光谱仪的工作波长扩展到真空远紫外 120.0nm。

8.4.1.2　定性分析

　　利用元素不同，核外电子结构不同，每种元素的特征光谱不同的特征，来进行定性分析，确定试样中有哪些元素。

　　复杂元素的谱线可能很多，一般选择其中几条特征谱线检验，称其为分析线。每种元素都有一条或几条谱线最强的线，最易激发的能级所产生的谱线是由第一激发态回到基态所产生的谱线，通常也是最灵敏线。

　　最常用的定性方法是采用标准光谱比较法，一般以铁谱作为标准（波长标尺）。

8.4.1.3　定量分析

　　当试样中某一元素的含量不太高，该元素发射的光谱谱线强度与元素的浓度成正比，这是光谱定量分析的依据。

（1）内标法（相对强度法）

　　为了补偿谱线强度随光源波动而引起的变化，在定量分析中多采用内标法，即选择分析元素谱线（分析线）与内标元素（基体或人为加入）谱线（内标线）组成分析线对，以其相对强度（R）的对数与分析元素浓度（c）间的关系式，作为定量分析的基础：

$$\lg R = b \lg c + \lg K$$

　　这就是内标法的基本公式。该式表明，分析线相对强度 R 的对数与分析元素浓度 c 的对数成正比，其斜率为 b，其截距为 $\lg K$。在一定条件下 b、K 都是常数。

（2）持久曲线法（控制试样法）

　　由于分析条件的影响，公式中的 K 值和 b 值仅适用于同类型的样品，不同类型的样品，其 K 值和 b 值会发生变化，因此也必须建立在实验室基础上通过制作校准曲线法来确定样品中元素的含量，校准曲线的制作可以有多种方式，一般多采用二次或三次方程式来近似表示，这个过程由计算机中应用软件完成。这样的校准曲线就叫做持久曲线。在光谱分析时常采用持久曲线法，取一个和分析试样物理性能相同、含量相近的同种控制试样，在用持久曲线分析时和分析试样一起激发，判别相对持久曲线的位置变化，确定工作曲线的正确位置后，对待测试样进行分析，从持久曲线上求含量。

8.4.1.4 分析条件的选择

① 光源参数 发射光谱分析的准确度、灵敏度和光源的条件密切相连。直读光谱光源参数，仪器出厂时已调好，一般不能改变，只有放电次数可改。

② 电极间距的选择 电极间距分析间隙往往采用 $4\sim5mm$，不能过大和过小。过大则稳定性差，难于激发。过小影响分析精度。

③ 氩气流量的选择 大流量冲洗一般采用 $5\sim8L/min$，激发流量 $3\sim5L/min$，惰性流量 $0.5L/min$。氩气的流量、压力必须合适，否则会影响分析结果。

④ 预燃时间和曝光时间 试样的激发需要一段预燃时间，预燃时间的选择可用描迹法和积分法来确定。

曝光过程是光电流积分，也就是向积分电容中充电的过程。主要由激发样品中元素分析的再现性确定，曝光时间一般采用 $3\sim5s$。

⑤ 激发电极的选择 激发电极种类较多，选择的激发电极需精密度高，不含待测元素，电侵蚀要小。由于银的热容量和导热性能好，有良好的导电性和抗腐蚀性。在做钢铁分析时，一般用银做激发电极。

⑥ 内标元素线的选择 待测试样中应不含所加内标元素，若试样中基体元素的含量恒定，也可用此基体元素作为内标物。分析线对应匹配，同为原子线或离子线，且激发电位（电离电位）相近，以使两条线的绝对强度随激发条件的改变做匀称变化"匀称线对"。两条谱线的波长应尽可能接近，强度相差不大。无相邻谱线干扰，无自吸或自吸小。内标元素与待测元素具有相近的蒸发特性。

8.4.1.5 特点和应用

光电直读光谱的优点是可同时对十几种元素进行定量分析，分析速度快，试样不需处理，选择性高，检出限较低，准确度较高。

缺点是大部分有机物及非金属元素不能检测或灵敏度低。

8.4.2 原子荧光法

8.4.2.1 原理

通过基态原子吸收合适的特定频率的辐射，然后将其激发为高能态，激发过程中，通过光辐射的方式发射出特征波长的荧光。气态自由原子吸收特征辐射后跃迁到较高能级，然后又跃迁回到基态或较低能级。同时发射出与原激发辐射波长相同或不同的辐射即原子荧光。

原子荧光法是一种介于原子吸收光谱和发射光谱的一种光谱分析技术，包括共振荧光、非共振荧光和敏化荧光。共振荧光是所发射的荧光和吸收的辐射波长相同。只有当基态是单一态，不存在中间能级，才能产生共振荧光。共振原子荧光最强，在分析中应用最广。非共振荧光是激发态原子发射的荧光波长和吸收的辐射波长不相同。敏化原子荧光是激发态原子通过碰撞将激发能转移给另一个原子使其激发，后者再以辐射方式去活化而发射的荧光。

原子荧光法仪器与原子吸收光谱法相近，一般采用的是无色散系统，工作原理见图 8-2。

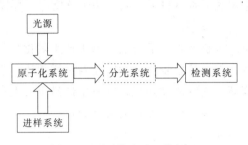

图 8-2　原子荧光法工作原理

（1）激发光源

可用连续光源或锐线光源。常用的连续光源是氙弧灯，常用的锐线光源是高强度空心阴极灯、无极放电灯、激光等。连续光源稳定，操作简便，寿命长，能用于多元素同时分析，但检出限较差。锐线光源辐射强度高，稳定，可得到更好的检出限。

（2）原子化系统

将被测元素转化为原子蒸气的装置，分为火焰原子化器和电热原子化器。火焰原子化器是利用火焰使元素的化合物分解并生成原子蒸气的装置，所用的火焰为空气-乙炔焰、氩氢焰等。用氩气稀释加热火焰，可以减小火焰中其他粒子，从而减小荧光猝灭现象。电热原子化器是利用电能来产生原子蒸气的装置。电感耦合等离子焰也可作为原子化器，它具有散射干扰少、荧光效率高的特点。

（3）光学系统

光学系统的作用是充分利用激发光源的能量和接收有用的荧光信号，减少和除去杂散光。非色散原子荧光分析仪没有单色器，滤光器用来分离分析线和邻近谱线，降低背景。非色散型仪器的优点是照明立体角大，光谱通带宽，集光本领大，荧光信号强度大，仪器结构简单，操作方便。缺点是散射光的影响大。

（4）检测器

常用的是光电倍增管，在多元素原子荧光分析仪中，也用光导摄像管、析像管做检测器。检测器与激发光束成直角配置，以避免激发光源对检测原子荧光信号的影响。

（5）显示装置

显示测量结果的装置，可以是电表、数字表、记录仪等。现代原子光谱仪配备计算机系统和操作软件，可进行数据处理和储存。

（6）氢化物发生器

在测定前对元素进行气态处理，从而形成具有挥发性的蒸气，然后将其导入原子化器中，方便荧光光谱分析仪进行分析。这种方法通常被称作蒸气发生-原子荧光光谱分析法。

氢化物发生器一般包括进样系统、混合反应器、气液分离器和载气系统。根据不同的蠕动泵进样法，可以分为：连续流动法、流动注射法、断续流动法和间歇泵进样法等。氢化物发生法是依据 8 种元素 As、Bi、Ge、Pb、Sb、Se、Sn 和 Te 的氢化物在常温下为气态，利用某些能产生初生态还原剂（H·）或某些化学反应，与样品中的这些元素形成挥发性共价氢化物。

氢化物发生法的特点：分析元素在混合反应器中产生氢化物与基体元素分离，消除基体效应所产生的各种干扰；与火焰原子化法的雾化器进样相比，氢化物发生法具有预富集和浓缩的效能，进样效率高；连续流动式氢化物发生器易于实现自动化；不同价态的元素的氢化物发生的条件不同，可以进行该元素的价态分析。

8.4.2.2　特点和应用

原子荧光光谱法的定量分析主要采用标准曲线法，也可以采用标准加入法。

① 检出限低，灵敏度高。特别对 Cd、Zn 等元素有相当低的检出限，Cd 可达 0.001ng/mL、Zn 为 0.04ng/mL。现已有 20 多种元素低于原子吸收光谱法的检出限。由于原子荧光的辐射强度与激发光源成比例，采用新的高强度光源可进一步降低其检出限。

② 干扰较少。谱线比较简单，采用一些装置，可以制成非色散原子荧光分析仪。这种仪器结构简单，价格便宜。

③ 校准曲线线性范围宽，可达 3～5 个数量级。

④ 由于原子荧光是向空间各个方向发射的，比较容易制作多种仪器，因而能实现多元素同时测定。

　【知识拓展】

有色金属矿产资源

中国属于世界上有色金属矿产资源比较丰富的国家之一，其中铜、铝、镍等资源相对匮乏，资源储量分别占全球的 31%、33% 和 31%。铅、锌位居全球资源储量第二位，资源储量分别占全球的 21% 和 19%。而在我国的优势资源中，钨、钼、锡、锑、碲等资源储量均位居世界第一，钨、锑在全球供给中占有 80% 以上市场份额，锡、钼也占有全球供给 40% 左右的市场份额，铟、锗、镓等稀散金属资源储量同样位居世界前列。

从资源可持续供给角度看，我国有色金属矿产资源可持续供给能力总体不强。一是矿产资源开发高强度、高消耗。二是新增资源多处于高寒高海拔以及环境脆弱地区，面临着实际开采难度较大的问题。受国内经济增长放缓，环保压力日益增加，以及矿产资源勘探开发周期因素的多重影响，主要有色金属矿产资源的产量增长放缓。

战略新兴矿产正成为新一轮矿产资源需求热点。当前新工业革命的孕育与兴起，高技术产业、战略性新兴产业的迅猛发展，将带动新兴材料矿产消费，为矿业振兴释放出新的潜力。战略性矿产原材料市场广阔，以发展新能源汽车产业为例，到 2025 年我国新能源汽车新车销量占比达到 25% 左右，新能源汽车动力电源对锂、钴等矿产每年的需求分别为：碳酸锂 21 万～30 万吨，是 2019 年的 4 倍；钴为 3 万～4 万吨，是 2019 年的 3 倍；另外电池行业用镍将增加至 23 万吨，是 2019 年的 4 倍。同时，随着 5G 通信、人工智能、智慧城市等战略性新兴产业不断发展，对钽、铌、锂、稀土、钪、锗、镓、铟、铼、碲等关键矿产的需求还将越来越大。显然，未来战略性矿产的市场不容小视。

今后各国对重要矿产资源的争夺更加激烈。以锂、镍、钴为代表的关键矿产资源供应链、产业链安全、稳定，已成为世界各经济体关注的重点，美国、欧盟和日本将钴等有色金属资源列为"关键材料"。

国际社会对生态环境、气候变化等问题日益重视，推动资源绿色开采、加工、利用及处理已成为世界各国的普遍共识。加强绿色资源技术创新，支持绿色清洁生产，推进传统资源产业绿色改造，减少污染物排放，提高资源利用效率，推动建立绿色低碳循环发展产业体系，成为有色金属矿业发展的必由之路。

 【习题与思考题】

8-1 综述铝及铝合金、铜及铜合金试样的分解方法。

8-2 为什么钢铁分析中一般不测定铁，而铝及铝合金、铜及铜合金中常要求测定铝和铜？铁不是铝合金及铜合金中合金元素，为什么常要测定它？

8-3 分别简述 BCO 法和新亚铜灵萃取光度法测定铜的原理和条件。

8-4 铬变酸 2R 分光光度法测定镁的原理是什么？溶液酸度对测定有何影响？为什么？

8-5 偶氮胂Ⅲ分光光度法测定镁的原理是什么？试比较几种显色剂的优缺点。

8-6 试述恒电流电解重量法测定铜合金中铜的原理。

8-7 简述 PV-CTMAB 分光光度法测定铜合金中锡的原理和条件。比二元体系有何优点？

8-8 分别阐述碘化钾分光光度法和孔雀绿分光光度法测定锑的原理。

8-9 简述铜合金的无氰分析法原理。

8-10 在铜合金的无氰分析过程中，采用硫脲释放-EDTA 滴定法测定铜，分别说明加入硫脲、抗坏血酸、邻菲啰啉的作用是什么？反应如何进行？

第 9 章　电镀液的分析

9.1　概述

电镀是应用电解原理（电化学方法）在某些金属或非金属制品表面镀上一层其他金属或合金的过程。它是对基体金属的表面进行保护（即改善金属或非金属表面的抗腐蚀性能）、装饰以及获取某些新的性能（改善力学性能和物理性能、如表面磁性、机械强度和硬度等）的一种工艺方法。电镀在工业上的应用非常广泛，根据不同使用要求，采用适当的电镀工艺，可以在工件表面镀上不同种类的镀层。

（1）电镀液分析的意义

电镀工艺主要包括镀前表面准备、电镀施工、镀后处理三个阶段。而影响电镀层质量好坏的因素除了电流密度、镀液温度等工艺因素外，镀液的成分起着十分重要的作用，所以必须对电镀液进行分析。了解在电镀工艺三个阶段中使用的各种溶液的组成及变化情况，判断镀液的配制是否正确；电镀过程中镀槽是否正常工作、镀层的颜色、附着力、粗糙度等是否满足要求；另外，分析人员选择适当的分析方法处理分析中出现的问题，也必须对各种电镀的溶液进行分析，了解其组成和各成分的含量，做到心中有数。从而在电镀过程中起到指导生产、控制生产的作用。

（2）电镀液分析应注意的问题

电镀液大都是用强腐蚀性或有毒药品配制而成，因此在电镀液分析过程中要注意：取样及分析时，试样不能接触皮肤，特别是镀铬液和氰化镀锌液，以防中毒和灼伤；剩余试液及废液应及时妥善处理；另外要注意观察，所取得的试样应澄清，如浑浊，应干滤或待澄清后，用清液进行分析；如有盐类析出则应加热使盐类溶解后再取液分析；如分析某成分浓度过大的镀液，则应吸取原始镀液稀释后再进行分析；取样后要注意保存，以防挥发。

（3）常用电镀液

电镀液种类很多，成分各异，分析项目也各不相同。在电镀工艺中，依据主要放电离子（镀层金属）存在的形式，把电镀液分为两大类：即主要金属以简单离子形式存在的镀液（单盐镀液）和主要金属离子以配合离子形式存在的镀液（配合物镀液），在每一大类中又可以分为几类。分析上主要根据其组成来分，目前常用的电镀液有镀铬溶液、镀铜溶液、镀镍溶液、镀锌溶液、镀铜锡合金等，还有化学镀等，当然镀前处理液的分析也属电镀液分析的范畴。表 9-1 列出几种常用电镀液及其主要组成。

表 9-1　常用电镀液及主要组成

普通镀铬液	成分	CrO_3	H_2SO_4	Cr^{3+}	CrO_3/SO_4^{2-}	
	含量/(g/L)	230～270	2.3～2.7	3～7	100/1	
普通镀镍液	成分	$NiSO_4 \cdot 7H_2O$	NaCl	H_3BO_3	Na_2SO_4	$MgSO_4 \cdot 7H_2O$
	含量/(g/L)	150～200	8～12	30～40	20～30	30～40
酸性镀铜液	成分	$CuSO_4 \cdot 5H_2O$	H_2SO_4			
	含量/(g/L)	175～250	45～70			
酸性镀锌液	成分	$ZnSO_4 \cdot 7H_2O$	$Al_2(SO_4)_3 \cdot 18H_2O$	葡萄糖	$Na_2SO_4 \cdot 10H_2O$	
	含量/(g/L)	200	40	1～1.5	40	
碱性镀锌液	成分	ZnO	NaOH	三乙醇胺	其他添加剂	
	含量/(g/L)	12～17	120～140	15～30		
碱性镀锡液	成分	CH_3COOH	$Na_2SnO_3 \cdot 3H_2O$	NaOH		
	含量/(g/L)	10～15	75～90	8～15		

电镀液分析按照分析原理的不同，可分为化学分析方法和仪器分析方法。化学分析方法是指对物质的化学组成进行以化学反应为基础的定性或定量分析。化学分析方法按操作方法不同主要分为：

① 称量分析法（重量分析法）：是通过称量操作，测定试样中待测组分的质量，以确定其含量的一种分析方法。

② 滴定分析（容量分析）法：是通过滴定操作，根据所需滴定剂的体积和浓度，以确定试样中待测成分组分含量的一种分析方法。

仪器分析法是指以物质的物理性质如沸点、熔点、凝固点、折射率、旋光度、颜色强度等，以及物理化学性质为基础，使用光、电、电磁、热、放射能等测量仪器进行的分析。其方法主要分为电化学分析法、光谱分析法、色谱法、质谱法、核磁共振波谱分析法等。

与化学分析方法相比，仪器分析方法灵敏、准确、快速。仪器分析是在化学分析的基础上进行的，在进行复杂物质的分析时，往往需要化学分析的配合，在建立新的仪器分析方法和过程中，也需要化学分析的基础理论指导。因此说化学分析方法和仪器分析方法是相辅相成的，是相互补充的。随着现代科学技术的发展，电镀液分析正朝着自动化分析方向发展并用于生产过程的自动化控制。本章介绍几种常用电镀溶液的分析。

9.2　普通镀铬液的分析

铬是一种微带蓝光的银白色金属，它具有很强的钝化能力，在空气中很容易生成一层极薄的钝化层，所以镀铬层显示出贵金属的性质。

在预先经过抛光的表面上镀铬，可得到银白色且具有镜面光亮的镀层，在大气中温度不超过 500℃时，能长期保持其光亮的外观，显示很好的装饰性能，且具有良好的化学稳定性和表面物理力学性能。

镀铬溶液根据成分和工艺不同，可分为普通镀铬溶液、复合镀铬溶液、快速镀铬溶液和镀黑铬溶液等。普通镀铬溶液最普遍。普通镀铬溶液的主要成分是铬酐、三价铬及硫酸，还有少量铁、氯等杂质。

9.2.1 铬酐的测定

铬酐是镀铬溶液中的主要成分，在溶液中有多种存在形式：

$$2CrO_4^{2-} + H^+ \rightleftharpoons 2HCrO_4^- \rightleftharpoons Cr_2O_7^{2-} + H_2O$$

H_2CrO_4 和 $H_2Cr_2O_7$ 仅存在于稀溶液中，在碱性或中性溶液中主要以 CrO_4^{2-} 存在，当增加溶液中 H^+ 浓度时，先生成 $HCrO_4^-$，随之转变成 $Cr_2O_7^{2-}$，溶液颜色由黄色变为橙色。不管以何种形式存在，铬的价态都呈六价的高价状态，所以可直接用氧化还原滴定法进行测定。根据所用滴定剂的不同又可分为亚铁滴定法、高锰酸钾滴定法（先用过量的已知的亚铁还原六价铬，剩余的亚铁用高锰酸钾滴定）和硫代硫酸钠滴定法等。由于镀液中其他成分含量极少，所以也可用比重计法对镀铬液中铬酐含量进行粗略测定。

9.2.1.1 亚铁滴定法

（1）原理

在硫磷混合酸溶液中，六价铬被亚铁定量地还原为三价铬

$$2H_2CrO_4 + 6H_2SO_4 + 6FeSO_4 \longrightarrow Cr_2(SO_4)_3 + 3Fe_2(SO_4)_3 + 8H_2O$$

以 N-苯基代邻氨基苯甲酸为指示剂，终点颜色由紫红色变为亮绿色，根据亚铁标准溶液的用量求得铬酐的含量。

滴定时溶液的酸度一般控制在 $6 \sim 8mol/L$ 硫酸介质中，在此酸度条件下，$E_{Cr_2O_7^{2-}/Cr^{3+}} = 1.35V$，而 $E_{Fe^{3+}/Fe^{2+}} = 0.77V$，两个电极电位相差较大，有利于反应的进行。不用盐酸和硝酸，因为盐酸具有还原性，硝酸具有氧化性。

反应介质中加入磷酸，是因为磷酸可与反应过程中生成的三价铁配合，导致 Fe^{3+} 浓度降低，从而 $E_{Fe^{3+}/Fe^{2+}}$ 降低，Fe^{2+} 的还原能力增强；同时便于终点颜色的观察。

氧化还原滴定法中指示剂的选择很重要，本法宜用 N-苯基代邻氨基苯甲酸作指示剂，而不用二苯胺磺酸钠。它们的结构式分别为：

N-苯基代邻氨基苯甲酸   二苯胺磺酸钠

$E_{N\text{-苯代}}^{\ominus} = 1.08V$，$E_{二苯胺}^{\ominus} = 0.85V$，而 $E_{Fe^{3+}/Fe^{2+}}^{\ominus} = 0.77V$。由此可知，前者的氧化性强于后者，易与亚铁反应，二苯胺磺酸钠与亚铁反应要迟缓一些（反过来如果是用重铬酸钾法测定铁矿石中的铁，则宜选后者做指示剂）。

（2）测定步骤

用移液管吸镀液 5mL 于 100mL 容量瓶中，加水稀释至刻度并摇匀。用移液管吸此稀溶液 5mL（相当于 0.25mL 原液）于 250mL 锥形瓶中，加水 75mL、浓磷酸 1mL、（1+

1) 硫酸 10mL，加 N-苯基代邻氨基苯甲酸指示剂 3 滴，以 0.1mol/L 硫酸亚铁铵标准溶液滴定至由紫红色变绿色为终点。按式(9-1) 计算铬酐含量：

$$\rho(CrO_3) = \frac{cV \times 33.33}{0.25}(g/L) \tag{9-1}$$

式中　c——硫酸亚铁铵标准溶液的浓度，mol/L；

　　　V——消耗硫酸亚铁铵标准溶液的体积，mL。

9.2.1.2　碘量法

(1) 测定原理

在硫酸介质中，以氟化钠掩蔽 Fe^{3+}，再加碘化钾，铬酐与碘化钾作用，能定量地游离出碘，再以淀粉为指示剂，用硫代硫酸钠标准溶液滴定，终点由蓝色变为绿色。由消耗硫代硫酸钠量，计算出铬酐含量。反应如下：

$$2CrO_3 + 6H_2SO_4 + 6KI \longrightarrow Cr_2(SO_4)_3 + 3K_2SO_4 + 3I_2 + 6H_2O$$

$$2Na_2S_2O_3 + I_2 \longrightarrow Na_2S_4O_6 + 2NaI$$

反应酸度一般控制在 pH2～3。硫代硫酸根与碘的反应很快，且完全，但必须在中性或弱酸性中进行，pH 值过大，碘与硫代硫酸根将发生副反应：

$$S_2O_3^{2-} + 4I_2 + 10OH^- \longrightarrow 2SO_4^{2-} + 8I^- + 5H_2O$$

pH 值过小，硫代硫酸根会分解，同时碘离子在酸性溶液中易被氧化：

$$S_2O_3^{2-} + 2H^+ \longrightarrow SO_2 + S + H_2O$$

$$4I^- + 4H^+ + O_2 \longrightarrow 2I_2 + 2H_2O$$

另外，铬酐与碘化钾作用也是在酸性条件下进行。

温度通常控制在室温条件下进行，以防止碘的挥发。

碘化钾应过量，使碘离子与铬酐反应完全，同时过量的碘离子与碘作用形成 I_3^-，减少碘的挥发。且析出碘以后，应立即滴定，滴定速度可适当快些，但不要剧烈摇动溶液，以防碘挥发。

(2) 测定步骤

用移液管吸取镀液 5mL 于 100mL 容量瓶中，加水稀释至刻度，摇匀。吸取稀释液 5mL 于 250mL 锥形瓶中，加水 90mL 及 (1+1) 硫酸 10mL，加 20% 的碘化钾溶液 5～10mL，以 0.05000mol/L 硫代硫酸钠标准溶液（浓度为 c）滴定至呈淡黄色，加 1% 淀粉溶液 2mL，继续滴定至蓝色消失呈绿色为终点（消耗体积为 V）。计算铬酐的含量，公式与式(9-1) 相同。

9.2.2　三价铬的测定

三价铬的测定方法有亚铁滴定法、沉淀分离-亚铁滴定法、离子交换-氧化还原滴定法、分光光度法等。

9.2.2.1　亚铁滴定法

三价铬在硫磷混合酸的酸性溶液中，以硝酸银为催化剂，用过硫酸铵作氧化剂，在加热条件下将三价铬氧化为六价铬，再以硫酸亚铁铵标准溶液滴定总铬量，然后减去六价铬的量即得三价铬的量。

$$Cr_2(SO_4)_3 + 3(NH_4)_2S_2O_8 + 8H_2O \longrightarrow 2H_2CrO_4 + 3(NH_4)_2SO_4 + 6H_2SO_4$$

氧化三价铬的酸度为 4～6mol/L 硫酸介质，滴定酸度为 6～8mol/L 硫酸介质。

过硫酸铵必须过量，确保三价铬全部被氧化。

加热煮沸氧化的第一个目的是降低反应活化能，加快反应速率；其次是除去过量的过硫酸铵。

$$2(NH_4)_2S_2O_8 + 2H_2O \longrightarrow 2(NH_4)_2SO_4 + 2H_2SO_4 + O_2 \uparrow$$

测定步骤是：吸取镀液 5mL 于 100mL 容量瓶中，加水稀释至刻度，摇匀。用移液管吸此稀溶液 5mL 于 250mL 锥形瓶中（含原液 0.25mL），加水 75mL、(1+1)硫酸 10mL、浓磷酸 1mL、1%硝酸银 10mL 及过硫酸铵 2g，煮沸至冒大气泡 2min 左右，冷却。加苯代邻氨基苯甲酸指示剂 3 滴，以 0.1000mol/L 硫酸亚铁铵标准溶液滴定至由紫红色变为绿色为终点。按下式计算三价铬的含量：

$$\rho(Cr^{3+}) = \frac{c(V_2 - V_1) \times 17.33}{0.25} (g/L) \tag{9-2}$$

式中　V_1——分析铬酐时耗用硫酸亚铁铵标准溶液的体积，mL；

　　　V_2——本实验耗用硫酸亚铁铵标准溶液的体积，mL。

本法由于六价铬的含量较高，而三价铬的含量又较低，因此方法的误差较大，只适用于日常分析，不适用于精确分析；另外，可以进行六价铬、三价铬的连续测定，即在测定铬酐后的溶液中加入硝酸银和过硫酸铵等，然后按本法操作进行，可同时测定，不需另外取样，操作简便。

9.2.2.2　沉淀分离-亚铁滴定法

原理与上法基本相同。三价铬在弱碱性溶液中生成氢氧化铬沉淀，而六价铬绝大部分呈铬酸盐留在溶液中，少量残留在沉淀内，分离后的沉淀用稀硫酸溶解，分别测定其总铬和残留的六价铬量，差量求得三价铬的含量。铁、铝等可和三价铬一起沉淀，但不影响三价铬的测定。

要严格控制沉淀三价铬的条件，因在 pH<4 时，三价铬以水合离子 $[Cr(H_2O)_6]^{3+}$ 的形式存在于溶液中，当 pH 太大时，以 $[Cr(OH)_4]^-$ 形式存在而不沉淀，所以一般控制在 pH7～8 的条件下沉淀。

测定步骤是：分取 2mL（V_0）镀液于 250mL 烧杯中，加水 100mL，煮沸后取下，滴加 (1+1) 氨水至溶液有微氨味并过量 3～4 滴。放置 5min，用中速滤纸过滤，再用热水洗 3～4 次。将沉淀及漏斗放于 250mL 锥形瓶上用 (1+4) 硫酸 50mL 分数次溶洗沉淀，再用 (1+99) 硫酸洗数次后，将溶液用水稀释至约 150mL，加数滴指示剂，用硫酸亚铁铵标准溶液滴定至紫红色消失为终点，消耗体积记为 V_2（残余六价铬的量），再加硝酸银和过硫酸铵，按分析步骤操作，滴定硫酸亚铁铵标准溶液的体积，记为 V_3（mL）。按下式计算三价铬的含量：

$$\rho(Cr^{3+}) = \frac{c(V_3 - V_2) \times 17.33}{V_0} (g/L) \tag{9-3}$$

9.2.3　硫酸的测定

镀铬溶液中硫酸的测定方法很多，有硫酸钡重量法、硫酸钡烘重法、硫酸钡沉淀-EDTA 容量法、浊度法等。主要介绍重量法和烘重法。

9.2.3.1　硫酸钡重量法

（1）原理

在乙醇混合溶液存在下的酸性溶液中，经加热煮沸，镀铬液中的硫酸根和钡离子生成不溶于水的硫酸钡沉淀，沉淀经慢速定量滤纸过滤、洗涤，再经高温灼烧至恒重，称得硫酸钡的质量，便可求得镀液中硫酸的含量。其反应为：

$$2H_2CrO_4 + 6HCl + 3C_2H_5OH \longrightarrow 2CrCl_3 + 3CH_3CHO + 8H_2O$$
$$H_2SO_4 + BaCl_2 \longrightarrow BaSO_4 \downarrow + 2HCl$$

在硫酸钡沉淀条件下，镀铬液中大量的铬酸根也和钡离子生成不溶于水的铬酸钡沉淀而干扰测定。因此先用乙醇将铬酸根还原成三价铬，然后再加氯化钡。同时乙醇还可降低硫酸钡沉淀在溶液中的溶解度。除用乙醇还原外，还可采用盐酸羟胺还原，它的还原温度低（75℃左右），所需时间也较短。

乙醇混合液的组成是乙醇：盐酸：冰醋酸＝1：1：1。醋酸的存在是使三价铬形成 $Cr(Ac)_3$，从而阻止三价铬生成 $Cr_2(SO_4)_3$ 的共价化合物，使沉淀完全；盐酸的作用是提供酸度，但酸度不能过大，否则形成硫酸氢根，也使沉淀不完全。

为了获得晶形沉淀，必须掌握沉淀的五个条件，即稀、热、慢、搅、陈等。在实验中还要注意，如果在加氯化钡后，沉淀带有黄色，说明六价铬没有还原完全，即生成了铬酸钡沉淀，此时应重做，减少取样量，或酌情多加乙醇混合液。

沉淀灼烧温度在 800～900℃ 之间，时间为 30min，温度不能过高，否则硫酸钡将会分解。

（2）测定步骤

用移液管吸镀铬溶液 10mL 于 400mL 烧杯中，加水 100mL（如有沉淀应过滤），加乙醇混合液 30mL，煮沸 10min，趁热缓慢加入 10% 的氯化钡溶液 10mL，并不断搅拌，煮沸 1min（防止沸腾飞溅），置于温热处 1h，用紧密无灰滤纸过滤，用热水洗涤沉淀数次（洗至滤液无绿色），将滤纸及沉淀移至已恒重的瓷坩埚中，干燥、灰化、转入 800～900℃ 的马弗炉内灼烧 0.5h，取出稍冷，放入干燥器内冷却，称量直至恒重为止。按下式计算硫酸的含量。

$$\rho(H_2SO_4) = \frac{m \times 0.420 \times 1000}{10}(g/L) \tag{9-4}$$

式中　　m——硫酸钡的质量，g；

　0.420——$\dfrac{M_{H_2SO_4}}{M_{BaSO_4}}$。

9.2.3.2　硫酸钡烘重法

原理与重量法基本相同，在酸性溶液中，加入过氧化氢以还原六价铬，然后加入氯化钡使硫酸生成硫酸钡沉淀，同时加入苦味酸使硫酸钡沉淀颗粒变粗，缩短放置时间。沉淀用砂芯漏斗过滤、洗涤后于120℃烘箱中烘干，称其质量。

测定步骤是：吸取镀铬液10mL于250mL烧杯中，加水20mL，加入浓盐酸（250g/L铬酐加20mL；500g/L铬酐加40mL），然后滴加过氧化氢还原六价铬，边加边摇，至不起泡，颜色变至亮绿色，煮沸，加苦味酸饱和溶液5mL，慢慢加入10%氯化钡溶液6mL，继续煮沸2min，用沸水稀释至200mL，待沉淀下降后，用已知质量的4号玻璃砂芯漏斗过滤，后用热水洗几次，再用丙酮洗2～3次（若无丙酮，也可不用），在120℃烘箱中烘干，称重。计算公式与式(9-4)相同。

9.3 氰化镀锌液的分析

金属锌呈银白色，是典型的两性金属。锌在干燥的空气中几乎不发生变化，在潮湿空气及含二氧化碳与氧的水中，会发生反应生成一层主要由碱式碳酸锌组成的薄膜，它具有防止金属继续遭受腐蚀的能力。锌镀层的用途主要是防止内层金属的锈蚀，因为在大气条件和一般介质中，锌的电位比钢铁基体电位负，当镀层与基体金属形成原电池时，锌受腐蚀而基体金属得到保护，这种防护称为电化学保护。

镀锌层在铬酸溶液中钝化后，表面产生一层光亮而美观的彩色钝化膜，锌层的防护性能比原来提高了许多倍。由于这种特性，镀锌在机械、电子、轻工及仪表等方面得到了广泛的应用。

因工艺和条件的不同，镀锌液可分为两类，即氰化镀锌液和无氰镀锌液。氰化镀锌工艺范围宽，质量优良，但是要用大量的剧毒氰化物，且氰化镀锌操作及其废水废气对人类及环境造成严重危害，所以高浓度氰化镀锌工艺日益向中氰→低氰→微氰镀锌过渡，同时无氰镀锌得到飞速发展。无氰镀锌又有酸性镀锌、铵盐镀锌、锌酸盐镀锌等。本节主要介绍氰化镀锌液的分析。氰化镀锌液的主要成分是氧化锌40～50g/L、氰化钠80～100g/L、氢氧化钠75～85g/L，碳酸钠小于60g/L。

氰化镀锌液是将不溶于水的氧化锌或氰化锌溶解在氢氧化钠和氰化钠的混合溶液中。

以氧化锌作为被镀金属的来源：

$$3ZnO+4NaCN+2NaOH+3H_2O \Longrightarrow Na_2[Zn(CN)_4]+2Na_2[Zn(OH)_4]$$

以氰化锌作为被镀金属的来源：

$$3Zn(CN)_2+2NaCN+4NaOH \Longrightarrow 2Na_2[Zn(CN)_4]+Na_2[Zn(OH)_4]$$

在镀液中锌以$[Zn(CN)_4]^{2-}$和$[Zn(OH)_4]^{2-}$两种形式存在，且存在如下的平衡关系：

$$[Zn(OH)_4]^{2-}+4CN^- \Longrightarrow [Zn(CN)_4]^{2-}+4OH^-$$

若提高溶液中氰化钠的浓度，平衡向氰化物方向移动；若提高溶液中氢氧化钠的浓度，平衡向锌酸根方向移动。氰化钠的作用是主配合剂，提高阴极的极化作用，增强镀层结合力，可使镀层结晶细致，镀层厚度均匀，同时配合重金属离子防止其干扰。氢氧化钠在高氰镀液中主要起提高导电和电流效率的作用，在低氰镀液中也起配合作用，因氰化镀锌液中锌主要是从锌酸盐中电析的。

硫化钠既可除去重金属杂质，又可使镀层增加光泽。

9.3.1 氧化锌的测定

在氰化镀锌液中，锌及杂质铜、铁等均能与氰化物形成配合物，利用锌氰配合物的稳定性较小，可用硝酸（或过硫酸铵或甲醛）破坏氰化物，在酸性溶液中以氟化钾掩蔽铁，以硫脲掩蔽铜，调酸度至 pH5.4，用二甲酚橙作指示剂，以 EDTA 滴定锌。

分析步骤是：吸取镀液 10mL 于 250mL 锥形瓶中，加水 20mL，浓硝酸 10mL，煮沸 10~15min，冷却，于容量瓶中稀释至 100mL，摇匀，倾入 100mL 干烧杯中，放置，待沉淀下降后，倾出上层清液备用。吸取上清液 5mL 于 250mL 锥形瓶中，加水 50mL，二甲酚橙 3 滴，加（1+1）盐酸 1~2mL，加氟化钾 1g，5％硫脲 5mL，用（1+1）氨水滴至近紫红，用 pH5.4 缓冲液滴至紫色，过量 3mL（此时可补加二甲酚橙 2 滴），用 0.05000mol/L EDTA 溶液滴定至黄色为终点。按下式计算锌的含量。

$$\rho(Zn) = \frac{cV \times 65.4}{V_{试}}(g/L) \tag{9-5}$$

式中　c——EDTA 标准溶液的浓度，mol/L；

　　　V——耗用 EDTA 标准溶液体积，mL；

　　　$V_{试}$——所取镀液体积，mL。

如用甲醛破坏锌氰配合物，则在分解释放出锌离子后的碱性溶液（pH10）中，以 EBT（或铬黑 T）作指示剂，用 EDTA 滴定，终点由红色变为蓝色。主要反应为：

$$Zn(CN)_4^{2-} + 4HCHO + 4H_2O \longrightarrow Zn^{2+} + 4OH^- + 4H_2C(OH)CN（羟基乙腈）$$

分析步骤是：吸取镀液 0.5~2mL 于 250mL 锥形瓶中，加水 100mL 及抗坏血酸约 0.2g，加 pH10 的缓冲溶液 10mL，铬黑 T 少许，滴加 10％氰化钾至溶液呈蓝色，加（1+1）甲醛 5mL，用 0.05mol/L EDTA 滴定至蓝色为终点。按式(9-5) 计算锌的含量。

9.3.2 总氰化物的测定

氰根离子在镀液中，以游离氰根及锌氰配合物两种状态同时存在，加入过量氢氧化钠，使锌氰配合物离解释放出氰根，然后以碘化钾指示，用硝酸银滴定全部的氰化物，终点时生成黄色碘化银沉淀。

$$Na_2Zn(CN)_4 + 4NaOH \longrightarrow Na_2ZnO_2 + 4NaCN + 2H_2O$$
$$Ag^+ + 2CN^- \longrightarrow [Ag(CN)_2]^-$$
$$Ag^+ + I^- \longrightarrow AgI\downarrow$$

氢氧化钠必须过量，否则锌氰配合物离解不完全；滴定时只能滴到刚出现黄色浑浊为终点，硝酸银不能太过量，否则将生成氰化银沉淀（$K_{SP,AgI} = 9 \times 10^{-17}$，$K_{SP,AgCN} = 1.2 \times 10^{-16}$）。

分析步骤是：吸取镀液 1~2mL 于 250mL 锥形瓶中，加水 50mL、10％碘化钾 2mL、25％氢氧化钠 10mL，以 0.1000mol/L 硝酸银溶液滴定至开始浑浊时为终点。按下式计算：

$$\rho(NaCN) = \frac{2cV \times 49}{V_{试}}(g/L) \tag{9-6}$$

$$\rho(\text{KCN}) = \frac{2cV \times 65}{V_{试}} (\text{g/L}) \tag{9-7}$$

式中　c——硝酸银标准溶液的浓度，mol/L；

　　V——耗用硝酸银标准溶液的体积，mL；

　　49——M_{NaCN}，g/mol；

　　65——M_{KCN}，g/mol。

镀液中存在硫化钠时，则与硝酸银生成黑色硫化银沉淀，会干扰测定。因此，需先加入碳酸铅，生成硫化铅沉淀使之分离，方法步骤是：吸取镀液 10mL 于 100mL 容量瓶中，加水 50mL，加少许碳酸铅固体使出现黑色沉淀（不要太过量），加水稀释至刻度，摇匀。干滤纸过滤，吸滤液 10mL 于 250mL 锥形瓶中，加水 40mL、10%碘化钾 2mL，按前述方法继续操作。

9.3.3　总氢氧化钠的测定

方法基于酸碱中和滴定，以百里香酚酞或麝香草酚酞为指示剂，用盐酸标准溶液进行滴定。但由于镀液中除碱外，还有氰化物、碳酸盐等均影响碱的测定，因此在测定前须加入硝酸银、氯化钡等使干扰物质生成沉淀，以消除它们的影响。

$$\text{Ag}^+ + \text{CN}^- \longrightarrow \text{AgCN} \downarrow$$

$$\text{CO}_3^{2-} + \text{Ba}^{2+} \longrightarrow \text{BaCO}_3 \downarrow$$

分析步骤是：用移液管吸镀液 1mL 于 250mL 锥形瓶中，加入 0.1mol/L 硝酸银溶液（量比测定总氰化物的量稍多一点），加 10%氯化钡 20mL、加水 50mL、麝香草酚酞 10 滴，以 0.1000mol/L 盐酸标准溶液滴定至蓝色消失为终点。按下式计算氢氧化钠的含量。

$$\rho(\text{NaOH}) = cV \times 40 (\text{g/L}) \tag{9-8}$$

方法也可用酚酞作指示剂，但终点变化不如上述指示剂灵敏。

9.3.4　碳酸钠的测定

因镀液本身呈碱性，所以不能直接用盐酸进行中和滴定。先用氯化钡与碳酸钠作用生成碳酸钡沉淀，过滤分离后，以甲基橙为指示剂，用盐酸滴定碳酸钡至过量，过量的盐酸再用氢氧化钠标准溶液回滴。

主要反应为：

$$\text{Na}_2\text{CO}_3 + \text{BaCl}_2 \longrightarrow \text{BaCO}_3 \downarrow + 2\text{NaCl}$$

$$\text{BaCO}_3 + 2\text{HCl} \longrightarrow \text{BaCl}_2 + \text{CO}_2 \uparrow + \text{H}_2\text{O}$$

分析步骤是：用移液管吸取镀液 1mL 于 300mL 烧杯中，加水 70mL，加热至近沸，加 10%氯化钡 10mL，煮沸，在温热处静置 15min，用二张紧密滤纸过滤，以热水洗涤 3~5 次。将沉淀及滤纸移至原烧杯中，加水 50mL 及甲基橙指示剂数滴，以 0.1000mol/L 盐酸滴定至红色并过量 3~5mL，加热煮沸 3min，冷却，再用 0.1000mol/L 氢氧化钠滴定至黄色为终点。按下式计算碳酸钠的含量：

$$\rho(\text{Na}_2\text{CO}_3) = \frac{(c_1 V_1 - c_2 V_2) \times 106}{2 \times 1} (\text{g/L}) \tag{9-9}$$

式中 c_1,V_1——盐酸标准溶液浓度及消耗的体积;

   c_2,V_2——氢氧化钠标准溶液浓度及消耗的体积;

   106——$M_{Na_2CO_3}$,g/mol。

9.3.5 硫化钠的测定

测定方法参考 HB/Z 5083—78《电镀溶液分析常用试剂》

(1) 测定原理

在酸性介质条件下,先加入过量的碘标准溶液,将硫化钠氧化成硫单质析出。过量的碘以铂电极为指示电极,饱和甘汞电极或钨电极为参比电极,用硫代硫酸钠标准溶液进行电位滴定。

(2) 测定步骤

于250mL锥形瓶中,加水50mL、盐酸(1.19g/mL)15mL、碘标准溶液(0.1mol/L)20.0mL,在通风橱内加试样溶液10.00mL,震荡2~3min,冷却至室温。在中速搅拌下浸泡电极3min,用硫代硫酸钠标准溶液(0.1mol/L)进行电位滴定,根据滴定曲线的突跃确定滴定终点。

$$\rho(Na_2S \cdot 9H_2O) = \frac{[(c(1/2I_2)V_1 - c(Na_2S_2O_3)]V_2) \times 0.12010}{V_0} \times 1000(g/L)$$

(9-10)

式中:$c(1/2I_2)$——碘标准溶液的浓度,mol/L;

   $c(Na_2S_2O_3)$——硫代硫酸钠标准溶液的浓度,mol/L;

   V_1——加入碘标准溶液的体积,mL;

   V_2——滴定终点时耗用硫代硫酸钠标准溶液的体积,mL;

   V_0——试样溶液的体积,mL;

   0.12010——与1.00mL硫代硫酸钠标准溶液$[c(Na_2S_2O_3)=1.000mol/L]$相当的硫化钠的质量,g。

9.4 酸性镀锌液的分析

酸性镀锌液的主要特点是毒性小,电流效率高。酸性镀锌液的主要成分是七水硫酸锌,其浓度在200~400g/L范围内波动;十八水硫酸铝,其浓度一般为40g/L左右,它对电镀液起缓冲作用,可稳定电镀液的pH值。另外还有硫酸钠和葡萄糖等成分。其主要分析成分是锌盐、铝盐、氯化物及铁等。

9.4.1 锌的测定

以氟化铵掩蔽铝,三乙醇胺掩蔽铁,在氨性缓冲溶液中,以PAN为指示剂,用EDTA标准溶液滴定,终点由红色变为黄色。

分析步骤是:吸取镀液10mL于100mL容量瓶中,加水至刻度,摇匀。吸取此稀释液 5mL 于 250mL 锥形瓶中，加水 50mL，加入（1+4）三乙醇胺 10mL，氟化铵约 1g，pH10 的缓冲溶液 5mL，乙醇 10mL，PAN 指示剂 5 滴，用 0.05000mol/L EDTA 滴定至由红色至黄色为终点。按下式计算其含量：

$$\rho(Zn) = \frac{cV \times 65.4}{V_{试}}(g/L) \tag{9-11}$$

$$\rho(ZnSO_4 \cdot 7H_2O) = \frac{cV \times 287.56}{V_{试}}(g/L) \tag{9-12}$$

操作中要用 PAN 作指示剂，而不用二甲酚橙，因为二甲酚橙指示剂的最佳适用范围是 pH5.0～6.0，而 PAN 指示剂的使用范围较广，但必须加乙醇，增加 PAN 指示剂的溶解度，使终点变化敏锐。

锌离子在 pH10 的条件下也不会产生沉淀，是由于在氨性溶液中形成了锌氨配合离子。

9.4.2 铝的测定

因三价铝与 EDTA 配合反应缓慢，且对指示剂有封闭作用，所以一般采用氟化铵释放-EDTA 滴定法。于 pH5.4 的溶液中，加入过量的 EDTA，使锌、铝等离子配合完全，以二甲酚橙或 PAN 为指示剂，以锌标准溶液滴定过量的 EDTA，然后加入氟化铵，置换出与铝相当的 EDTA，再用锌标准溶液滴定，溶液由黄色变为紫色为终点。

滴定溶液的酸度一般在 pH5.4 左右，pH 值太小，配合不完全，pH 值太高，Al^{3+} 易水解。加入过量的 EDTA 后，一般加热至 80～90℃，加快 Al^{3+} 的配合速度，但加热时间不能过长，否则会加速 Al^{3+} 的水解。

分析步骤：吸取镀液 1mL 于 250mL 锥形瓶中，加水 50mL，加入 0.05mol/L EDTA 25～40mL，加 pH5.4 的六亚甲基四胺缓冲溶液 15mL，煮沸 2min，冷却，加二甲酚橙 2 滴，用锌标准溶液滴定至红紫色。加氟化铵约 1.5g，加热近沸腾，冷却，补加二甲酚橙 1～2 滴，用 0.05000mol/L 锌标准溶液滴定至红紫色为终点（记下消耗的体积 V）。按下式计算铝的含量：

$$\rho[Al_2(SO_4)_3 \cdot 18H_2O] = \frac{cV \times 666.4}{2 \times 1}(g/L) \tag{9-13}$$

9.4.3 锌、铝的联合测定

在 pH5.4 的缓冲溶液中，加入一定量过量的 EDTA 溶液，与锌、铝配合，以 PAN 为指示剂，用铜盐标准溶液滴定过量的 EDTA，求得锌、铝合量。然后加入氟化铵，释放出与铝配合的 EDTA，再用铜盐标准溶液滴定，计算铝的含量，从合量中减去铝的量，即为锌量。

分析步骤：吸取镀液 1mL 于 250mL 锥形瓶中，加水 10mL，准确加入 0.05000mol/L EDTA 溶液 40.00mL，pH5.4 的缓冲溶液 15mL，煮沸 2min，加 PAN 指示剂 2 滴，用 0.05000mol/L 铜标准溶液滴定至紫红色为终点（记下体积为 V_1）。于此溶液中加入氟化铵 1.5g，加热近沸，用 0.05000mol/L 铜标准溶液滴定至紫红色为终点（V_2）。

另取蒸馏水 10mL，准确加入 EDTA 40.00mL，缓冲溶液 15mL，煮沸 2min，加

PAN 指示剂 2 滴，用 0.05000mol/L 铜标准溶液滴定至由黄色变紫红色为终点（记下体积为 V_3）。按下式计算锌、铝的含量：

$$\rho[Al_2(SO_4)_3 \cdot 18H_2O] = \frac{cV_2 \times 666.4}{2 \times 1}(g/L) \tag{9-14}$$

$$\rho(ZnSO_4 \cdot 7H_2O) = \frac{(V_3 - V_2 - V_1)c \times 287.56}{1}(g/L) \tag{9-15}$$

9.5　酸性镀铜液的分析

镀铜是研究最早的镀种之一。镀铜溶液根据成分和工艺不同，可分为氰化镀铜液、酸性镀铜液、焦磷酸盐镀铜液以及化学镀铜液等。本节仅介绍酸性镀铜液的分析。酸性镀铜液因工艺及配方不同，其含量范围也不同，一般硫酸铜在 150～250g/L 之间，硫酸在 50～80g/L 之间。酸性镀铜液一般分析成分有铜、硫酸、铁及氯离子等。

9.5.1　硫酸的测定

采用酸碱滴定法，以甲基橙为指示剂，用氢氧化钠标准溶液滴定。

具体分析步骤：用移液管吸取镀液 10mL 于 250mL 锥形瓶中，加水 100mL 及甲基橙指示剂数滴，用 1.0000mol/L 氢氧化钠溶液滴定至试液由红色转橙色为终点。按下式计算硫酸的含量：

$$\rho(H_2SO_4) = \frac{cV \times 98}{10 \times 2}(g/L) \tag{9-16}$$

式中　c——氢氧化钠标准溶液的浓度，mol/L；

　　　V——耗用氢氧化钠标准溶液的体积，mL；

　　　98——$M_{H_2SO_4}$，g/mol。

9.5.2　铜的测定

采用碘量法，在微酸性溶液中，铜离子与碘化钾定量反应生成碘，以淀粉为指示剂，用硫代硫酸钠滴定，可得出铜的含量。有关反应为：

$$2Cu^{2+} + 4I^- \longrightarrow 2CuI\downarrow + I_2$$

$$I_2 + 2Na_2S_2O_3 \longrightarrow 2NaI + Na_2S_4O_6$$

由于碘化亚铜能吸附碘，使终点不明显，因此加入硫氰酸铵，使碘化亚铜转化为溶解度更小的硫氰酸亚铜，表面不再吸附碘，从而使终点更敏锐。

$$CuI + NH_4SCN \longrightarrow CuSCN\downarrow + NH_4I$$

该法应注意两点才能获得准确结果：一是要控制酸度在中性或弱酸性溶液中进行。如果在碱性溶液中，则会发生如下反应：

$$S_2O_3^{2-} + 4I_2 + 10OH^- \longrightarrow 2SO_4^{2-} + 8I^- + 5H_2O$$

在强酸性中，则会发生如下反应：

$$S_2O_3^{2-} + 2H^+ \longrightarrow SO_2 + S + H_2O$$

$$4I^- + 4H^+ + O_2 \longrightarrow 2I_2 + 2H_2O$$

二是要防止碘的挥发和空气中的氧氧化碘离子。防止碘的挥发方法有：加入过量的碘化钾，生成 I_3^- 而减少挥发；反应温度不能高，在室温下进行；不要剧烈摇动溶液，最好在碘量瓶中进行。防止碘离子被氧化的方法有：酸度不宜高，否则增加氧化碘离子的速度；避免阳光直接照射，因光可催化氧化碘离子；碘析出后立即滴定且滴定速度宜快。

具体分析步骤：吸取镀液 $1 \sim 2\text{mL}$ 于 250mL 锥形瓶中，加水 50mL，加氟化钠 1g，摇匀，滴加氨水（1+1）至深蓝色，再滴加冰乙酸至深蓝色褪去再过量 5mL，加 20% 碘化钾 15mL，用 0.1000mol/L 硫代硫酸钠标准溶液滴定至淡黄色时，加 1% 淀粉溶液 5mL，滴定至浅蓝色时，加 10% 硫氰酸铵 10mL，继续滴定至蓝色消失为终点。按式（9-16）计算铜的含量：

$$\rho(\text{Cu}) = \frac{cV \times 63.55}{V_{试}}(\text{g/L}) \tag{9-17}$$

$$\rho(\text{CuSO}_4 \cdot 5\text{H}_2\text{O}) = \frac{cV \times 249.7}{V_{试}}(\text{g/L}) \tag{9-18}$$

式中　c——硫代硫酸钠标准溶液的浓度，mol/L；

　　　V——耗用硫代硫酸钠标准溶液的体积，mL；

　　　$V_{试}$——所取镀液的体积，mL。

9.5.3　硫酸和铜的连续测定

硫酸的测定是基于酸碱滴定，以甲基橙为指示剂，以氢氧化钠标准溶液滴定硫酸，然后加缓冲溶液提高 pH 值至 10，用 PAN 为指示剂，以 EDTA 滴定铜。

分析步骤是：吸取镀液 1mL 于 250mL 锥形瓶中，加水 100mL、甲基橙 $1 \sim 2$ 滴，以 0.1000mol/L 氢氧化钠溶液滴定至溶液由红色变黄色为终点（V）。加 pH10 缓冲液 10ml、PAN 指示剂 3 滴，以 0.05000mol/L EDTA 滴定至绿色为终点（V_1）。分别计算硫酸和铜的含量：

$$\rho(\text{H}_2\text{SO}_4) = \frac{\frac{1}{2}cV \times 98}{V_{试}}(\text{g/L}) \tag{9-19}$$

$$\rho(\text{Cu}) = \frac{cV_1 \times 63.55}{V_{试}}(\text{g/L}) \tag{9-20}$$

9.6　普通镀镍液中硼酸的分析

镀镍溶液因工艺要求不同可分为普通镀镍溶液、镀黑铬溶液、光亮镀镍溶液、化学镀镍溶液等，其成分也有较大差别，但应用普遍的是普通镀镍溶液。

镀镍溶液中硼酸是用来维持溶液酸度的缓冲剂，对弱酸性（pH $=4 \sim 6$）溶液有很好的缓冲能力。当硼酸浓度小于 20g/L 时，对镀液的缓冲作用不明显，镀层呈白雾状；硼酸浓度增加，镀液 pH 值增大，产生 Ni(OH)_2 沉淀并夹杂在镀镍层中，使镀层易剥落、发脆；当硼酸浓度超过 70g/L 时会降低阴极电流效率，在温度低于 25℃ 时，易结晶析出，使镀层粗糙、产生毛刺而浪费原材料。所以，普通镍镀液中硼酸浓度取 20～30g/L，光亮镍镀液中硼酸浓度取 35～45g/L，滚镀镍镀液中硼酸浓度取 40～55g/L。电镀过程中，由于硼酸不断损耗，要经常对其补充，而补充前要快速测定镀液中剩余硼酸的含量再补充欠缺的量，因此快速、准确地检测方法很关键。

镀镍溶液中的硼酸含量一般用间接酸碱滴定法测定。硼酸虽是多元酸，但酸性很弱，不能直接用酸碱滴定法测定。在含有甘油、甘露醇等多羟基的有机化合物作用下，生成较强的配位酸（离解常数大大增加）。其反应为：

$$2 \begin{array}{c} | \\ -C-OH \\ | \\ -C-OH \\ | \end{array} + H_3BO_3 \longrightarrow \left[\begin{array}{c} | \qquad\qquad | \\ -C-O \quad O-C- \\ \qquad \diagdown B \diagup \\ -C-O \quad O-C- \\ | \qquad\qquad | \end{array} \right]^{-} + H^+ + 3H_2O$$

配合物的离解常数为 8.4×10^{-6}，比硼酸提高了一万倍以上，从而可被氢氧化钠溶液滴定。滴定时以酚酞为指示剂，变色点为 pH9.1，也可用百里酚酞作指示剂。一般来说，甘露醇比甘油更有效，在每 10mL 溶液中加入 0.5～0.7g 甘露醇已足够。

滴定过程中，由于 pH 值升高且镍离子浓度很大时，易生成氢氧化镍沉淀而使结果偏高，常加入柠檬酸钠或草酸钠等配合剂将其配合，以防止镍生成氢氧化镍沉淀；配合酸的稳定性受温度的影响，温度高，稳定性降低，所以应在较低的温度下进行滴定；滴定前镀液的酸度应控制在 pH5.0～5.5 之间，如不在此范围，应将镀液酸度调节在此范围内（应用碳酸氢钠而不用碳酸钠）再进行取样分析。

铵盐对强碱起缓冲作用，因铵盐和强碱生成氨，所以大量铵盐存在时可使结果偏高。

终点变化由淡绿色变为灰蓝色，如灰蓝色终点不易控制，可滴至紫红色后再减去过量的体积（约 0.2mL）。

分析步骤是：用移液管吸取镀液 1mL 于 100mL 锥形瓶中，加水 9mL，加甘油混合液 25mL（60g 柠檬酸钠溶于少量水中，加入甘油 600mL，再加入 2g 溶于少量乙醇的酚酞，加水稀释至 1L），以 0.1000mol/L 氢氧化钠标准溶液滴定至溶液由淡绿变灰蓝色为终点。按下式计算硼酸的含量：

$$\rho(H_3BO_3) = \frac{cV \times 61.84}{1}(g/L) \tag{9-21}$$

9.7 表面处理溶液的分析

表面处理溶液包括镀前镀后处理溶液如酸洗、去油、钝化、电抛光等溶液以及氧化、磷化等溶液。下面介绍酸洗液、磷化液、氧化液的分析。

9.7.1 酸洗液中氯化物的分析

酸洗溶液的主要成分是硫酸（或盐酸）、氯化物和极少量的缓蚀剂以及酸洗过程中腐蚀溶解下来的铁等。这里介绍氯化物的测定。

酸洗溶液中氯化物的测定采用沉淀滴定法。沉淀滴定必须满足以下条件：沉淀的溶解度要小；反应速率要快，不易形成过饱和溶液；有确定化学计量点的简单方法；沉淀的吸附现象应不妨碍测定。目前应用较广的是生成难溶性银盐的反应。如：

$$Ag^+ + Cl^- \longrightarrow AgCl\downarrow$$
$$Ag^+ + SCN^- \longrightarrow AgSCN\downarrow$$

利用生成难溶性银盐反应来进行测定的方法称银量法，银量法分为直接法和间接法两种。本法采用间接法，即先加入已知过量的硝酸银溶液，使氯离子沉淀为氯化银沉淀，过量的银离子以三价铁离子为指示剂，用硫氰酸钾标准溶液滴定。滴定近终点时，银离子浓度迅速降低，而硫氰酸根浓度迅速增大，于是稍过量的硫氰酸根与三价铁离子反应生成红色配合物指示终点。

滴定反应必须在酸性溶液中进行，因为三价铁在中性或碱性中生成沉淀而影响终点观察；因硫氰酸银沉淀易吸附银离子，所以滴定时必须剧烈摇动，使吸附的银离子释放出来，但近终点时，必须防止用力摇动，因为近终点时用力摇动，则红色褪去，终点难以确定，产生上述现象的原因是由于 $K_{SP,AgSCN}=1.0\times10^{-12}$，小于 $K_{SP,AgCl}=1.8\times10^{-10}$，在终点时，氯化银饱和溶液中的银离子与硫氰酸根的浓度乘积超过了 $K_{SP,AgSCN}$ 时，便析出 AgSCN 沉淀，又由于 AgSCN 沉淀析出，溶液中硫氰酸根浓度降低，硫氰酸铁配离子离解，造成红色消失。

在析出 AgSCN 沉淀的同时，必然引起银离子的减少，而对氯化银来说便成了不饱和溶液，氯化银溶液便开始溶解，银离子浓度又增加，继续滴入硫氰酸根时，氯化银便不断溶解，硫氰酸银将不断产生。其反应为：

$$AgCl\downarrow + SCN^- \longrightarrow AgSCN\downarrow + Cl^-$$

实际上是难溶化合物的转化作用，造成硫氰酸钾用量的增加，产生较大误差。所以近终点时，不要用力摇动。

分析步骤：用移液管吸取酸洗液 5.00mL 于 250mL 容量瓶中，加水 50mL，用移液管加入 0.1000mol/L 硝酸银标准溶液 50mL，以水稀释至刻度，摇匀，干滤纸过滤。用移液管吸取滤液 50.00mL 置于 250mL 锥形瓶中，加饱和硫酸高铁铵溶液 3～5mL，用 0.1000moL/L 硫氰酸钾标准溶液滴定至微红色为终点。按下式计算氯化物的含量：

$$\rho(NaCl) = \frac{(c_1V_1 - c_2V_2)\times58.5}{V_{试}}(g/L) \tag{9-22}$$

式中　c_1——硝酸银标准溶液的浓度，moL/L；

　　　V_1——硝酸银标准溶液的体积，mL；

　　　c_2——硫氰酸钾标准溶液的浓度，moL/L；

　　　V_2——硫氰酸钾标准溶液的体积，mL；

　　　$V_{试}$——试液体积，mL。

9.7.2　磷化液中五氧化二磷的测定

钢铁磷化液分析成分有游离酸度及总酸度、五氧化二磷、锌、亚铁及锰等。这时主要介绍五氧化二磷的测定。

在过量氨水和铵盐存在下，用氯化镁使磷酸生成磷酸铵镁沉淀：

$$HPO_4^{2-} + Mg^{2+} + NH_3 \cdot H_2O \longrightarrow MgNH_4PO_4\downarrow + H_2O$$

将沉淀陈化转化为颗粒粗大的晶形沉淀，过滤分离，用盐酸溶解沉淀：

$$2MgNH_4PO_4 + 4HCl \longrightarrow MgCl_2 + 2NH_4Cl + Mg(H_2PO_4)_2$$

然后加入已知过量的 EDTA 标准溶液，于 pH10 左右，使镁离子与 EDTA 生成稳定配合物，再以 EBT 为指示剂，用镁标准溶液滴定过量的 EDTA。EDTA 和硫酸镁的差量相当于沉淀中镁的含量，即可算出五氧化二磷的量。

沉淀剂应在酸性溶液中加入，然后再加氨水至沉淀析出，其目的是得到粗大晶形颗粒沉淀。同时必须在氯化铵存在下，因氯化铵是强酸弱碱盐，它能控制一定酸度（增大了铵的浓度，阻止了氨水电离），从而阻止了氢氧化镁的生成。

分析步骤是：用移液管吸取试液 2mL（可视其含量多少增减）于 250mL 烧杯中，加水 100mL 及 50％柠檬酸铵 10mL，在不断搅拌下，缓缓加入镁盐混合液 10mL（55g 氯化镁和 140g 氯化铵溶于水中，加氨水 350mL，稀至 1L），继续搅拌至沉淀开始析出，加入浓氨水 30mL，放置过夜。将沉淀用中密滤纸过滤，以 3％氨水洗涤 5～6 次，沉淀及滤纸移入原烧杯中，加（1＋4）盐酸 10mL、水 50mL，加热使沉淀溶解，自滴定管加入 0.05000mol/L EDTA 标准溶液 40.00mL，冷却，滴加氨水至微氨性（pH10 左右），加入 pH10 缓冲溶液 10mL 及铬黑 T 指示剂少许，用 0.05000mol/L 硫酸镁标准溶液滴定至由蓝色转为红色为终点。按下式计算其含量：

$$\rho(PO_4^{3-}) = \frac{(c_1V_1 - c_2V_2) \times 95}{V_{试}} \ (g/L) \tag{9-23}$$

式中　c_1——EDTA 标准溶液的浓度，mol/L；

　　　V_1——加入 EDTA 标准溶液的体积，mL；

　　　c_2——硫酸镁标准溶液的浓度，mol/L；

　　　V_2——耗用硫酸镁标准溶液的体积，mL；

　　　$V_{试}$——试液体积，mL。

也可将磷酸铵镁沉淀在 1000℃下灼烧至恒重，以重量法测定。按下式计算结果：

$$\rho(PO_4^{3-}) = \frac{m \times 0.8535 \times 1000}{V_{试}} \ (g/L) \tag{9-24}$$

式中　0.8535——$\dfrac{2M_{PO_4^{3-}}}{M_{Mg_2P_2O_7}}$。

9.7.3　钢铁氧化液的分析

钢铁氧化液，又称发蓝（或发黑）液，其主要分析成分是氢氧化钠、碳酸钠和亚硝酸钠，这里主要介绍亚硝酸钠的分析。

亚硝酸盐在中性或碱性介质中不能与高锰酸钾反应，但在温热的酸性介质中能被高锰酸钾定量地氧化为硝酸盐，据此可测定氧化液中亚硝酸盐。其反应为：

$$2MnO_4^- + 5NO_2^- + 6H^+ \longrightarrow 2Mn^{2+} + 5NO_3^- + 3H_2O$$

但由于亚硝酸易挥发和不稳定，在酸性介质中，容易被空气中的氧氧化到硝酸盐，致使结果偏低。因而以亚硝酸盐（即试样溶液）作为滴定剂，从滴定管中逐滴加到经酸化的一定量的高锰酸钾标准溶液中至粉红色刚消失为终点，这样便可克服上述不足。

分析步骤是：用移液管吸取试样溶液 10mL 于 500mL 容量瓶中，加水至刻度，摇匀（A 液）。

用移液管吸取 0.02000mol/L 高锰酸钾标准溶液 10mL 于 500mL 锥形瓶中，加水 150mL、（1+1）硫酸 15mL，加热至约 70℃，用 A 液进行滴定，直至紫红色消失为终点 (V)。按式 (9-24) 计算亚硝酸钠的含量。

$$\rho(NaNO_2) = \frac{5c \times 34.5 \times 500}{V}(g/L) \tag{9-25}$$

式中　c——高锰酸钾标准溶液的浓度，mol/L；

　　　V——耗用 A 液体积，mL；

　　34.5——$\dfrac{M_{NaNO_2}}{2}$，g/mol。

要注意的是，因氧化液在室温下结晶成固体，故不能用移液管取样，其成分也不能用体积质量浓度表示，因此用容量法取样失去意义，改用重量法取样。先将 25mL 称量瓶烘干后称重，用小瓷匙趁热取槽液约 10g 倒入称量瓶中（要防止滴落在瓶外），然后称量（称准至 0.01g）。将所得样品溶解在小烧杯中，再倒入 500mL 容量瓶中，加水稀释至刻度，按上述方法测定，计算出的结果将以质量分数表示。这种方法在一部分工厂被采用。

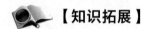【知识拓展】

电镀废水的来源

对于一个零件的电镀，完整的流程大致下图所示。零件首先进行镀前处理（表面加工、脱脂、除锈、侵蚀、活化等），然后进入电镀环节，电镀之后根据需要进行镀后处理（钝化、封闭、退镀等），最后完成零件表面处理。在这个流程中，零件进入任何一个工序之前都要进行清洗。因此，根据电镀程序，电镀废水的来源主要有以下几个方面。

（1）前处理废水

金属零件电镀前，往往根据零件的表面状况来决定对其表面进行机械加工（磨光、抛光、滚光等）、除油、除锈、侵蚀等镀前处理，以达到电镀对零件表面的质量要求。这些处理过程中常采用碱性化合物、有机物、无机酸等化学品。比如，脱脂废水呈碱性，含有氢氧化钠、碳酸钠、磷酸钠、有机化合物等；除锈、侵蚀废水呈酸性，含有游离酸、金属离子、有机添加剂等。总体而言，镀前处理废水的组分随镀种和前处理工艺的不同而不同，是电镀废水的重要组成部分，约占电镀废水总量的 50%。

（2）镀层漂洗废水

零件电镀以后，需要通过水的漂洗实现表面清洁，零件从镀槽带出的镀液通常有一部分得到回收，其余进入了漂洗水。镀液配方中的所有物种，比如金属盐（铜、镍、铬等）、配位剂（氰化物、焦磷酸盐等）、其他无机物（硫酸盐、氯化物等）、有机光亮剂（糖精、苄叉丙酮等）等均会在漂洗水中出现。因此，镀件漂洗水中除了重金属离子外，还有不少无机盐和有机物。漂洗废水是重金属离子的主要来源，是电镀废水处理的重点。鉴于电镀种类及工艺多种多样，漂洗废水的组分非常复杂。漂洗废水中重金属离子的种类和浓度以及漂洗废水的排放总量直接与电镀时采用的镀液配方、镀件的形状、电镀操作管理水平、漂洗方法等因素相关。而镀液的种类及其浓度也直接影响到废水处理和资源化技术的选择和成本。

（3）镀后处理产生的废水

电镀完成后，镀层的后处理过程主要包括漂洗之后镀层的钝化、不良镀层的退镀以及镀层封闭等特殊的表面处理。这些过程中同样需要使用酸、碱、盐、有机物等化学品，同样产生大量的含重金属（如六价铬以及铜、镍、锌、铁离子等）、酸、碱、盐类、有机物等物质的废水。这类废水具有成分复杂、多变、水量不稳的特点。

（4）工作废液

在电镀中，不同环节的工作液会由于多种原因而失效。譬如，酸洗槽中的金属离子会随着使用时间的延长不断累积，当累积到一定的浓度，即使添加新鲜酸液，其酸洗效果也不能高效恢复，从而影响酸洗的效率和零件的质量，只能报废；塑料电镀前使用的粗化液大都含高浓度的铬酸，使用到一定时间就要淘汰更换；化学镀槽的镀液使用寿命有限，需要定期更换；电镀时，电镀液的长期使用往往导致槽液中的杂质离子、有机物等不断累积或某些有效成分比例失调，无法恢复而影响镀层质量，而为了保证镀层的质量，工厂往往会对槽液进行部分或全部的报废处理。这些报废的工作液中重金属离子、有机物等含量都很高，同时杂质的种类也很多，很复杂。

（5）其他废水

除生产环节产生的各种废水之外，生产车间的地面清洗，电极板维护清洗，以及由于镀槽渗漏或操作管理不当造成的"跑、冒、滴、漏"而产生的各种槽液和排水都是影响生态环境的废水，需要按照一定的管理策略分类收集，处理达标后才能排放。

 【习题与思考题】

9-1　什么叫电镀？目前常用电镀液有哪些？

9-2　普通镀铬液中有哪些分析项目？简述各项目的测定原理。

9-3　重铬酸钾法测定镀铬液中六价铬，宜用什么作指示剂？若用重铬酸钾测定铁矿石中的铁，则选用什么作指示剂？为什么？

9-4　试述 $BaSO_4$-EDTA 容量法测定镀铬液中硫酸根的原理及所加各种试剂的作用。

9-5　简述氰化镀锌液中氰化物的测定原理。为何要加入过量的氢氧化钠？

9-6　氰化镀锌液中碳酸钠的测定原理是什么？能否直接测定碳酸钠？

9-7　试述酸性镀铜溶液中铜的测定原理及测定条件。

9-8　简述酸性镀锌液中锌、铝的联合测定过程。

9-9　简述镀镍溶液中硼酸的测定原理及其注意事项。

9-10　试述酸洗液中氯化物的测定原理及测定条件。

第10章 油料分析

10.1 概述

(1) 油料的分类

油料目前是指从石油中提炼加工后的液体产品（即原油经过直接分馏、裂化加工获得的各种产品）。而动植物油料在工业上，特别是在机械工业上应用已经很少。这些液体石油产品根据其用途不同可分为燃料油、溶剂油、电器用油、润滑油、液压油、润滑脂类等。使用单位一般把这些油习惯地分为燃料油和润滑剂两大类进行管理。

石油燃料包括各种内燃机燃料、锅炉燃料及照明燃料等，内燃机燃料主要包括汽油、柴油及煤油；锅炉用燃料又称燃料油，它是石油直馏产品或裂化产物中蒸去轻质馏分后所余下的残油；照明用石油燃料主要是灯用煤油，是经过精制的直馏产品。

燃料油其特点是热值高（热值一般在 43890～45980kJ/kg）、燃烧快、适应性强，便于贮存和运输。

润滑剂的作用是降低摩擦阻力，提高机械效率，它包括润滑油和润滑脂。润滑油是一种常用的润滑剂，广泛用于机械、车辆、仪器及各种机械。它除对摩擦表面进行润滑外，还具有冷却、清洁、密封、减振和传递动力等作用。其中润滑和冷却是它的基本作用；因此，对润滑油的性能有严格的要求，如摩擦系数小、楔入能力好，适当的黏度和较高的纯度以及抗氧化、安定性等。为满足其性能要求，润滑油通常由多种组分组成。

润滑脂是介于液体和固体之间的一种润滑剂，又名黄油或牛油，它是用润滑油和稠化剂在高温下混合而成，实际上是稠化了的润滑油。有些润滑脂也加添加剂。润滑脂与润滑油比较，有如下特点：润滑脂不需要经常添加，因此其消耗量及机器的保养费用均可降低；润滑脂在摩擦面上的保持能力良好，可防止尘土、金属碎屑等进入摩擦面；它具有一定的结构性，在正常使用时，可避免滴油、溅油和漏油现象；润滑脂与金属表面有良好的黏附性，对那些长期不运作的部件可以减少腐蚀；润滑脂的减振性强，对缓冲机械振动和冲击效果好。但润油脂的黏度大，使设备起重负荷大；流动性差，不易对润滑的机械起冷却作用；而且在高温下易发生相变丧失正常润滑。所以高温高速运转的机件不宜采用润滑脂。

油料分析通常泛指石油燃料及润滑剂的分析，本章只介绍润滑剂的分析。

(2) 润滑剂选择的一般要求

润滑剂在机件表面能形成一层油膜，使机件之间不直接发生摩擦，减少机件之间的摩擦力。而油膜的形成与油的黏度、机器负荷、运转速度、温度等有关。因此，必须根据油的物理与化学性质以及工作场所的需要选择各种适合的润滑剂。润滑剂应具有以下性质：油料应为中性；不含腐蚀性物质；在所需温度与运转速度下结构不发生变化，即热稳定性和化学稳定性要好；摩擦小，机件因摩擦而升高的温度低；黏度要适当，润滑力要大，凝固点要低，不成液状流出；闪点、燃点要高。

（3）油料分析项目

油料都是多种有机化合物的复杂混合物，使用时主要是利用其物理性质，所以一般不作化学成分测定。油料的种类尽管很多，但在机械行业中，润滑油其分析项目基本相同，大致分析项目有密度、黏度、水分、闪点和燃点、酸值和碘值、机械杂质等。

油料分析的许多项目属于条件试验，必须严格遵守操作规程。目前很多项目的检验方法有国家标准和部颁标准，且标准方法中明确指出了某一分析项目的适应范围，避免了选择检验方法时的混乱。

（4）液体石油产品试样的脱水

液体石油产品的某些化验项目，在化验之前，要求试样不含水，如果有水分就会影响测定。如蒸馏时有水会造成冲油；测定重油开口闪点时，有水会起泡沫溢出。测定前试样脱水是重要的准备工作。根据石油产品种类及其含水量的多少，可选用不同的脱水方法。

① 吸附过滤　对含水量较少的轻质石油产品，可将其通过干燥滤纸和棉花，脱除其中的水分。

② 脱水剂脱水　将脱水剂直接加入试样进行脱水，除去脱水剂时，可用滤纸过滤。常用的脱水剂有无水氯化钙、无水硫酸钠、煅烧过的食盐等电解质。在选择脱水剂时，应选择脱水效率高，不与石油产品起化学反应，不与试样互溶，对石油产品无催化作用，以免发生聚合、缩合等反应，可以回收且价格便宜的脱水剂。

③ 常压下加热脱水法　该法适用于重油脱水，主要是除去乳化水。

④ 蒸馏脱水法　此外还有真空脱水法、离心分离法等脱水方法。石油产品每项检验方法中，凡需要事先脱水的，都有具体的操作步骤。

10. 2　水分测定

油料中的水分主要来源是运输和储存过程中所带入，其次油料有一定的吸水性，与大气或水接触时能吸收和溶解一部分水，并以悬浮状、乳状或溶液状态存在。

油料中水分的存在会影响油的质量和使用效果。它的存在不但会降低石油燃料的热值，而且在 0℃ 以下使用时水会凝结成冰，堵塞油路，影响供油，甚至使油膜强度降低，产生泡沫或浮化变质。如变压器油内混有水分，其绝缘性能会大大降低。另外水分的存在还能加重有机酸对设备的腐蚀性，所以油中水分是有害杂质。

水分的测定有定性和定量两种方法，而定量法又分为蒸馏法和卡尔·费休法。

（1）定性测定

油料中若含水分，则将油料试样在规定的温度（130～175℃）下加热，其中的水分就会形成水蒸气，水蒸气冲破油膜便发出爆鸣声。根据响声存在与否便可确定油料内是否有水分存在。

分析步骤是：称取经混合均匀的试样 20g 左右，置于蒸发皿中，然后将蒸发皿移入电炉上加热到 130℃（或 175℃）左右，当听到爆鸣声不少于 2 次时，表明试样中有水，否则无水。

（2）定量测定

水分的定量测定目前常用有机溶剂蒸馏法和卡尔·费休容量法。蒸馏法是将石油产品与无水溶剂混合蒸馏，测定其中水分含量（具体参看第 4 章 4.2 节）。该法常用于常量和半微量水分的测定，试样的水分少于 0.03% 即为痕量。这里主要介绍卡尔·费休法。

卡尔·费休法测定水分是利用碘氧化二氧化硫时需要定量的水分存在，其反应为：

$$I_2 + SO_2 + 2H_2O \Longleftrightarrow 2HI + H_2SO_4$$

但上述反应是可逆的，要使反应向右进行，需要有碱性物质存在。其中以吡啶最为合适，此时反应为：

$$C_5H_5N \cdot I_2 + C_5H_5N \cdot SO_2 + C_5H_5N + H_2O \Longleftrightarrow 2C_5H_5N \cdot HI + C_5H_5N \cdot SO_3$$

生成的亚硫酸吡啶不稳定，当有过量水存在时可进行如下副反应：

$$C_5H_5N \cdot SO_3 + H_2O \Longleftrightarrow C_5H_5NHSO_4H$$

当有甲醇存在时则生成稳定的甲基硫酸吡啶：

$$C_5H_5N \cdot SO_3 + CH_3OH \Longleftrightarrow C_5H_5N \cdot HSO_4CH_3$$

所以反应在甲醇中进行，这样可以控制水的副反应发生。

由上可知，滴定时的标准溶液是含有 I_2、SO_2、C_5H_5N、CH_3OH 的混合液。此溶液称为卡尔·费休试剂。卡尔·费休试剂具有碘的棕色，与水反应时，棕色立即褪去，当溶液中出现棕色时，即达到滴定的终点。因为油料有颜色，所以采用电学化方法（电位法），即"永停"法确定滴定终点。方法是在浸入溶液中的两组电极间加一电压，若溶液中有水分存在时，两极之间无电流通过，当水分反应完后，溶液中有过量的碘及碘化物存在，电流突然增加至最大值并稳定 1min，即为滴定终点。

卡尔·费休法属于非水滴定法的一种，所用的试剂均不能含水分，而卡尔·费休试剂的吸水性很强，因此在贮存和使用时均应注意密封，避免空气中的水分侵入。卡尔·费休法装置见图 10-1。

卡尔·费休法不但可以测定水分，而且可以间接测定反应中生成水或消耗水中有机化合物的含量；同时广泛用于测定受热易挥发或分解的有机化合物中的水分含量（如尿素中水分的含量）。但如果试样中含有能氧化或还原碘、二氧化硫的物质时，便会干扰测定，此时应选用其他方法测定水分。

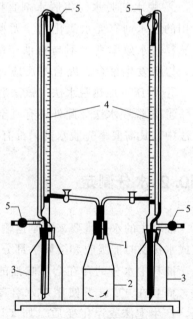

图 10-1 卡尔·费休法滴定装置

1—滴定容器；2—电磁搅拌器；

3—贮液瓶；4—滴定管；

5—干燥器

10.3 黏度的测定及黏温特性

10.3.1 黏度的测定

黏度是燃料和润滑油的重要质量指标，也是工业润滑油分类的依据，国标以 40℃时运动黏度为基础进行分类。通过黏度的测定，可以确定该油料的输运条件，在石油化工设计和工艺中黏度是重要的参考数据。

黏度就是液体受外力作用移动时，液体分子间产生内摩擦力的性质，称为黏度。或者说当流体在外力作用下作层流运动时，相邻两层流体分子之间存在内摩擦力而阻滞流体的流动，这种特性称为流体的黏滞性，衡量黏滞性大小的物理性能称为黏度。不同的流体黏度不同，因为黏度主要决定于液体物质本身分子的大小，分子大，黏度高，反之则黏度低；同一液体在不同的温度下黏度也不同，因分子运动与温度有关，温度高，分子动能大，黏度则小，反之温度低，黏度则高。所以说明某一液体的黏度时必须注明在什么温度下。不同用途的石油产品，要求有不同的黏度。

黏度通常分为绝对黏度（动力黏度）、运动黏度和条件黏度。

10.3.1.1 动力黏度

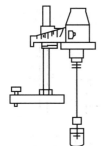

图 10-2　旋转黏度计

面积各为 $1cm^2$，垂直距离为 1cm 的相邻流体层，当其中一层流体以 1cm/s 的速度与另一层流体做相对运动时，所产生的内摩擦力，称为动力黏度，用符号"η"表示。当内摩擦力为 1N 时，则该液体的黏度为 1，其法定计量单位为 $Pa \cdot s$（即 $N \cdot s \cdot m^{-2}$）。非法定计量单位为 P（泊）或 cP（厘泊）。$1.0Pa \cdot s = 10P = 1000cP$。在温度 t（℃）时液体的动力黏度以"η_t"表示。水在 20℃ 时的动力黏度是 $1.002 \times 10^{-3} Pa \cdot s$。

动力黏度的测定采用旋转黏度计（见图 10-2）法，将特定的转子浸于被测液体中作恒速旋转运动，使液体接受转子与容器壁面之间发生切应力，维持这种运动所需的扭力矩由指针显示读数，根据此读数 α 和系数 K 可求得试样的动力黏度。

测定结果按下式计算：

$$\eta = K\alpha \tag{10-1}$$

式中　η——样品的动力黏度，$mPa \cdot s$；

　　　α——旋转黏度计指针读数；

　　　K——旋转黏度计指针系数。

10.3.1.2 运动黏度

指某流体的动力黏度 η 与该流体在同一温度和压力下的密度 ρ 之比。用符号"ν"表示。

$$\nu = \frac{\eta}{\rho} \qquad (10\text{-}2)$$

单位是 m^2/s，在温度为 t（℃）时的运动黏度以 ν_t 表示。水在20℃时的运动黏度是 $1.0038 \times 10^{-6} m^2/s$。

液体石油产品运动黏度的测定按 GB/T 26588《石油产品运动黏度测定法和动力黏度计算法》标准实验方法进行，主要仪器是玻璃毛细管黏度计。在一定温度下，当液体在直立的毛细管中，以完全湿润管壁的状态流动时，其运动黏度 ν 与流动时间 t 成正比。在测定时，用已知运动黏度的液体（常用20℃的蒸馏水）为标准，测量其从毛细管黏度计流出的时间，再测量试样自同一黏度计流出的时间。按下式计算试样的黏度。

$$\nu_t^S = \frac{\tau_t^S}{\tau_t^W} \times \nu_t^W \qquad (10\text{-}3)$$

式中　ν_t^S——样品在一定温度下的运动黏度，m^2/s；

　　　ν_t^W——水在一定温度下的运动黏度，m^2/s；

　　　τ_t^S——样品在某一毛细管黏度计中的流出时间，s；

　　　τ_t^W——水在某一毛细管中黏度计中的流出时间，s。

由于一定温度时，水的 ν_t^W 和 τ_t^W 是定值，因此对某一毛细管黏度计来说 ν_t^W/τ_t^W 为一常数，用 K 来表示，单位是 m^2/s^2，则式(10-3)可变为：

$$\nu_t^S = K\tau_t^S \qquad (10\text{-}4)$$

毛细管黏度计一组共有13支（见图10-3）。

毛细管内径（mm）分别为0.4、0.6、0.8、1.0、1.2、1.5、2.0、2.5、3.0、3.5、4.0、5.0、6.0。每支毛细管黏度计的常数 K 由生产厂测出，且各不相同并附在包装盒内（要注意定期经计量部门检定）。测定时按试样运动黏度的大约值选定其中一支，使试样流出的时间在120~480s内，但在0℃及更低温度测定高黏度试样时，流出时间可增加至900s；在20℃测定液体燃料时，流出时间可减少至60s。

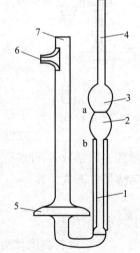

测定时先将试样吸入毛细管黏度计，使黏度计直立于恒温浴中，在20℃时恒温10min以上。用洗耳球将样品吸至标线"a"以上少许，使液体自由流下，注意观察液面。当液面至标线"a"以下时，立即启动秒表；当液面流至标线"b"时，按停秒表。记下由"a"至"b"的时间，即为样品在该毛细管黏度计中的流出时间。

10.3.1.3　条件黏度

条件黏度是指在规定温度下，在特定的黏度计中，一定量的液体流出的时间（以 s 为单位）；或者将此时间与指定温度下同体积标准液体（通常是水）从同一仪器中流出的时间之比。因所用仪器和测量条件不同，条件黏度通常又分为恩氏黏度、赛氏黏度和雷氏黏

图 10-3　毛细管黏度计

1—毛细管；2,3,5—扩大部分；

4,7—管身；6—支管；

a,b—标线

度等。

赛氏黏度是指试样在规定温度下，从赛氏黏度计中流出 60mL 所需的时间，单位为秒（s）。

雷氏黏度的指试样在规定温度下，从雷氏黏度计中流出 50 mL 所需的时间，单位为秒（s）。

恩氏黏度：是指试样在规定温度下（通常为 20℃、50℃、80℃、100℃）从恩氏黏度计中流出 200mL 所需的时间（s）与同体积蒸馏水在 20℃时流出所需的时间（s）之比［如式(10-5)］，用符号 E_t 表示温度 t 时的恩氏黏度，恩氏黏度的单位是条件度，用符号°E 代表。

$$E_t = \frac{\tau_t}{K_{20}}$$ (10-5)

式中　E_t——试样在温度 t 时的恩氏黏度，°E；

τ_t——试样在温度 t 时从恩氏黏度计中流出 200mL 所需的时间，s；

K_{20}——恩氏黏度计的水值，s。

例如：用恩氏黏度计在 50℃和 100℃时测得某石油产品的黏度 τ_{50}、τ_{100} 分别为 72s 和 62s，而此黏度计的"水值" K_{50} 为 51s。则此石油产品的恩氏黏度分别为：

$$E_{50} = \frac{\tau_{50}}{K_{20}} = \frac{72}{51} = 1.41$$

$$E_{100} = \frac{\tau_{100}}{K_{50}} = \frac{62}{51} = 1.22$$

恩氏黏度计的装置如图 10-4，其结构是将两个圆形容器套在一起，内筒装试样，外筒为热浴。内筒壁上有三个尖钉，作为控制液面高度和调节仪器水平的指示标志，底部中央有流出孔，试液可经小孔流出，流入接收量瓶。筒上有盖，盖上有插堵塞棒的孔及插温度计的孔。外筒装在铁制的三脚架上，足底有调整仪器水平的螺旋。黏度计热浴一般用电加热器加热并能自动调整控制温度。

接收量瓶是具有一定尺寸规格的葫芦形玻璃瓶，如图 10-5 所示。其中刻有 100mL 和 200mL 两条刻度线。

测定步骤如下：准备工作，即根据仪器清洁程度分别选用四氯化碳、乙醇和水清洗内容器，并调整仪器于水平状态；然后是"水值"的测定，水值是指在 20℃时 200mL 蒸馏水由黏度计流出所需的时间。测定时，将堵塞棒塞紧内筒的流出口，注入一定量的蒸馏水至将要淹没三个尖钉，调整水平调节螺旋至水平，再补充蒸馏水至刚好淹没三个尖钉。盖上内筒盖，插好温度计。向外筒中注入一定量的恒温浴液（一般情况用蒸馏水）至内筒的扩大部分，打开电加热器，选择控制温度，边加热边搅拌内、外筒至内筒试样温度为控制温度。将清洁干燥的接收量瓶置于流出孔下，准备好秒表，轻轻转松并稍提起堵塞棒，使流出孔下端悬挂一滴水，迅速提起堵塞棒，同时按下秒表，开始计时，当水样至 200mL 刻度线时，按停秒表，记录测定时间。此数值应在 50～52s 之间，仪器的水值至少取六次测定的平均值。按测定水值相同的方法测定样品。

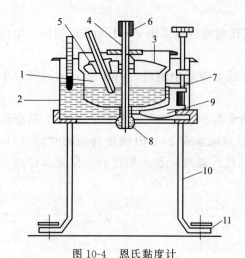

图 10-4　恩氏黏度计

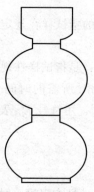

图 10-5　接收量瓶

1—内筒；2—外筒；3—内筒盖；4,5—孔；6—堵塞棒；

7—尖钉；8—流出孔；9—搅拌器；10—三脚架；

11—水平调节螺旋

10.3.2　油品的黏温特性

前已述及，液体的黏度随温度的升高而减少，所以同一种油料，由于温度不同，黏度也不同。这种黏度随温度变化而改变的特性，称为油料的"黏度温度特性"，简称黏温特性。

对润滑油品要求黏温特性要好，即黏度不要随温度的变化而改变太大。衡量油品黏度特性好坏的指标是用不同温度下的黏度比或黏度指数来衡量。

① 黏度比 $\dfrac{\nu_{50}}{\nu_{100}}$ 就是同一油品 50℃ 的运动黏度与 100℃ 的运动黏度的比值。黏度比越小，说明油品的黏温特性越好，允许使用的温度范围越广，黏度比大，则黏温特性差。我国生产的润滑油黏度比一般在 5～8 之间，比较小。

② 黏度指数（用 VI 表示）　是用来表示油品受温度影响黏度发生变化的程度，它是指润滑油黏度随温度变化程度与标准油黏度随温度变化程度相比较所得的相对数值。它是一个经验的相对值，它对比较、评定和改善油料的黏温特性有一定的实用意义，黏度指数越大意味着油品黏度受温度影响相对较小。

我国石油产品黏度指数计算法（GB 1995—80）是用 40℃ 和 100℃ 的运动黏度计算石油产品的黏度指数。现将 100℃ 时运动黏度为 2～70cSt 的石油产品黏度指数计算公式列出如下：

当黏度指数 VI＜100（用 $U>H$ 判断），则：

$$VI = \frac{L-U}{L-H} \times 100 = \frac{L-U}{D} \times 100 \tag{10-6}$$

当黏度指数 VI≥100（用 $U \leqslant H$ 判断），则：

$$VI = \frac{10^N - 1}{0.00715} + 100 \tag{10-7}$$

$$N = \frac{\lg H - \lg U}{\lg Y} \qquad (10\text{-}8)$$

$$D = L - H \qquad (10\text{-}9)$$

式中　L——与试样 100℃时运动黏度相同，黏度指数为 0 的标准油品在 40℃时的运动黏度，cSt；

　　　H——与试样 100℃时运动黏度相同，黏度指数为 100 的标准油品在 40℃时的运动黏度，cSt；

　　　U——试样 40℃时的运动黏度；

　　　Y——试样 100℃时的运动黏度；

如果试样 100℃时运动黏度在 2～70cSt 范围内，其值正好与 GB 1995—80《L、D 和 H 的运动黏度值表》相等，则可直接由表查得 L、D 和 H 值，否则采用内插法求得 L、D 和 H 值。表 10-1 列出 100℃时运动黏度为 7.80～8.90cSt 时 L、D 和 H 的运动黏度值。

表 10-1　L、D 和 H 的运动黏度值

100℃时运动黏度/cSt	L	H	$D = L - H$
7.80	95.43	57.31	38.12
7.90	97.72	58.45	39.27
8.00	100.0	59.60	40.40
8.10	102.3	60.74	41.56
8.20	104.6	61.89	42.71
8.30	106.9	63.05	43.85
8.40	109.2	64.18	45.02
8.50	111.5	65.32	46.18
8.60	113.9	66.48	47.42
8.70	116.2	67.64	48.56
8.80	118.5	68.79	49.71
8.90	120.9	69.94	50.96

【例 10-1】已知试样 40℃和 100℃的运动黏度分别为 73.30cSt 和 8.86cSt，计算该试样的黏度指数。

解：以 100℃的运动黏度 8.86cSt 查表得 $L = 119.9$，$H = 69.48$，$D = 50.46$。

因为 $U = 73.30 > H = 69.48$，即 $U > H$，所以 Ⅵ < 100，则：

$$Ⅵ = \frac{L-U}{L-H} \times 100 = \frac{L-U}{D} \times 100 = \frac{119.9 - 73.30}{50.46} \times 100 = 92.4 \approx 92$$

10.4　闪点和燃点的测定

10.4.1　闪点与燃点

在规定的条件下，易燃物质受热后所产生的油蒸气与周围空气形成的混合气体，在遇到明火时发生瞬间着火（闪火现象）时的最低温度，称为闪点。能发生连续 5s 以上的燃烧现象的最低温度，称为燃点。

闪点与燃点的根本区别在于二者的燃烧方式不同，前者发生间歇燃烧，后者发生连续燃烧。

闪点是着火燃烧的前奏，是预示出现火灾和爆炸危险程度的指标。闪点越低越容易发生火灾和爆炸事故，应特别注意防护，在生产、运输和使用易燃物品时，应按闪点的高低确定其运输、贮存和使用的条件和各种防火安全措施。根据油料的闪点值还可能判断其馏分轻重和物质的组成，闪点越低，馏分越轻，说明是低分子量的组分；反之则是高分子量的组分。所以闪点是有机化合物，特别是易燃物质的一个重要物理常数，不同类型的物质有不同的闪点值。

闪点的测定有开口杯法和闭口杯法两种，开口杯法测定闪点时也常常要求测定燃点。开口杯法是将样品暴露在空气中进行，而闭口杯法测定时有杯盖将样品和空气分隔，处于封闭状态。开口杯法和闭口杯法的区别是仪器不同、加热和点火条件不同。闭口杯法中试样在密闭油杯中加热，只是在点火的瞬间才打开杯盖；开口杯法中试油是在敞口杯中加热，蒸发的油气可以自由向空气中扩散。同一油品其闭口杯闪点比开口杯闪点要低 20～30℃。这是因为用开口杯法测定时，试样蒸气的一部分逸散到空气中，在样品液面上方的蒸气密度相对较少所致。闪点是一个条件常数，它不仅与油品本身有关，而且与测定方法及测定所用仪器有关，具体表现在以下几个方面。

① 与物质的组成有关，含轻质油多，则闪点低；分子量越小，闪点越低。

② 与物质的热性能有关，物质的沸点高，闪点也高；高沸点样品中加入少量低沸点样品，会使闪点大为降低。

③ 与大气压有关，压力升高，则闪点升高。

④ 与测定仪器有关，开口杯测定闪点高，闭口杯测定闪点低。

⑤ 还与引火火焰大小、试样量、加热速度、室温高低、湿度大小等有关。

燃点的影响因素与闪点相同，但燃点只能用开口杯法。而闪点的测定没有严格的限制，有的样品既可用闭口杯法，也可用开口杯法，一般情况下，高闪点的物质采用开口杯法，如润滑油和重质油品；低闪点的物质采用闭口杯法，如轻质油。

由于油品闪点的测定是条件试验，所用仪器规格及操作手续必须按国家标准进行。

10.4.2　闪点与燃点的测定

10.4.2.1　开口杯法

本方法适用于润滑油和深色石油产品闪点和燃点的测定。

将试样装入坩埚中规定的刻线。首先迅速升高试样的温度，然后缓慢升温，当接近闪点时，在规定的温度间隔，用一个小点火器火焰按规定通过试样表面，以点火器火焰使试样表面上的蒸气发生闪火的最低温度，作为开口杯法闪点。继续进行试验，直到点火器火焰使试样发生点燃并至少燃烧 5s 时的最低温度，作为开口杯法燃点。

（1）开口杯闪点测定器

如图 10-6 所示。

① 内坩埚。用优质碳素结构钢制成，上口内径（64±1）mm，底部内径（38±1）mm，高（47±1）mm，内壁刻有两道环状标线，与坩埚上口边缘的距离分别为 12 mm 和

18 mm。

② 外坩埚。用优质碳素结构钢制成，上口内径（100±5）mm，底部内径（56±2）mm，高（50±5）mm，厚度约 1mm。

③ 点火器喷嘴。直径 0.8～1.0mm，能调节火焰长度，使成 3～4mm 近似球形，并能沿坩埚水平面任意移动。

④ 温度计。

⑤ 防护罩。用镀锌铁皮制成，高550～650mm，屏身内壁涂成黑色，并能三面围着测定仪。

⑥ 铁支架、铁环、铁夹。铁支架高约 520mm，铁环直径为 70～80mm，铁架能使温度计垂直地插在内坩埚中央。

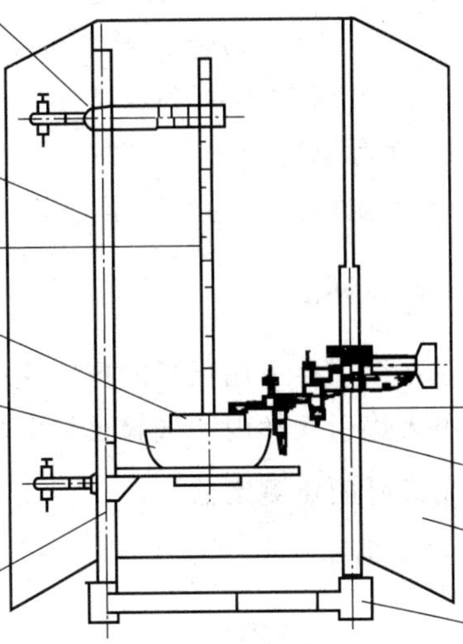

（2）测定步骤

① 内坩埚用无铅汽油洗涤，干燥后，放入装有经过煅烧的细砂的外坩埚中央，并使内外坩埚底部之间形成 5～8mm 的砂层。再在内外坩埚之间填充细砂至距离内坩埚边缘约 12mm。

② 倒入试样于内坩埚中至标线。闪点在 210℃ 以下的试样，至上标线；闪点高于 210℃ 以上的试样，至下标线。倒入试样时，注意不溅出，也不要沾在液面以上的内壁上。

③ 将装好的坩埚平稳地放在支架上的铁环中，将整套装置放置在避风、阴暗处，围好防护罩，将温度计垂直固定在内坩埚的试样中，并使水银球与坩埚底及试样表面的距离相等。点燃点火器，调整火焰为球形（直径为 3～4 mm）。

④ 用电炉或酒精灯加热外坩埚，使试样在开始加热后能迅速地达到每分钟升高（10±2）℃ 的升温速度，当达到预计闪点前 10℃ 左右时，移动点火器火焰于距离试样液面 10～14mm 处，并沿着内坩埚上边缘水平方向从坩埚一边移到另一边，经过时间为 2～3s。试样温度每升高 2℃，重复点火试验一次。

⑤ 当试样表面上方最初出现蓝色火焰时，立即从温度计读出温度作为该试样的闪点，同时记录大气压力。

若要测定燃点，继续加热，保持升温速度为每分钟（4±1）℃，每升高 2℃ 点火试验一次。当试样继续燃烧不少于 5s，立即从温度计上读出温度，即为试样的燃点。

平行测定的两次结果，闪点差数不应超过下列的允许值：

闪点/℃	允许差数/℃
150 以下	4
150 以上	8

⑥ 用平行测定两个结果的算术平均值，作为试样的闪点，并进行压力校正。油品闪点的高低受外界大气压力的影响。大气压力降低时，闪点会随之降低；反之会随之升高。

图 10-6　开口杯闪点测定器

1—温度计夹；2—支柱；3—温度计；4—内坩埚；5—外坩埚；6—坩埚托；7—点火器支柱；8—点火器；9—保护罩；10—底座

规定以 100kPa 压力下测定的闪点为标准。在不同大气压力条件下测得的闪点需进行压力校正，可用式(10-10)经验公式进行校正。

$$t = t_p + (0.001125t_p + 0.21)(101.3 - P) \tag{10-10}$$

式中 t——标准压力下的闪点，℃；

t_p——实际测定的闪点，℃；

P——测定闪点时的大气压力，kPa。

10.4.2.2 闭口杯法

试样在连续搅拌下用很慢的恒定速率加热。在规定的温度间隔，同时中断搅拌的情况下，将一小火焰引入杯内。试验火焰引起试样上的蒸气闪火时的最低温度即为闪点。

(1) 闭口杯闪点测定器

如图 10-7 所示。

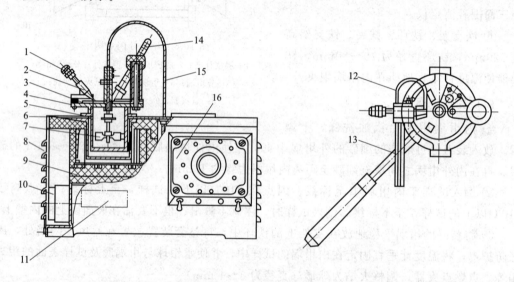

图 10-7   闭口杯闪点测定器

1—点火器调节螺丝；2—点火器；3—滑板；4—油杯盖；5—油杯；6—浴套；7—搅拌桨；
8—壳体；9—电炉盘；10—电动机；11—铭牌；12—点火管；13—油杯手柄；
14—温度计；15—传动软轴；16—开关箱

① 浴套。为一铸铁容器，其内径为 260mm，底部距油杯的空隙为 1.6～3.2 mm，用电炉或煤气灯直接加热。

② 油杯。为黄铜制成的平底筒形容器，内壁刻有用来规定试样液面位置的标线，油杯盖也是由黄铜制成，应与油杯配合密封良好。

③ 点火器。其喷孔直径为 0.8～1.0mm，能调整火焰使其接近球形且直径为 3～4mm。

④ 防护罩。用镀锌铁皮制成，高 550～650mm，屏身内壁涂成黑色。

(2) 测定步骤

① 油杯用无铅汽油洗涤后用空气吹干。将试样注入油杯中至标线处，盖上清洁干燥

的杯盖，插入温度计，并将油杯放入浴套中。点燃点火器，调整火焰为球形（直径为 3～4mm）。闪点测定器放到通风及较暗的地方，以便观察闪点。

② 开启加热器，调整加热速度。闪点低于 50℃ 的试样，要不断搅拌试样，升温速度为 1℃/min；闪点在 50～150℃ 的试样，开始加热的升温速度应为 5～8℃/min，并每分钟搅拌一次；闪点超过 150℃ 的试样，开始加热的升温速度应为 10～12℃/min，并定期搅拌。当温度达到预计闪点前 20℃ 时，加热升温的速度应控制在 2～3℃/min。

③ 当达到预计闪点前 10℃ 左右时，开始点火试验，对闪点低于 104℃ 的试样每升高 1℃ 点火一次，对于闪点高于 104℃ 的试样每升高 2℃ 点火一次（点火时要停止搅拌，但点火后要继续搅拌），点火时扭动滑板及点火器控制手柄，使滑板滑开，点火器伸入杯口，使火焰留在这一位置 1s，立即迅速回到原位。若无闪火现象，继续搅拌试样，并按上述方法每升高 1℃（闪点低于 104℃ 的试样）或 2℃（闪点高于 104℃ 的试样）重复进行点火试验。

④ 当第一次在试样液面上方出现蓝色火焰时，记录温度。继续试验，如果能继续闪火，才能认为测定结果有效。如再次试验时，不出现闪火，则应更换试样重新试验。

平行测定与其算术平均值的差数不应超过下列允许值：

闪点范围/℃	允许差数/℃
≤104	±1
>104	±3

⑤ 取平行测定两个结果的算术平均值，作试样的闪点，并进行压力校正。闭口杯闪点的压力校正公式为：

$$T = T_P + 0.0259 \times (101.3 - P) \tag{10-11}$$

式中　T——标准压力下的闪点，℃；

T_P——实际测定的闪点，℃；

P——测定闪点时的大气压力，kPa。

10.4.3　全自动闪点测定仪

闪点测定的主要操作是控制升温温度、点火高度、点火时间、点火频率和读取温度计读数几个方面。全自动闪点测定仪主要在这些性能方面进行改进，采用程序化、自动化的加热控温装置，机械化、自动化点火装置和温度自动读取装置。如国产 SD-2K 型开口闪点测定仪、SD-2 型闭口闪点测定仪、BSD-03 型自动闭口闪点测定仪。

10.5　酸值（酸度）、碘值及皂化值的测定

10.5.1　酸值（酸度）的测定

酸值是指中和 1g 石油产品中的酸性物质所需的氢氧化钾的质量（mg）。酸度就是中和 100mL 石油产品中的酸性物质所需的氢氧化钾的质量（mg）。

油品的酸值（酸度）是石油产品的一项重要质量指标。根据酸值（酸度）的大小，可以判断油品中所含酸性物质的量及其变质程度，也可以了解其对金属的腐蚀性。另外，酸

度大的柴油会使发动机内积炭增加，这种积炭是造成活塞磨损和喷雾器喷嘴结焦的原因。因此，酸值（酸度）也是油品一项必测项目。

酸值（酸度）的测定方法一般采用酸碱滴定法，常用指示剂或电位判断终点。

（1）方法原理

用非水溶剂（95％乙醇）在沸腾情况下将油品中的酸性物质抽提出来，然后用已知浓度的氢氧化钾乙醇溶液滴定。以含羧基的有机酸为例，其反应为：

$$RCOOH + KOH \longrightarrow RCOOK + H_2O$$

可用指示剂有酚酞、甲酚红、碱性蓝 B 等，在化学计量点时通过它们颜色的变化来指示终点。

该法属非水滴定，不能用碱直接在水溶液中滴定。因为油品中有机酸大多为弱酸，且在水中溶解度很小，有些则易水解产生干扰。而乙醇是大部分有机酸的良好溶剂，且是一种两性溶剂，即遇酸性物质为碱性溶剂，遇碱性物质为酸性溶剂。所以油品中某些不溶于水的有机酸在乙醇中酸性增强了，使得原来不能在水溶液中进行的酸碱滴定变得可以滴定了；有些则可以减少或避免水解所造成的干扰，使滴定终点比在水中更清晰。

（2）测定步骤

准确称取已澄清的油品 3～5g 于 300mL 锥形瓶中，加入 50mL 中性乙醇，置水浴上加热至沸，并充分搅拌。滴加酚酞溶液 3～4 滴，迅速以 0.2000mol/L KOH 溶液滴定至呈现粉红色，30s 内不褪色为终点。记下消耗的碱溶液体积。按式（10-7）计算油品的酸值。

$$酸值(mgKOH/g\ 油) = \frac{c \times V \times 56.1}{m} \tag{10-12}$$

式中　c——KOH 标准溶液的浓度，mol/L；

　　　V——滴定消耗的 KOH 标准溶液的体积，mL；

　56.1——KOH 的摩尔质量，g/mol；

　　　m——油品的质量，g。

（3）注意事项

① 要按规定两次煮沸 5min，并趁热滴定，时间不超过 3min。两次煮沸的原因：一次是为了驱除乙醇中的 CO_2；一次是有利于油品中有机酸的提出。两次趁热滴定，且时间不超过 3min 的原因：主要是防止空气中 CO_2 再溶解到乙醇中（因为室温下 CO_2 在乙醇中的溶解度比在水中的大 3 倍）；趁热滴定也是为了防止有些油品和乙醇-水产生乳化现象，妨碍滴定时对颜色变化的识别。

② 对于颜色深的油品，终点的判断改用电位法较好。

③ KOH 标准溶液应在快要滴定时才装入滴定管，以防止挥发。

10.5.2　皂化值的测定

皂化值是指中和 1g 油料中的全部游离酸与化合酸所需 KOH 的质量（mg）。

皂化值的大小取决于油料中所含脂肪酸的分子量，若平均分子量越大，则皂化值越小。因此，可以根据油料的皂化值计算所含甘油酯及脂肪酸的平均分子量。在制皂工业中，皂化值是指导油脂配方技术和生产过程的重要数据，是油料的重要理化参数。

皂化值的测定是利用酸碱中和法，这些可中和的酸性物质一般包括游离脂肪酸和脂肪酸甘油酯等。

(1) 方法原理

将油料在加热的条件下与过量的碱进行皂化反应：

$$C_3H_5(OCOR)_3 + 3KOH \longrightarrow 3RCOOK + C_3H_5(OH)_3$$
$$RCOOH + KOH \longrightarrow RCOOK + H_2O$$

过量的碱用标准盐酸溶液滴定：

$$KOH + HCl \longrightarrow KCl + H_2O$$

由消耗的酸、碱的量及试样的质量即可算出皂化值。

由方法原理可知，皂化值大于酸值，原因是测定条件的不同，皂化值的测定要在沸水浴上回流 0.5h 以上，此时酯发生了碱性水解。

(2) 测定步骤

称取已除去水分和机械杂质的油料样品 3～5g，置于 250mL 锥形瓶中，准确放入 50mL 0.5000mol/L KOH 乙醇溶液。接上回流冷凝管，置于沸水浴上回流加热 0.5h 以上，至溶液澄清透明后停止加热。稍冷后，加酚酞指示剂 5～10 滴，趁热用 0.5000mol/L HCl 标准溶液滴定至红色消失为终点。

同时，吸取 50mL 0.5000mol/L KOH 乙醇溶液按同法做空白试验。按下式计算皂化值。

$$皂化值 = \frac{c(V_0 - V_1) \times 56.1}{m} \quad (mgKOH/g\ 油) \quad (10-13)$$

式中　c——HCl 标准溶液的浓度，mol/L；

　　　V_0——空白试验所消耗盐酸标准溶液的体积，mL；

　　　V_1——试样所消耗盐酸标准溶液的体积，mL；

　　　m——样品的质量，g；

　　　56.1——KOH 的摩尔质量，g/mol。

10.5.3　碘值的测定

碘值又叫碘价，在规定的条件下，每 100g 油料试样发生加成反应所需碘的质量（g）。

碘值是油料的重要特性之一，根据碘值的大小，可以判断油料的不饱和程度，由此断定油料的属性和质量。碘值越大，油料的不饱和程度越大，说明其抗氧化安定性越差。石油产品不饱和脂肪酸含量几乎没有或很少，故碘值也很小，碘值超过一定指示，就认为不合格。航空汽油碘值不大于 10，航空煤油碘值不大于 3.5，陆地动物脂肪碘值要在 80 以上，海洋动物脂肪碘值要在 100～170 之间，桐油的碘值要在 150～180 之间。碘值大于 130 的油脂属于干性油脂；碘值小 100 的油脂属于不干性油脂；碘值介于 100～130 之间的油脂属于半干性油脂。在硬化油生产中，根据碘值大小可以计算氢化油脂所需的氢量及氢化程度。测定碘值还可了解它们的组成，有无掺杂等。常要求测定碘值的有轻馏分石油产品（如航空汽油、煤油）和有机烃类（如蜡）。

测定碘值的方法很多，有氯化碘-乙醇法、氯化碘-乙酸法（韦氏法）、碘酊法、溴化法、溴化碘法等，其中较为广泛采用的是韦氏法和碘酊法，本节主要介绍韦氏法。

（1）方法原理

氯化碘-乙酸法也称韦氏法，其原理是通过过量的氯化碘溶液和不饱和化合物分子中的双键进行定量的加成反应：

$$\begin{array}{c} \diagdown \\ \diagup \end{array} C{=}C \begin{array}{c} \diagup \\ \diagdown \end{array} +ICl \longrightarrow \begin{array}{c} \diagdown \\ \diagup \end{array} \underset{I}{C}{-}\underset{Cl}{C} \begin{array}{c} \diagup \\ \diagdown \end{array}$$

剩余的氯化碘加入碘化钾分解析出碘，反应为：

$$ICl + KI \longrightarrow I_2 + KCl$$

析出的碘，以淀粉作指示剂，用硫代硫酸钠标准溶液滴定，反应式为：

$$I_2 + 2Na_2S_2O_3 \longrightarrow 2NaI + Na_2S_4O_6$$

同时作空白试验，按式（10-14）计算碘值：

$$碘值 = \frac{(V_0 - V_1) \times c_{Na_2S_2O_3} \times 126.9}{m \times 1000} \times 100 (gI_2/100g 油) \qquad (10\text{-}14)$$

式中　V_0——空白试验消耗硫代硫酸钠标准溶液的体积，mL；

　　　　V_1——试样消耗硫代硫酸钠标准溶液的体积，mL；

　　$c_{Na_2S_2O_3}$——硫代硫酸钠标准溶液的浓度，mol/L；

　　　　m——试样的质量，g；

　　126.9——碘的摩尔质量，g/mol。

（2）测定步骤

准确称取 0.2500～0.3000g（碘值在 100 左右，碘值不同称样量不同）的油料于干燥的碘量瓶中，加入 10mL 四氯化碳，摇动溶解试样，准确加入韦氏液（$c_{ICl} = 0.1000mol/L$），塞紧瓶塞并用数滴碘化钾溶液（不得流入瓶内）封闭瓶口，室温下于暗处放置 30min。将 20mL 碘化钾溶液倾于瓶口，轻转瓶塞，使其缓缓流入瓶内。打开瓶塞，以 100mL 水冲洗瓶口。用 $c_{Na_2S_2O_3} = 0.1000mol/L$ 的硫代硫酸钠标准溶液滴定至溶液呈淡黄色，加淀粉指示剂 2mL，继续滴定至蓝色恰好消失为终点，用相同方法和试剂用量作空白试验。

（3）说明及注意事项

① 本法主要用来测定动植物油脂中的碘值。

② 氯化碘溶液的制备：氯化碘的冰乙酸溶液是将碘溶解于冰乙酸中，然后通入干燥的氯气而制得，但冰乙酸中不得含有还原性杂质。在氯化碘的乙酸溶液中，碘和氯的比率应保持在 1.0～1.2 之间。而以碘比氯过量 1.5% 溶液最为稳定，一般可保存 30 天以上。

③ 本法对双键数大于 2 的油料不适合，且氯化碘与双键反应较慢，故要充分摇动。

④ 加成反应不应有水存在，仪器要干燥，因 ICl 遇水分会发生分解。

10.6 密度的测定

油品的密度是指在一定温度下，单位体积内所含油品的质量。用 "ρ" 表示，单位是 g/cm^3（g/mL）。油品的密度与温度有关，通常用 ρ_t 表示温度 t 时油品的密度。我国规定 20℃ 时，石油及液体石油产品的密度为标准密度。测定油品的密度有下列三个作用：

① 计算油品质量　对容器中的油品，测出容积和密度，就可以计算其质量。

② 判断油品的品种和品质　由于油品的密度与化学组成密切相关，因此根据相对密度可初步确定油品品种，例如，汽油 0.70～0.77，煤油 0.75～0.83，柴油 0.80～0.86，润滑油 0.85～0.89，重油 0.91～0.97。在油品生产、储运和使用过程中，根据密度的增大或减小，可以判断是混入重油或轻油。根据相对密度，原油分为三个类型：轻质原油（<0.878）、中质原油（0.878～0.884）和重质原油（>0.884）。

③ 影响燃料的使用性能　喷气燃料的能量特性用质量热值和体积热值表示。燃料的密度越小，其质量热值越高，对续航时间不长的歼击机，为了尽可能减小飞机载荷，应使用质量热值高的燃料。相反，燃料的密度越大，其质量热值越小，但体积热值大，适用于作远程飞机燃料，这样可减小油箱体积，降低飞机阻力。通常，在保证燃料性能不变坏的条件下，喷气燃料的密度大一些较好。

密度是一个重要的物理参数，利用密度的测定可以区分化学组成相类似而密度不同的液体化合物、鉴定液体化合物的纯度以及定量分析溶液的浓度。所以在生产实际中，密度是液体有机产品质量控制指标之一。

一般分析工作中只限于测定液体试样的密度，而很少测定固体试样的密度。测定液体试样的密度通常可用密度瓶法、韦氏天平法和密度计法。

10.6.1　密度瓶法

(1) 方法原理

在规定 20℃ 的温度下，分别测定充满同一密度瓶的水及试样的质量，根据水的质量及密度可以确定密度瓶的容积即试样的体积，再由密度的定义，按下式计算试样的密度。

$$\rho = \frac{m_{\text{试样}}}{m_{\text{水}}} \times \rho_0 \tag{10-15}$$

式中　$m_{\text{试样}}$——20℃ 时充满密度瓶的试样质量，g；

　　　$m_{\text{水}}$——20℃ 时充满密度瓶的水的质量，g；

　　　ρ_0——20℃ 时水的密度，$g \cdot cm^{-3}$，$\rho_0 = 0.99823 g \cdot cm^{-3}$。

由于测定时称量是在空气中进行的，因此受到空气浮力的影响，可按下式计算密度以校正空气的浮力。

$$\rho = \frac{m_{\text{试样}} + A}{m_{\text{水}} + A} \times \rho_0 \tag{10-16}$$

$$A = \rho_0 \times \frac{m_{\text{水}}}{0.9970}$$

式中，A 为空气浮力校正值，即称量时试样和蒸馏水在空气中减轻的质量，g。在通常情况下，A 值的影响很小，可忽略不计。

(2) 测定步骤

测定仪器主要是密度瓶（见图 10-8）、分析天平和恒温水浴等。

① 清洗密度瓶并干燥后，连同温度计及侧孔罩一起称量。

② 取下温度计及侧孔罩，用新煮沸并冷却至约 20℃ 的蒸馏水充满密度瓶，注意不要带入气泡，插入温度计，将密度瓶置于 (20.0 ± 0.1)℃ 恒温水浴中，恒温约 20min，至密度瓶中样品温度达到 20℃，并使侧管中的液面与侧管管口对齐，立即盖上侧孔罩，取出密度瓶，用滤纸擦干其外壁的水，立即称其质量。

③ 将密度瓶中的水倒出，并干燥后用同样的方法加入试样并称重。

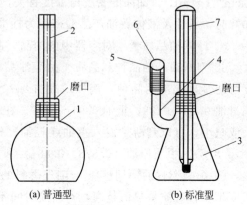

图 10-8　常用的密度瓶

1,3—密度瓶主体；2—毛细管；4—侧管；5—侧孔；6—罩；7—温度计

(3) 注意事项

① 本方法不适宜测定易挥发液体试样的密度。

② 操作过程要迅速，因水和试样都有一定挥发性，将影响测定结果。

③ 实验过程中要防止沾污密度瓶，且外壁擦干后才能称重。

10.6.2　韦氏天平法

(1) 方法原理

根据阿基米德定律，即当物体完全浸入液体时，它所受到的浮力或所减轻的质量，等于其排开的液体的质量。因此，在一定的温度下（20℃），分别测定同一物体（玻璃浮锤）在水及试样中的浮力。由于浮锤排开水和试样的体积相同，浮锤排开水的体积为：

$$V = \frac{m_{水}}{\rho_0}$$

则试样的密度为：

$$\rho = \frac{m_{样}}{m_{水}} \times \rho_0 \tag{10-17}$$

式中　ρ——试样在 20℃ 时的密度，$g \cdot cm^{-3}$；

$m_{样}$——浮锤浸于试样中时的浮力（骑码读数），g；

$m_{水}$——浮锤浸于水中时的浮力（骑码读数），g；

ρ_0——水在 20℃ 时水的密度，$g \cdot cm^{-3}$，$\rho_0 = 0.99823 g \cdot cm^{-3}$。

(2) 测定仪器

韦氏天平法测定密度主要用到韦氏天平，其构造如图 10-9 所示。

韦氏天平主要由支架、横梁、玻璃浮锤及骑码等组成。天平横梁用支架支持在刀座

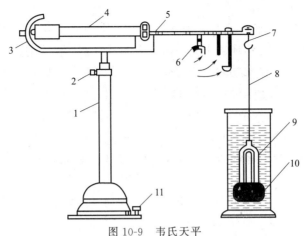

图 10-9　韦氏天平

1—支架；2—支柱固定螺丝；3—指针；4—横梁；5—刀口；6—骑码；7—钩环；

8—细铂丝；9—浮锤；10—玻璃筒；11—水平调节螺线

上，梁的两臂形状不同且不等长。长臂上刻有分度，末端有悬挂玻璃浮锤的钩环，短臂末端有指针，当两臂平衡时，指针应和固定指针水平对齐。旋松支柱紧定螺丝，可使支柱上下移动。支柱的下部有一个水平调节螺钉，横梁的左侧有水平调节器，它们可用于调节韦氏天平在空气中的平衡。

韦氏天平附有两套骑码。最大的骑码的质量等于玻璃浮锤在 20℃的水中所排开水的质量（约 5g），其他骑码为最大骑码的 1/10，1/100，1/1000。各个骑码的读数方法见表 10-2。

表 10-2　各个骑码在各个位置的读数

骑码位置	1 号骑码	2 号骑码	3 号骑码	4 号骑码
放在第十位时	1	0.1	0.01	0.001
放在第九位时	0.9	0.09	0.009	0.0009
……	……	……	……	……
放在第一位时	0.1	0.01	0.001	0.0001

例如 1 号骑码在第 8 位上，2 号骑码在第 7 位上，3 号骑码在第 6 位上，4 号骑码在第 3 位上，则读数为 0.8763，见图 10-10。

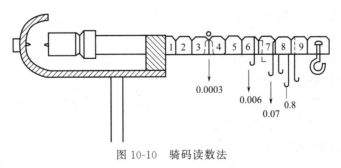

图 10-10　骑码读数法

(3) 测定步骤

① 检查仪器各部件是否完整无损。用清洁的细布擦净金属部分，用乙醇擦净玻璃筒、

温度计、玻璃浮锤，并干燥。

② 将仪器置于稳固的平台上，旋松支柱螺钉，使其调整至适当高度，旋紧螺钉。将天平横梁置于玛瑙刀座上，钩环置于天平横梁右端刀口上，将等重的砝码挂于钩环上，调整水平调节螺钉，使天平横梁左端指钉与固定指钉水平对齐，以示平衡。

③ 取下等重砝码，换上玻璃浮锤，此时天平仍应保持平衡（允许有±0.0005g的误差）。

④ 向玻璃筒内缓慢注入预先煮沸并冷却至约20℃的蒸馏水，将浮锤全部浸入水中，不得带入气泡，浮锤不得与筒壁或筒底接触，玻璃筒置于（20.0±0.1）℃的恒温浴中，恒温20min，然后由大到小把骑码加在横梁的V形槽上，使指钉重新水平对齐，记录骑码的读数。

⑤ 将玻璃浮锤取出，倒出玻璃筒内的水，玻璃筒及浮锤用乙醇洗涤后，并干燥。

⑥ 以试样代替水重复④、⑤的操作。

(4) 注意事项

① 本法适应于测定易挥发液体的密度。

② 在测定过程中不得再变动调节螺钉。若无法调节平衡时，则可用螺丝刀将平衡调节器上的定位小螺钉松开，微微转动平衡调节器，使天平平衡，旋紧平衡调节器上的定位小螺钉，在测定中严防松动。

③ 测定过程中注意严格控制温度。取用玻璃浮锤时要十分小心，轻取轻放，以防损坏。

④ 要移动天平位置时，应把易于分离的零部件及横梁等拆卸分离，以免损坏刀口，并根据使用的频繁程度，要定期进行清洁工作和计量性能的检定。当发现天平失真或有疑问时，在未清除故障前，应停止使用，待检修合格后方可使用。

10.6.3 密度计法

(1) 测定原理

用密度计法测定石油产品密度是按GB/T 1884—2000《原油和液体石油产品密度实验室测定法（密度计法）》标准试验方法进行的，该方法等效采用国际标准ISO 3675—98。其理论依据是阿基米德原理。测定时将密度计沉入待测液体中，当密度计所排开液体的质量等于其本身的质量时，则密度计处于平衡状态，漂浮于液体中。液体的密度越大，浮力越大，密度计露出液面部分也越多；反之，液体的密度小，浮力也小，密度计露出液面部分越少。当温度达到平衡后，读取密度计读数和试样温度，并换算成标准密度。

该法测定密度较简单，方便快速，但准确度较低。常用于精度要求不太高的工业生产中的日常控制分析。

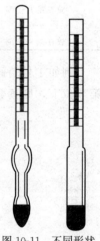

图10-11　不同形状的密度计

(2) 测定仪器和步骤

密度计是一支封口的玻璃管，中间部分较粗，内有空气，所以放在液体中，可以浮起，下部装有小铅粒形成重锤，能使密度计直立于液体中，上部较细，管内有刻度标尺，可以直接读出密度值（见图10-11）。

密度计是成套的，每套有若干支，每支只能测定一定范围的密度。使用时要根据待测液体的密度大小选用不同量程的密度计。

将待测试样小心倾入清洁、干燥的玻璃圆筒中，然后把密度计擦干净，用手拿住其上端，轻轻地插入玻璃筒内，试样内不得产生气泡，密度计不得接触筒壁及筒底，用手扶住使其缓缓上升。待密度计停止摆动后，水平观察，读取待测液弯月面上缘的读数，同时测量试液的温度。

10.7 机械杂质的测定

石油产品中的杂质一般来自外来杂质和内分解杂质两部分。外来杂质是由于设备不干净及空气中的灰尘掉入所致；内分解杂质是由于石油产品中的不饱和化合物发生变化或分解，如可溶性树脂、油泥等以及由于电弧所形成的游离碳所造成。杂质的存在会增加零件的磨损和积炭，而且会堵塞管道和过滤器等，还会降低石油产品的性能。

(1) 测定原理

机械杂质不溶于汽油或苯等有机溶剂，于油料中加入汽油或苯，使油料溶于有机溶剂，通过过滤，使油料与机械杂质分离。将滤渣于 105～110℃烘干称重，按下式计算杂质的含量。

$$w(机械杂质) = \frac{G_2 - G_1}{G} \times 100\% \tag{10-18}$$

式中　G_1——滤纸与称量瓶的合量，g；

$\quad\quad\;\, G_2$——杂质、滤纸与称量瓶的合量，g；

$\quad\quad\;\, G$——油样质量，g。

(2) 测定步骤

将滤纸用汽油浸泡一下，放在敞盖的称量瓶中，于 105～110℃烘箱中烘 1h，盖上盖，移入干燥器中冷却 30min，称量。第二次测定时烘 30min 后称重直至恒重。

称取 100g 混匀的油料（如油料含水，应事先用蒸馏法脱水）于 400mL 烧杯中，加入温热的汽油（注意不可用明火加热）200～400g，趁热用恒重的滤纸过滤（也可用玻璃砂芯漏斗代替滤纸），最后用汽油将沉淀洗到滤纸上，洗净烧杯，用热汽油洗至无油样残痕及滤纸完全透明为止，将沉淀及滤纸放在称量瓶中，于 105～110℃烘箱中烘 1h，然后盖上盖，于干燥器中冷却 30min，称重。第二次测定时烘 30min，两次称重不超过 0.0004g。

 【知识拓展】

化学计量学在石油分析中的应用

化学计量学起源于 20 世纪 70 年代，在 20 世纪 80、90 年代得到长足发展和应用。化学计量学利用数学、统计学和计算机等方法和手段对化学测量数据进行处理和解析，以最大限度地获取有关物质的成分、结构及其他相关信息。

石油组成极其复杂，需要用多种近现代分析方法的测量数据进行表征，如何将这些仪器的测量数据高效、快速地转化为有用的特征信息，就成为化学计量学应用于石油分析的原动力。

化学计量学内涵丰富，其内容几乎涵盖了化学测量的整个过程。在石油分析中，主要涉及的内容包括多元分辨、多元校正和模式识别。多元分辨能够从未知混合物的各种演进过程的分析数据中提取出纯物质的各种响应曲线，而不需要预先知道未知样本的种类及组成信息。可解决传统分析化学不能解决的问题，如复杂多组分平衡与动力学体系的解析、色谱及其联用方法中复杂体系的峰纯度检测重叠谱峰的分辨等问题。多元校正将自变量（分析量测信息）与因变量（组成浓度或其他物理化学性质等）关联起来，建立多元校正模型。对于未知样本，可根据已建立的模型预测得到浓度或性质参数，这些浓度或性质数据以往都需要用费力、费时、成本高的方法测量得到。模式识别是对样本进行特征选择，寻找分类的规律，再根据分类规律对未知样本集进行分类和识别，用来解释谱图数据、研究构效关系、进行油品分类、识别真伪油品等。

经过 20 多年的发展，化学计量学方法在石油分析中得到较为广泛的应用，尤其是在油品物性的快速和在线分析方面发挥着重要作用；而其与现代分子表征技术的融合则获取了更多、更有用的信息。从近些年研究和应用情况可以看出，化学计量学方法在石油分析中的应用广度、深度和发挥的作用仍在迅速发展中。现代优化控制技术在炼油厂的广泛应用，以及在分子水平上认识石油、炼制石油这一理念的不断实践，为化学计量学提供了发展和应用的机遇。同时，化学计量学也为油品的分子表征技术与现代过程分析技术搭起一座桥梁，以化学计量学为基础的快速和在线分析技术将会为炼油厂提供更快、更准、更有用的化学感知信息。

 【习题与思考题】

10-1 简述卡尔·费休法测定水分的原理？在测定过程中要注意哪些问题？

10-2 何谓黏度？黏度有哪几种表示方法？

10-3 试述毛细管黏度计测定石油产品运动黏度的原理。毛细管黏度计常数的定义是什么？

10-4 20℃时运动黏度为 40×10^{-6} m²/s 的标准油，在平氏毛细管黏度计中的流出时间为 377.9s。在 100℃ 的恒温浴液中，某种油料试样在同一支毛细管黏度计中的流出时间为 136.2s，求该试样的运动黏度。

10-5 何谓恩氏黏度和恩氏黏度计的"水值"？

10-6 何谓石油产品的闪点和燃点？在测定闪点和燃点中为什么要控制升温速度和点火频率？

10-7 开口闪点与闭口闪点有何区别？若分别用开口杯法和闭口杯法测定同一样品，其结果有何不同？为什么？一般哪些石油产品测开口杯法闪点？

10-8 为什么要对闪点的测定值进行大气压力校正？

10-9 在大气压力为 88.0kPa 时用开口杯法测得某车用机油的闪点为 207℃，问该机油在 101.3kPa 大气压力下的开口闪点是多少度（℃）？

10-10 用闭口闪点测定器测得某高速机油的闪点为 126℃。如果测定时的大气压为 95.3kPa，问该机油的标准闭口闪点是多少度？

10-11 何谓酸值、碘值和皂化值？酸值与皂化值有何区别？

10-12 液体油品密度的测定方法有哪些？各自测定原理是什么？

第11章 分析方法的选择与制定

11.1 分析方法的选择

11.1.1 分析方法选择的重要性

工业分析方法很多，不同的方法适用对象和适用的条件是不同的，针对具体样品中某一特定成分的测定，也可以用不同的方法进行测定，但各种方法的准确度是不同的，所得结果就难免有差别。所以选择合适的分析方法是十分重要的。一般在选择分析方法时要坚持适用性原则、准确度原则和速度原则，即所选择的分析方法要适合所分析的样品，所选择的分析方法的准确度要能满足分析目的要求，在能满足分析结果准确度要求的基础上，优先选用分析速度快的方法，同时尽量考虑资源节约和环境友好。

11.1.2 选择分析方法应考虑的问题

在工业分析工作中，要根据工业生产的实际要求和条件，考虑以下几方面的问题。

（1）测定的具体要求

首先要明确测定的目的和要求。它主要包括要测定哪些组分、准确度高低、对测定的速度要求等。如用碘量法测定铜，这种方法简单快速，重现性好，对一般铜的测定已足够准确。但如果是测定电解铜，碘量法就不能用了，因为误差太大了，只能用电解重量法才能满足要求（结果只能在小数点后第二位很小的范围内变化）。又如对生产过程的控制分析（如炉前分析，一般要求2～3min报出结果），此时分析速度是关键，而对准确度要求不是太高，只要不超过允许误差范围就行，因此常常用快速分析方法。然而对于仲裁分析、验证分析（如对标样进行分析），要求有很高的准确度，则应选择准确度较高的分析方法。在科学研究中，有时还要求对待测组分的形态、活性、手性进行表征与测定，这时宜选用形态分析等方法。

（2）方法的适用范围

要测定常量组分，则选用适于常量组分的测定方法；要测定微量组分则选用适用于微量组分的分析方法。因为适用于测定常量组分的方法大多不适用于微量组分的测定，反之亦然。因为每种分析方法都只适用于一定的测定对象和一定的含量范围，如重量法、容量法（包括电位滴定、电导滴定、库仑滴定等）和 X 射线荧光衍射法等一般用于含量在

$10^{-2} \sim 10^{0}$ 级的常量组分的测定。但当两种方法都可用时，则选用简便经济快速的分析方法，如容量分析和重量分析中首选容量分析，但如果无基准试剂或标样时，则选重量法。

对于含量在 10^{-3} 级及更低级别的微量组分的测定，应选具有较高灵敏度的仪器分析方法，如分光光度法、原子吸收光谱法、极谱法等。这些方法虽不能达到重量法和容量法那样高的准确度，但对微量组分的测定，这些方法的准确度是能满足要求的。

被测组分的性质也是要考虑的，如灰分、不溶性残渣的测定，只能用重量法。又如碱金属元素性质活泼，其离子既不形成配合物，又无氧化还原性，其盐类溶解度均较大，但具有焰色反应，因此宜用火焰光度法及原子吸收分光光度法测定。

分析样品的性质、组成、结构和状态不同，试样的预处理或分解方法也不同。

试样的分解方法和成分分析方法要相适用。如硅酸盐中二氧化硅的测定，如采用六氟硅酸钾容量法，在用熔融法分解试样时务必用含钾的熔剂分解试样，而不能用钠的熔剂去分解。因为六氟硅酸钾的溶解度小于六氟硅酸钠。

（3）共存组分的影响

在选择测定方法时，必须考虑共存组分对测定的影响。因为任何一个分析方法，其选择性或者说抗干扰能力是有限的，样品中共存物质的种类和含量不同，选择的分析方法就不同。在工作中总是希望用选择性好的方法，这样对分析速度和准确度都是有利的，但实际上被测物质很复杂，其共存组分往往影响测定，所以必须考虑如何避免和分离共存的干扰组分。

（4）分析成本

分析成本相对生产成本是较低的，但作为分析工作者在实际工作中也必须重视分析成本。一般在能满足分析结果要求的前提下，尽量选择分析成本较低的方法，因为成本较低的分析方法有益于分析方法的准确度和分析速度的提高，同时对企业提高经济效益有益。

（5）环境保护

在实际工作中一方面要尽量选择不使用或少使用有毒有害的试剂；同时在分析过程中要尽量不产生或少产生有毒有害物质，即尽量使用符合环保要求的分析方法。

（6）实验室的实际条件

在满足生产、科研所需要的灵敏度、准确度和所需分析时间的前提下，要根据实验室的现有条件，如实验室现有设备、试剂和技术条件等进行全面考虑。

上述这些问题，显然不是孤立的，而是相互联系且又相互矛盾。因此，要根据实际情况，结合专业知识，抓住主要矛盾，综合考虑，以便选出一个较合适的分析方法。

11.2 分析方法的制定

分析化学技术人员除了正常从事分析化验工作外，还要从事科研工作，不断探索新的分析方法或改进原有的分析方法，使分析方法的选择性更强，准确度更高，操作更简便或操作易于掌握，分析速度更快或自动化程度更高，成本更低，污染程度更小，适应范围更广。特别是现代生物技术、太空技术等对分析方法的要求越来越高，所以分析化学技术人员的一个重要任务是分析方法的制定。

11.2.1　分析方法的拟定

一个成功的分析方法的产生，一般要经过几个过程才能完成。

11.2.1.1　了解被分析试样的基本情况

要根据试样的来源、通过观察或定性试验的结果，或在此基础上查阅相关资料，获得试样的基本情况，如主要组分和共存组分及其大致含量范围，杂质存在情况及大致含量范围，试样的性质状况等，对测定的准确度要求以及测定的速度要求等。

11.2.1.2　确定分析目的和分析项目

分析的目的一般是要确定试样中某成分的含量高低，从而判断试样的性质和用途，当然必要时也可能是作定性分析。分析方法的制定一般指的是定量分析方法的制定，定量分析的项目是随生产要求的不同而不同，一般分为组分分析和特殊项目分析。

（1）组分分析

组分分析就是指试样中化学组成成分间的质量关系，它又分全分析、主要组分分析、指定组分分析。

① 全分析。是对样品中所含的各种成分进行分析。全分析对原料的综合利用非常有意义，特别在矿石利用方面，到底应该分析哪些项目，也不是毫无目标。对于一个已知矿石，确定要分析的项目，可以从两方面考虑，一是除主组分外通常存在有共同组分，如 SiO_2、CaO、MgO 等，二是周期表中相邻的元素，即地球化学中伴生关系的元素可能出现，如铝矾土和闪锌矿中常含有镓，因为镓和锌、铝是相邻的元素，且铝和镓离子半径相近，锌和镓原子半径又很相近。确定了分析项目，才能进行下一步的工作，当然必要的定性检查，对确定分析项目是有帮助的。对于一个未知样，显然要进行定性检查，通常用光谱分析把各组分鉴定出来，再确定分析项目。

② 主要组分分析。前面所说的全分析通常是指全部主要组分的分析。金属材料的主要组分的分析通常就是指主体组分的分析，当然有时将主要杂质组分的分析也算在内，如钢铁五大元素的分析就是主要组分的分析。

③ 指定组分分析。是指对样品中某一种或几种组分进行分析。究竟指定哪一种组分进行分析，应该从生产实际需要来制定，如铁矿石工业分析中测可溶性铁比测总铁更有意义，石灰工业分析中测有效氧化钙比测氧化钙总量更有意义。

（2）特殊项目分析

对一些工业原材料往往要求对某些特殊性质做出数据的测定，如煤的工业分析中，一般只要求分析水分、灰分、挥发分、固定碳、发热量等，石油产品一般分析黏度、水分、酸值、碘值等特殊数据，而不分析其化学成分。

11.2.1.3　检索文献资料

文献检索是从文献检索系统中查找出所需的文献信息。它属于信息检索的范畴，是最重要的一种信息检索，它是利用各种信息资源，迅速获得所需文献信息的过程。无论是选择分析方法或是制定分析方法，都要检索有关文献资料，以便了解和吸收前人的工作成果，少走弯路，同时以最先进的技术为起点。

当文献查阅到某一阶段时，就必须进行整理，或者边查阅边整理。因通过整理工作，可以查漏补缺，也可以产生一些新的想法和见解，为进一步查阅提供指导；当对某一研究领域的文献收录工作做得相当完备，并从文献资料的整理分析中得出了自己的一些看法和观点，便可进行系统整理，写出综述性的文章来发表，更重要的是为自己要研究的课题拟定出初步的分析程序。

11.2.1.4　拟定分析程序

当对要分析的样品有了大致的了解，确定了要分析的项目，并通过查阅大量的文献资料，就必须拟定分析程序（方案）。然后按着分析程序进行试验，确定最佳条件，得出最佳实验方案。分析程序主要包括以下几个方面。

① 选择分析方法　从样品性质、被测成分含量、实验室现有条件等确定分析方法，用容量法、重量法还是仪器分析方法等，这些方法中具体又选用哪一种。

② 初步确定分析步骤　这个分析步骤方案是粗糙的，可以用流程图或方框图等表示出来。

③ 确定条件实验项目　条件实验项目根据分析方法的不同而不同，大致包括仪器条件的选择（如原子吸收光谱法中光谱带宽、灯电流、光电倍增管负高压等），酸度，各种试剂的选择、用量的选择以及各种试剂的加入顺序的选择，指示剂的选择，干扰元素的干扰量试验、掩蔽、分离和解蔽等，样品用量，样品的分解方法等。

11.2.1.5　进行条件试验，制定最佳分析方法

根据拟定的分析程序逐一进行试验，确定最佳实验条件，对影响因素不多的且相互独立的条件实验，可用优选法来逐一确定各因素的最佳条件。而对多因素的试验，最好用正交试验法确定最佳条件或较好条件。将所有条件试验做完后，进行总结整理，制定出最佳分析方法。

11.2.2　分析方法的验证

在选定的实验范围内，通过大量的试验确定了最佳条件，制定了最佳分析方法。这个分析方法是否科学，是否可行（即是否能用于实际样品的分析），必须通过合理的试验来验证，只有通过验证的分析方法才能用于实际分析，用于控制产品质量。因此分析方法的验证在工业分析方法的制定或方法的改进中具有重要的作用。

分析方法需要验证的内容主要包括：准确度、精密度（包括重复性、重现性等）、线性、范围、检测限、定量限、专属性等。并非每个分析方法均需验证上述所有内容，要根据分析方法的特点和分析项目的要求来具体确定分析方法应验证的内容。

（1）准确度

准确度是指用该方法测定的结果与真实值或认可的参考值之间的接近程度，一般用回

收率或误差表示。一定的准确度是定量测定的必要条件，因此对定量测定的分析方法的验证均需要验证准确度。

准确度的验证，一般是在规定的范围内，用至少 9 个测定结果进行评价。如分别取低、中、高 3 个不同浓度（或含量）的基准试剂或标准样品，每个浓度（或含量）的试剂或样品分别制备 3 份溶液进行测定，然后报告已知加入量的回收率（％），或测定结果平均值与真实值之差及其可信度。具体操作是：向不同浓度的试液中加入已知量的标准溶液，按式(11-1)计算回收率。

$$回收率(\%)=\frac{加标试样测定值-试样本底值}{加标量}\times100\%\qquad(11\text{-}1)$$

必须注意加标量影响回收率的大小，一般加标量应尽量与样品中待测组分的含量相近。所有不同浓度的加标量，都不能大于待测组分含量的 3 倍，加标后的测定值不能超出方法的测定上限，否则就不准确。

准确度的验证也可以直接对样品中被测成分进行测定，将本法所得结果与已建立准确度的另一成熟方法所测定的结果进行比较。有时实际样品难以得到，也可以采用合成样品或模拟样品进行测定，然后进行回收试验。

（2）精密度

精密度是指在规定的测试条件下，同一均匀样品多次取样测定所得结果之间的接近程度。精密度一般用偏差、标准偏差、相对标准偏差表示。定量分析方法都要考察方法的精密度。精密度一般从以下三方面进行评价。

① 重复性　重复性是指在相同条件下，由同一分析人员测定所得结果的精密度。一般是在规定范围内，采用低、中、高 3 个不同浓度（或含量）基准试剂或标准物质各测定 3 次，用测得的 9 次结果进行评价。

② 中间精密度　在同一实验室，不同分析人员在不同时间用不同仪器设备测定结果的精密度称为中间精密度。考察中间精密度是为了了解在同一实验室内各种随机变化因素（如不同日期、不同分析人员、不同仪器）对精密度的影响情况。

③ 重现性　在不同实验室由不同分析人员测定结果的精密度，叫重现性。

对上述三个方面的精密度的考察，也并非每个分析方法都要验证，科技人员从事科研工作，进行科研论文的写作，一般情况下不做中间精密度和重现性实验。但如果你的分析方法将被法定标准采用时，如建立标准分析方法，则应通过中间精密度和重现性实验的验证。

（3）检测限

检测限是指样品中被测成分能被检测出来的最低量（或浓度）。这个最低量（或浓度）不一定要准确定量，所以检测限是定性的，它回答试样中有没有被测物质。验证检测限的目的是考察方法是否灵敏，方法的灵敏度越高，越有利于痕量成分的准确测定，对痕量分析而言，提高了方法灵敏度也就提高了准确度。灵敏度可通过对一系列含有已知浓度被测物的样品进行分析，以能够可靠检出被测物的最低浓度或量作为检测限。

（4）定量限

定量限是指样品中的被测成分能够被定量测定的最低量（或浓度）。定量限的测定结果应具有一定的准确度和精密度，它有定量下限和定量上限。定量限是定量的，定量下限主要回答试样中至少有多少被测物。定量下限与所要求的分析精密度有关，同一个分析方法，要求的精密度不同则有不同的定量下限。同时，测定还受样品成分、含量范围、校准曲线的线性关系、试剂纯度等因素的影响，定量下限一般比检测限高。

校准曲线开始弯曲的点即为定量上限，从定量下限到定量上限即为方法的适用范围。

（5）线性

线性是指在设定的测定范围内，检测信号与被测成分的浓度（或量）呈线性关系的程度。线性是定量测定的基础，凡是涉及定量测定的项目，均要验证线性。具体方法是用一基准试剂或标准样品制备的储备液经精密稀释，或分别准确称样，制备一系列被测物质浓度（由低到高至少5种不同浓度），然后进行测定，用测得的响应信号作为被测物浓度的函数，作图观察是否呈线性，再用最小二乘法进行线性回归，并求出回归方程、相关系数和线性图。

（6）范围

范围是指能达到一定准确度、精密度和线性，分析方法适用的高低浓度或量的区间，通常用与分析方法的测定结果相同的单位（如百分浓度）表示。范围应根据分析方法的具体应用和线性、准确度、精密度结果和要求来确定。

分析方法制定或改进后，通过以上项目的验证，基本上能判断它是否科学和适用。当然，工业分析方法很多，方法优劣的评价常常与生产实际的需要有关，分析的目的不同，对分析方法的要求也常常不同。一般来说，一个方法的好坏除考虑以上准确度、灵敏度等因素外，还要从分析方法的选择性、分析速度、分析成本及环境保护等方面综合考察。选择性（或特效性）是衡量一个方法在实践过程中受其他因素影响程度大小的一种尺度，一般来说，方法选择性高，受其他因素影响程度就小，适应范围就广。分析速度有时也会严重影响工业生产和科研工作的完成时间，影响效益和质量。因此分析工作者重点考虑的是分析方法的准确度、灵敏度、选择性和分析速度等四个方面，因而被一些分析化学工作者称为"海上采油平台的四根支柱"。

如果选择或制定的分析方法能满足测定要求，下一步就可着手分析方法（研究）报告的撰写工作。

11.2.3 分析方法（研究）报告的撰写

当我们对某一问题进行了深入细致的研究，如研究制定了某一分析方法，并通过验证是科学可行的，此时应该及时对所研究的工作进行总结，写出分析方法报告，以便下一步着手实际工作，或及时写出研究报告并向有关刊物投稿，争取发表，将自己的科研成果及时推广。

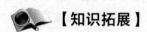【知识拓展】

分析化学类期刊

分析化学类期刊可分为分析化学专业期刊、综合性化学期刊、综合性期刊、综合性文摘等。

分析化学专业期刊主要有：

《分析化学》，1973 年年创刊，中国化学会主办；

《分析测试通报》，1982 年创刊，中国分析测试学会主办；

《理化检验》化学分册，1965 年创刊，中国机械工程学会、理化检验学会及上海材料研究所联合主办；

《化学试剂》，1979 年创刊，北京化学试剂科技情报中心站主办；

《冶金分析》，1981 年创刊，钢铁研究总院主办；

《分析试验室》，1982 年创刊，中国有色金属工业总公司和中国有色金属学会主办；

《色谱》，1984 年创刊，中国化学会色谱专业委员会主办；

《分析仪器》，1970 年创刊，北京分析仪器研究所、中国仪器仪表学会分析仪器分会主办；

《药物分析杂志》，1981 年创刊，中国药学会和中国药品生物制品检定所主办；

《光谱学与光谱分析》，1981 年创刊，中国光学学会主办。

综合性化学期刊主要有：

《化学学报》，其前身为《中国化学会会志》，1934 年创刊，1954 年改为现名，中国化学会主办；

《化学通报》，前身为《化学》，1934 年创刊，1952 年改为现名，中国科学院北京化学研究所主办；

《高等学校化学学报》，1981 年创刊，教育部委托吉林大学和南开大学化学系主办；

《应用化学》，1984 年创刊，中国化学会和中国科学院联合主办；

《大学化学》，1986 年创刊，中国化学会与教育部联合主办；

《环境化学》，1982 年创刊，中国环境科学学会环境化学专业委员会和中国科学院生态环境研究中心主办。

综合性期刊主要有：

《中国科学》创刊于 1950 年，有中、英文版，分 A、B 两辑，A 辑为数、理，B 辑为化、生、地；

《科学通报》创刊于 1950 年，也有中、英文版。

综合性文摘主要有：

美国《化学文摘》（Chemical Abstracts，简称 CA）；

英国的《分析文摘》（Analytical Abstracts，简称 AA）；

苏联的《化学文摘》（РеФеРатнвын　Журнал，Химия，简称 Р. Ж. Х.）；

中国的《分析化学文摘》《分析仪器文摘》《无机分析化学文摘》等。

分析化学分支学科的有关文摘：

Electroanalytical Abstracts（电分析文摘）、

Liquid Chromatography Abstracts（液相色谱文摘）、

Polarograpgy Abstracts（极谱学文摘）等。

国际上有影响的分析化学期刊很多，下面主要列举几种：

《Analyst》，with Analytical Abstracts and Proceedings（化验师，附分析文摘及会

议录），英国 The Chemical Society 于 1869 年创刊；

《*Analytical Chemistry*》（分析化学），American Chemical Society 于 1929 年创刊；

《*Microchemical Journal*》（微量化学杂志），美国 Academic Press，Inc. 出版；

《*Microchemical Acta*》（微量化学学报），奥地利 Spring-Verlag 于 1923 年创刊；

《分析化学》（日本分析化学），西文引用该刊常称为《*Japan Analyst*》，日本分析化学学会于 1952 年创刊；

《*Talanta*》（塔兰塔），英国 Pergamon Press Ltd. 于 1958 年创刊；

《*Analytica Chimica Acta*》（分析化学学报），荷兰 Elsevier Science Publishers 于 1947 年创刊；

《*Analusis*》（分析），法国的 Societe Productions Documentaires 于 1896 创刊，1975 年由 Masson et Cie Paris，France 出版公司复刊。

 【习题与思考题】

11-1　在选择分析方法时应考虑哪些问题？

11-2　制定一个分析方法一般要经过哪几个过程？

11-3　一个科学合理的分析方法一般应具有什么条件？分析方法制定后一般要经过哪些方面的验证？

◆参考文献◆

［1］　蔡明招．实用工业分析．广州：华南理工大学出版社，1999.

［2］　张家驹．工业分析．北京：化学工业出版社，1982.

［3］　张锦柱．工业分析．重庆：重庆大学出版社，1997.

［4］　康云月．工业分析．北京：北京理工大学出版社，1995.

［5］　李广超．工业分析．北京：化学工业出版社，2007.

［6］　张燮．工业分析化学．北京：化学工业出版社，2003.

［7］　邱德仁．工业分析化学．上海：复旦大学出版社，2003.

［8］　张小康，张正竟．工业分析．北京：化学工业出版社，2004.

［9］　黄敏文，苑星海，等．化学分析的样品处理．北京：化学工业出版社，2007.

［10］　徐红娣，邹群．电镀溶液分析技术．北京：化学工业出版社，2003.

［11］　第一机械工业部上海材料研究所．金属材料化学分析：第二分册．北京：机械工业出版社，1982.

［12］　林世光．冶金化学分析．北京：冶金工业出版社，1981.

［13］　贺浪冲．工业药物分析．北京：高等教育出版社，2006.

［14］　汤国龙．工业分析．北京：中国轻工业出版社，2004.

［15］　王荣民．化学化工信息及网络资源的检索与利用．北京：化学工业出版社，2006.

［16］　衡兴国，黄按佑．实用快速化学分析新方法．北京：国防工业出版社，1996.

［17］　刘绍璞，朱鹏鸣，等．金属化学分析概论与应用．成都：四川科学技术出版社，1985.